CBT 모의고사 무료 응시권

| 사용안내 |

쿠폰번호 smart2022-3399-0354-0301

- **성안당 e러닝(bm.cyber.co.kr)** 사이트 접속 ▶ 회원가입 후 로그인
- ▶ PC(https://bm.cyber.co.kr/) 또는 모바일(https://bm.cyber.co.kr/m/)에서 **온라인 모의고사** 버튼 클릭(PC: 우측 상단 위치, 모바일: 중앙 위치)
- ▶ 나의 시험지 목록 ▶ **쿠폰 등록** 하기 ▶ **쿠폰번호** 입력 ▶ 나의 시험지 목록에서 시험 응시

❖ 쿠폰을 등록하면 60일 동안 응시할 수 있습니다.
❖ 이 쿠폰의 유효기간은 2023년 12월 31일까지입니다.

※ 성안당 이러닝(bm.cyber.co.kr)은 성안당 도서몰(cyber.co.kr)과 다른 사이트이며, 별도의 계정으로 운영됩니다.

 성안당 쇼핑몰 QR코드 ▶ 다양한 전문서적을 빠르고 신속하게 만나실 수 있습니다.

경기도 파주시 문발로 112 파주 출판 문화도시(제작 및 물류) **TEL**. 031-950-6300 **FAX**. 031-955-0510
서울시 마포구 양화로 127 첨단빌딩 3층(출판기획 R&D센터) **TEL**. 02-3142-0036

공유압기능사 기출문제집
Craftsman Hydro-pneumatic

NCS(국가직무능력표준) 기반 출제기준 반영 / CBT 대비서

공유압기능사 기출문제집
핵심 요점노트 + 기출 1200제
Craftsman Hydro-pneumatic

공학박사·기술사 **김순채** 지음

" 이 책을 선택한 당신, 당신은 이미 위너입니다! "

BM (주)도서출판 **성안당**

■ **도서 A/S 안내**

성안당에서 발행하는 모든 도서는 저자와 출판사, 그리고 독자가 함께 만들어 나갑니다.

좋은 책을 펴내기 위해 많은 노력을 기울이고 있습니다. 혹시라도 내용상의 오류나 오탈자 등이 발견되면 "좋은 책은 나라의 보배"로서 우리 모두가 함께 만들어 간다는 마음으로 연락주시기 바랍니다. 수정 보완하여 더 나은 책이 되도록 최선을 다하겠습니다.

성안당은 늘 독자 여러분들의 소중한 의견을 기다리고 있습니다. 좋은 의견을 보내주시는 분께는 성안당 쇼핑몰의 포인트(3,000포인트)를 적립해 드립니다.

잘못 만들어진 책이나 부록 등이 파손된 경우에는 교환해 드립니다.

저자 문의 e-mail : edn@engineerdata.net (김순채)
본서 기획자 e-mail : coh@cyber.co.kr (최옥현)
홈페이지 : http://www.cyber.co.kr   전화 : 031) 950-6300

3회독 플래너

SMART
스스로 마스터하는 트렌디한 수험서

공유압기능사 기출문제집 필기

PART	SECTION	1회독	2회독	3회독
제1편 핵심 요점정리	제1장 공유압 일반	1~3일	1일	1일
	제2장 기계제도와 기계요소 및 재료일반			
	제3장 기초전기 일반			
제2편 기출 1200제	제1회 2016. 4. 2. 시행	4~5일	2일	2일
	제2회 2016. 7. 10. 시행			
	제3회 2015. 4. 4. 시행	6일		
	제4회 2015. 7. 19. 시행			
	제5회 2015. 10. 10. 시행	7일	3일	
	제6회 2014. 4. 6. 시행			
	제7회 2014. 10. 11. 시행	8일		
	제8회 2013. 4. 14. 시행			
	제9회 2013. 10. 12. 시행	9일	4일	
	제10회 2012. 4. 8. 시행			
	제11회 2012. 10. 20. 시행	10일		
	제12회 2011. 10. 9. 시행			
	제13회 2010. 10. 3. 시행	11일	5일	3일
	제14회 2009. 9. 27. 시행			
	제15회 2008. 10. 5. 시행	12일		
	제16회 2007. 9. 16. 시행			
	제17회 2006. 10. 1. 시행	13일	6일	
	제18회 2005. 10. 5. 시행			
	제19회 2004. 10. 10. 시행	14일		
	제20회 2003. 10. 5. 시행			
제3편 CBT 대비 실전 모의고사	제1회 실전 모의고사	15일	7일	4일
	제2회 실전 모의고사			
	제3회 실전 모의고사			
	제4회 실전 모의고사	16일		
	제5회 실전 모의고사			
	제6회 실전 모의고사	17일	8일	
	제7회 실전 모의고사			
CBT 모의고사 응시 (성안당 문제은행 서비스)	제1회 CBT 모의고사 응시	18일	9~10일	5일
	제2회 CBT 모의고사 응시	19일		
	제3회 CBT 모의고사 응시	20일		

" 수험생 여러분을 성안당이 응원합니다! "

20일 완성!   **10일 완성!**   **5일 완성!**

SMART 공유압기능사 기출문제집 필기

스스로 체크하는 3회독 플래너

스스로 **마**스터하는 **트**렌디한 수험서

PART	SECTION	1회독	2회독	3회독
제1편 핵심 요점정리	제1장 공유압 일반			
	제2장 기계제도와 기계요소 및 재료일반			
	제3장 기초전기 일반			
제2편 기출 1200제	제1회 2016. 4. 2. 시행			
	제2회 2016. 7. 10. 시행			
	제3회 2015. 4. 4. 시행			
	제4회 2015. 7. 19. 시행			
	제5회 2015. 10. 10. 시행			
	제6회 2014. 4. 6. 시행			
	제7회 2014. 10. 11. 시행			
	제8회 2013. 4. 14. 시행			
	제9회 2013. 10. 12. 시행			
	제10회 2012. 4. 8. 시행			
	제11회 2012. 10. 20. 시행			
	제12회 2011. 10. 9. 시행			
	제13회 2010. 10. 3. 시행			
	제14회 2009. 9. 27. 시행			
	제15회 2008. 10. 5. 시행			
	제16회 2007. 9. 16. 시행			
	제17회 2006. 10. 1. 시행			
	제18회 2005. 10. 5. 시행			
	제19회 2004. 10. 10. 시행			
	제20회 2003. 10. 5. 시행			
제3편 CBT 대비 실전 모의고사	제1회 실전 모의고사			
	제2회 실전 모의고사			
	제3회 실전 모의고사			
	제4회 실전 모의고사			
	제5회 실전 모의고사			
	제6회 실전 모의고사			
	제7회 실전 모의고사			
CBT 모의고사 응시 (성안당 문제은행 서비스)	제1회 CBT 모의고사 응시			
	제2회 CBT 모의고사 응시			
	제3회 CBT 모의고사 응시			
		일 완성!	일 완성!	일 완성!

" 수험생 여러분을 성안당이 응원합니다! "

머리말

21세기의 엔지니어는 능력이 있어야 미래가 보장된다. 산업구조는 편리성을 추구하는 방향으로 발전하며 회사는 최소의 비용으로 최대의 효과를 발휘하는 공유압시스템과 더불어 설계, 제작, 운영하고 보수와 유지하는 엔지니어가 필요하다. 따라서 현장에 근무하는 엔지니어는 자신의 능력을 배양하기 위해 끊임없는 노력과 자기개발을 해야 한다.

21세기는 글로벌 시대이다. 우리는 이제 세계 여러 국가와 경쟁하여 우위를 차지해야 경쟁력이 있으며 세계를 향해 나아갈 수 있다. 또한 기업은 우수한 인재와 체계적인 기업구조를 창출하여 선진 여러 기업과 선의의 경쟁을 해야 하는 시대에 살아가고 있다.

따라서 산업분야에 종사하고 있는 엔지니어는 기업의 효율화에 따른 선진 산업구조를 이해하고 회사의 이익을 창출해 나가는 기술력과 자신의 능력을 갖추므로 미래가 보장될 것이다. 또한 세계는 정보화산업의 발달로 인해 하나가 되었으며 자신의 분야뿐만 아니라 모두가 공유하는 분야도 결코 소홀히 하면 안 될 것이다.

공유압기능사는 산업기계와 자동화시스템에 적용되는 공유압을 이해하고 능력으로 상징되는 기능사를 취득하므로 지식배양과 실무에서는 이론을 바탕으로 한 업무처리에 효율성을 부여한다. 따라서 『공유압기능사 기출문제집』은 다음과 같은 부분에 합격하는 능력을 배양하도록 하였다.

이 책의 특징

1. 20일, 10일, 5일, 따라만 하면 3회독으로 마스터가 가능한 "합격 플래너"를 수록하였다.
2. 시험 직전 최종 마무리하는 데 활용할 수 있도록 중요한 내용과 공식들을 정리하여 "핵심 요점노트"로 구성하였다.
3. 암기의 효율성을 부여하고 출제빈도가 높은 이론은 색깔로 표시하였다.
4. 과년도에 출제된 1200제를 상세한 해설로 단기간 합격을 유도하였다.

> 5. CBT에 대비할 수 있도록 실전 모의고사를 상세한 해설과 함께 수록하였다.
> 6. 적중률 높은 명품 동영상강의로 집중력을 배양하고 효율적인 문제풀이로 합격비법을 제시하였다.

이 책이 출판되기까지 준비하는 과정 중에 어려울 때나 나약할 때 항상 기도에 응답하시는 주님께 영광을 돌린다. 또한 많은 분량을 꼼꼼히 검토하며 교정하시는 성안당출판사 편집부 직원들, 동영상 촬영과 편집을 위해 수고하신 김민수 이사에게도 감사함을 전한다. 이 시간에도 한국의 기술서적의 리더로서 발전을 위해 수고하시는 이종춘 회장님께도 감사드린다.

또한 항상 나의 곁에서 같은 인생을 체험하며 위로하는 가족에게 영광을 돌리며 지금도 나를 위해 기도하시는 모든 성도님께도 주님의 축복하심이 함께하며 은혜가 충만하시기를 기도한다.

끝으로 이 책으로 공부하는 모든 수험생들의 합격을 간절히 소망하며 여러분의 앞날에 무궁한 발전이 있기를 기원합니다.

감사합니다.

공학박사 · 기술사 김순채

NCS 안내

1 국가직무능력표준(NCS)이란?

국가직무능력표준(NCS, National Competency Standards)은 산업현장에서 직무를 수행하기 위해 요구되는 지식·기술·태도 등의 내용을 국가가 산업부문별, 수준별로 체계화한 것이다.

(1) 국가직무능력표준(NCS) 개념도

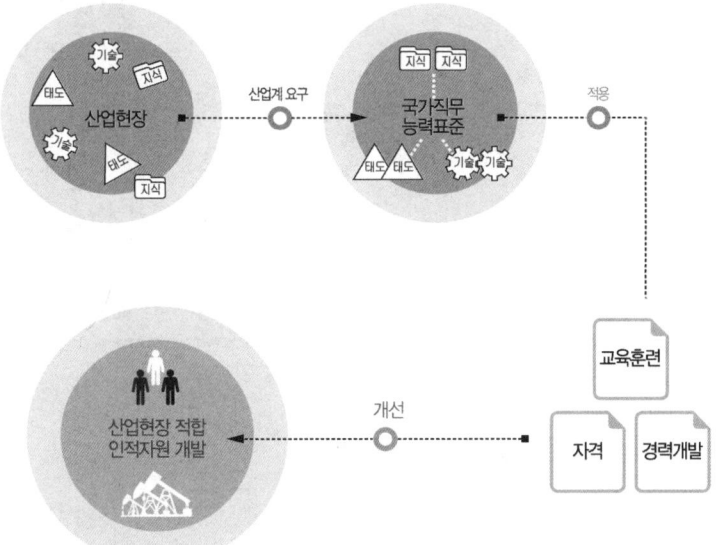

직무능력 : 일을 할 수 있는 On – spec인 능력
① 직업인으로서 기본적으로 갖추어야 할 공통 능력 → 직업기초능력
② 해당 직무를 수행하는 데 필요한 역량(지식, 기술, 태도) → 직무수행능력

보다 효율적이고 현실적인 대안 마련
① 실무 중심의 교육·훈련 과정 개편
② 국가자격의 종목 신설 및 재설계
③ 산업현장 직무에 맞게 자격시험 전면 개편
④ NCS 채용을 통한 기업의 능력 중심 인사관리 및 근로자의 평생경력 개발 관리 지원

(2) 국가직무능력표준(NCS) 학습모듈

국가직무능력표준(NCS)이 현장의 '직무요구서'라고 한다면, NCS 학습모듈은 NCS 능력단위를 교육훈련에서 학습할 수 있도록 구성한 '교수·학습자료'이다.
NCS 학습모듈은 구체적 직무를 학습할 수 있도록 이론 및 실습과 관련된 내용을 상세하게 제시하고 있다.

2 국가직무능력표준(NCS)이 왜 필요한가?

능력 있는 인재를 개발해 핵심 인프라를 구축하고, 나아가 국가경쟁력을 향상시키기 위해 국가직무능력표준이 필요하다.

(1) 국가직무능력표준(NCS) 적용 전/후

지금은
- 직업 교육·훈련 및 자격제도가 산업현장과 불일치
- 인적자원의 비효율적 관리 운용

→ 국가직무능력표준 →

이렇게 바뀝니다.
- 각각 따로 운영되었던 교육·훈련, 국가직무능력표준 중심 시스템으로 전환 (일-교육·훈련-자격 연계)
- 산업현장 직무 중심의 인적자원 개발
- 능력중심사회 구현을 위한 핵심 인프라 구축
- 고용과 평생직업능력개발 연계를 통한 국가경쟁력 향상

(2) 국가직무능력표준(NCS) 활용범위

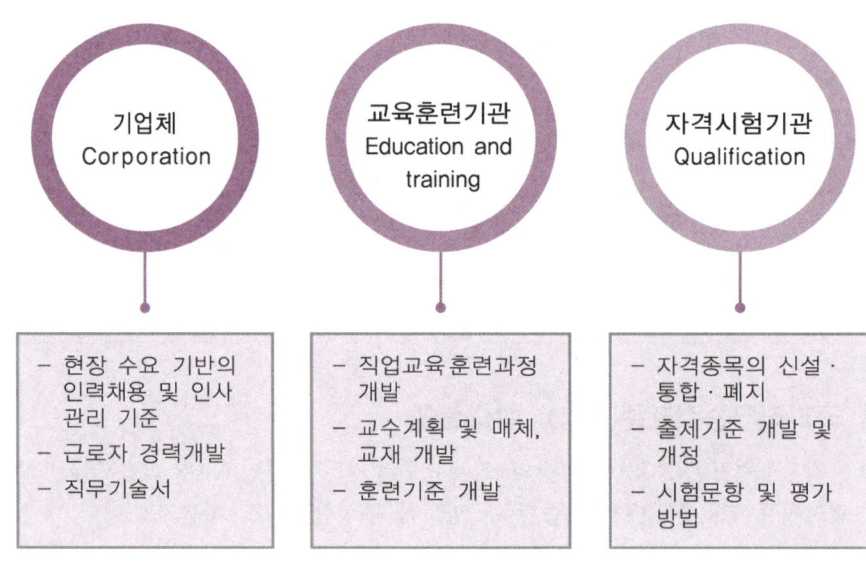

기업체 Corporation
- 현장 수요 기반의 인력채용 및 인사관리 기준
- 근로자 경력개발
- 직무기술서

교육훈련기관 Education and training
- 직업교육훈련과정 개발
- 교수계획 및 매체, 교재 개발
- 훈련기준 개발

자격시험기관 Qualification
- 자격종목의 신설·통합·폐지
- 출제기준 개발 및 개정
- 시험문항 및 평가방법

3 과정평가형 자격취득

(1) 개념

과정평가형 자격은 국가직무능력표준(NCS)으로 설계된 교육·훈련과정을 체계적으로 이수하고 내·외부평가를 거쳐 취득하는 국가기술자격이다.

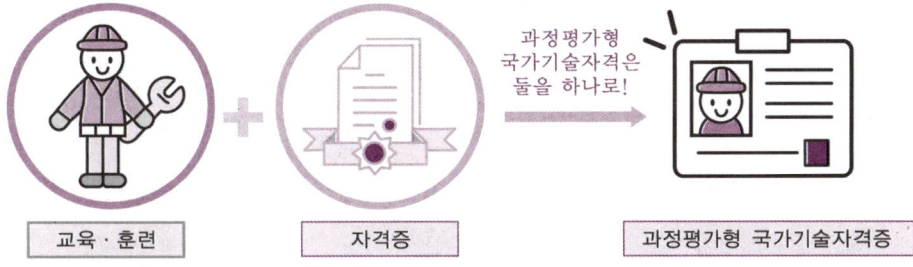

(2) 기존 자격제도와 차이점

구분	검정형	과정형
응시자격	학력, 경력요건 등 응시요건을 충족한 자	해당 과정을 이수한 누구나
평가방법	지필평가, 실무평가	내부평가, 외부평가
합격기준	• 필기 : 평균 60점 이상 • 실기 : 60점 이상	내부평가와 외부평가의 결과를 1:1로 반영하여 평균 80점 이상
자격증 기재내용	자격종목, 인적사항	자격종목, 인적사항, 교육·훈련기관명, 교육·훈련기간 및 이수시간, NCS 능력단위명

(3) 대상종목(2020년 1월 '기능사' 기준 총 90종목)

3D프린터운용기능사
건축목공기능사
귀금속가공기능사
금형기능사
도자공예기능사
미용사(메이크업)
배관기능사
산림기능사

건설기계정비기능사
공유압기능사
금속도장기능사
기계가공조립기능사
도자기공예기능사
미용사(일반)
복어조리기능사
생산자동화기능사

건설재료시험기능사
공조냉동기계기능사
금속재료시험기능사
농기계정비기능사
미용사(네일)
미용사(피부)
사진기능사
수산양식기능사

승강기능사	식품가공기능사	신발류제조기능사
실내건축기능사	압연기능사	양식조리기능사
양장기능사	에너지관리기능사	연삭기능사
열처리기능사	염색기능사(날염)	염색기능사(침염)
용접기능사	원예기능사	웹디자인기능사
위험물기능사	유기농업기능사	의료전자기능사
이용사	일식조리기능사	자동차보수도장기능사
자동차정비기능사	자동차차체수리기능사	잠수기능사
전산응용건축제도기능사	전산응용기계제도기능사	전산응용토목제도기능사
전자계산기기능사	전자기기기능사	전자출판기능사
전자캐드기능사	정밀측정기능사	정보기기운용기능사
정보처리기능사	제강기능사	제과기능사
제빵기능사	제선기능사	제품응용모델링기능사
조경기능사	조주기능사	종자기능사
주조기능사	중식조리기능사	천장크레인운전기능사
축로기능사	축산기능사	측량기능사
컴퓨터그래픽스운용기능사	컴퓨터응용밀링기능사	컴퓨터응용선반기능사
콘크리트기능사	타워크레인설치·해체기능사	타워크레인운전기능사
특수용접기능사	표면처리기능사	한복기능사
한식조리기능사	항공관정비기능사	항공기관정비기능사
항공기체정비기능사	항공장비정비기능사	항공전자정비기능사
화학분석기능사	화훼장식기능사	환경기능사

(4) 취득방법

① 산업계의 의견수렴절차를 거쳐 한국산업인력공단은 다음연도의 과정평가형 국가기술자격 시행종목을 선정한다.
② 한국산업인력공단은 종목별 편성기준(시설·장비, 교육·훈련기관, NCS 능력단위 등)을 공고하고, 엄격한 심사를 거쳐 과정평가형 국가기술자격을 운영할 교육·훈련기관을 선정한다.
③ 교육·훈련생은 각 교육·훈련기관에서 600시간 이상의 교육·훈련을 받고 능력단위별 내부평가에 참여한다.
④ 이수기준(출석률 75%, 모든 내부평가 응시)을 충족한 교육·훈련생은 외부평가에 참여한다.
⑤ 교육·훈련생은 80점 이상(내부평가 50+외부평가 50)의 점수를 받으면 해당 자격을 취득하게 된다.

(5) 교육·훈련생의 평가방법

① 내부평가(지정 교육·훈련기관)
  ㉠ 과정평가형 자격 지정 교육·훈련기관에서 능력단위별 75% 이상 출석 시 내부평가 시행
  ㉡ 내부평가

시기	NCS 능력단위별 교육·훈련 종료 후 실시(교육·훈련시간에 포함됨)
출제·평가	지필평가, 실무평가
성적관리	능력단위별 100점 만점으로 환산
이수자 결정	능력단위별 출석률 75% 이상, 모든 내부평가에 참여
출석관리	교육·훈련기관 자체 규정 적용(다만, 훈련기관의 경우 근로자직업능력개발법 적용)

  ㉢ 모니터링

시행시기	내부평가 시
확인사항	과정 지정 시 인정받은 필수기준 및 세부 평가기준 충족 여부, 내부평가의 적정성, 출석관리 및 시설장비의 보유 및 활용사항 등
시행횟수	분기별 1회 이상(교육·훈련기관의 부적절한 운영상황에 대한 문제제기 등 필요 시 수시확인)
시행방법	종목별 외부전문가의 서류 또는 현장조사
위반사항 적발	주무부처 장관에게 통보, 국가기술자격법에 따라 위반내용 및 횟수에 따라 시정명령, 지정취소 등 행정처분(국가기술자격법 제24조의5)

② 외부평가(한국산업인력공단)
  내부평가 이수자에 대한 외부평가 실시

시행시기	해당 교육·훈련과정 종료 후 외부평가 실시
출제·평가	과정 지정 시 인정받은 필수기준 및 세부평가기준 충족 여부, 내부평가의 적정성, 출석관리 및 시설장비의 보유 및 활용사항 등 ※ 외부평가 응시 시 발생되는 응시수수료 한시적으로 면제

★ NCS에 대한 자세한 사항은 국가직무능력표준 National Competency Standards 홈페이지(www.ncs.go.kr)에서 확인해주시기 바랍니다. ★

★ 과정평가형 자격에 대한 자세한 사항은 CQ-Net 홈페이지(c.q-net.or.kr)에서 확인해주시기 바랍니다. ★

CBT 안내

1 CBT란?

CBT란 Computer Based Test의 약자로, 컴퓨터 기반 시험을 의미한다. 정보기기운용기능사, 정보처리기능사, 굴삭기운전기능사, 지게차운전기능사, 제과기능사, 제빵기능사, 한식조리기능사, 양식조리기능사, 일식조리기능사, 중식조리기능사, 미용사(일반), 미용사(피부) 등 12종목은 이미 오래 전부터 CBT 시험을 시행하고 있으며, '공유압기능사'는 2016년 5회 시험부터 CBT 시험이 시행되고 있다. CBT 필기시험은 컴퓨터로 보는 만큼 수험자가 답안을 제출함과 동시에 합격 여부를 확인할 수 있다.

2 CBT 시험과정

한국산업인력공단에서 운영하는 홈페이지 **큐넷(Q-net)**에서는 누구나 쉽게 CBT 시험을 볼 수 있도록 실제 자격시험 환경과 동일하게 구성한 **가상 웹 체험 서비스를 제공**하고 있으며, 그 과정을 요약한 내용은 아래와 같다.

(1) 시험시작 전 신분 확인절차

수험자가 자신에게 배정된 좌석에 앉아 있으면 신분 확인절차가 진행된다. 이것은 시험장 감독위원이 컴퓨터에 나온 수험자 정보와 신분증이 일치하는지를 확인하는 단계이다.

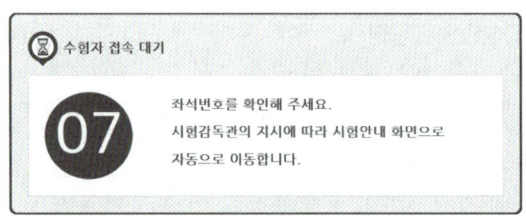

(2) CBT 시험안내 진행

신분 확인이 끝난 후 시험시작 전 CBT 시험안내가 진행된다.

> 안내사항 > 유의사항 > 메뉴 설명 > 문제풀이 연습 > 시험준비 완료

① 시험 [**안내사항**]을 확인한다.
- 시험은 총 5문제로 구성되어 있으며, 5분간 진행된다(자격종목별로 시험문제 수와 시험시간은 다를 수 있다(공유압기능사 필기 - 60문제/1시간)).
- 시험 도중 수험자의 PC에 장애가 발생한 경우 손을 들어 시험감독관에게 알리면 긴급장애조치 또는 자리이동을 할 수 있다.
- 시험이 끝나면 합격 여부를 바로 확인할 수 있다.

② 시험 [**유의사항**]을 확인한다.
시험 중 금지되는 행위 및 저작권 보호에 관한 유의사항이 제시된다.

③ 문제풀이 [**메뉴 설명**]을 확인한다.
문제풀이 기능 설명을 유의해서 읽고 기능을 숙지해야 한다.

④ 자격검정 CBT [**문제풀이 연습**]을 진행한다.
실제 시험과 동일한 방식의 문제풀이 연습을 통해 CBT 시험을 준비한다.
- CBT 시험문제 화면의 기본 글자크기는 150%이다. 글자가 크거나 작을 경우 크기를 변경할 수 있다.
- 화면배치는 1단 배치가 기본 설정이다. 더 많은 문제를 볼 수 있는 2단 배치와 한 문제씩 보기 설정이 가능하다.

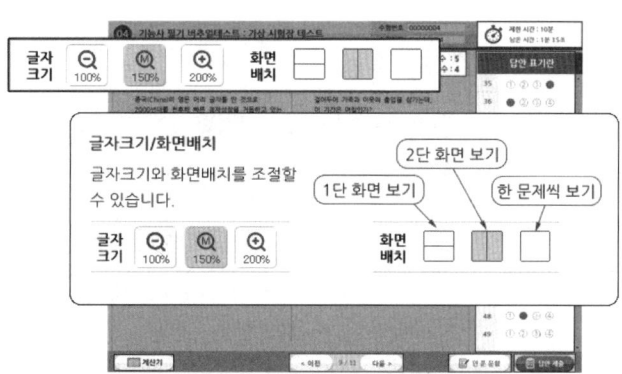

- 답안은 문제의 보기번호를 클릭하거나 답안표기 칸의 번호를 클릭하여 입력할 수 있다.
- 입력된 답안은 문제화면 또는 답안표기 칸의 보기번호를 클릭하여 변경할 수 있다.

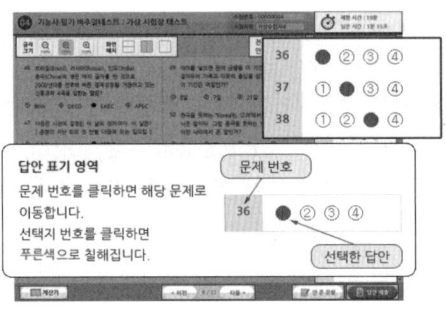

- 페이지 이동은 아래의 페이지 이동 버튼 또는 답안표기 칸의 문제번호를 클릭하여 이동할 수 있다.

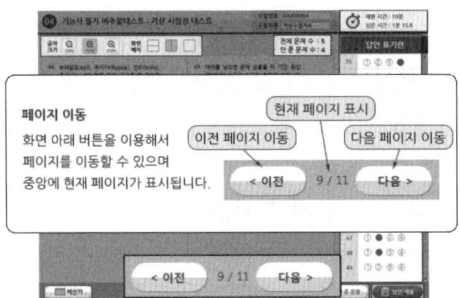

- 응시종목에 계산문제가 있을 경우 좌측 하단의 계산기 기능을 이용할 수 있다.

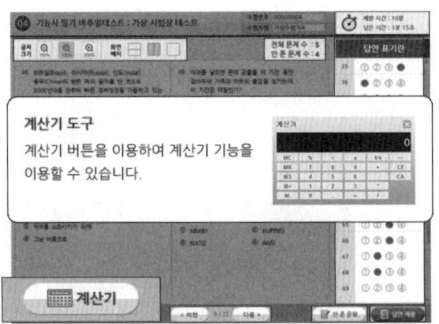

- 안 푼 문제 확인은 답안 표기란 좌측에 안 푼 문제 수를 확인하거나 답안 표기란 하단 [안 푼 문제] 버튼을 클릭하여 확인할 수 있다. 안 푼 문제번호 보기 팝업창에 안 푼 문제번호가 표시된다. 번호를 클릭하면 해당 문제로 이동한다.

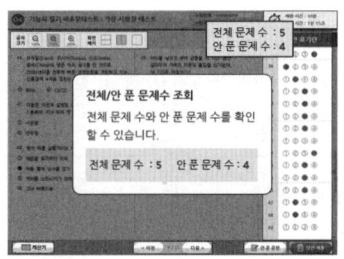

- 시험문제를 다 푼 후 답안 제출을 하거나 시험시간이 모두 경과되었을 경우 시험이 종료되며 시험결과를 바로 확인할 수 있다.
- [답안 제출] 버튼을 클릭하면 답안 제출 승인 알림창이 나온다. 시험을 마치려면 [예] 버튼을 클릭하고 시험을 계속 진행하려면 [아니오] 버튼을 클릭하면 된다. 답안 제출은 실수 방지를 위해 두 번의 확인 과정을 거친다. 이상이 없으면 [예] 버튼을 한 번 더 클릭하면 된다.

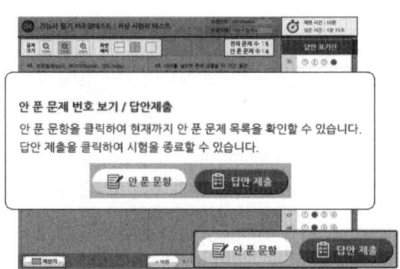

⑤ [시험준비 완료]를 한다.
   시험 안내사항 및 문제풀이 연습까지 모두 마친 수험자는 [시험준비 완료] 버튼을 클릭한 후 잠시 대기한다.

(3) CBT 시험 시행
(4) 답안 제출 및 합격 여부 확인

★ 좀 더 자세한 내용은 **Q-Net** 홈페이지(www.q-net.or.kr)를 방문하여 참고하시기 바랍니다. ★

출제기준

직무분야	기계	중직무분야	기계제작	자격종목	공유압기능사	적용기간	2022.1.1.~2024.12.31.
직무내용	공유압회로도를 파악하여 공유압장치의 공기압축기와 유압펌프, 각종의 제어밸브, 공압 및 유압실린더와 공압 및 유압모터, 기타 부속기기 등을 점검, 정비 및 유지관리업무를 수행하는 직무							
필기검정방법	객관식		문제수	60		시험시간	1시간	

과목명	문제수	주요 항목	세부항목	세세항목	
공유압 일반, 기계제도 (비절삭) 및 기계요소, 기초전기 일반	60	1. 공유압 일반	(1) 공유압의 개요	① 기초이론 ③ 공유압의 특성	② 공유압의 이론
			(2) 공압기기	① 공기압발생장치 ③ 압축공기조정기기 ⑤ 공압압력제어밸브 ⑦ 공압액추에이터	② 공기청정화기기 ④ 공압방향제어밸브 ⑥ 공압유량제어밸브 ⑧ 공압부속기기
			(3) 유압기기	① 유압발생장치 ③ 유압압력제어밸브 ⑤ 유압액추에이터 ⑦ 유압작동유	② 유압방향제어밸브 ④ 유압유량제어밸브 ⑥ 유압부속기기
			(4) 공유압 기호	① 공압기호 ③ 전기기호	② 유압기호
			(5) 공유압 회로	① 공압회로 ③ 전기 공유압의 개요 ⑤ 전기공압회로의 설계	② 유압회로 ④ 시퀀스회로의 설계 ⑥ 전기유압회로의 설계
		2. 기계제도 (비절삭) 및 기계요소	(1) 제도 통칙	① 일반사항(도면, 척도, 문자 등) ② 선의 종류 및 용도 표시법 ③ 투상법 ④ 도형의 표시방법 ⑤ 치수의 표시방법 ⑥ 기계요소 표시법 ⑦ 배관도시기호	
			(2) 기계요소	① 기계설계의 기초 ③ 나사, 리벳 ⑤ 축, 베어링 ⑦ 벨트, 체인	② 재료의 강도와 변형 ④ 키, 핀 ⑥ 기어 ⑧ 스프링, 브레이크

과목명	문제수	주요 항목	세부항목	세세항목
공유압 일반, 기계제도 (비절삭) 및 기계요소, 기초전기 일반	60	3. 기초전기 일반	(1) 직·교류 회로	① 전기회로의 전압, 전류, 저항 ② 전력과 열량 ③ 직·교류회로의 기초 ④ 교류에 대한 R.L.C의 작용 ⑤ 단상, 3상 교류
			(2) 전기기기의 구조와 원리 및 운전	① 직류기 ② 유도전동기 ③ 정류기
			(3) 시퀀스제어	① 시퀀스제어의 개요 ② 제어요소와 논리회로 ③ 시퀀스제어의 기본회로 및 이론 ④ 전동기 제어 일반 ⑤ 센서의 종류와 특성 ⑥ 릴레이, 타이머
			(4) 전기측정	① 전류의 측정 ② 전압의 측정 ③ 저항의 측정

차례

제1편 핵심 요점노트

제1장 공유압 일반 / 3

제2장 기계제도와 기계요소 및 재료일반 / 16

제3장 기초전기 일반 / 25

제2편 기출 1200제

제1회 2016.4.2. 시행 ··· 3

제2회 2016.7.10. 시행 ··· 12

제3회 2015.4.4. 시행 ··· 20

제4회 2015.7.19. 시행 ··· 29

제5회 2015.10.10. 시행 ··· 38

제6회 2014.4.6. 시행 ··· 46

제7회 2014.10.11. 시행 ··· 55

제8회 2013.4.14. 시행 ··· 64

제9회 2013.10.12. 시행 ··· 73

제10회 2012.4.8. 시행 ··· 82

제11회 2012.10.20. 시행 ··· 90

제12회 2011.10.9. 시행 ··· 98

제13회 2010.10.3. 시행 ··· 105

제14회 2009.9.27. 시행 ··· 113

제15회 2008.10.5. 시행 ··· 120

제16회 2007.9.16. 시행 ··· 127

제17회 2006.10.1. 시행 ··· 134

제18회 2005.10.5. 시행 ··· 142

제19회 2004.10.10. 시행 ·· 149
　　제20회 2003.10.5. 시행 ·· 156

제3편　CBT 대비 실전 모의고사

　　제1회 CBT 대비 실전 모의고사 ·· 165
　　제1회 정답 및 해설 ·· 171

　　제2회 CBT 대비 실전 모의고사 ·· 174
　　제2회 정답 및 해설 ·· 180

　　제3회 CBT 대비 실전 모의고사 ·· 184
　　제3회 정답 및 해설 ·· 190

　　제4회 CBT 대비 실전 모의고사 ·· 193
　　제4회 정답 및 해설 ·· 199

　　제5회 CBT 대비 실전 모의고사 ·· 203
　　제5회 정답 및 해설 ·· 209

　　제6회 CBT 대비 실전 모의고사 ·· 213
　　제6회 정답 및 해설 ·· 219

　　제7회 CBT 대비 실전 모의고사 ·· 223
　　제7회 정답 및 해설 ·· 229

제1편

핵심 요점노트

Craftsman Hydro-Pneumatic

제1장 공유압 일반
제2장 기계제도와 기계요소 및 재료일반
제3장 기초전기 일반

시험 전 꼭 암기해야 할 핵심 요점노트

01 CHAPTER 공유압 일반

01 | 공유압의 개요

1. 대기

① 대기의 성분은 질소→산소→아르곤→이산화탄소 순으로 많이 분포되어 있다.
② 상대습도는 현재 포함한 수증기량과 공기가 최대로 포함할 수 있는 수증기량(포화수증기량)의 비를 퍼센트(%)로 나타낸 것이다.
③ 절대습도는 특정한 온도의 대기 중에 포함되어 있는 수증기의 양을 그 온도의 포화수증기량으로 나눈 것이다.
④ 기체의 온도가 $-273.15℃$인 상태를 절대온도라 한다.
⑤ 공기의 기체상수 $=287 J/kg \cdot K$
$\qquad\qquad\qquad =29.27 kgf \cdot m/kg \cdot K$
⑥ 보일-샤를의 법칙에서 공기의 기체상수
$R = \dfrac{848}{M} [kgf \cdot m/kg \cdot K]$
$\quad = \dfrac{8,312}{M} [J/kg \cdot K]$
⑦ 공압의 에너지효율성은 리턴되는 압력을 대기로 배출하므로 유압에 비하여 나쁘다.

2. 압력

① 절대압력은 대기압과 게이지압의 합이며, 게이지압력은 압력계에서 읽은 압력이 된다.
② 표준 대기압(1atm)
$=760 mmHg=730 mmAq=1.0332 kgf/cm^2$
$=1,013 mbar=101.3 kPa$
③ 단위환산
• $1Pa=1N/m^2$,
$1kgf/cm^2=9.8N/10^{-4}=98kPa$
• 기계분야의 단위
$1kgf/cm^2=98kPa=14.3PSI$
• SI의 단위
$1bar=10N/cm^2=100kPa=14.5PSI$
• 물리학의 단위
1기압$(atm)=10.13N/cm^2=101.3kPa$
$\qquad\qquad\qquad =14.7PSI$
※ $1kgf/cm^2$, $1bar$, 1기압의 단위는 $1bar$를 기준으로 $±2\%$ 이내 차이
$1bar=100,000Pa=1,000hPa=100kPa$
$\qquad =0.1MPa$
$1kPa=\dfrac{1}{1,000} bar=1mbar$

3. 관련 법칙

① 관속을 흐르는 유체에서 '$A_1 V_1 = A_2 V_2 =$일정' 하다는 연속의 법칙으로, 관에서 속도나 직경을 구할 때 적용한다.

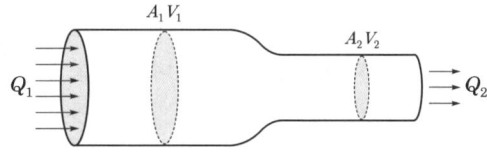

▲ 연속의 법칙

② 베르누이의 정리에서 방정식은 $\dfrac{P}{\gamma}+\dfrac{V^2}{2g}+Z$
$=H$이며 압력·운동·위치에너지의 합으로 펌프의 수두를 계산할 때 적용한다.

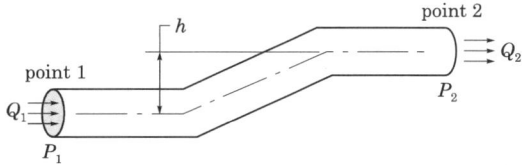

▲ Bernoulli의 정리

③ 파스칼의 원리는 $\frac{F}{A} = \frac{W}{B}$ 이며, 경계조건은 다음과 같다.
- 각 점의 압력은 모든 방향으로 그 크기가 같다.
- 유체의 압력은 면에 수직으로 작용한다.
- 밀폐용기 속에 유체의 일부에 가해진 압력은 각부에 똑같은 세기로 전달된다.

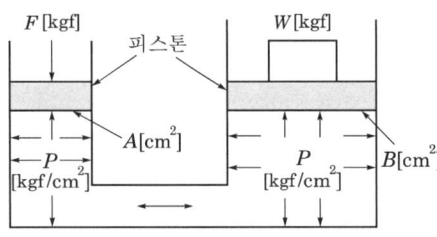

▲ 파스칼의 원리

특성\분류	왕복식	회전식	터보식
구조	비교적 간단	간단하고 섭동부가 크다	대형으로 되기 쉽고 복잡하다
진동	비교적 많다	적다	적다
소음	비교적 높다	적다	적다
보수성	좋다	섭동부품의 정기교환이 필요	비교적 좋으나 오버홀이 필요
토출 공기압력	중·고압	중압	표준 압력
가격	싸다	비교적 비싸다	비싸다

⑥ 압축공기 내의 수분은 배관라인 내에서 부식 및 Scale을 발생시키고, 각종 공압기기에는 오동작을 유발시켜 효율을 저하시키므로 압축기 내의 수분을 제거하기 위해 원심력, 흡습제, 충돌판을 이용한다.

02 | 공압기기

1. 공기압발생장치

1) 공기압축기

① 압축기에서 중형에 해당하는 출력은 15~74kW이다.
② 회전형 압축기는 고속으로 회전하므로 소음이 작지만, 왕복형 압축기는 직선운동에 따른 방향변환으로 맥동압력이 발생할 수 있다.
③ 축류식 압축기는 터보형이며, 터보형 압축기는 원심식에 해당되며 회전수가 대단히 빠르다.
④ 공기압축기의 토출압력에 따라 저압은 7~8kgf/cm², 중압은 10~15kgf/cm², 고압은 15kgf/cm² 이상으로 분류한다. 공기압축기는 보통 10kgf/cm²의 압력을 발생하며, 사용압력은 5~6kgf/cm²로 사용한다.
⑤ 공기압력에 따른 기종 선정 : 공압 액추에이터나 공압기기의 작동압력은 주로 4~6kgf/cm²가 사용되고, 프레스기계용이나 계장용은 7~8kgf/cm² 정도이다. 배관과 공압기기 등의 압력강하를 고려하여 20% 정도 여유를 주어야 한다. 사용공기압력의 상한치는 10kgf/cm² 정도이므로 압축기의 기종은 왕복식이나 회전식 압축기가 적당하다.

2) 공기탱크

① 압축공기저장탱크의 구성기기에는 압력계, 압력스위치, 안전밸브, 차단밸브, 드레인뽑기, 접속관이 있다.
② 공압탱크의 크기를 결정하는 안전계수는 보통 1.2를 적용한다.
③ 일반산업분야의 기계에서 사용하는 압축공기의 압력은 약 500~700kPa이다.

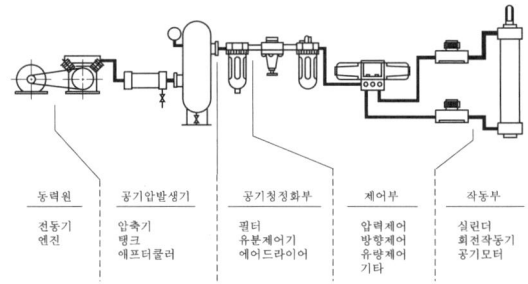

▲ 일반적인 공기압축기시스템

2. 공기청정화기기와 압축공기조정기기

① 실린더, 로터리 액추에이터 등 일반용 공압기기의 공기여과에 적당한 여과기 엘리먼트의 입도는 40~70μm이다.

② 흡착식 건조기의 원리는 공기 중의 습기를 2개의 탱크 안에 투입된 흡착제가 습기를 빨아들이는 방식이다. 비가열재생방식은 일정비율의 건조공기를 흡착제에 통과시켜 흡착제를 재생시키고, 가열재생방식은 전기히터를 장착하여 흡착제를 말려 건조한 공기의 사용을 줄일 수 있다.
③ 건조제를 통과하면 건조제가 압축공기 중의 습기와 결합(흡착)하여 혼합물이 형성되는 건조기는 흡착식 에어드라이어이며 최대 −70℃의 저노점온도조건을 유지할 수 있으며 실리카겔 등의 고체흡착제를 사용한다.
④ 수분 제거방법에 따라 냉각식, 흡착식, 흡수식이 있다.
⑤ 압력조절밸브는 감압을 목적으로 하며 2차 압력이 80% 이하로 떨어지지 않도록 하는 것이 좋다.
⑥ 윤활기는 공기압에서 벤투리원리에 의해서 윤활유를 분사하는 역할을 하며 각종 액추에이터가 운동할 때 윤활작용을 한다.
⑦ 서비스유닛을 AC(Air Combination) unit 또는 FRL(Filter Regulator Lubricator) unit이라 한다.
⑧ 공압드레인은 압축공기 중에 함유한 수분을 배출하여 공압기기에 영향을 미치지 않도록 하기 위함이다.
  • 전동식(솔레노이드밸브식)은 설정된 시간에 따라 주기적으로 배출한다.
  • 차압식(파일럿식)은 압력변화에 의해서 수분을 배출한다.
  • 부구식(플로트식)은 수분이 일정수준에 도달되면 배출한다.

3. 공압제어밸브(방향, 압력, 유량)

1) **방향제어밸브**
① 2개의 실린더를 같은 속도로 제어하는 밸브를 분류밸브라 하며, 분류비율은 보통 1 : 1~9 : 1을 적용한다.
② 체크밸브는 한쪽으로만 유체를 흐르게 한다.
③ 솔레노이드밸브는 유량·압력·방향을 제어하며 코일에 전기를 인가하면 전자석이 되어 제어하며, 솔레노이드밸브의 전환빈도는 지연시간이 길어지면 코일에 손상을 주므로 매초 1회 정도가 알맞다.
④ 방향전환밸브는 유체의 흐름을 포트를 통하여 흐르게 하거나 차단하는 역할을 한다.
⑤ 밸브의 조작방식에 의한 분류는 인력조작방식, 기계방식, 전자방식, 공압방식, 보조방식 등이 있다.
⑥ 밸브형태
  • 포핏밸브 : 밸브몸통이 밸브자리에서 직각방향으로 이동하는 방식으로, 구조가 간단하고 먼지나 이물질의 영향을 적게 받으므로 소형에서 대형의 밸브까지 폭넓게 이용된다.
  • 스풀밸브 : 빗모양의 스풀이 원통형 미끄럼면을 축방향(직선방향)으로 이동하여 포트를 제어하여 밸브를 개폐하는 구조로 되어 있다.
  • 미끄럼식 밸브 : 밸브몸통과 밸브몸체가 미끄러져 개폐작용을 하는 형식으로 스풀밸브를 평면적으로 한 구조이다.

2) **압력제어밸브**
① 압력제어밸브는 압력에 영향을 주며 출력측의 압력을 일정하게 유지시킨다.
② 압력밸브에서 A, B, C 등으로 표현되는 포트(작업라인)는 공압에너지를 받아 외부에 일을 하며 유체가 출입하는 구멍을 의미하고 관로와 접촉하는 전환밸브의 접촉구의 수를 의미한다. 또한 포트에서 EXH는 Exhaust의 약어로서, 공압에서는 대기로 방출하라는 의미이다.

3) **유량제어밸브**
① 유량제어밸브는 실린더에 들어오는 양을 제어하므로 속도가 제어된다.
② 급속배기밸브는 외기로 공기를 빠르게 배출하므로 실린더의 운동속도가 빨라지게 된다.
③ 밸브몸체의 복귀형식에 따라 스프링리턴방식은 스프링력에 의해서, 공기압리턴방식은 공기압력에 의해서 밸브몸체를 정상위치로 복귀시키는 방식이며, 디텐드방식은 밸브의 조작력 또는 제어신호를 제거해도 복귀하지 않고 그 위치를 유지할 수 있도록 한 밸브이다. 따라서 이 밸브의 복귀는 다른 조작력 또는 제어신호에 의해서만 가능하다.

▶ 밸브의 구분

종류		KS기호	비고
2포트	2위치		정상상태 닫힘(NC) 2/2 – way 밸브
	2위치		정상상태 열림(NO) 2/2 – way 밸브
3포트	2위치		정상상태 닫힘(NC) 3/2 – way 밸브
	2위치		정상상태 열림(NO) 3/2 – way 밸브
	3위치		중립위치 닫힘 3/3 – way 밸브
4포트	2위치		4/2 – way 밸브
	3위치 (all port block)		중립위치 닫힘 4/3 – way 밸브
	3위치 (ABR 접속)		중립위치 배기 4/3 – way 밸브
	3위치 (PAB 접속)		중립위치 열림 4/3 – way 밸브
5포트	2위치		5/2 – way 밸브
	3위치 (all port block)		중립위치 닫힘 5/3 – way 밸브

4. 공압액추에이터

1) 공압실린더

① 축방향 피스톤식이 회전속도가 높고 전체 효율이 가장 좋다.
② 출력축의 로드의 강도를 필요로 하는 부분에 사용하는 것이 램형 실린더이다.
③ 충격실린더는 고속으로 동작하여 충격에너지를 생성한다.
④ 로드리스(rodless)실린더는 복동으로 로드가 없기 때문에 행정이 길 필요가 있는 시스템에 적용한다.
⑤ 완충기 또는 쿠션장치는 피스톤의 끝단에서 발생하는 충격을 흡수하여 실린더의 파손을 방지하고 장치에 전달되는 충격을 흡수한다.
⑥ 다이어프램실린더는 압력을 받는 부분에 다이어프램을 적용하는 것을 의미한다.
⑦ 동력전달방식 중 공압식은 에너지를 축적하는 역할을 하여 시스템의 조건을 운전자에 의해서 설정할 수 있다.
⑧ 탠덤실린더는 A, B포트가 각 2개씩 존재하여 보다 큰 힘을 낼 수 있다.
⑨ 트러니언은 실린더의 좌우 중앙 혹은 끝단에 회전력을 줄 수 있도록 하여 회전운동을 하는 부하에 적용한다.
⑩ 타이로드실린더는 튜브와 커버를 너트로 결합하여 기밀을 유지하고 작동압력이 높을 때 적용한다.
⑪ 공압시스템의 사이징설계조건에서 부하의 중량, 반복횟수, 행정거리는 실린더의 용량과 크기가 결정되는 변수이다.
⑫ 지지형식에 의한 분류
  • 고정식 : 풋형(축직각 : LA, 축방향 : LB), 플랜지형(로드측 : FA, 헤드측 : FB)
  • 요동형 : 클레비스형(1산 : CA, 2산 : CB), 트러니언형(로드측 : TA, 헤드측 : TB, 중간 : TC)

▶ 실린더 지지형식에 의한 분류

지지형식	지지방법	특징
표준형 (B)		지지물 없는 실린더, 취부는 지지물을 취부하는 스크루를 이용하여 실시한다.
Foot형 (LB)		지지물(foot)을 부착한 실린더, 부하가 수평으로 운동하는 경우 등에 사용된다.
Flange형 (FA, FB)	• 로드측 플랜지형(FA) • 헤드측 플랜지형(FB)	Flange를 부착한 실린더, 부하가 수직방향으로 운동하는 경우 등에 사용된다.

지지형식	지지방법	특징
Clevis형 (CA, CB)	• 1산 클레비스형(CA) • 2산 클레비스형(CB)	로드의 중심선에 대하여 직각방향의 핀홀을 가진 실린더, I형(1산 클레비스) 또는 Y자형(2산 클레비스)의 지지부를 가지고 있으며 부하가 요동하는 경우 등에 사용된다.
Trunnion형 (TC)	• 중간 트러니언형(TC)	로드의 중심선에 대하여 직각방향의 핀을 가진 실린더, 중간에 핀을 가진 것을 중간 트러니언형, 로드측에 핀을 가진 것을 축 트러니언형이라 부르며 클레비스형과 같은 경우에 사용된다.

2) 공압모터
① 요동형 공기압 액추에이터는 일정한 각도로 시계방향과 반시계방향으로 반복하면서 운동하므로 진동장치로서 사용할 수 있다.
② 공압모터는 공기의 압축성으로 회전속도는 부하의 영향을 받는다.
③ 공기압모터는 압력에너지를 운동에너지로 변환하여 동력을 발생시키므로 정지상태가 아니기 때문에 과부하 시 위험성이 없다.

5. 공압부속기기
1) 증압기, 공유압변환기
① 증압기는 공압으로 압력을 증폭하여 에너지를 발생하는 장치이다.
② 공유압변환기는 수직방향으로 설치한다.
③ **공유압변환기의 고려사항**
  • Level gauge(아크릴)에 유해한 물질(염소, 아황산, 중크롬산 칼리 등)이 있는 곳에서의 사용을 피한다.
  • 화기 근처에서의 사용을 피한다.
  • 변환기는 반드시 수직으로 설치하고, 설치높이는 가능한 기기의 유면 하한선이 액추에이터의 상한선보다 높게 설치한다.
  • 배관 전에는 반드시 플러싱하여 이물질을 제거한 후 설치한다.
  • 오일배관은 최대한 내경차가 없도록 한다.
  • 오일배관에는 공기가 혼입되지 않도록 한다.
  • 관 이음매 부분이 좁혀져 있거나 90°의 굴곡이 많으면 소정의 속도를 얻을 수 없는 경우가 있다.
④ 가변진동발생기는 속도제어밸브에 의해 진동수를 발생하며 압력에 따라 하중이 변화한다.
⑤ 한국산업표준
  • KS B 0054 : 유압 및 공기압도면기호
  • KS B 0120 : 유압 및 공기압용어
⑥ 공유압조합기기는 공유압변환기, 증압기, 하이드로릭 체크유닛(hydraulic check unit)이 있다.
⑦ 하이드로릭 체크유닛은 공압실린더와 유압의 조합으로 교축밸브를 조정하여 실린더의 속도를 제어하는 데 사용한다.

2) 공압센서류
공압 근접감지센서(비접촉식 감지장치)의 원리는 자유분사, 배압장치이며, 종류는 다음과 같다.
① **공기배리어(air barrier)** : 분사노즐과 수신노즐로 구성되며 압력은 0.1~0.2bar, 공기량은 0.5~0.8m^3/h, 물체감지거리는 100mm 이하이다.
② **반향감지기(reflex sensor)** : 배압원리를 이용하며 분사노즐, 수신노즐이 합체되어 있다. 압력은 0.1~0.2bar, 감지거리는 1~6mm로, 용도는 검사장치, 계수, 감지 등에 사용한다.
③ **배압감지기(back pressure sensor)** : 가장 기본적인 센서로서 노즐로 공기를 방출하여 물체가 접근하면 배압이 형성되며 압력은 0.1~8bar, 감지거리는 0~0.5mm로 마지막 위치감지, 위치제어에 사용한다.
④ **공압 근접스위치(pneumatic proximity switch)** : 공기배리어원리를 이용하며 A신호는 저압이기 때문에 압력증폭기에 사용한다.

⑤ **전기 근접스위치**(electric proximity switch) : 영구자석을 지닌 피스톤이 스위치에 접근하면 유리튜브 안에 있는 2개의 리드가 접촉하게 되어 전기신호를 보내는 것이다.

⑥ **공압리밋밸브** : 다목적 3방향 또는 개방배기 4방향으로 사용된다. 이런 형태의 밸브는 일반적으로 실린더피스톤행정의 양 끝점 또는 전·후진행정의 제한점에서 실린더피스톤로드에 의해 작동된다.

3) 소음기
공압소음기는 배기음과 배기저항이 작아야 소음기 역할을 한다.

03 | 유압분야

1. 유압발생장치

1) 유압펌프의 동력과 효율

① 유압펌프에서 축토크를 T_p[kg·cm], 축동력을 L이라 할 경우 회전수 n[rev/s]을 구하는 식은 $L = 2\pi n T_p$이므로 $n = \dfrac{L}{2\pi T_p}$[rev/s]이다.

② 펌프의 소요동력 : $L = \dfrac{PQ}{60 \times 75\eta}$[HP]

③ 펌프의 동력 : $H = \dfrac{PQ}{75 \times 60 \times 100}$[HP]

④ 축동력을 계산할 때 체적효율, 기계효율 등을 적용하여 동력을 계산해야 모터에 과부하가 걸리는 것을 방지할 수 있다.

⑤ 기계효율은 구동장치로부터 받은 동력(축동력)에 대하여 펌프가 유압유에 준 이론동력의 비이다.

$$\eta_m = \dfrac{L_{th}}{L_s}$$

여기서, L_{th} : 이론동력, L_s : 축동력

⑥ 1cm³ = 1mL이므로 펌프동력 :

$$H = \dfrac{PQ}{102 \times 100 \times 60}\text{[kW]}$$

⑦ 원동기가 펌프를 구동하는 데 드는 동력을 축동력(shaft horsepower, L_s)이라 한다. 펌프구동력의 축동력에 대한 비를 펌프의 전효율(total efficiency, η_p) 또는 효율이라 한다.

$$\eta_p = \dfrac{L_w}{L_s} \times 100[\%]$$

⑧ 펌프의 전효율 : $\eta_p = \eta_h \eta_m \eta_v$
여기서, η_h : 수력효율, η_m : 기계효율
η_v : 체적효율

⑨ 기계효율 : $\eta_m \times 100 = \dfrac{\eta_p}{\eta_h \eta_v} \times 100[\%]$

2) 유압펌프의 특징

① 압력은 펌프에서 생성하여 릴리프밸브에 의해서 일정하게 유지되므로 점도로 저하하지는 않는다.

② 펌프는 압력에너지를 생성하며 펌프의 토출압력이 높아질 때 체적효율이 감소한다.

③ 정용량형 펌프는 토출량이 일정하여 유량제어밸브를 적용하지 않는다.

④ 기어펌프는 케이싱 내에 상호 물림을 하고 있는 기어의 회전에 의하여 이의 홈에 들어온 기름을 토출하게 된다.

⑤ 베인펌프는 케이싱(캠링) 내의 로터가 회전함에 따라 2개의 베인 사이에 들어온 기름을 토출하게 되며, 베인의 마모량은 스프링의 탄성력으로 보정한다.

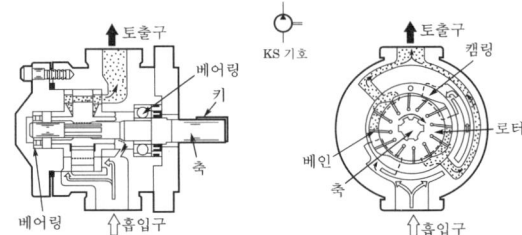

▲ 단일형 베인펌프

⑥ 체적효율은 피스톤펌프가 가장 높으며, 액셜피스톤펌프는 축방향으로 배치된 여러 개의 피스톤을 왕복운동시켜 기름을 토출시키게 된다. 레이디얼피스톤펌프는 반경방향으로 배치된 여러 개의 피스톤을 왕복운동시켜 펌프작용을 하게 된다.

⑦ 나사펌프는 2~3개의 나사가 물려 있는 기구에 의하여 송출시킨다.

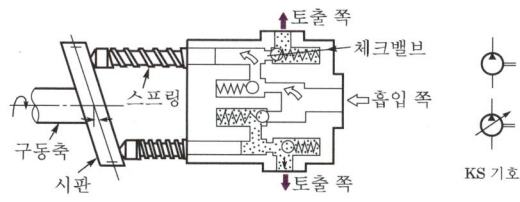

▲ 액셜형 피스톤펌프(사판식)

⑧ 크랭크형 또는 캠형의 왕복동펌프가 있다.
⑨ 로터리로브펌프는 비접촉 회전용적식 펌프로서 다양한 종류의 액체 및 유체를 안정적으로 이송하며, 서로 반대방향으로 작동하는 2개의 엘라스토머 코팅된 로터리로브는 모든 로브위치에 상관없이 밸브리스 용적펌프의 흡입측과 토출측 사이에서 실링을 보장한다.

2. 유압방향제어밸브

① 방향제어밸브는 반드시 2개 이상 포트가 존재해야 한다.
② 2개 이상의 실린더를 순차작동시키려면 시퀀스밸브를 사용해야 한다.
③ **2압밸브** : 2개의 입구 X와 Y, 1개의 출구 A가 있으며 압축공기가 2개의 입구 X와 Y에 모두 흐를 때 출구 A에 공기가 흐른다.
④ 방향제어밸브에서 포트식은 조작방식에 존재하지 않고 기계식에 존재한다.
⑤ 제어밸브의 종류에는 유량·압력·방향제어가 있다.
⑥ 유압실린더의 중간정지회로에 **파일럿작동형 체크밸브**는 밸브 내부의 누설 방지를 위해 사용한다.
⑦ 체크밸브는 방향을 제어하는 밸브이며 오직 한 방향으로만 흐르게 한다.

3. 유압압력제어밸브

① 솔레노이드밸브의 신호시간제어는 전기부품의 타이머에 의해서 제어한다.
② **채터링**은 압력이 스프링의 장력과 비슷한 상태에서 떨림이 발생한다.
③ 압력을 제어하는 밸브이므로 감압밸브의 1차측은 변화해도 2차측 압력을 최저로 억제한다.
④ 언로드밸브는 압력이 설정압력보다 높아지면 압력조절기 내의 피스톤을 밀어 배출시킨다.

⑤ 리듀싱밸브는 유압회로 내의 일부 압력을 감압시켜 압력을 일정하게 유지하는 밸브이다.
⑥ 크래킹은 밸브가 열리기 시작하고 유압유가 탱크로 귀환을 시작하는 압력을 의미한다.
⑦ **셔틀밸브(shuttle valve)**는 양제어밸브 또는 양체크밸브로 2개소 방향으로부터의 저압과 고압이 유입되면 고압측으로 출력되어 흐름을 1개소로 합칠 때 사용된다.
⑧ 유압밸브 중에서 파일럿부가 있어서 파일럿압력을 이용하여 주스풀을 작동시키는 것은 **평형 피스톤형 릴리프밸브**이다.

4. 유압유량제어밸브

① 전기신호는 작동속도가 빠르기 때문에 많이 사용한다.
② 유량비례분류밸브의 분류비율은 1 : 1~9 : 1의 범위에서 사용한다.
③ 유량제어밸브는 출력되는 유량($Q=AV$)을 제어하여 속도를 제어한다.
④ 압력보상형 유량제어밸브는 이송속도를 일정하게 유지하기 위해 압력을 보상하여 유지시킨다.
⑤ 액추에이터의 1방향 속도제어에는 **체크붙이 유량제어밸브**를 사용한다.

5. 유압액추에이터

1) 유압실린더

① 유압은 직선운동과 회전운동, 유온의 변화에 따라 속도에 영향을 주며(기포 발생) 원격제어가 가능하다.
② 유압실린더의 중간 정지는 4/3-way 밸브를 사용한다.

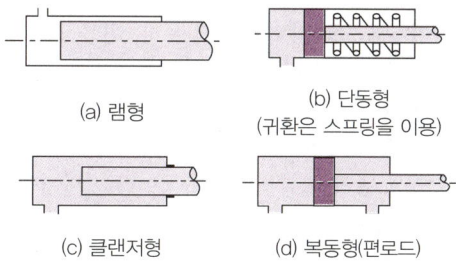

(a) 램형
(b) 단동형 (귀환은 스프링을 이용)
(c) 클랜저형
(d) 복동형(편로드)

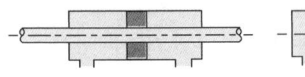
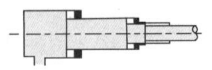

(e) 복동형(양로도)   (f) 텔레스코프형

▲ 유압실린더의 종류

③ 다이어프램실린더는 비피스톤식으로 마찰력이 작다.
④ 실린더의 지지형식 중 풋형은 바닥면에 고정하고, 플랜지형은 전면이나 후면에 고정하며, 트러니언형은 실린더의 몸체 중간에 고정하여 몸체가 요동운동을 한다.

2) 유압모터

① 피스톤모터의 특징은 고압, 고속, 대출력이 발생하고, 구조가 복잡하고 고가이며 효율이 유압모터 중 가장 좋다.
② 유압모터는 압력에너지를 받아 기계적 에너지(토크)를 생성하며 유량제어밸브에 의해서 무단변속이 자유롭다.
③ 유압모터의 토크

$$T = \frac{Pq[\text{cc/rev}]}{628(=200 \times 3.14)} [\text{kgf} \cdot \text{m}]$$

④ 요동모터는 일정한 각도로 회전운동을 반복한다.
⑤ 정용량형 유압모터는 1회전에 토출하는 유량이 일정하고 일정압력에서 출력토크가 일정한 유압모터이다.

6. 유압부속기기

1) 축압기(accumulator)

① 어큐뮬레이터는 압력에너지를 안정화하는 것으로서, 유체의 누설은 배관과 관계가 있다.
② 축압기는 맥동을 방지하기 위해 유압시스템에서 반드시 설치해야 한다.
③ 어큐뮬레이터는 압력 유지, 완충작용, 보조동력원으로 사용하기 위한 장치이다.
④ 어큐뮬레이터는 수직으로 설치하여 안정화를 유지한다.
⑤ 소형의 고압용 어큐뮬레이터는 다이어프램형 어큐뮬레이터이다.

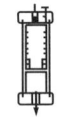

(a) 스프링하중식   (b) 피스톤식   (c) 블래더식

▲ 어큐뮬레이터의 종류

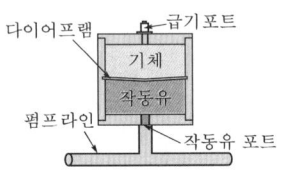

▲ 다이어프램식 축압기

2) 유압탱크

① 오일탱크 내의 압력을 대기압상태로 유지시키는 역할을 하는 것은 에어브리더이다.
② 오일탱크의 용량은 장치 내의 작동유를 모두 저장하며 필터, 펌프, 냉각장치의 유무에 따라 크기를 결정해야 한다.
③ 오일탱크의 배유구(drain plug) 위치는 탱크 내 이물질이 모두 제거될 수 있는 탱크 하단에 설치한다.
④ 오일탱크의 용량은 장치 내의 작동유를 모두 저장하지 않아도 되므로 사용압력, 냉각장치의 유무에 따라 적절한 공간을 가져야 한다.
⑤ 유압기기에서 스트레이너의 여과입도는 100~150μm를 많이 사용하며, 압력강하는 50~100mmHg에서 사용한다. 스트레이너가 막히면 펌프가 규정유량을 토출하지 못하거나 소음을 발생한다.
⑥ 필터를 설치할 때 체크밸브를 병렬로 사용하는 이유는 눈 막힘을 방지하기 위해서이다.
⑦ 압력스위치는 회로 내의 압력이 일정압보다 상승하거나 하강 시에 압력스위치의 마이크로스위치가 작동하여 전기회로를 열거나 닫도록 하는 기기이다. 압력스위치의 접점을 전기신호로 변화시키므로 전공변환기라 하며, 그 종류에는 다이어프램형, 벨로즈형, 부르돈관형, 피스톤형 등이 있다.

⑧ 지시계기의 구비조건
- 정확도가 높고 외부의 영향을 받지 않을 것
- 눈금이 균등하든가 대수눈금일 것
- 지시가 측정값의 변화에 신속히 응답할 것
- 튼튼하고 취급이 편리할 것
- 절연내력이 높을 것

⑨ 스트레이너는 유압탱크에 설치하며 불순물을 제거할 때 사용한다.
⑩ 압력계는 지시하고 있는 눈금, 즉 게이지압력을 선택한다.

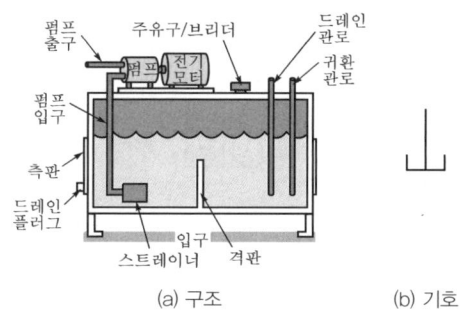

▲ 유압탱크의 구조와 기호

3) 유압배관

① 유압장치의 관이음은 나사·플랜지·플레어형 이음이 있다.
② 공동현상(cavitation)은 관의 확대와 축소부에서 압력의 편차로 기포가 발생하며 충격력이 커진다.
③ 엘보는 유체의 방향이 어느 각도로 방향이 바뀔 때, T형은 유체의 흐름이 두 군데로 분기될 때, Cross형은 유체가 십자형으로 흐름이 분기될 때 연결한다.
④ 패킹(packing)은 유체의 누설을 방지하기 위한 부품으로 조립 시 사용한다.
⑤ 유압장치에서 오일실은 내마멸성이 커야 한다.
⑥ 배압은 흐르는 반대방향에 압력이 형성하며, 서지압은 과도적으로 상승한 압력의 최대값이다.
⑦ 유체퓨즈는 설정압이 초과하면 파열되어 장치를 보호한다.
⑧ 호스이음재료에 고무재질은 유압의 압력이 높기 때문에 누유의 원인이 될 수가 있다.
⑨ 공유압회로에서 관로의 길이는 현장 조건에 따라 다르므로 표기하지 않는다.

7. 유압작동유

① 점도단위는 절대점도 Poise(g/cm·s)로 표시되며, 여기에 밀도를 곱해주면 동점도(kinematic viscosity)가 된다.
② 유압시스템의 최적온도는 45~55℃의 범위에서 사용한다.
③ 광유계 작동유는 성능이 뛰어나고 입수도 용이하므로 대부분의 유압장치는 광유계 작동유로서 충분한 성능과 내구성을 얻을 수 있다.
④ 유압장치에서 작동유가 흘러나와 화재의 위험이 있을 때에는 합성작동유나 수성작동유 등 난연성 작동유를 이용하고 있다.
⑤ 유압에너지는 온도변화에 따른 작업조건의 변화가 없어야 제어 및 정밀성이 유지된다.
⑥ **유압작동유의 점도가 너무 높을 때 일어나는 현상**
- 파이프 내의 마찰손실이 커진다.
- 동력손실이 커진다.
- 열 발생의 원인이 된다.
- 유압이 높아진다.
- 소음이나 캐비테이션이 발생한다.

⑦ 점도는 유압의 효율과 운동조건에 관계가 있다.
⑧ 부품 사이에 누출손실이 커지면 점도가 낮은 상태이다.
⑨ 유압작동유의 점도지수가 너무 크면 유압장치의 효율이 마찰열로 저하된다.
⑩ 유압유는 인화점이 높고 부식성이 없어야 한다.

04 | 공유압기호

1. 공압기호

1) 공압밸브

명칭	기호	설명
오리피스	≻≺	유체가 흐르는 관로 속에 설치된 조리개 기구

명칭	기호	설명
교축밸브		• 공압·유압시스템에서 액추에이터의 속도를 조정하는 데 사용 • 유량의 조정은 한쪽 흐름방향에서만 가능하고, 반대 방향의 흐름은 자유로움
체크붙이 유량제어밸브		• 공압실린더의 1방향 속도제어 • 공급공압이 교축밸브방향으로 통과)
		• 배기공압이 교축밸브방향으로 통과)
3/2 − way 방향제어밸브		푸시버튼형으로 NC형태
밸브 작동 방법에 따른 표시 방법	탠덤 센터형	4/3 − way 밸브
	탠덤 센터형 (무부하)	4/3 − way 밸브
	오픈 센터형	4/3 − way 밸브
	클로즈 센터형	4/3 − way 밸브
2압밸브		양쪽에 공기가 유입되면 저압쪽이 출력
3위치 올 포트 블록		밸브의 포트가 닫힘으로써 압력이 차단된 상태

명칭		기호	설명
밸브 형태에 따른 표시 방법	2포트 2위치 변환 밸브		A, P, R로 3포트이고 사각형이 2개가 있으므로 2위치 밸브이며 단동실린더 작동에 적용
	3포트 2위치 변환 밸브		
	4포트 2위치 변환 밸브		
	5포트 2위치 변환 밸브		
급속배기밸브			주로 공압에서 장비의 고장이나 트러블이 발생할 때 일시적으로 압력상태를 제거할 경우에 사용
단동실린더 제어회로			단동실린더에서 A 포트는 공압으로, B 포트는 스프링의 복원력에 의해서 제어

2) 공압액추에이터

명칭	기호	설명
램형 실린더		피스톤경과 로드경이 같은 가동 부분을 갖는 실린더
탠덤실린더		복수의 피스톤을 갖는 실린더
피스톤형 실린더		• 가장 일반적인 실린더 • 단동, 복동, 차동형
양쪽 로드형 복동실린더		전진과 후진은 작동압력을 이용하며, 작동 하중은 동일하고, 속도는 상이할 수 있음
공기압축기		가변형(화살표가 사선으로 있는 것)

명칭	기호	설명
공기압모터		압력에너지를 이용하여 토크, 즉 기계적 에너지가 발생
요동형 액추에이터		공기압 이용
양방향 유동공기압모터		유압은 흑색의 삼각형으로 표시

3) 공압부속장치

명칭		기호	설명
공기 여과기	일반형		일정한 위치까지 수분이 차게 되면 자동으로 수분을 배출함
	드레인 부착형		
공기빼기			연속적으로 공기를 빼는 경우
			어느 시기에 공기를 빼고 나머지 시간은 닫아놓는 경우
			필요에 따라 체크기구를 조작하여 공기를 빼내는 경우
공기탱크			공압에서 압력의 안정화를 위해 설치
소음기			• 공기압에서 필요 • 복귀되는 공기압을 외기로 배출 시 소음을 감소하는 역할

2. 유압기호

1) 유압밸브

명칭	기호	설명
셔틀 밸브		고압 우선형
감압 밸브		입력측 압력을 낮게 설정
릴리프 밸브		설정압 이상은 탱크로 흘려보내 항상 설정압을 유지하도록 함
		무부하
		• 파일럿 작동, 외부 드레인형 • 파일럿 : 내부의 미소압력으로 밸브를 조작하는 원리
압력 스위치		유압신호를 전기신호로 전환하여 단계적 동작을 유도함
감압 밸브		밸브가 닫힌 상태는 흑색으로 삼각형이 마주 보게 표시
체크 밸브		마주 보는 삼각형 중에 흰색과 흑색을 부여하여 표시
3/2-way 밸브		• NOR논리는 OR논리의 반대이며 입력 X_1과 X_2 양쪽에 신호가 존재하지 않는 경우에만 출력 Y에 신호가 존재하게 됨 • 논리식 $Y = \overline{X_1} + \overline{X_2}$ $= \overline{X_1 \cdot X_2}$ (드모르간의 법칙) • 진리표 | X_1 | X_2 | Y | |---|---|---| | 0 | 0 | 1 | | 0 | 1 | 0 | | 1 | 0 | 0 | | 1 | 1 | 0 |

2) 유압액추에이터

명칭	기호	설명
유압원		공압은 흰색으로 표시
요동형 유압 액추에이터		유압은 흑색 삼각형으로 표시
펌프		• 화살표가 밖으로 향함 • 유압펌프 : 흑색 삼각형으로 표시

05 | 공유압회로

1. 시퀀스제어용 기기
① 연동운전은 조건부운전이며, 순차운전은 시퀀스제어에 의해 순차적으로 운전한다.
② 전자릴레이는 전류의 흐름을 차단하거나 흘려주는 역할을 한다.
③ 광센서는 빛을 이용하여 물체를 감지하는 센서로서 조합형과 분리형이 있고, 한쪽은 투광기(빛을 주는 쪽), 다른 쪽은 수광기(빛을 받는 쪽)로 구성되어 있다.
④ 전극의 정전용량의 변화를 이용한 것은 근접센서이다.
⑤ 계전기, 타이머, 전자접촉기 등의 코일로 전원을 인가한다.
⑥ 릴레이의 코일부에 전류가 공급되면 가동철편을 잡아당겨서 a접점이 떨어지고 b접점으로 전류가 흐른다.

2. 논리회로
① 논리도는 디지털제어회로에서 1(On)과 0(Off)으로 제어하며, 전압은 DC 5V이고 컴퓨터와 같은 정밀기계에 적용한다.
② AND회로는 입력신호가 A, B 모두 1일 때만 출력이 발생한다.
③ NOT회로는 입력신호에 반대로 출력신호를 발생한다.
④ OR회로는 입력 A, B 중 어느 하나라도 1이 되면 출력이 1이 되는 회로이다.
⑤ OR회로의 부정회로를 NOR회로라 한다.

⑥ 플립플롭회로는 기억하는 역할을 하게 되므로 직전에 가해진 압력의 상태를 출력상태로 유지하게 한다.
⑦ 논리회로이며 디지털제어를 위해 사용하고 2진법에 의해 구현한다.
⑧ Off delay 타이머는 전원이 공급되고 설정된 시간이 지나면 On이 된다.

▲ 여자지연타이머 a접점   ▲ Off delay 타이머

3. 유압회로
1) 미터 인 회로와 미터 아웃 회로
① 속도제어에는 미터 인 회로, 블리드 오프 회로, 미터 아웃 회로가 있다.
② 미터 아웃 제어방식은 액추에이터에서 배출되는 유량을 제어하는 방식으로 미터 인 회로보다 미터 아웃 회로가 제어성이 우수하다.
③ 미터 인 방식은 A포트에 들어가는 유량을 제어한다. 즉 액추에이터에 공급되는 유량을 제어하는 방식이다.

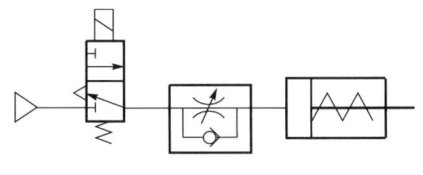

▲ 미터 인 방식

2) 무부하회로
① 유압은 기계가 동작하는 동안 계속 작동하므로 일을 하지 않을 시 무부하회로에 의해서 탱크로 귀환한다.
② **축압기에 의한 무부하회로** : 누유가 되면 축압기로부터 유압유가 보급되고 회로압력이 떨어지게 된다. 따라서 개폐밸브가 닫혀 펌프로부터 유압유가 회로에 보내어져 조작단압력을 자동적으로 조절하면서 실린더의 힘에 의한 가공물에 압력을 허용하지 않게 된다.
③ **Hi-Lo에 의한 무부하회로** : 고압 소용량과 저압 대용량의 펌프를 동시에 사용한 회로가 사용

되는데, 이 회로가 하이 로(Hi-Lo) 회로이다.
④ **압력스위치와 전자밸브에 의한 무부하회로** : 압력스위치를 사용하여 전기적 신호로 솔레노이드밸브를 전환시키는 방법이다.
⑤ **파일럿조작 릴리프밸브에 의한 무부하회로** : 파일럿조작 릴리프밸브의 벤트회로를 이용하여 주회로가 설정압에 도달했을 때 펌프를 무부하로 하는 회로이다.
⑥ **압력보상 가변용량형 펌프에 의한 무부하회로** : 펌프의 송출압에 따라 송출량을 보상하는 가변용량형 펌프를 사용하여 펌프의 동력을 경감시키는 회로이다.
⑦ **다수의 실린더를 무부하시키는 회로** : 2개 이상의 실린더에 1개의 펌프로부터 유압유를 공급할 경우에 이용하는 것으로 1개의 유압실린더만 무부하로 할 수는 없다.

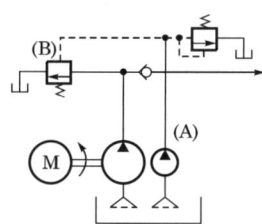

▲ Hi-Lo에 의한 무부하회로

3) 블리드회로
① 블리드 오프 속도제어방법은 실린더에서 배출되는 유량의 일부를 유량제어밸브를 통하여 탱크로 귀환시키는 방법이다. 이 회로의 효율은 미터 인이나 미터 아웃 속도제어보다 좋은 장점이 있으나, 부하변동이 심한 경우에는 실린더의 속도가 불안하므로 많이 이용되지는 않는다.
② 블리드 온 속도제어방법은 실린더에서 배출되는 유량의 일부를 유량제어밸브를 통하여 탱크로 귀환시키지 않은 방법이다.
③ 블리드 오프 회로에서 유량제어밸브는 실린더 입구의 분기회로에 설치한다.

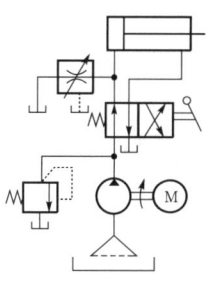

▲ 블리드 오프 회로

4) 기타 회로
① 솔레노이드 A, B 중 하나만 작동하면 C가 출력되므로 OR회로이다.
② 플리커회로는 설정한 시간에 따라 ON/OFF를 반복하는 회로이다.
③ 로킹회로는 전원이 차단되면 실린더 A, B포트가 차단되는 상태로 실린더를 임의의 위치에 고정할 때는 사용한다.
④ 증압회로는 에너지를 증폭하여 사용하는 것으로 프레스와 잭에 사용한다.

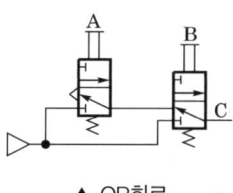

▲ OR회로

02 기계제도와 기계요소 및 재료일반

01 | 기계제도 통칙

1. 일반사항

① NS는 No Scale의 약어로 비례척이 아닌 것을 의미한다.
② A : B로 척도를 표시할 때 A는 도면에서의 길이를, B는 대상물의 실제 길이를 나타낸다.
③ 척도는 표제란에 기입하며 실척, 배척, 축척이 있다.
④ 면의 척도란에 5 : 1로 표시되었을 때의 의미는 크기가 작은 부품을 5배로 확대하여 표기한다.

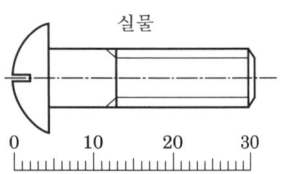
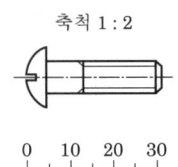
▲ 축척

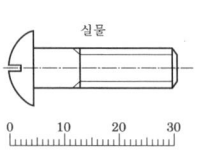
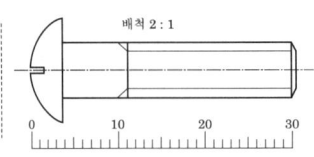
▲ 배척

2. 선의 종류 및 용도 표시법

① 파단선은 내부을 알기 쉽게 표시하기 위해 임의로 절단한 부분을 가는 실선으로 표시한다.
② 가상선은 기계장치의 운동범위나 제작한 후에 운동의 영역을 표시하여 도면을 쉽게 이해하도록 한다.
③ 굵은 실선은 암이나 리브 등의 단면을 회전도시 단면도를 사용하여 나타낼 경우 절단한 곳의 전후를 끊어서 그 사이에 단면의 형상을 나타낼 때 사용한다.
④ 선의 굵기에 따른 가는 선, 굵은 선, 아주 굵은 선의 비율은 1 : 2 : 4이다.
⑤ 대각선으로 표시한 가는 실선은 축에서 평면을 나타낸다.

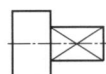
▲ 가는 실선

⑥ 지그재그선은 굵은 실선으로 나타내며 부품의 일부를 파단한 곳을 표시한다.
⑦ 도면에 사용되는 가는 1점쇄선은 중심선, 기준선, 피치선 등이다.

▶ 선의 종류와 용도

선의 종류	용도에 의한 명칭	선의 용도
굵은 실선	외형선	• 대상물이 보이는 부분의 겉모양을 표시한 선
가는 실선	치수선	• 치수를 기입하기 위한 선
	치수보조선	• 치수를 기입하기 위하여 도형에서 인출한 선
	지시선	• 지시, 기호 등을 나타내기 위하여 인출한 선
	회전 단면선	• 도형 안에 그 부분의 절단면을 90° 회전시켜서 나타내는 선
	중심선	• 도형의 중심을 나타내는 선
	수준면선	• 수면, 액면 등의 위치를 나타내는 선
가는 파선 또는 굵은 파선	숨은선	• 대상물의 보이지 않는 부분의 모양을 표시하는 선
가는 1점쇄선	중심선	• 도형의 중심을 나타내는 선
	기준선	• 중심이 이동한 중심궤적을 나타내는 선. 특히 위치 결정의 근거임을 명시하기 위할 때 쓰는 선
	피치선	• 반복도형의 피치를 잡는 기준이 되는 선
굵은 1점쇄선	기준선	• 기준선 중 특히 강조하는 데 쓰는 선
	특수지정선	• 특수한 가공을 하는 부분 등 특별한 요구사항을 적용할 범위를 나타내는 선

선의 종류	용도에 의한 명칭	선의 용도
가는 2점쇄선	가상선	• 인접하는 부분 또는 공구, 지그 등을 참고로 표시하는 선 • 가공 부분에서 이동 중의 특정 위치 또는 이동 한계의 위치를 나타내는 선
	무게 중심선	• 단면의 무게 중심을 연결하는 선
파형의 가는 실선, 지그재그의 가는 실선	파단선	• 대상물의 일부를 파단한 경계 또는 일부를 떼어낸 경계를 표시하는 선
가는 1점쇄선과 선의 끝과 방향이 변화되는 부분을 굵게 한 선이 조합된 선	절단선	• 단면도를 그리는 경우에 그 절단위치를 대응하는 그림을 나타내는 선
가는 실선으로 규칙적으로 빗금을 그은 선	해칭선	• 단면도의 절단면을 나타내는 선

3. 투상법

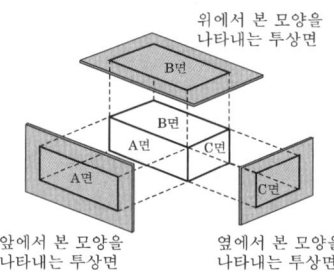

▲ 투상면

- 입화면 : 물체의 앞면과 뒷면에 나란한 투상도(A면)
- 평화면 : 물체의 윗면과 아랫면에 나란한 투상면(B면)
- 측화면 : 물체의 우측면과 좌측면에 나란한 투상면(C면)

① 정투상법은 1각법과 3각법에 모두 적용된다.
② 3각법에 의해서 도면을 배치한다.

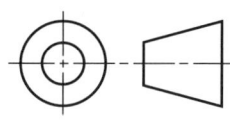

▲ 3각법

③ 회전투상도는 물체의 형상이 어느 정도 각도를 유지할 때 회전하여 나타낸다.
④ 국부투상도는 물체의 홈이나 구멍 등을 표기할 때 국부적으로 표기할 때 적용한다.
⑤ 보조투상도는 나타내고자 한 부분을 경사방향으로 평행하게 연장하여 나타낸다.

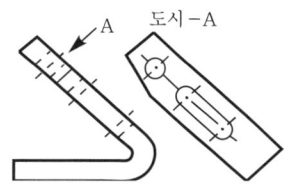

▲ 보조투상도

⑥ 등각투상도는 세 모서리가 120°의 등각을 이루는 투상도로 평면, 측면, 정면을 하나의 투상면 위에 동시에 볼 수가 있다.

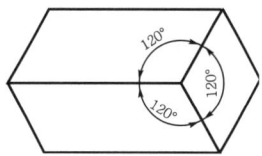

▲ 등각투상도

4. 도형의 표시방법(단면법)

한쪽 단면도는 반단면도라고도 하고 중심선을 기준으로 서로 대칭일 때 적용하며 중심선을 중심으로 한쪽(절단 부분)은 내부 단면을 나타내고, 절단하지 않은 부분은 외부 형상을 나타낸다.

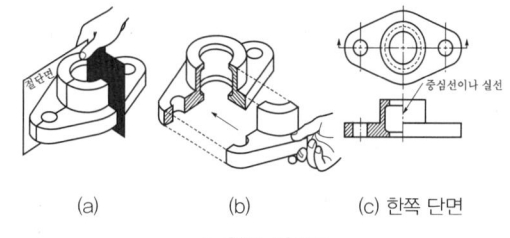

▲ 한쪽 단면도

5. 치수의 표시방법

① 해칭선은 절단한 부분을 45° 정도로 경사지게 나타내고 가는 실선으로 나타낸다.

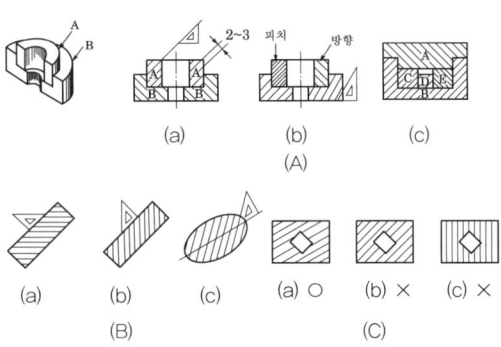

▲ 해칭

② 정정치수는 도면을 완성 후 제작상에 도면을 수정할 때 치수 가운데에 선을 긋고 수정한다.
③ 치수에 사용하는 기호에서 정사각형의 변은 □, 구의 반지름은 SR, 지름은 ϕ, 45° 모따기는 C로 나타낸다.
④ 중심마크는 도면의 마이크로사진촬영, 복사 등의 작업을 편리하게 하기 위해서 표시한다.
⑤ 호의 길이는 치수보조선을 중심선과 평행하게 긋고 호와 같은 중심의 원호를 치수선으로 사용한다.

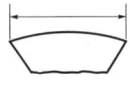

▲ 현의 길이

⑥ 원호의 반지름이 커서 그 중심위치를 나타낼 필요가 있을 경우 지면 등의 제약이 있을 경우 치수선에 화살표는 정확한 중심위치를 향하도록 그린다.

6. 기계요소 표시법

① KS 관용평행나사는 PF로 표시한다.
② 관용나사는 배관에서 기밀 유지를 위해 사용한다.
③ ISO에서 관용테이퍼 수나사는 R로 표기한다.

▶ 나사의 종류를 표시하는 기호 및 나사의 호칭에 대한 표시방법

구분	나사의 종류		나사의 종류를 표시하는 기호	나사의 호칭에 대한 표시방법 예
ISO 규격에 있는 것	미터보통나사		M	M8
	미터 가는 나사			M8×1
	미니어처나사		S	S0.5
	유니파이 보통나사		UNC	3/8 – 16UNC
	유니파이 가는 나사		UNF	No.8 – 36UNF
	미터사다리꼴나사		Tr	Tr10×2
	관용테이퍼 나사	테이퍼 수나사	R	R3/4
		테이퍼 암나사	Rc	Rc3/4
		평행 암나사	Rp	Rp3/4

④ 리벳호칭이 'KS B 1002 둥근 머리 리벳 18×40 SV330'으로 표시된 경우 '18'은 리벳의 직경, '40'은 리벳의 길이, 'SV330'은 재질을 의미한다.
⑤ 둥근 머리 리벳의 호칭길이를 표기할 때는 머리 부분을 제외한다.

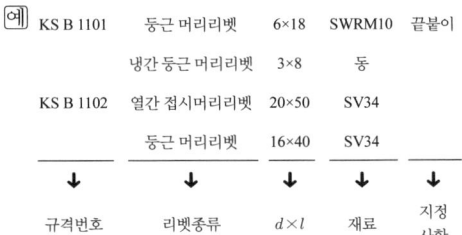

⑥ 코킹 : 리벳작업 후 기밀 유지를 위해 옆면에 노치를 형성한다.

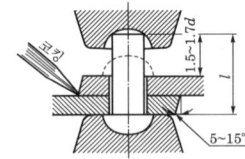
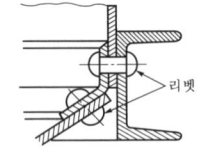

▲ 리벳이음

⑦ 용접기호 예시
• 원은 점용접을 나타내고 용접수가 3개이며 길이가 50mm이다.

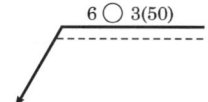

- a5는 필릿용접의 목두께를 표시한다.

- 전체 둘레 혹은 일주 현장 용접

⑧ 용접 기본기호

방법	종류	기호	설명
아크 및 가스용접	플러그용접	⊓	아래가 터진 사각형으로 표기
	필릿용접 (단속)	◣	모서리 부분을 제거한 후에 T자형이나 직선상에서 용접할 때 용접부의 강도를 보강함
표면용접	표면육성	⌒	
	표면접합	=	
	경사접합	∕∕	
	겹침접합	⊃	

⑨ 용접부 시험기호인 UT는 Ultrasonic Testing의 약어로서 초음파탐상시험이다.
⑩ 비파괴검사 시험기호에서 RT는 방사선투과시험으로 Radiographic Testing의 약자이다.
⑪ 개스킷, 박판, 형강 등과 같이 절단면이 얇으면 절단면을 검게 칠한다.
⑫ 패킹 개스킷, 얇은 판, 형강 등과 같이 얇은 물체의 단면은 그 물체의 두께에 해당하는 굵기로 1개의 실선으로 도시하고, 이들 단면이 인접할 때는 약간의 틈새를 두어 개개의 단면형을 명확하게 구분하여 표시한다. 한 선으로 표시함으로써 오독의 염려가 있을 때는 지시선으로 표시하며 그 예는 다음과 같다.

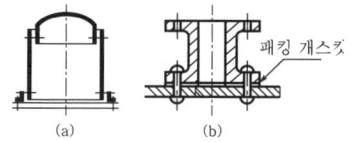

7. 배관도시기호

① 유량은 Flow의 약어 'F'로 표기한다.
② 유체가 수증기일 때는 스팀(steam)으로 표기한다.

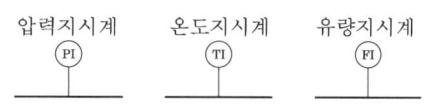

▲ 계기의 표시방법 예시

▶ 밸브 및 콕 몸체의 표시방법

종류	기호	종류	기호
밸브 일반	⋈	앵글밸브	⊿
게이트밸브	⋈	3방향 밸브	⋈
글로브밸브	⋈	안전밸브	⋈
체크밸브	▶◀ 또는 ⋈		
볼밸브	⊗		
버터플라이 밸브	⋈ 또는 ⋈	콕 일반	⋈

③ 신축관이음(―[ ]―)은 열로 인한 배관의 팽창을 보정하는 역할을 한다.
④ 유압·공기압 도면기호(KS B 0054)의 기호요소
  • 정사각형 : 필터드레인분리기, 주유기, 열교환기 등에 사용
  • 1점쇄선 : 2개 이상의 기능을 갖는 유닛을 나타내는 포위선

▶ KS규격

		정사각형	
□ ⟵l⟶	(1) 제어기기		• 접속구가 변과 수직으로 교차한다.
◇	(2) 전동기 이외의 원동기		• 접속구가 각 변을 두고 변과 교차한다.
◇ ½l	유체조정기기 (1) 실린더 내의 쿠션 (2) 어큐뮬레이터 내의 추		• 필터드레인분리기, 주유기, 열교환기 등

⑤ 영구결합부상태는 ┬ 로, 결합부는 접촉 부위에 작은 흑색 원으로 표기한다.
⑥ 퓨즈기호는 ─⌢─(오픈형), ─▭─(밀폐형)이 있으며 내부기기를 보호하기 위해 설치한다.
⑦ 표시등기호는 ─Ⓛ─이며 원 안에 "L"로 표시한다.
⑧ 전동기기호는 ─Ⓜ이며 원 안에 "M"(Motor)으로 표시한다.
⑨ 배관 도시기호가 있는 관에 공기는 A(Air), 연료가스는 G(Gas), 증기는 V(Vapor), 물은 W(Water)로 표시한다.

▶ 보조기기

명칭	기호	명칭	기호
온도계	○	유량계	─◯─
압력계	○	소음기	─▭─

02 | 기계요소

1. 재료의 강도와 변형

1) 응력

① 인장응력 : $\sigma = \dfrac{P}{A}[\text{kgf/cm}^2]$

② 응력-변형률선도는 y축에 응력 혹은 하중을, x축에 변형률 혹은 신장량을 표기한다. 모든 조건은 탄성영역범위 내에서 이루어지며, 선도의 특성은 재질에 따라 상이하다.

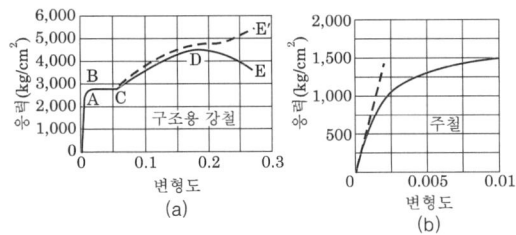

▲ 응력-변형률선도(연강)

③ 응력(stress)이란 외력에 대해 물체 내부에 대응하는 저항력이다.
④ 비례한도 내에서는 응력과 변형률은 비례하며 후크의 법칙 $\sigma = E\varepsilon[\text{kgf/cm}^2]$이 적용된다.
⑤ 가로탄성계수는 전단응력을 전단변형률로 나타낸 것이다.

$G = \dfrac{\tau}{\gamma}[\text{kgf/cm}^2]$

⑥ 재료에 힘을 가하는 방향에 의한 분류로 인장하중은 재료를 잡아당기는 상태, 굽힘하중은 양쪽에 지지점이 있고 지지점 사이에 어느 부분을 가하는 상태, 비틀림하중은 축에서 서로 반대방향으로 힘이 가해지는 상태이다.
⑦ **전단에 필요한 하중** : $P = \pi dt\tau[\text{kgf}]$
⑧ 반복하중으로 압축과 인장이 반복적으로 발생한다.
⑨ 온도의 변화에 따라 재료에 발생하는 응력은 열응력이다.
⑩ 압축력을 가했을 때 전단응력은 최대 압축응력의 1/2배이다.

2) 재료강도의 영향

① 재료가 하중이 가해져 영구변형이 발생하는 것은 소성영역에서 발생한다.
② 축 단면계수를 Z, 최대 굽힘응력을 σ_b라 하면 축에 작용하는 굽힘모멘트는 $M = \sigma_b Z$이다.
③ 크리프현상은 고온상태에서 변형률이 발생한다.
④ 연강과 같은 재료에 정하중이 작용할 경우의 기준응력은 항복점이다. 따라서 실제로 사용하는 허용응력 σ_a와 항복점 σ_y와의 비가 안전율이다.

$S = \dfrac{\sigma_y}{\sigma_a}$

⑤ 연강과 같이 항복점이 명확하거나 약간의 소성변형도 허용하지 말아야 할 정밀기기 등에 정하중이 작용할 때는 일반적으로 항복점 σ_y를 기준 강도로 한다.
⑥ 안전율을 가장 크게 선정해야 할 하중은 충격하중으로 예측하지 않은 상태에서 가해지는 하중이다.

3) 기계재료

① 헤어크랙(hair crack)은 수소(H_2)가스에 의해 머리카락모양으로 미세하게 갈라지는 균열로, 킬드강에서 발생하고 수소의 압력이나 열응력, 변태응력 등에 의해서 균열이 발생한다.

② 인(P)은 0.25% 이상 함유하면 연신율이 감소하고 냉간취성이 발생한다.
③ SM45C는 기계구조용 탄소강재로, '45'는 탄소함유량을 표시한다.
④ 순철의 용융온도는 1,538℃이다.
⑤ 니켈-구리계 합금에서 구리에 니켈을 60~70% 정도 첨가하여 내열・내식성이 우수한 재료는 모넬메탈이다.
⑥ 주철관은 내식성이 좋아 수도, 가스, 배수 등의 용도로 사용한다.

2. 나사, 볼트, 너트, 리벳

1) 나사
① 미터나사는 바깥지름도 mm로 표시해야 한다.
② 관용나사는 배관과 같이 기밀을 유지하기 위한 반영구적 상태로 결합된다.
③ 피치지름은 나사홈의 높이가 나사산의 높이와 같게 한 지름이다.
④ 리드는 $l = np$이므로 줄수가 가장 많은 나사가 리드가 길다.
⑤ 피치는 산과 산 혹은 골과 골의 거리를 의미한다.
⑥ 백래시는 나사가 시계방향 혹은 반시계방향으로 움직일 때 틈새를 의미한다.

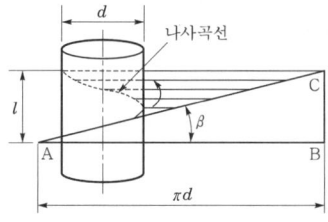

▲ 나선곡선과 리드

2) 볼트
① **볼트와 너트 체결 시 와셔를 사용하는 이유**
- 볼트구멍의 지름이 볼트보다 너무 클 때
- 볼트머리의 시트가 평평하지 아니하고 거칠거나 경사져 있어 죄는 힘이 고르게 작용하지 않을 때
- 볼트시트면의 재료가 약해서 넓은 면으로 지지하여야 할 때
- 진동이나 회전으로 인해서 볼트나 너트가 풀리거나 빠져나가는 것을 방지할 때

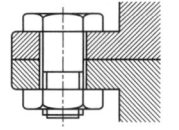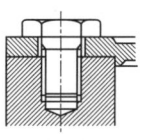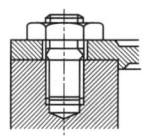

(a) 관통볼트   (b) 탭볼트   (c) 스터드볼트

▲ 일반볼트의 종류

② **볼트나사부의 바깥지름** : $d = \sqrt{\dfrac{2W}{\sigma_t}}$

③ 구조물 자체를 보강하는 곳에는 스테이볼트를 사용한다.
④ T볼트는 T형 홈을 파서 부품을 고정시키는 데 사용한다.
⑤ 아이볼트는 공작기계와 같이 무거운 것을 옮길 때 사용한다.
⑥ 스테이볼트는 나사부와 너트가 분리되어 있는 상태를 서로 고정시킨다.
⑦ 스터드볼트는 볼트를 끼우기 어려운 위치에 체결할 때 사용한다.

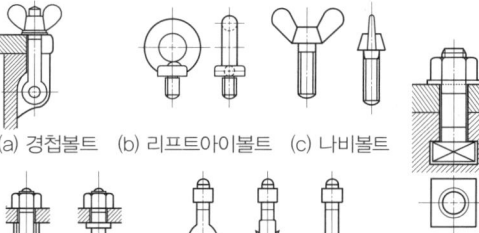

(a) 경첩볼트   (b) 리프트아이볼트   (c) 나비볼트
(d) 스테이볼트   (e) 기초볼트   (f) T볼트

▲ 특수볼트의 종류

3) 너트
■ **너트의 진동에 의한 풀림 방지방법**
① 탄성력이 있는 와셔를 사용하는 방법(스프링와셔, 이붙이 와셔)
② 로크너트를 사용하는 방법
③ 세트스크루, 작은 나사 및 핀을 사용하는 방법
④ 클로(claw) 또는 철사를 사용하는 방법
⑤ 와셔의 일부를 접어 굽히거나 코킹(caulking) 하는 방법
⑥ 너트의 측면에 금속편을 맞대는 방법
⑦ 분할핀(split pin)을 사용하는 방법

⑧ 자리면에 가하는 힘을 이용하는 방법
⑨ 자동죔너트(self-locking nut)에 의한 방법

4) 리벳
분해가 필요 없는 곳의 영구결합은 리벳이나 용접에 의해서 한다.

3. 키와 핀

1) 키
① 스플라인 : 단속키보다 많은 토크를 전달할 수 있다.
② 반달키 : 테이퍼축에 사용하며 반달형상으로 테이퍼의 경사도에 따라 축과 보스의 상태를 최적의 조건으로 유지한다.
③ 평키 : 납작키로서 키의 폭만큼 축을 가공하여 때려 박으며 새들키보다는 큰 힘을 전달한다.
④ 반달키 : 반달형으로 되어 있어 힘의 방향에 따라 움직여 안정된 상태를 유지한다.
⑤ 성크키 : 묻힘키로 축과 보스에 홈을 파고 가장 많이 사용하며 평행키와 경사키가 있다. 가장 큰 하중에 사용하는 것으로 전단하중에 충분히 견딘다.
⑥ 원뿔키 : 축에 키홈을 파기 어려울 때 사용하며 축의 임의 위치에 보스를 고정시킨다.
⑦ 접선키 : 1/100의 기울기를 가진 2개의 키를 한 쌍으로 사용하며, 키가 작용하는 힘은 축의 둘레의 접선방향으로 작용하여 큰 힘을 전달하고, 역전하는 것은 120°로 설치한다. 정사각형 단면의 키를 90°로 배치한 것을 케네디키(kennedy key)라 한다.

 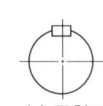 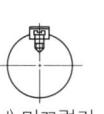
(a) 새들키   (b) 평키   (c) 묻힘키   (d) 미끄럼키

 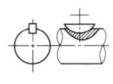  
(e) 접선키   (f) 반달키   (g) 스플라인   (h) 핀키

▲ 키의 종류

⑧ 키의 폭 : $b = \dfrac{W}{\tau l}$ [mm]
⑨ 전단응력 : $\tau = \dfrac{2T}{bld}$ [N/mm²]
⑩ 응력 : $\sigma = \dfrac{F}{bl}$ [N/mm²]

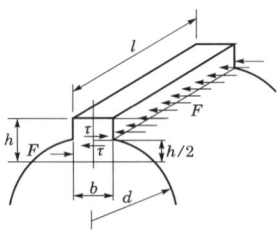

▲ 전단을 받는 키

2) 핀
① 스프링핀은 탄성력을 부여한 핀이며, 분할핀은 진동이 발생하는 부분에 적용하고 한쪽 끝을 구부려 이탈을 방지하며, 테이퍼핀은 2개의 축을 연결할 때 사용한다.
② 풀림 방지에 분할핀을 사용하며 조립 후에 좌우로 구부려서 빠지지 않게 한다.

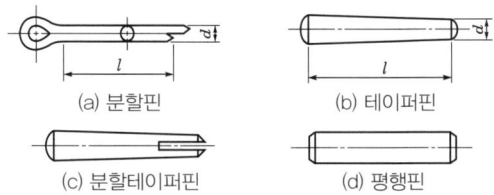

(a) 분할핀   (b) 테이퍼핀
(c) 분할테이퍼핀   (d) 평행핀

▲ 핀의 종류

4. 축과 베어링

1) 축
① 축을 설계할 때 고려사항 : 강도, 강성, 진동, 열응력 및 열팽창, 부식
② 전동축토크 : $T = 716.2 \dfrac{H}{n}$ [kgf·m]
③ 자유롭게 휠 수 있는 축은 유연성이 있는 플렉시블축(flexible shaft)이다.
④ 축동력 : $H = \dfrac{TN}{9,740}$ [kW]
⑤ 전동축은 동력을 전달하므로 휨과 비틀림하중을 받는다.
⑥ 모멘트 : $M = Pl$ [N·m]

2) 베어링
① 베어링호칭 '6203'은 내경이 17mm를 나타내며, '6204'부터는 마지막 끝자리 수에 5를 곱하면 베어링내경이 된다.

② 롤러베어링은 선접촉으로 소음과 진동이 있다.
③ 리테이너는 베어링의 볼간격을 유지하기 위함이고, 저널은 축과 베어링을 받쳐주는 축 부분을 의미한다.
④ 607C2P6으로 표시된 베어링에서

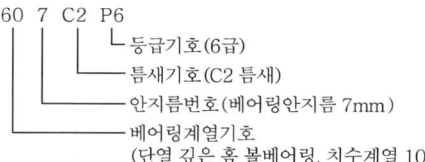

⑤ 오일실은 오일 누수와 불순물이 혼입하지 않도록 한다.
⑥ 내연기관의 피스톤은 축에 직각으로 하중을 받으므로 레이디얼 중간 저널이다.
⑦ 레이디얼베어링은 축에 직각하중을 받으며, 스러스트베어링은 축방향 하중을 받는다.

5. **기어**
① 랙과 피니언은 회전운동을 직선운동으로 변환할 수 있다.
② **모듈** : $m = \dfrac{D}{Z}$
③ 웜과 웜기어는 속비가 커서 감속장치에 사용한다.
④ 헬리컬기어는 추력이 발생할 때 사용하며, 크라운기어는 예각이나 둔각인 상태에서 축의 방향을 전환할 때 적용한다.
⑤ **속도비** : $i = \dfrac{v_o}{v_i} = \dfrac{D_i}{D_o}$
⑥ 이의 간섭원인과 방지대책
  • 원인
    - 피니언의 잇수가 극히 적을 때
    - 기어와 피니언의 잇수비가 매우 클 때
    - 압력각이 작을 때
  • 방지대책
    - 피니언의 잇수를 최소 치수 이상으로 한다.
    - 기어의 잇수를 한계치수 이하로 한다.
    - 압력각을 크게 한다.
    - 치형수정을 한다.
    - 기어의 이높이를 줄인다.
⑦ 피치원을 중심으로 이끝원과 이뿌리원으로 구분한다. 어덴덤(addendum) 또는 이끝높이는 피치원에서 이끝까지의 길이이고, 디덴덤(dedendum) 또는 이뿌리높이는 피치원에서 이뿌리까지의 길이이다.
⑧ **기어의 중심거리** : $C = \dfrac{m(Z_1 + Z_2)}{2}$ [mm]

6. **벨트, 체인, 로프, 커플링, 클러치, 마찰차**
1) **벨트**
① 유효장력은 인장측에서 이완측을 뺀 값을 말한다.
② 초기장력은 벨트가 구동 시 종동측이 정지되어 구동력을 발생해야 하므로 마찰력이 많이 필요하다.
③ V벨트의 단면형상은 C형이 가장 크다.
④ V벨트의 인장강도

종류	1개당 인장강도(kgf)	종류	1개당 인장강도(kgf)
M	120 이상	C	600 이상
A	250 이상	D	1,100 이상
B	360 이상	E	1,500 이상

⑤ 탄성과 마찰계수는 떨어지지만 인장강도가 대단히 크고 벨트수명이 긴 장점을 가진 것은 강철벨트이다. 가죽벨트, 고무벨트, 섬유벨트는 탄성과 마찰계수가 크다.
⑥ **벨트의 중심거리** : $C = \dfrac{D_1 + D_2}{2}$ [mm]
⑦ 평벨트 풀리에서 벨트와 직접 접촉하는 것은 림이며 림의 중간이 좌우 끝단보다 더 높아서 벨트의 이탈을 방지한다.

2) **체인**
사일런트체인은 고속운전과 정숙한 운전에 사용한다.

3) **로프**
턴버클은 양끝에 왼나사 및 오른나사가 있어서 막대나 로프 등을 조이는 데 사용한다.

4) **커플링**
① 원통커플링에는 머프·마찰원통·셀러·반중첩커플링이 있다.
② 셀러원추커플링은 안쪽은 원통형이고, 바깥쪽은 테이퍼진 원추형인 안통과, 내경이 양쪽 방향으로 테이퍼진 바깥통으로 구성된다.
③ 마찰원통커플링은 큰 토크의 전달이 불가능하고 진동, 충격에 의해 쉽게 이완된다.

5) 클러치

① 클러치는 동력을 차단하고 전달하는 역할을 하며, 맞물림형태는 사다리꼴, 나선형, 톱니형이 있다.
② 유니버설커플링은 두 축이 같은 평면 내에서 어느 각도로 교차하는 경우로써 회전 중 양축이 맺는 각도가 변화해도 된다.
③ 클러치는 두 축의 이음을 임의로 단속할 수 있는 축이음이다.
④ 마찰클러치는 접촉면의 마찰력이 커야 한다.

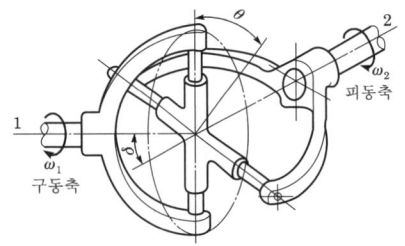

▲ 유니버설조인트

6) 마찰차

홈마찰차의 홈의 각도는 보통 $2\alpha = 30 \sim 40°$ 정도로 한다.

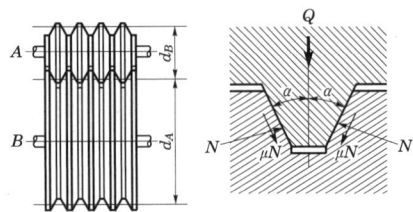

▲ 홈마찰차

7. 스프링과 브레이크

1) 스프링

① 지름이 $D[mm]$인 코일스프링에 하중 $P[kgf]$를 가할 때 $\delta[mm]$의 변위를 일으키는 스프링상수 $K = \dfrac{P}{\delta}[kgf/mm]$이다.
② 토션바는 자동차에 사용되는 스프링으로 비틀림이 발생하도록 형성된 스프링이다.
③ **스프링지수** : $C = \dfrac{D}{d}$

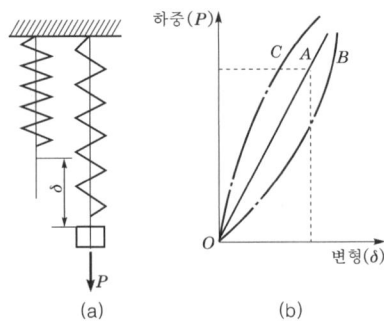

▲ 스프링의 작용

2) 브레이크

① 접촉면의 압력을 p, 속도를 v, 마찰계수가 μ일 때 브레이크용량 $= \mu p v [kgf/cm \cdot s]$
② 브레이크는 제동이 커야 하므로 마찰계수가 커야 한다.

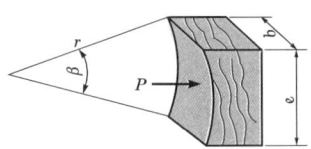

▲ 브레이크블록

③ 축방향에서 압력을 가하는 브레이크는 원판브레이크이고, 복식 블록·밴드·드럼브레이크는 축의 직각방향에서 압력을 작용시킨다.
④ 인장강도는 재료가 가지고 있는 내력으로서 가죽, 섬유, 고무, 강철브레이크 중에서 강철브레이크가 가장 강하다.
⑤ 브레이크드럼을 브레이크블록으로 누르게 한 것은 블록브레이크이다.
⑥ 밴드·블록·원판브레이크는 지렛대의 원리를 이용하며, 전자브레이크는 전기적 에너지를 이용한다.

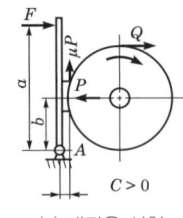 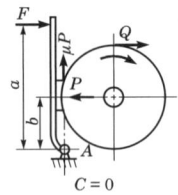

(a) 내작용 선형 (b) 중작용 선형

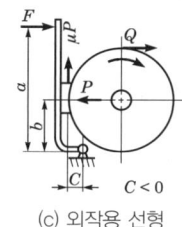

(c) 외작용 선형

▲ 단식 블록브레이트의 형식

03 기초전기 일반

01 | 직·교류회로

1. 전기회로의 전압과 전류

① 허용전류는 전선에 전류가 흐를 때 전선에 열화되지 않은 허용되는 전류값을 의미한다.
② 전류가 하는 일은 발열작용, 화학작용, 자기작용 등이 있다.
③ **전기량** : $Q = It$ [C]
④ 동일한 전원에 각 등을 병렬로 연결해야 전원이 직접 공급되어 가장 밝은 상태가 된다.
⑤ 정류회로에 커패시터필터를 사용하는 것은 직류에 가까운 파형을 얻기 위함이다.
⑥ 전류의 단위는 암페어(A)로 1sec 동안에 1C의 전기량이 이동함을 의미한다.

2. 전력과 전력량

① 일정시간에 전기에너지가 한 일의 양을 전력량이라 하며, kW와 W는 전력의 단위이다.
② 기호 Wh는 1W의 공률로 1시간에 하는 일(전기량일 경우에는 1W의 전력을 1시간 동안 계속해서 사용했을 때의 전력량)에 해당한다. 1W=1J/s, 1h(시간)=3,600s(초)이므로 1Wh=3,600J이다. 보통 kWh(킬로와트시, 1kWh = 1,000Wh)가 쓰인다.
③ **전력량** : $W = Pt = VIt = I^2Rt$ [Ws]
④ **전력** : $P = VI$ [W]

3. 직·교류회로의 기초

1) 관련법칙

① 옴의 법칙(Ohm's law)은 도선 두 점 사이의 전류세기는 그 두 점 사이의 전위차에 비례하고, 전기저항에 반비례한다.

$$I = \frac{E}{R} [A], \quad E = IR [V]$$

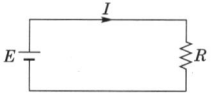

▲ 옴의 법칙

② 줄의 법칙에 의해 발생하는 열량은 $H = 0.24I^2Rt$ [cal]로 저항과 전류의 제곱 및 흐른 시간에 비례한다.

③ 도체의 전기저항 $R = \rho \frac{l}{A}$ [Ω]이므로 도체의 길이(l)에 비례하고, 단면적(A)에 반비례한다. 온도가 변화하면 도체의 저항도 변화하는데 온도가 증가할 경우 저항도 증가한다.

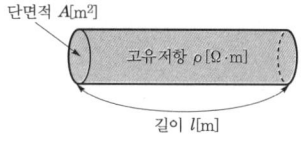

▲ 전기저항

2) 교류파형과 크기

① 교류전압의 순시값이 $v = \sqrt{2}\,V\sin\omega t$ [V]이고, 전류값이 $i = \sqrt{2}\,I\sin\left(\omega t + \frac{\pi}{2}\right)$ [A]인 정현파의 위상관계는 전압의 위상이 전류의 위상보다 $\frac{\pi}{2}$ [rad]만큼 앞서게 된다.

② 순시값은 순간순간 변하는 교류의 임의의 시간에 있어서의 값이다.

$V = V_m \sin\omega t$ [V]

여기서, V_m : 전압의 최대값(V)
ω : 각속도(rad/s), t : 주기(sec)

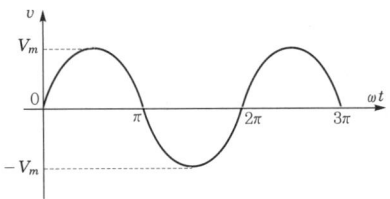

▲ 교류의 순시값

③ 실효값 : $E = \dfrac{E_m}{\sqrt{2}}$ [V]

④ 최대값 : $E_m = \sqrt{2}\,E$ [V]

⑤ 각속도 : $\omega = \dfrac{\theta}{t} = 2\pi f$ [rad/s]

⑥ 정현파 교류전압 $120\sqrt{2}\sin(120\pi t - 60°)$ [V]를 멀티미터로 측정 시 교류계기는 실효값을 지시하므로 측정전압은 120V가 된다.

⑦ 사인파 교류전류에서 최대값의 실효값

$$I = \dfrac{1}{\sqrt{2}}I_m = 0.707\,I_m\,[A]$$

4. 교류에 대한 R, L, C의 작용

① **저항만의 회로** : 전압 v와 전류 i는 동상으로서 그 실효값 I는 옴의 법칙이 그대로 성립한다.

$$I = \dfrac{V}{R}\,[A]$$

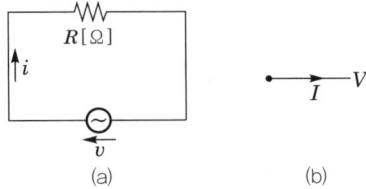

▲ 저항만의 회로

② 코일만의 회로에서 전압은 전류보다 90° 위상이 앞선다. 즉 인덕턴스만의 회로에서 전류가 전압보다 $\dfrac{\pi}{2}$ [rad]만큼 뒤진다.

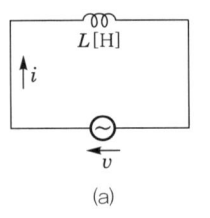 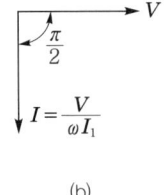

▲ 인덕턴스만의 회로

③ 콘덴서만의 회로에서 전압은 전류보다 90° 위상이 뒤진다. 즉 정전용량 C[F]인 콘덴서에 교류전원을 접속하면 전류가 전압보다 위상이 90° 앞선다.

④ 콘덴서는 전하를 축적하는 기능을 가지고 있으며 콘덴서의 특성을 이용하여 직류전류를 차단하고 교류전류를 통과시키는 필터로 사용된다.

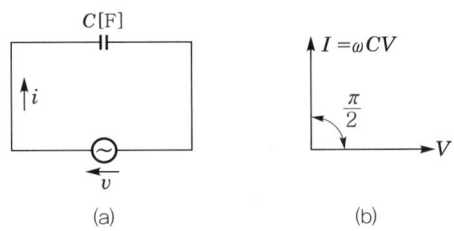

▲ 정전용량만의 회로

⑤ $R-C$ 직렬회로의 임피던스

$$Z = \sqrt{R^2 + X_C^{\,2}}\,[\Omega]$$

⑥ 유도리액턴스 : $X_L = 2\pi f L\,[\Omega]$

⑦ 저항 $R[\Omega]$과 인덕턴스 $L[H]$의 직렬로 접속한 회로의 임피던스

$$Z = R + j\omega L\,[\Omega]$$

$$\therefore\ Z = \sqrt{R^2 + X_L^{\,2}}\,[\Omega] = \sqrt{R^2 + (\omega L)^2}\,[\Omega]$$

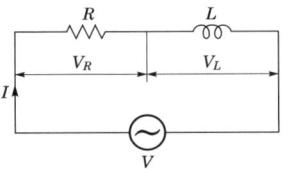

▲ 직렬회로

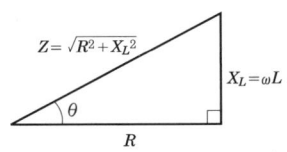

▲ 임피던스삼각형

⑧ 저항이 $R[\Omega]$, 리액턴스가 $X[\Omega]$인 직렬로 접속된 부하의 역률 : $\cos\theta = \dfrac{R}{\sqrt{R^2 + X^2}}$

⑨ 용량리액턴스 : $X_C = \dfrac{1}{\omega C} = \dfrac{1}{2\pi f L C}\,[\Omega]$

⑩ $R-C$ 직렬회로 : $V = IZ = I\sqrt{R^2 + L^2}\,[V]$

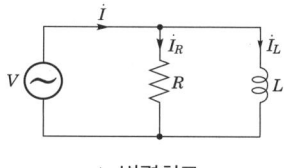

▲ 병렬회로

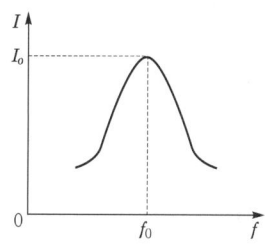

▲ 벡터도

⑪ 직렬공진일 때 임피던스 $Z=R$이 되어 임피던스는 최소, 전류는 최대가 된다.

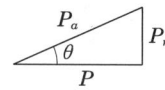

▲ 직렬공진곡선

⑫ 우리나라 상용전원은 교류전원이며, 직류전원은 교류전원에서 정류장치를 거쳐 생성된다. 교류에서 1초 동안 반복되는 사이클을 주파수라고 하며, 단위는 Hz 혹은 CPS(Cycle Per Second)로 표기한다.

5. 전력과 역률

① 임피던스 $Z[\Omega]$인 단상 교류부하를 단상 교류전원에 연결할 때 전력 : $P = VI\cos\theta[W]$

② 역률 : $\cos\theta = \dfrac{P}{P_a} = \dfrac{VI\cos\theta}{VI}$

여기서, P_a : 피상전력, P : 유효전력

▲ 전력삼각형

③ 유효전력 : 전압에 전압과 동상인 전류성분을 곱해서 구하거나, 전류에 전류와 동상인 전압성분을 곱해서 구해지는 전력

④ 무효전력 : 전압에 전압과 90°의 위상차인 전류성분을 곱해서 구하거나, 전류에 전류와 90°의 위상차인 전압성분을 곱해서 구해지는 전력으로, 단위는 Var(volt-amperes reactive)임

⑤ 피상전력 : 전압과 전류의 실효값을 곱해서 구해지는 전력으로, 단위는 VA(volt-ampere)임

6. 단상, 3상교류

① 대칭 3상 교류전압 순시값의 합은 0V이다.

② 상전압과 선간전압은 동상(phase)이며 선간전압이 V_L이고, 상전압이 V_p라고 하면
$V_L = \sqrt{3}\, V_p [V]$

③ 3상 교류전력 P는 Y결선(성형결선) 또는 Δ결선(환상결선)일지라도 전력 $P[W]$는 같다.
$P = 3E_p I_p \cos\theta = \sqrt{3}\, E_l I_l \cos\theta [W]$

④ $Y-\Delta$기동법은 기동 시 기동전류를 $\dfrac{1}{3}$로 감소시키기 위해 Y결선으로 기동하고 Δ결선으로 운전하게 한다.

⑤ 환상결선(Δ결선)에서는 선간전압은 상전압이고, 선전류는 $\sqrt{3}$ 상 전류가 된다. 따라서 $\sqrt{3}$배가 된다.

⑥ 전원이 V결선된 경우 부하에 전달되는 전력은 Δ결선인 경우 $\dfrac{P_V}{P_\Delta} = \dfrac{\sqrt{3}\, VI}{3\, VI}$

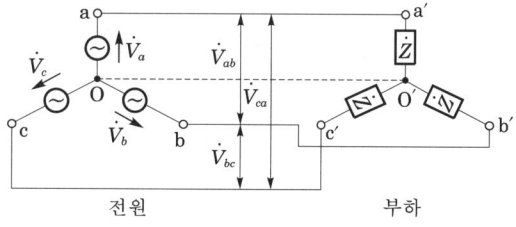

▲ 성형결선

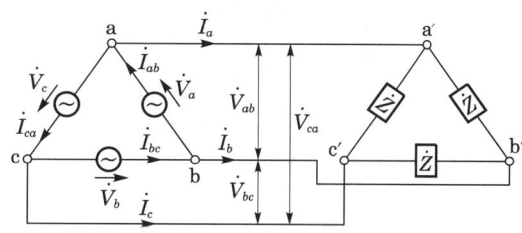

▲ 환상결선(Δ결선)

⑦ 콘덴서기동형, 셰이딩코일형, 분상기동형은 단상 유도전동기이고, 권선형은 3상 유도전동기이다.

⑧ 농형 유도전동기의 기동법에는 전전압기동법, $Y-\Delta$기동법, 리액터기동법, 기동보상기법 등이 있다. 2차 저항법은 권선형 유도전동기의 기동법으로 쓰인다. 15kW 이상의 농형 유도전동기에 주로 적용되는 방식으로, 기동 시 공급전압을 낮추어 기동전류를 제한하는 기동법은 기동보상기법이다.

⑨ 기동저항기는 기동 시 최대 저항으로 기동전류를 억제시키고, 가속되면 감소시켜 정격에서 단락시킨다.

⑩ 대칭 3상 교류는 크기는 같고 서로 $\dfrac{2\pi}{3}$[rad]만큼의 위상차를 가지는 3상 교류이다.

02 | 전기기기의 구조와 원리 및 운전

1. 전기

① 전해콘덴서는 (+), (−)의 극성이 표시되어 있으므로 사용 시 극성에 맞도록 접속하여야 한다.

② **직렬접속 시의 합성정전용량** : $C_o = \dfrac{C_1 \times C_2}{C_1 + C_2}$[F]

③ **병렬접속 시의 합성정전용량** : $C_p = C_1 + C_2$[F]

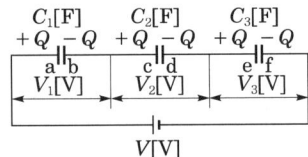

▲ 콘덴서의 직렬접속

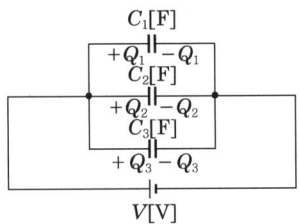

▲ 콘덴서의 병렬접속

2. 자기

① 코일에 전류를 흘려주면 자속이 발생하는데, 자속의 변화에 따라 기전력이 발생하는 현상을 전자유도현상이라 한다.

② **전자력** : $F = IlB\sin\theta$[N]

③ 도선과 자장방향의 각도 $\theta = 90°$일 때 전자력이 최대가 된다.

④ **유도기전력 크기** : $e = N\dfrac{\Delta\phi}{\Delta t}$[V]

여기서, N : 코일의 권수, $\Delta\phi$: 자속(Wb)
Δt : 시간차

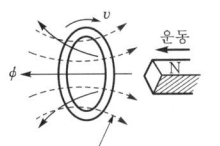

(a) 자속을 증가시킬 때   (b) 자속을 감소시킬 때

▲ 유도기전력의 방향

⑤ **자기저항** : $R_m = \dfrac{F}{\phi} = \dfrac{NI}{\phi}$[AT/Wb]

⑥ 전자기유도는 자기장이 변하는 곳에 있는 도체에 전위차(전압)가 발생하는 현상으로 발생한 전압은 자기선속의 변화율에 비례한다는 전자기유도는 발전기와 전동기 등의 전기구동기의 기본이 되는 법칙이다.

⑦ 도체는 전하가 이동하기 쉬운 물질, 즉 전류가 흐르기 쉬운 물질(금속, 염류, 전해질용액)이다.

⑧ **자기력** : $F = mH$[N]

여기서, m : 자기장의 크기(A/m)
H : 자극(Wb)

⑨ 자속은 자기력(F)에 비례하고, 자기저항(R_m)에 반비례한다.

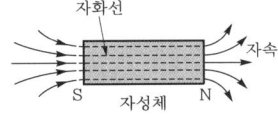

▲ 자성체

⑩ **코일 중심 자장의 세기** : $H = \dfrac{NI}{r}$[AT/m]

여기서, N : 권수, I : 원형코일의 전류
r : 원형코일의 반경

⑪ 전동기의 전자력은 플레밍의 왼손법칙으로 설명할 수 있다.

⑫ 자속 : $\phi = \dfrac{F}{R_m}$ [Wb]

3. 직류기

① 직류전동기의 속도는 저항, 계자, 전압에 의해서 제어된다.
② 전기기기의 무부하손은 철손과 기계손의 합을 말하며, 기계손은 바람의 저항에 의한 풍손과 베어링, 브러시의 마찰손을 말한다.
③ 직권전동기는 기동토크가 커서 전동차나 크레인에 사용한다. 기동토크는 모터 작동 시의 토크를 의미한다.
④ 직류전동기에서 운전 중에 항상 브러시와 접촉하여 모터코일에 전류를 흐르게 하는 것은 정류자이다.
⑤ 직류전동기는 무부하운전이나 벨트운전을 절대 해서는 안 된다.
⑥ 스테핑모터(stepping motor)는 Step Motor 혹은 Reluctance Motor 등으로 불리며, 디지털펄스로 제어한다.
⑦ 전기자 권선과 외부 회로를 연결하는 것은 탄소브러시(carbon brush)이며, 정류자가 회전하므로 마찰이 발생하여 마모가 되면 접촉이 불안정(스파크 발생)하여 교환해야 한다.
⑧ **직류전동기의 속도제어**

$n = k_2 \left(\dfrac{V - R_a I_a}{\phi} \right)$ [rpm]에서

- 계자제어법 : 계자자속 ϕ를 변화시키는 방법
- 저항제어법 : 전기자에 저항을 직렬로 넣어 R_a의 값을 변화시키는 방법
- 전압제어법 : 전기자에 가하는 전압 V를 변화시키는 방법(레오나드방식, 일그너방식)

⑨ **직류전동기의 제동**

- 발전제동 : 운전 중인 전동기를 전원으로부터 분리시켜 발전기로 작용시켜서 회전체의 운동에너지를 전기에너지로 변화시킨 다음, 이것을 저항 내에서 열에너지로 소비시켜 제동하는 방법
- 역전제동(플러깅) : 운전 중인 전동기의 전기자 전류를 반대로 전환하면 자속은 변하지 않으나 전기자 전류만 반대로 되기 때문에 반대 방향의 토크가 발생되어 제동하는 방법
- 회생제동 : 권상기, 엘리베이터, 기중기 등으로 물건을 내릴 때 또는 전기기관차나 전차가 언덕을 내려가는 경우, 강하중량의 위치에너지로 전동기를 발전기로 동작시켜 발생한 전력을 전원에 반환하면서 과속을 방지하는 제동방법

⑩ **직류기 손실의 종류**

- 고정손(무부하손)
  - 부하의 변화에 무관한 손실
  - 철손(히스테리시스손, 와류손), 기계손(마찰손, 풍손)
- 가변손(부하손)
  - 부하의 변화에 따라 변화하는 손실
  - 동손(저항손), 표류부하손

⑪ 직류기는 계자(고정자), 전기자, 정류자, 공극, 브러시로 구성되어 있다.
⑫ 직류전동기 중 직권전동기는 토크의 변화에 비하여 출력의 변화가 적다. 따라서 무부하운전이나 벨트운전을 해서는 절대로 안 된다.
⑬ 계자제어법, 저항제어법, 전압제어법은 직류전동기의 제어법이고, 주파수제어법은 교류전동기의 속도제어법이다.

4. 교류기

① 다상 유도전동기의 기본원리는 아라고의 원판 실험으로 구리 또는 알루미늄으로 만든 원판을 회전시켜, 이 원판 주변을 자석이 움직이면 원판은 자석보다 느린 속도로 같은 방향으로 움직인다.
② 동기기의 전기자 반작용은 횡축 반작용(교차자화작용)과 직축 반작용(감자작용, 증자작용)으로 분류된다.
③ 전동기의 동기속도는 $N_s = \dfrac{120f}{P}$ [rpm]이다. 따라서 자극수와 주파수로 결정된다.
④ **인버터회로** : 모터속도제어방식에는 다음 식과 같이 주파수 f를 변화시키던가, 모터의 극수 P

나 슬립 S를 변화시키면 임의의 회전속도 N을 얻을 수 있으며 극수제어, 슬립제어, 주파수제어가 있다.

$$N = \frac{120f}{P}(1-S) \text{[rpm]}$$

⑤ 유도전동기에서 $S=1$이면 $N=0$이므로 전동기는 정지상태이고, $S=0$이면 $N=N_s$이므로 전동기가 동기속도로 회전하고 있는 상태이다.

⑥ 회전정류기 여자방식은 회전전기자형 교류여자발전기에서 발생한 교류를 축과 함께 회전하는 실리콘정류기를 거쳐 직류로 정류하여 주교류발전기의 계자권선을 여자하는 것으로, 이 여자방식은 슬립링과 브러시가 없으므로 유지·정비가 용이하다. 회전부에 내장된 정류기에서 교류가 정류되므로 이를 회전정류기라고 한다.

⑦ 서보모터는 피드백제어로 위치 정도가 좋으며 급가감속이 어렵지 않다.

⑧ 농형 유도전동기에서 기동보상기법은 15kW 이상 고압전동기에 사용되며 감압용 단권변압기에 의해 인가전압을 감소시켜 공급하므로 회로구성이 가장 복잡한 기동방식이다.

⑨ 동기전동기는 동기속도로 운전하는 교류전동기로 회전속도가 전원 주파수에 비례하고 슬립이 없다. 주파수가 일정하면 회전속도가 일정하므로 전압 조정 및 역률 개선용으로 사용된다.

5. 변압기

① 변압기 병렬운전조건은 1·2차의 정격전압과 극성이 같고 임피던스의 전압이 같아야 하며 각 변압기의 저항과 누설리액턴스의 비가 같아야 한다.

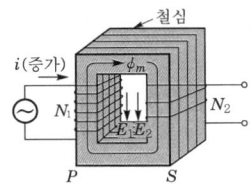

▲ 변압기의 원리

② **변압기의 권선비** : $a = \dfrac{n_1}{n_2} = \dfrac{V_1}{V_2}$

③ 변압기 결선방식은 3상 3선식이 유리하기 때문에 변압기 결선은 주로 3상 결선을 한다. 3상 결선에는 Y결선과 Δ결선이 있다. V결선은 3상 Δ결선에서 1상에 상당하는 변압기를 제거한 상태에서 3상의 전력을 공급하는 경우의 변압기 결선을 말한다. V결선으로 하면 Δ결선의 출력에 비해 출력용량은 57.7%로 저하된다. $\Delta-\Delta$ 결선상태에서 1대의 변압기가 고장이 나더라도 V결선으로 3상 전력을 공급할 수가 있다.

④ 변압기는 전압을 변환하여 가정이나 산업시설에 보내며, 직류전동기와 유도전동기는 전기에너지를 기계에너지로 변환한다.

⑤ 변압기의 원리는 상호 유도작용을 이용하여 1·2차의 권수비에 의해 전압을 변동시킬 수 있다.

⑥ 변압기 및 전기기기에 고유저항이 큰 규소강판을 사용하는 이유는 맴돌이 전류와 히스테리시스손을 감소시킴으로써 철손을 작게 하기 때문이다.

⑦ 절연유의 구비조건
- 절연내력이 클 것
- 점도가 낮고 냉각효과가 클 것
- 인화점이 높고 응고점이 낮을 것
- 고온에서도 산화하지 않을 것
- 절연재료와 화학작용을 일으키지 않을 것

6. 정류기(특수반도체)

① 단자가 3개는 사이리스터, 트라이액, MOSFET이며, 다이오드는 2단자 소자이다.

② **사이리스터(thyristor)** : 온상태에서 오프상태로, 오프상태에서 온상태로의 전환이 가능하며 3개 이상의 PN접합을 갖는 쌍안정 반도체소자이다. PNPN접합의 4층 구조 반도체소자의 총칭이다.

③ **다이오드(diode)** : 게르마늄이나 규소로 만들며 발광·정류(교류를 직류로 변환)특성 등을 지니는 반도체이다.

④ **사이리스터회로** : 사이리스터란 제어단자(G)로부터 음극(K)에 전류를 흘리는 것으로, 양극(A)과 음극(K) 사이를 도통시킬 수 있는 3단자의 반도체소자를 사용한 회로로 한번 도통시키면 통과전류가 0이 될 때까지 도통상태를 유지해야 하는 곳에 사용된다.

⑤ **다이오드정류회로** : 정류회로(rectifier circuit)는 교류를 직류로 바꿔주는 것으로, 정류회로는

다이오드가 '순방향 바이어스전압'이 걸렸을 때만 전류를 흘려주는 특징을 이용한 것이다.

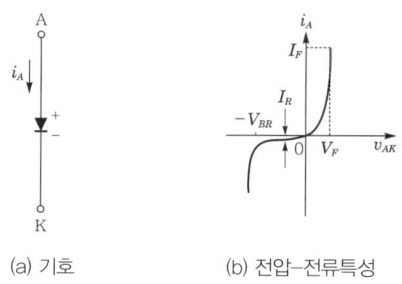

(a) 기호   (b) 전압-전류특성
▲ 다이오드

⑥ SCR(Silicon Controlled Rectifier)은 실리콘 제어정류기로서 전력제어와 스위칭 응용에 사용되며 전류제어방식, 반파전력제어, 위상제어회로, 전압보호회로 등에 응용하며 직류가 출력된다.

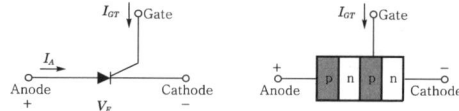

▲ SCR기호

⑦ 인버터제어는 유도전동기도 속도제어계통에 이용할 수 있게 되었다. Solid State Devices를 이용한 유도전동기의 속도제어방식에는 여러 가지가 있으나, 대표적인 방법은 1차 전압제어방식과 주파수변환방식이다.

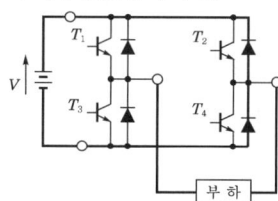

▲ 인버터제어

⑧ 반도체 PN접합이 하는 작용은 정류작용, 트랜지스터를 이용하는 작용은 증폭작용, 터널다이오드를 이용하는 작용은 발진작용을 한다.
⑨ 브리지전파정류회로는 전파정류회로의 일종으로 다이오드 4개를 브리지모양으로 접속하여 정류하는 회로로 중간 탭이 있는 트랜스를 사용하지 않아도 된다.
⑩ 초퍼제어 : 전류의 On-Off를 반복으로 직류 또는 교류의 전원을 만드는 제어방식으로 주로 전동차용 주전동기의 제어나 직류안정화전원(AC 어댑터) 등에 이용한다.
⑪ 인버터 : 입력신호와 출력신호의 극성을 반전시키는 증폭기의 일종이다.

03 | 시퀀스제어

1. 시퀀스제어의 개요

① 기기의 소형화, 고기능화, 저렴화, 고속화 및 프로그램 수정의 용이함을 실현한 시퀀스제어는 PLC시퀀스이다.
② **정성적 제어** : 일정시간간격을 기억시켜 제어회로를 On/Off 또는 유무상태만으로 제어하는 명령으로 2개값만 존재하며 이산정보와 디지털정보가 있다.
③ **정량적 제어** : 온도, 압력, 위치, 속도, 전압 등과 같은 물리적 양을 어떤 크기로 제어하는 무한개의 정보를 가지는 제어계로 피드백제어이며 아날로그정보계와 연속정보계가 있다.
④ 되먹임제어(feedback control)는 입력값이 출력값과 항상 일치하도록 제어하여 오차가 없으며 CNC밀링, 선반과 같이 정밀제어에 적용한다.

2. 제어요소와 논리회로

① 불대수 $Y = AC + \overline{A}C + \overline{B}C$를 간소화하면
$Y = AC + \overline{A}C + \overline{B}C = C(A + \overline{A} + \overline{B})$
$= C(1 + \overline{B}) = C$
② AND는 접점직렬연결, OR은 접점병렬연결이다.
③ OR회로는 A+B→C이므로 A나 B 중에 하나만 b접점이면 코일이 동작한다.

▲ OR접점회로

④ 논리회로
• NOR회로 :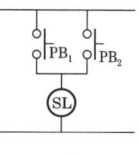

- NAND회로 :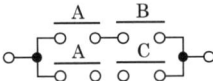
- NOT회로 :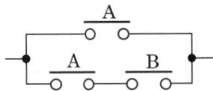

⑤ 논리식 예
- 논리식 = A · B + A · C

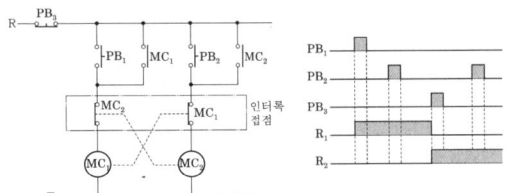

- 논리식 = A + AB = A(1+B) = A

⑥ 버튼스위치는 수동조작 자동복귀용 스위치이므로 검출용이 아니라 조작용 스위치이다.

3. 시퀀스제어의 기본회로 및 이론

① 인터록회로 : 기기의 동작을 서로 구속하여 기기의 보호와 조작자의 안전을 보호하는 회로

▲ 인터록회로

② 자기유지회로
- 시퀀스제어에서 시동단추를 누른 후 차단을 해도 전류가 공급되는 조건을 유지하는 회로
- PB을 누르면 출력 X가 여자되어 X-a접점이 폐로되고 PB이 개로되어도 X-a접점이 폐로상태로 출력이 여자상태를 유지하는 회로

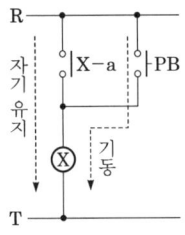

▲ 자기유지회로

③ 지연복귀회로 : 타이머에 의해 일정시간이 지난 후 복귀하는 회로

④ 지연동작회로 : 타이머에 전류가 인가한 후 일정시간이 지나면 동작하는 회로

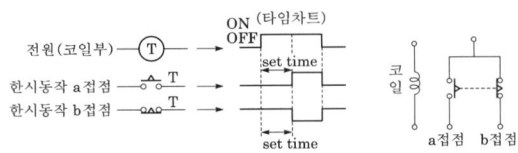

▲ 한시동작타이머

4. 전동기제어 일반

① 시퀀스회로에서 M : 전동기, PL : 파일럿램프, MC : 전자접촉기, PB : 푸시버튼스위치
② 비례추이를 응용하여 유도전동기의 2차 저항의 크기를 가감하면 슬립을 제어할 수 있다. 즉 회전속도를 조절할 수 있으며, 이러한 제어는 2차 저항값이 고정되어 있는 농형에서는 불가능하고 권선형에서 가능하다.
③ 전동기 주회로에서 MCB : 배선용 차단기, MC : 전자접촉기, THR : 열동계전기

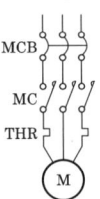

▲ 전동기 주회로

④ 3상 유도전동기의 회전방향은 1차측의 3선 중 임의의 2선을 전원을 바꾸어 전환한다.
⑤ PB_3이 b접점조건에서 PB_1과 PB_2를 누르면 정회전과 역회전이 된다.

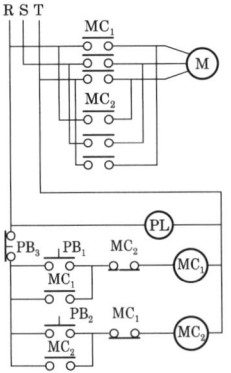

▲ 전동기 정·역회로의 동작

5. 센서의 종류와 특성

리밋·광전·근접스위치는 기계적 접점을 갖는 검출기기이다.

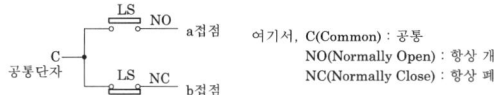

▲ 리밋스위치

6. 릴레이, 타이머

① 전자식 카운터는 릴레이가 여자될 때마다 한 숫자씩 증가하는 것을 표시하는 것이다.
② 인칭은 촌동이라고도 하며 전기적 조작에 의해 회전기의 회전부를 미소한 각도로 회전시키는 것이다.
③ 접점

기호	설명	기호	설명
─○ ○─	릴레이 A접점	─○─○─	리밋스위치 A접점
─○⊥○─	릴레이 B접점	─○⊥○─	리밋스위치 B접점

④ 계전기(relay)란 정해진 전기량이나 물리량에 응용하여 전기회로를 제어하는 전기기기로 동작하는 방식에 따라 전자기계형과 디지털형의 2가지 종류로 분류하며, 푸시버튼스위치는 a접점과 b접점을 보유한 누름스위치이다.

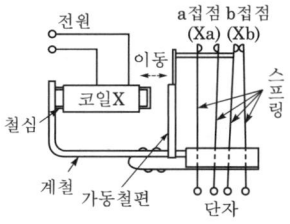

(a) 릴레이의 원리와 구조

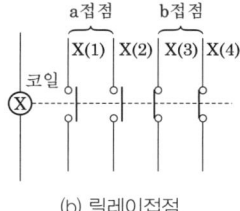

(b) 릴레이접점

▲ 보조계전기

⑤ 전자접촉기는 동작원리가 소형 릴레이와 다른 점은 주접점과 보조접점이 있다는 것이다. 주접점이란 대전류용량의 접점이고, 보조접점이란 전자릴레이접점과 같이 작은 전류용량의 접점이다. 접촉기를 잘 선정하기 위해서는 사용동력, 적용등급, 스위칭횟수 등을 고려해야 한다.
⑥ 과부하 및 단락사고인 경우 자동 차단되어 개폐기 역할을 겸하는 것을 노퓨즈브레이커(NFB), 배선용 차단기(MCCB)라 한다.
⑦ 가동코일형 계기는 직류 전용 계기이고, 열선형 계기는 교류 전용 계기이다.

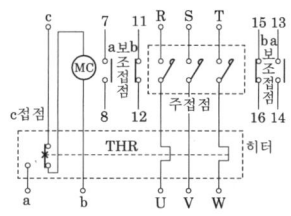

▲ 전자개폐기

04 | 전기측정

1. 측정기초

계통적 오차는 원인을 규명할 수 있으며(측정가능오차), 우연오차는 원인규명이 불가능(측정불가능오차)하고, 과실오차는 측정의 실수로 인한 오차이다.

2. 전압측정

① 전압계와 전류계를 동시에 연결할 때에는 전류계는 직렬로 접속하고, 전압계는 병렬로 접속한다.
② 전압의 정밀측정에 사용하는 것으로 전류용과 교류용이 있는데, 후자는 교류의 실효값과 위상각을 잴 수 있다.
③ 측정값이 50Ω이고 배율이 100배이므로 저항값 $R = 50 \times 100 = 5,000\Omega$
④ 고압을 측정하기 위해서는 계기용 변압기를 사용하여 측정기를 보호한다.
⑤ 미지의 전압과 전류측정 시에는 측정범위가 높은 곳부터 낮은 곳으로 진행한다.
⑥ 1차 전지(알칼리건전지, 리튬전지)전압은 DC 전압이므로 직류전압계를 사용해야 한다.

⑦ **배율기** : 전압계의 측정범위를 넓히기 위한 것

⑧ **배율기의 배율** : $m = 1 + \dfrac{R_m}{r}$ [배]

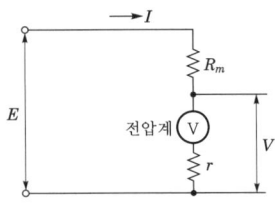

▲ 배율기

3. 전류측정

① 직류의 대전류를 측정하는 변류기는 직류전류가 통하는 1차 권선과 보조교류전원에 접속되는 2차 권선으로 교류회로의 인덕턴스가 직류로 전환하여 측정한다.

② 직류전원측정 시 유의할 사항은 전원의 극성을 틀리지 않도록 접속하는 것이다.

③ 회전변류기는 교류를 직류로 변환하는 장치이다.

④ 전원의 기전력 또는 2점 간의 전위차를 측정함에 있어서 표준 전지 등의 이미 알고 있는 전압과 비교하여 측정하는 것을 전위차계라고 한다.

⑤ 전류계는 전류의 세기를 측정하는 계기로 직렬로 회로에 접속하며 내부 저항이 전압계보다 작다.

⑥ **분류기** : 전류계의 측정범위를 넓히기 위한 것

⑦ **분류기의 배율** : $m = 1 + \dfrac{r}{R_A}$ [배]

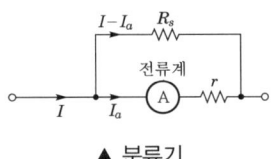

▲ 분류기

4. 저항측정

① 평형조건을 이용한 중저항측정법은 휘트스톤브리지법이며 서로 마주 보는 저항값을 더하여 상대값을 비교한다.

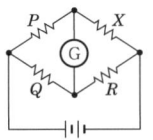

▲ 휘트스톤브리지법

② 저저항(1Ω 이하)의 측정은 전압강하법(전압전류계법), 전위차계법, 켈빈더블브리지법(단면적이 균일하며 굵고 짧은 도선의 저항(예 굵은 나전선의 저항)) 등이 있다.

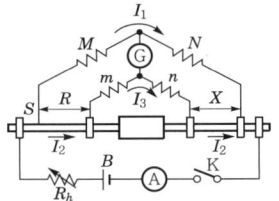

▲ 켈빈더블브리지법

③ 중저항(1Ω~1MΩ)의 측정은 전압강하법(전압전류계법, 백열전구의 필라멘트저항, 발전기나 변압기 권선저항), 휘트스톤브리지법(수천 Ω의 가는 전선의 저항), 저항계, 회로계 등이 있다.

④ 고저항(1MΩ 이상)의 측정은 직편법, 전압계법, 메거(옥내 전등선이나 변압기 등의 절연저항) 등이 있다.

⑤ 특수저항의 측정은, 검류계의 내부 저항은 휘트스톤브리지법, 전지의 내부 저항측정은 전압계법, 전류계법, 콜라우슈브리지법, 맨스법 등이 있으며 전해액의 저항측정은 콜라우슈브리지법, 슈트라우스와 헨더슨법 등이 있다.

⑥ 저항측정 시 전환스위치를 $R \times 100$을 선택하였으므로 실제 나온 저항값의 100배가 된다.

⑦ 전원과 병렬로 가변저항을 삽입하여 전류의 양을 조절하면 저저항을 측정할 수 없다.

⑧ 접지저항측정방법에는 콜라우슈브리지법과 접지저항계가 있다.

제2편

기출 1200제

제 1 회	2016.4.2. 시행
제 2 회	2016.7.10. 시행
제 3 회	2015.4.4. 시행
제 4 회	2015.7.19. 시행
제 5 회	2015.10.10. 시행
제 6 회	2014.4.6. 시행
제 7 회	2014.10.11. 시행
제 8 회	2013.4.14. 시행
제 9 회	2013.10.12. 시행
제10회	2012.4.8. 시행
제11회	2012.10.20. 시행
제12회	2011.10.9. 시행
제13회	2010.10.3. 시행
제14회	2009.9.27. 시행
제15회	2008.10.5. 시행
제16회	2007.9.16. 시행
제17회	2006.10.1. 시행
제18회	2005.10.5. 시행
제19회	2004.10.10. 시행
제20회	2003.10.5. 시행

Craftsman Hydro-Pneumatic

제1회 공유압기능사

2016.4.2. 시행

01 전기적인 입력신호를 얻어 전기회로를 개폐하는 기기로 반복동작을 할 수 있는 기기는?

① 차동밸브 ② 압력스위치
③ 시퀀스밸브 ④ 전자릴레이

[해설] 전자릴레이는 작은 전류를 이용하여 큰 전류를 전달하는 역할을 하며 공통단자, a접점, b접점이 있다. 코일에 전기가 인가되면 철편을 당겨서 접점이 서로 변환되어 전류를 흐르게 한다.

02 유관의 안지름을 2.5cm, 유속을 10cm/s로 하면 최대 유량은 약 몇 cm³/s인가?

① 49 ② 98
③ 196 ④ 250

[해설] $Q = AV = \dfrac{3.14 \times 2.5^2}{4} \times 10 = 49\,\text{cm}^3/\text{s}$

03 유압회로에서 유량이 필요하지 않게 되었을 때 작동유를 탱크로 귀환시키는 회로는?

① 무부하회로 ② 동조회로
③ 시퀀스회로 ④ 브레이크회로

[해설] ② 동조회로 : 동일한 속도나 위치로 작동을 할 때 적용한다.
③ 시퀀스회로 : 순차적으로 작동을 할 때 적용한다.
④ 브레이크회로 : 시동 시의 서지압력 방지나 정지시키고자 할 경우 유압적으로 제동을 부여하는 회로이다.

04 유압장치의 장점을 설명한 것으로 틀린 것은?

① 에너지의 축적이 용이하다.
② 힘의 변속이 무단으로 가능하다.
③ 일의 방향을 쉽게 변환할 수 있다.
④ 작은 장치로 큰 힘을 얻을 수 있다.

[해설] 유압장치는 기계가 작동하고 있는 한 유압모터가 작동되어 압력을 유지하며, 사용압력 이상의 압력이 형성되면 릴리프 밸브를 통해 탱크로 보내진다.

05 유압실린더를 다음 그림과 같은 회로를 이용하여 단조기계와 같이 큰 외력에 대항하여 행정의 중간 위치에서 정지시키고자 할 때 점선 안에 들어갈 적당한 밸브는?

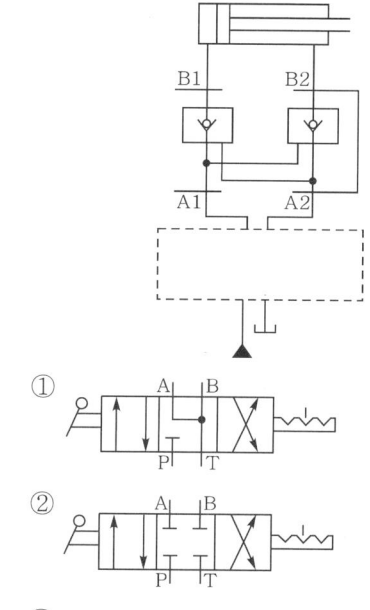

①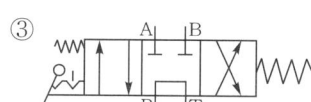

②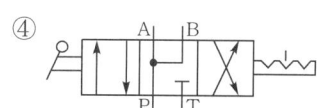

③

④

[해설] 큰 외력에 견디고 중간 위치에서 정지를 시키려면 A, B포트가 닫히고 압력이 형성된 유압은 탱크로 리턴되어야 중간 정지를 유지할 수가 있다.

정답 01. ④ 02. ① 03. ① 04. ① 05. ①

06 도면에서 밸브 ㉠의 입력으로 A가 ON되고, ㉡의 신호 B를 OFF로 해서 출력 Out이 ON이 되게 한 다음 신호 A를 OFF로 한다면 출력은 어떻게 되는가?

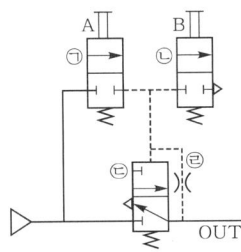

① Out은 OFF로 된다.
② Out은 ON으로 유지된다.
③ ㉢의 밸브가 OFF로 된다.
④ ㉡의 밸브에서 대기방출이 된다.

해설 ㉠의 밸브가 ON이 되면 ㉢의 밸브가 Out포트로 출력이 나가고, ㉣의 교축밸브로 유체가 흘러 ㉠의 밸브가 Out 되어도 ㉡의 밸브로 유체가 흐르게 된다.

07 램형 실린더의 장점이 아닌 것은?
① 피스톤이 필요 없다.
② 공기빼기 장치가 필요 없다.
③ 실린더 자체 중량이 가볍다.
④ 압축력에 대한 힘에 강하다.

해설 피스톤지름과 로드지름의 차가 거의 없기 때문에 자체 중량이 무겁게 된다.

08 상시개방접점과 상시폐쇄접점의 두 가지 기능을 모두 갖고 있는 접점은?
① 메이크접점   ② 전환접점
③ 브레이크접점 ④ 유지접점

해설 c접점이란 a접점(상시개방접점)과 b접점(상시폐쇄접점)이 공통된 가동접점을 공유한 형식이다.

09 다음 중 흡수식 공기건조기의 특징이 아닌 것은?
① 취급이 간편하다.
② 장비의 설치가 간단하다.
③ 외부에너지 공급원이 필요 없다.
④ 건조기에 움직이는 부분이 많으므로 기계적 마모가 많다.

해설 흡수식 건조기는 흡수액인 염화리튬, 수용액, 폴리에틸렌을 사용하여 화학적 방식으로 기계적 마모가 적다.

10 토크가 T[kgf·m]이고 n[rpm]으로 회전하는 공압모터의 출력(PS)을 구하는 식은?
① $\dfrac{nT}{716.2}$ ② $\dfrac{716.2}{nT}$
③ $\dfrac{716.2\,T}{n}$ ④ $\dfrac{716.2n}{T}$

해설 출력 $= \dfrac{nT}{716.2}$ [PS]

11 공유압제어밸브를 기능에 따라 분류하였을 때 해당되지 않는 것은?
① 방향제어밸브   ② 압력제어밸브
③ 유량제어밸브   ④ 온도제어밸브

해설 공유압의 제어밸브에는 압력제어밸브, 유량제어밸브, 방향제어밸브가 있다.

12 다음 표와 같은 진리값을 갖는 논리제어회로는?

입력신호		출력
A	B	C
0	0	0
0	1	0
1	0	0
1	1	1

① OR회로   ② AND회로
③ NOT회로   ④ NOR회로

해설 AND회로이며, A와 B가 '1'(ON)일 때만 전류가 흐르게 된다.

13 유압제어밸브의 분류에서 압력제어밸브에 해당되지 않는 것은?
① 릴리프밸브(Relief Valve)
② 스로틀밸브(Throttle Valve)
③ 시퀀스밸브(Sequence Valve)
④ 카운터밸런스밸브(Counter Balance Valve)

해설 스로틀밸브는 교축밸브로 유량을 제어하는 밸브이다.

정답 06.② 07.③ 08.② 09.④ 10.① 11.④ 12.② 13.②

14 다음 중 2개의 입력신호 중에서 높은 압력만을 출력하는 OR밸브는?

① 셔틀밸브 ② 이압밸브
③ 체크밸브 ④ 시퀀스밸브

해설 ② 이압(AND)밸브 : 2개의 입구에 압력이 형성할 때 출력이 나가며 저압 우선 밸브이다.
③ 체크밸브 : 유체를 한쪽 방향으로만 흐르게 하는 밸브로, 여지밸브라고도 한다.
④ 시퀀스밸브 : 회로의 압력에 의해 작동순서에 따라 작동된다.

15 다음 그림에 해당되는 제어방법으로 옳은 것은?

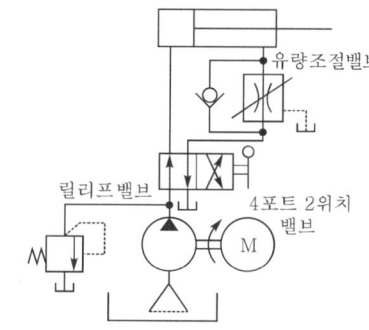

① 미터 인 방식의 전진행정제어회로
② 미터 인 방식의 후진행정제어회로
③ 미터 아웃 방식의 전진행정제어회로
④ 미터 아웃 방식의 후진행정제어회로

해설 미터 아웃 회로는 체크내장형 유량제어밸브가 실린더 B포트에 설치하여 실린더의 속도제어를 출구측에서 조절하는 방법으로 음의 부하강제로 잡아당기는 힘의 경우에도 사용 가능하다. 단, 음의 부하인 경우는 로드측 내압이 높지 않도록 주의해야 하며, 로드가 하향일 때는 실린더와 조절밸브의 사이가 떨어져 있는 경우는 점핑현상이 많이 발생한다.

16 공기탱크와 공기압회로 내의 공기압력이 규정 이상의 공기압력으로 될 때에 공기압력이 상승하지 않도록 대기와 다른 공기압회로 내로 빼내주는 기능을 갖는 밸브는?

① 감압밸브   ② 시퀀스밸브
③ 릴리프밸브 ④ 압력스위치

해설 릴리프밸브는 설정압을 유지하도록 하며, 그 이상의 압력은 대기나 다른 공기압회로로 방출하도록 한다.

17 펌프의 송출압력이 50kgf/cm², 송출량이 20L/min인 유압펌프의 펌프동력은 약 몇 kW인가?

① 1.0 ② 1.2
③ 1.6 ④ 2.2

해설 $Q = 20L/min = \dfrac{20,000}{60} ≒ 333 cm^3/s$

$\therefore L = \dfrac{PQ}{10,200} = \dfrac{50 \times 333}{10,200} ≒ 1.63kW$

18 방향제어밸브의 조작방식 중 기계방식의 밸브기호는?

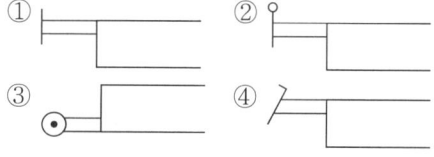

해설 기계방식은 접촉부 끝단에 경사판을 만들어 롤러가 접촉되면 굴러가면서 스위치로 조작하도록 한다.

19 다음 유압기호의 명칭으로 옳은 것은?

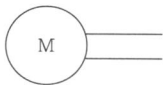

① 공기탱크   ② 전동기
③ 내연기관   ④ 축압기

해설 유압기호에서 전동기(motor)는 원에 'M'를 기입하여 표시한다.

20 다음 그림에서처럼 밀폐된 시스템이 평형상태를 유지할 경우 힘 F_1을 옳게 표현한 식은?

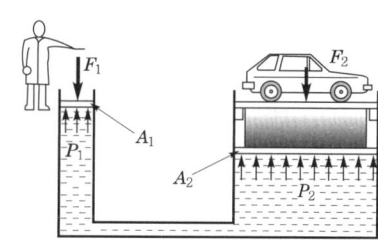

① $\dfrac{A_1 A_2}{F_2}$ ② $\dfrac{A_1 F_2}{A_2}$

③ $\dfrac{F_2}{A_1 A_2}$ ④ $\dfrac{A_2}{A_1 F_2}$

정답 14. ① 15. ③ 16. ③ 17. ③ 18. ③ 19. ② 20. ②

해설 파스칼의 원리에 의해 $\frac{F_1}{A_1} = \frac{F_2}{A_2}$

$$\therefore F_1 = \frac{A_1 F_2}{A_2}$$

21 공기압축기를 출력에 따라 분류할 때 소형의 범위는?

① 50 ~ 180kW　② 0.2 ~ 14kW
③ 15 ~ 75kW　④ 75kW 이상

해설 출력에 따른 공기압축기의 분류
㉠ 소형 : 0.2~14kW
㉡ 중형 : 15~75kW
㉢ 대형 : 75kW 이상

22 유압실린더의 중간 정지회로에 적합한 방향제어 밸브는?

① 3/2 way 밸브　② 4/3 way 밸브
③ 4/2 way 밸브　④ 2/2 way 밸브

해설 중간 정지의 조건은 포트수가 4개 이상이며 3위치 밸브이어야 한다.

23 다음 그림과 같은 유압탱크에서 스트레이너를 장착할 가장 적절한 위치는?

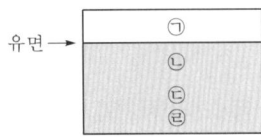

① ㉠과 같이 유면 위쪽
② ㉡과 같이 유면 바로 아래
③ ㉢과 같이 바닥에서 좀 떨어진 곳
④ ㉣과 같이 바닥

해설 유압탱크에 스트레이너는 탱크로 복귀한 오일에 이물질을 제거하기 위함으로, 바닥으로부터 약간 떨어진 ㉢의 위치가 적당하다. 바닥은 철분과 이물질이 침전되는 공간이 되어야 한다.

24 다른 실린더에 비해 고속으로 동작할 수 있는 공압실린더는?

① 충격실린더　② 다위치형 실린더
③ 텔레스코프실린더　④ 가변스트로크실린더

해설 충격(impact)실린더는 고속으로 동작을 하며 공기압해머로도 사용이 가능하다.

25 면적을 감소시킨 통로로서 길이가 단면치수에 비해 비교적 짧은 경우의 유동교축부는?

① 초크(Choke)　② 플런저(Plunger)
③ 스풀(Spool)　④ 오리피스(Orifice)

해설 유체의 통로에서 단면적의 변화를 주는 것은 초크와 오리피스가 있다. 초크는 통로의 길이가 단면길이보다 긴 경우에, 오리피스는 통로의 길이가 단면길이보다 짧은 경우에 적용한다.

26 다음 기호를 보고 알 수 없는 것은?

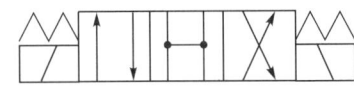

① 포트의 수　② 위치의 수
③ 조작방법　④ 접속의 형식

해설 포트의 수는 4포트(화살표의 끝과 시작 부분), 위치 수는 3위치(사각형), 조작방법은 복동솔레노이드 스프링센터형이다.

27 유압유에서 온도변화에 따른 점도의 변화를 표시하는 것은?

① 비중　② 동점도
③ 점도　④ 점도지수

해설 점도지수(VI : Viscosity Index)는 온도변화에 대한 점도변화의 비율로 나타내며, 점도지수가 크면 온도변화가 작다.

28 전기시퀀스제어회로를 구성하는 요소 중 동작은 수동으로 되나 복귀는 자동으로 이루어지는 것은?

① 토글스위치(toggle switch)
② 선택스위치(selector switch)
③ 푸시버튼스위치(push button switch)
④ 로터리캠스위치(rotary cam switch)

해설 푸시버튼스위치(push button switch)는 시퀀스제어에서 시동스위치(a접점 이용)와 비상정지스위치(b접점 이용)를 같이 누르면 ON이 되고, 손을 떼면 OFF가 된다.

정답 21. ② 22. ② 23. ③ 24. ① 25. ④ 26. ④ 27. ④ 28. ③

29 유압장치에서 유량제어밸브로 유량을 조정할 경우 실린더에 나타나는 효과는?

① 정지 및 시동   ② 운동속도의 조절
③ 유압의 역류조절 ④ 운동방향의 결정

해설 유량제어밸브는 유량을 조절하여 속도를 제어하며 속도제어밸브라고도 한다.

30 작동유가 갖고 있는 에너지의 축적작용과 충격압력의 완충작용도 할 수 있는 부속기기는?

① 스트레이너   ② 유체커플링
③ 패킹 및 개스킷   ④ 어큐뮬레이터

해설 축압기(accumulator)는 공유압에서 공기탱크와 같은 역할을 하며 에너지축적과 충격완화를 한다.

31 SCR의 활용으로 옳지 않은 것은?

① 수은정류기
② 자동제어장치
③ 제어용 전력증폭기
④ 전류조정이 가능한 직류전원설비

해설 SCR(Silicon Controlled Rectifier Thyristor)은 PnPn접합의 4층 구조 반도체소자의 총칭으로 일반적으로는 SCR(실리콘정류제어소자)이라고 하는 역저지 3단자 Thyristor를 말한다. 3개 이상의 PN접합을 갖고 off상태 및 on상태의 두 안정상태를 가져야 하며 on상태에서 off상태로, 또한 off상태에서 on상태로 이행이 가능한 반도체소자라 정의하고 있다.

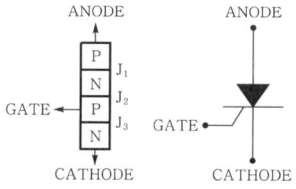

32 3상 유도전동기의 $Y-\Delta$ 결선변환회로에 대한 설명으로 옳지 않은 것은?

① Y결선으로 기동한다.
② 기동전류가 1/3로 줄어든다.
③ 정상운전속도일 때 Δ결선으로 변환한다.
④ 기동 시 상전압을 $\sqrt{3}$ 배 승압하여 기동한다.

해설 기동 시 선간전압을 $\sqrt{3}$ 배 승압하여 기동한다.

33 대칭 3상 교류전압에서 각 상의 위상차는?

① 60°   ② 90°
③ 120°   ④ 240°

해설 ㉠ 대칭 3상 교류전압의 위상차는 120°이다.

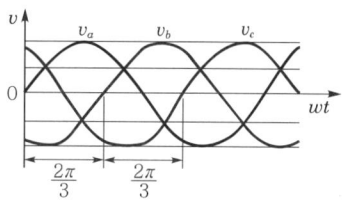

㉡ 각 코일에 발생되는 전압
$v_a = \sqrt{2}\,V\sin wt\,[V]$
$v_b = \sqrt{2}\,V\sin\left(wt - \dfrac{2\pi}{3}\right)[V]$
$v_c = \sqrt{2}\,V\sin\left(wt - \dfrac{4\pi}{3}\right)[V]$

34 $P[W]$ 전구를 t 시간 사용하였을 때의 전력량(Wh)은?

① tP ② $t^2 P$
③ $\dfrac{P}{t}$ ④ $\dfrac{P^2}{t}$

해설 전력량은 일정한 시간 동안에 사용한 전력의 양을 말한다.
$W = Pt = IVt\,[Wh]$

35 내부저항 5kΩ의 전압계측정범위를 5배로 하기 위한 방법은?

① 20kΩ의 배율기 저항을 병렬연결한다.
② 20kΩ의 배율기 저항을 직렬연결한다.
③ 25kΩ의 배율기 저항을 병렬연결한다.
④ 25kΩ의 배율기 저항을 직렬연결한다.

해설 전압의 측정범위를 넓히기 위해 전압계에 저항을 직렬로 연결한다.
배율$(m) = \dfrac{R_V + R_m}{R_V} = 1 + \dfrac{R_m}{R_V}$
∴ $R_m = (m-1)R_V = (5-1) \times 5 = 20\,k\Omega$

36 교류의 크기를 나타내는 방법이 아닌 것은?

① 순시값   ② 실효값
③ 최대값   ④ 최소값

해설 교류의 크기는 순시값, 최대값, 실효값으로 나타낸다.

정답 29.② 30.④ 31.① 32.④ 33.③ 34.① 35.② 36.④

37 가동코일형 전류계에서 전류측정범위를 확대시키는 방법은?

① 가동코일과 직렬로 분류기 저항을 접속한다.
② 가동코일과 병렬로 분류기 저항을 접속한다.
③ 가동코일과 직렬로 배율기 저항을 접속한다.
④ 가동코일과 직·병렬로 배율기 저항을 접속한다.

해설 전류측정범위를 확대하기 위해서는 가동코일과 병렬로 분류기 저항을 접속한다.

38 교류전류에 대한 저항(R), 코일(L), 콘덴서(C)의 작용에서 전압과 전류의 위상이 동상인 회로는?

① R만의 회로
② L만의 회로
③ C만의 회로
④ R, L, C 직·병렬회로

해설 콘덴서회로에서는 전류가, 인덕턴스회로에서는 전압이 앞선다.

39 무부하운전이나 벨트운전을 절대로 해서는 안 되는 직류전동기는?

① 직권전동기 ② 복권전동기
③ 분권전동기 ④ 타여자전동기

해설 직권전동기는 무부하운전(고속)이나 벨트운전(고부하)으로 인해 정류자가 마모되거나 파손될 위험이 있다.

40 다음 그림은 어떤 회로를 나타낸 것인가?

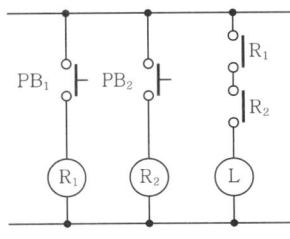

① OR회로 ② 인터록회로
③ AND회로 ④ 자기유지회로

해설 AND회로로, PB₁과 PB₂를 누르면 릴레이코일 R₁과 R₂가 여자되어 접점 R₁과 R₂가 b접점이 되어 램프가 ON이 된다.

41 직선전류에 의한 자기장의 방향을 알려고 할 때 적용되는 법칙은?

① 패러데이의 법칙
② 플레밍의 왼손법칙
③ 플레밍의 오른손법칙
④ 앙페르의 오른나사법칙

해설 ㉠ 패러데이법칙 : 전류가 흐르지 않은 코일에 외부에서 자기장의 변화를 주면 유도전류가 흐른다. 자기장의 변화와 시간적 변화율에 비례하고, 코일의 감긴 횟수에 비례한다.
㉡ 플레밍의 왼손법칙 : 자기장 속에 전류가 흐르면 자기장으로 인해 전자기력이 발생한다.
㉢ 플레밍의 오른손법칙 : 도체운동에 의한 유도기전력의 방향을 결정하는 법칙으로 엄지손가락은 도체를 움직이는 방향을, 집게손가락은 자기장(자기력선)의 방향을, 가운뎃손가락은 전류의 방향을 나타낸다.
㉣ 앙페르의 오른나사법칙 : 도선에 전류가 흐를 때 오른손 엄지로 전류방향을 맞추고 네 손가락을 감싸는 방향으로 전류가 흐른다.

42 자석의 성질에 관한 설명으로 옳지 않은 것은?

① 자석에는 N극과 S극이 있다.
② 자극으로부터 자력선이 나온다.
③ 자기력선은 비자성체를 투과한다.
④ 자력이 강할수록 자기력선의 수가 적다.

해설 자석은 자력이 강하면 자기력선에 비례하여 많아진다.

43 시간의 변화에 따라 각 계전기나 접점 등의 변화상태를 시간적 순서에 의해 출력상태를 (ON, OFF), (H, L), (1, 0) 등으로 나타낸 것은?

① 플로차트 ② 실체 배선도
③ 타임차트 ④ 논리회로도

해설 계전기의 접점 등을 시간의 변화로 표시하는 것을 타임차트라 한다. 플로차트는 시스템의 흐름을 블록화하여 표시하므로 전체적인 흐름을 이해할 수가 있다.

44 전압이 가해지고 일정시간이 경과한 후 접점이 닫히거나 열리고, 전압을 끊으면 순시접점이 열리거나 닫히는 것은?

① 전자개폐기 ② 플리커릴레이
③ 온딜레이타이머 ④ 오프딜레이타이머

정답 37. ② 38. ① 39. ① 40. ③ 41. ④ 42. ④ 43. ③ 44. ③

해설 오프딜레이타이머는 전압이 인가되면 순시에 동작하여 전원이 끊어지며 설정시간이 경과 후에 접점이 복귀한다.

45 전기저항과 열의 관계를 설명한 것으로 틀린 것은?

① 저항기는 대부분 정특성을 갖는다.
② 전구의 필라멘트는 부특성을 갖는다.
③ 온도 상승과 저항값이 비례하는 것을 정특성이라 한다.
④ 온도 상승과 저항값이 반비례하는 것을 부특성이라 한다.

해설 필라멘트는 텅스텐으로 만들며 온도 상승과 저항값이 정특성을 가진다.

46 다음 중 숨은선 그리기의 예로 적절하지 않은 것은?

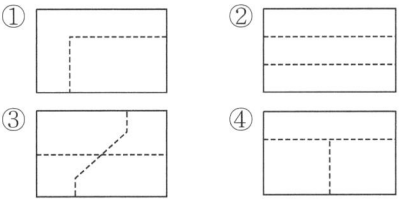

해설 숨은선은 가는 파선으로 표시하며 교차 부분은 서로 만나게 그린다.

47 도면에서 척도의 표시가 "1 : 2"로 표시되는 것은 무엇을 의미하는가?

① 배척   ② 현척
③ 축척   ④ 비례척이 아님

해설 ① 배척 : 도면을 확대(2 : 1)하는 것
② 현척 : 1 : 1로 그리는 것
③ 축척 : 실물이 큰 것을 도면에 축소(1 : 2)시켜 표현하는 것

48 다음 그림과 같이 물체의 구멍, 홈 등 특정 부분만의 모양을 도시하는 것을 목적으로 하는 투상도의 명칭은?

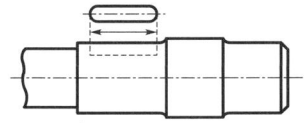

① 국부투상도   ② 보조투상도
③ 부분투상도   ④ 회전투상도

해설 ① 보조투상도 : 경사부가 있는 대상물에서 경사면의 모양을 표시할 필요가 있는 경우
② 부분투상도 : 그림의 일부를 더 상세하게 표시하는 경우
③ 회전투상도 : 투상면이 어느 각도로 유지하고 있을 때 각도만큼 회전하여 그 모양을 투상하는 경우

49 다음 그림과 같은 입체도에서 화살표방향을 정면으로 한다면 좌측면도로 적합한 투상도는? (단, 투상도는 3각법을 이용한다.)

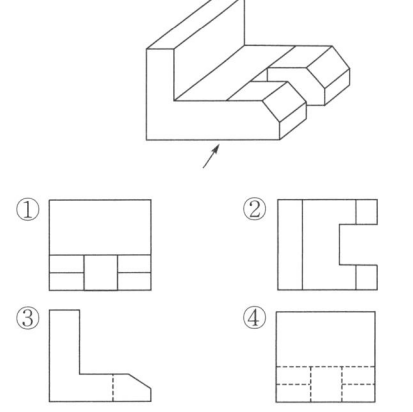

해설 정면도를 기준으로 오른쪽 부분이 모두 보이므로 좌측면도는 파선으로 나타내야 한다.

50 다음 그림의 치수기입에 대한 설명으로 틀린 것은?

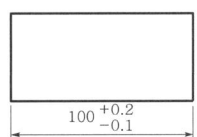

① 공차는 0.1이다.
② 기준치수는 100이다.
③ 최대 허용치수는 100.2이다.
④ 최소 허용치수는 99.9이다.

해설 공차는 최대 허용공차와 최소 허용공차의 부호에 관계없이 합산하여 나타낸다.

정답 45. ② 46. ③ 47. ③ 48. ① 49. ④ 50. ①

51 나사의 도시방법에 관한 설명 중 틀린 것은?

① 측면에서 본 그림 및 단면도에서 나사산의 봉우리는 굵은 실선으로 나타낸다.
② 단면도에 나타나는 나사부품에서 해칭은 나사산의 골 밑을 나타내는 선까지 긋는다.
③ 나사의 끝면에서 본 그림에서는 나사의 골 밑은 가는 실선으로 그린 원주의 3/4에 거의 같은 원의 일부로 표시한다.
④ 숨겨진 나사를 표시하는 것이 필요한 곳에서는 산의 봉우리와 골 밑은 가는 파선으로 표시한다.

해설 나사의 해칭은 전체를 해칭하며, 수나사와 암나사가 체결되어 있을 경우는 해칭방향을 다르게 하여 구별할 수 있게 표시한다.

52 SS400로 표시된 KS재료기호의 '400'은 어떤 의미인가?

① 재질번호　　② 재질등급
③ 최저인장강도　　④ 탄소함유량

해설 SS400은 일반구조용 압연강재로 2개의 롤러 사이에 재료를 통과시켜 설정한 두께로 압연하여 사용한다. 이때 400은 최저인장강도를 나타낸다.

53 12kN·m의 토크를 받는 축의 지름은 약 몇 mm 이상이어야 하는가? (단, 허용비틀림응력은 50MPa라 한다.)

① 84　　② 107
③ 126　　④ 145

해설 $T = \tau_a Z_p = \tau_a \dfrac{\pi d^3}{16}$

$\therefore d = \sqrt[3]{\dfrac{5.1 T}{\tau_a}} = 1.72 \sqrt[3]{\dfrac{T}{\tau_a}}$

$= 1.72 \times \sqrt[3]{\dfrac{12 \times 10^6}{50 \times 10^6}} = 107 \text{mm}$

54 평벨트전동장치와 비교하여 V벨트전동장치의 장점에 대한 설명으로 틀린 것은?

① 엇걸기로도 사용이 가능하다.
② 미끄럼이 적고 속도비를 크게 할 수 있다.
③ 운전이 정숙하고 충격을 완화하는 작용을 한다.
④ 비교적 작은 장력으로 큰 회전력을 전달할 수 있다.

해설 V벨트는 평벨트와 달리 홈의 옆면에서 마찰력을 형성하여 동력을 전달하므로 엇걸기로 사용할 수 없다.

55 모듈 5이고 잇수가 각각 40개와 60개인 한 쌍의 표준스퍼기어에서 두 축의 중심거리는?

① 100mm　　② 150mm
③ 200mm　　④ 250mm

해설 $C = \dfrac{D_A + D_B}{2} = \dfrac{m(Z_A + Z_B)}{2}$

$= \dfrac{5 \times (40 + 60)}{2} = 250 \text{mm}$

56 애크미나사라고도 하며 나사산의 각도가 인치계에서는 29°이고, 미터계에서는 30°인 나사는?

① 사다리꼴나사　　② 미터나사
③ 유니파이나사　　④ 너클나사

해설 ② 미터나사 : 미터계이며 나사산의 각도는 60°이다.
③ 유니파이나사 : 인치계이며 나사산의 각도는 60°이다.
④ 너클나사 : 나사산이 둥글어 둥근 나사라고도 한다.

57 둥근 봉을 비틀 때 생기는 비틀림변형을 이용하여 만드는 스프링은?

① 코일스프링　　② 벌류트스프링
③ 접시스프링　　④ 토션바

해설 토션바는 비틀림변형을 이용한 스프링이다.

58 SI단위계의 물리량과 단위가 틀린 것은?

① 힘 : N　　② 압력 : Pa
③ 에너지 : dyne　　④ 일률 : W

해설 에너지의 SI단위는 줄(J)이다. 1J은 1N의 힘으로 1m 이동한 것을 말한다.

정답 51.② 52.③ 53.② 54.① 55.④ 56.① 57.④ 58.③

59 고압탱크나 보일러의 리벳이음 주위에 코킹(caulking)을 하는 주목적은?

① 강도를 보강하기 위해서
② 기밀을 유지하기 위해서
③ 표면을 깨끗하게 유지하기 위해서
④ 이음 부위의 파손을 방지하기 위해서

해설 코킹은 리벳작업 시 리벳부 주위의 틈새에 누수나 누유가 새는 것을 방지하기 위해 리벳 주위를 때려 틈새를 없애는 작업이다.

60 나사의 풀림 방지법에 속하지 않는 것은?

① 스프링와셔를 사용하는 방법
② 로크너트를 사용하는 방법
③ 부시를 사용하는 방법
④ 자동조임너트를 사용하는 방법

해설 나사의 풀림 방지는 기계가 작동되고 있으면 진동이 발생하므로 나사가 풀릴 수 있다. 따라서 풀림을 방지하기 위해서는 나사의 체결부에서 지속적으로 힘의 불균형, 즉 나사가 풀리지 않은 힘(압축, 인장)을 유지하거나 접착제에 의한 강제성을 주어야 한다.

정답 59. ② 60. ③

제2회 공유압기능사

2016.7.10. 시행

01 유압유로서 갖추어야 할 성질로 옳지 않은 것은?
① 내연성이 클 것
② 점도지수가 클 것
③ 윤활성이 우수할 것
④ 체적탄성계수가 작을 것

해설 유압유는 체적탄성계수가 커야 한다.

02 다음 그림과 같은 회로에서 속도제어밸브의 접속방식은?

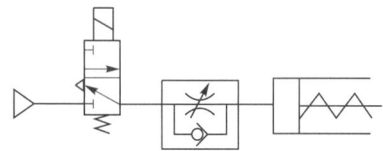

① 미터 인 방식
② 블리드 오프 방식
③ 미터 아웃 방식
④ 파일럿 오프 방식

해설 단동실린더 A포트에 직결하였으므로 미터 인 방식이다. 반면 미터 아웃 방식은 실린더 B포트에 직결하는 방식이다.

03 조작력이 작용하고 있을 때의 밸브 몸체의 최종 위치를 나타내는 용어는?
① 노멀위치
② 중간 위치
③ 작동위치
④ 과도위치

해설 노멀위치는 조작력이 작동하고 있지 않은 초기상태이다.

04 시스템을 안전하고 확실하게 운전하기 위한 목적으로 사용하는 회로로 2개의 회로 사이에 출력이 동시에 나오지 않게 하는데 사용되는 회로는?
① 인터록회로
② 자기유지회로
③ 정지우선회로
④ 한시동작회로

해설 ② 자기유지회로 : 기억회로이며 시퀀스제어 초기에 반드시 적용해야 전원공급이 지속적으로 된다.
③ 정지우선회로 : 시퀀스제어상에서 작동 중에 이상이 발생하면 정지버튼스위치를 누른다. 모든 작동이 정지가 되며, 일명 비상정지스위치라고도 한다.
④ 한시동작회로 : 타이머에 의해서 동작되며 온딜레이상태를 유지한다.

05 유압기본회로 중 2개 이상의 실린더가 정해진 순서대로 움직일 수 있는 회로에 속하는 것은?
① 로킹회로
② 언로딩회로
③ 차동회로
④ 시퀀스회로

해설 ① 로킹회로 : 실린더가 작동 중 임의위치에 정지하고자 할 때
② 언로드회로 : 유압을 사용하지 않을 시 탱크로 보내 무부하상태로 유지할 때
③ 차동회로 : 복동실린더에서 차동(피스톤과 로드의 면적비가 2 : 1)을 주어 구성하는 회로

06 피스톤이 없이 로드 자체가 피스톤역할을 하는 것으로 출력축인 로드의 강도를 필요로 하는 경우에 자주 이용되는 것은?
① 단동실린더
② 램형 실린더
③ 다이어프램실린더
④ 양 로드 복동실린더

해설 다이어프램실린더는 다이어프램형(비피스톤형)을 사용하여 스트로크는 작지만 큰 힘을 낼 수가 있다.

07 유압장치의 장점이 아닌 것은?
① 작동이 원활하며 진동도 적다.
② 인화 및 폭발의 위험성이 없다.
③ 유량조절로 무단변속이 가능하다.
④ 작은 크기로도 큰 힘을 얻을 수 있다.

해설 유압장치는 오일을 사용하여 압력을 형성하므로 인화 및 폭발의 위험성이 크다.

정답 01. ④ 02. ① 03. ③ 04. ① 05. ④ 06. ② 07. ②

08 3개의 공압실린더를 A⁺, B⁺, C⁺, A⁻, B⁻, C⁻의 순서로 제어하는 회로를 설계하고자 할 때 신호의 중복(트러블)을 피하려면 최소 몇 개의 그룹으로 나누어야 하는가? (단, A, B, C는 공압실린더, "+"는 전진동작, "−"는 후진동작이다.)

① 2 ② 3
③ 4 ④ 5

해설 트러블이 없게 하기 위해서는 압력의 공급상태와 접점의 제어에 일관성이 유지해야 하므로 캐스케이드회로에서 작동순서는 3개의 실린더가 전진과 3개의 실린더가 후진하는 그룹으로 구현하면 된다.

09 신호의 계수에 사용할 수 없는 것은?

① 전자카운터 ② 유압카운터
③ 공압카운터 ④ 메커니컬카운터

해설 신호의 계수에 사용되지 않은 것은 유압카운터이다.

10 공기건조방식 중 −70℃ 정도까지의 저노점을 얻을 수 있는 것은?

① 흡수식 ② 냉각식
③ 흡착식 ④ 저온건조방식

해설 ① 흡수식 : 흡수액(염화리튬, 수용액, 폴리에틸렌)을 사용하여 화학적 반응으로 건조하는 방식이다.
② 냉각식 : 이슬점온도로 낮추어 건조하는 방식이다.
④ 저온건조방식 : 인공건조의 단점을 보완한 방식으로 5~60℃에서 진행한다.

11 유압펌프의 동력(L_p)을 구하는 식으로 옳은 것은? (단, P는 펌프토출압(kgf/cm²), Q는 이론토출량(L/min)이다.)

① $L_p = \dfrac{PQ}{450}$[kW] ② $L_p = \dfrac{PQ}{612}$[kW]
③ $L_p = \dfrac{PQ}{7,500}$[kW] ④ $L_p = \dfrac{PQ}{12,000}$[kW]

해설 $L_s = \dfrac{PQ}{450}$[PS]는 마력으로 유압펌프의 동력을 구하는 식이다.

12 실린더피스톤의 운동속도를 증가시킬 목적으로 사용하는 밸브는?

① 이압밸브 ② 셔틀밸브
③ 체크밸브 ④ 급속배기밸브

해설 ① 이압밸브(AND밸브) : 2개의 입구에 압력이 작용할 때 작동된다.
② 셔틀밸브(OR밸브) : 둘 중 1개 이상의 압력이 작용할 때 출력신호가 발생한다.
③ 체크밸브 : 유체를 한쪽 방향으로만 흐르게 한다.

13 압력제어밸브의 종류에 속하지 않는 것은?

① 감압밸브 ② 릴리프밸브
③ 셔틀밸브 ④ 시퀀스밸브

해설 셔틀밸브(OR밸브)는 방향제어밸브이다.

14 압축공기의 응축된 물과 고형 이물질을 제거하기 위하여 사용하는 필터의 기호는?

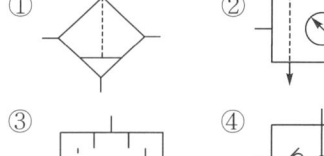

해설 ② 공기압조정유닛(AC unit)
③ 저압 우선 셔틀밸브(AND밸브)
④ 고압 우선 셔틀밸브(OR밸브)

15 밸브의 조작방식 중 복동가변식 전자 액추에이터의 기호는?

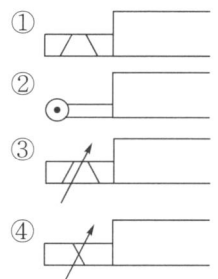

해설 ① 복동솔레노이드
② 기계조작방식
④ 단동가변식 전자 액추에이터

정답 08. ① 09. ② 10. ③ 11. ② 12. ④ 13. ③ 14. ① 15. ③

16 충격완화에 사용되는 완충기에 관한 설명으로 옳지 않은 것은?

① 충격에너지는 속도가 빠르거나 정지되는 시간이 짧을수록 커진다.
② 스프링식 완충기는 구조가 간단하고 모든 충격력을 완벽하게 흡수할 수 있다.
③ 가변오리피스형 유압식 완충기는 동작의 시작과 종료까지 항상 일정한 저항력이 발생한다.
④ 충격력의 완화가 더욱 필요한 때는 쿠션행정의 길이를 길게 하거나 감속회로를 설치한다.

해설 스프링완충기는 구조가 간단하지만 탄성력 때문에 모든 충격력을 완벽하게 흡수할 수 없다.

17 액추에이터의 속도를 조절하는 밸브는?

① 감압밸브   ② 유량제어밸브
③ 방향제어밸브   ④ 압력제어밸브

해설 유량제어밸브는 속도제어밸브로 액추에이터의 속도를 제어한다.

18 다음 그림의 유압기호에 관한 설명으로 옳지 않은 것은?

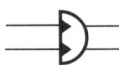

① 요동형 유압펌프이다.
② 요동형 유압 액추에이터이다.
③ 요동운동의 범위를 조절할 수 있다.
④ 2개의 오일 출입구에서 교대로 오일을 출입시킨다.

해설 요동형 공압모터는 화살표가 밖으로 향하고 삼각형은 흑색이 아닌 백색으로 표기한다.

19 회로의 압력이 설정압을 초과하면 격막이 파열되어 회로의 최고압력을 제한하는 것은?

① 유체퓨즈   ② 유체스위치
③ 압력스위치   ④ 감압스위치

해설 유체퓨즈는 설정압을 초과하면 격막이 파괴되어 안전사고를 방지할 수 있다.

20 기계적 에너지로 압축공기를 만드는 장치는?

① 공기탱크   ② 공기압축기
③ 공기냉각기   ④ 공기건조기

해설 공기압축기는 기계적 에너지를 모터를 이용하여 피스톤이나 터빈을 통해 압축공기를 생성한다.

21 공유압변환기의 종류가 아닌 것은?

① 비가동형   ② 블래더형
③ 플로트형   ④ 피스톤형

해설 공유압변환기는 공압에서 더 큰 힘이 필요할 때 사용하며 비가동형, 블래더형, 피스톤형이 있다.

22 축압기의 사용용도에 해당하지 않은 것은?

① 압력보상
② 충격완충작용
③ 유압에너지의 축적
④ 유압펌프의 맥동 발생 촉진

해설 축압기는 유압펌프에서 생성된 압력을 안정화시키며 맥동 발생을 완화시킨다.

23 펌프가 포함된 유압유닛에 펌프 출구의 압력이 상승하지 않는다면 그 원인으로 적당하지 않은 것은?

① 외부누설 증가
② 릴리프밸브의 고장
③ 밸브 실(seal)의 파손
④ 속도제어밸브의 조정 불량

해설 속도제어밸브는 압력이 형성된 상태에서 실린더의 속도가 빠르고 느림을 조절해준다.

24 공압시스템 설계 시 서징 설계를 위한 조건으로 틀린 것은?

① 부하의 종류
② 실린더의 행정거리
③ 실린더의 동작방향
④ 압축기의 용량

해설 공압시스템의 서징 설계는 액추에이터의 효율성을 위한 설계이다. 압축기는 공압을 형성시키는 에너지원이다.

정답 16. ② 17. ② 18. ① 19. ① 20. ② 21. ③ 22. ④ 23. ④ 24. ④

25 공압실린더, 제어밸브 등의 작동을 원활하게 하기 위해 윤활유를 분무급유하는 기기의 명칭은?

① 드레인 ② 에어필터
③ 레귤레이터 ④ 루브리케이터

해설 ① 드레인 : 공압이 형성된 배관에 물을 외부로 배출시킨다.
② 에어필터 : 공기압축기에서 압축된 공기압에 포함된 이물질을 제거하여 깨끗한 공기를 밸브나 액추에이터로 보낸다.
③ 레귤레이터 : 공기압축기에서 형성된 압력을 사용압력으로 조정하여 액추에이터로 보낸다.

26 밸브의 변환 및 외부충격에 의해 과도적으로 상승한 압력의 최댓값을 무엇이라고 하는가?

① 배압 ② 서지압력
③ 크래킹압력 ④ 리시트압력

해설 ① 배압(back pressure) : 공급된 압력에 대해 저항하는 압력을 의미한다.
③ 크래킹압력(cracking pressure) : 릴리프밸브에서 탱크 내의 압력이 서서히 증가할 때 최초로 스풀이 열리는 시점의 압력을 말한다.
④ 리시트압력(reseat pressure) : 체크밸브 또는 릴리프밸브 등에서 밸브의 흡입측 압력이 저하되어 밸브가 닫히기 시작할 때 오일의 누출량이 어느 규정된 양까지 감소되었을 때의 압력을 말한다.

27 관로의 면적을 줄인 길이가 단면치수에 비해 비교적 긴 경우의 교축을 무엇이라 하는가?

① 서지 ② 초크
③ 공동 ④ 오리피스

해설 오리피스는 관로의 면적을 줄인 통로의 길이가 단면치수에 비해 짧은 경우이다.

28 분사노즐과 수신노즐이 같이 있으며 배압의 원리에 의해 작동되는 공압기기는?

① 압력증폭기 ② 공압제어블록
③ 반향감지기 ④ 가변진동 발생기

해설 반향감지기(reflex sensor)는 배압의 원리를 이용하며 분사노즐과 수신노즐이 일체형이다. 감지거리는 1~6mm 정도로 모든 산업설비에 이용된다.

29 2개의 복동실린더가 1개의 실린더형태로 조립되어 출력이 거의 2배의 힘을 낼 수 있는 실린더는?

① 탠덤실린더 ② 케이블실린더
③ 로드리스실린더 ④ 다위치제어실린더

해설 ② 케이블실린더 : 피스톤로드 대신에 와이어를 사용한다.
③ 로드리스실린더 : 로드가 없기 때문에 실린더의 크기범위에서 스트로크를 적용할 수가 있다.
④ 다위치제어실린더 : 한 번 작동으로 끝단까지 운동하는 것이 아니고 중간의 여러 위치에서 정지할 수 있는 실린더이다.

30 공기조정유닛의 압력조절밸브에 관한 설명으로 옳은 것은?

① 감압을 목적으로 사용한다.
② 압력유량제어밸브라고도 한다.
③ 생산된 압력을 증압하여 공급한다.
④ 밸브시트에 릴리프의 구멍이 있는 것이 논 브리드식이다.

해설 공기조정유닛의 압력조절밸브는 공기압축에서 형성된 압력을 액추에이터에서 사용하는 사용압력으로 감압하는 역할을 한다.

31 최대 눈금 10mA의 전류계로 1A의 전류를 측정하려면 필요한 분류기 저항은 몇 Ω인가? (단, 전류계 내부저항은 0.5Ω이다.)

① 0.005 ② 0.05
③ 0.5 ④ 5

해설 $10 \times 10^{-3} : 1 = R_i : 0.5$

$\therefore R_i = \dfrac{10 \times 10^{-3} \times 0.5}{1} = 0.005\Omega$

32 직류 200V, 1,000W의 전열기에 흐르는 전류는 몇 A인가?

① 0.5 ② 5
③ 10 ④ 50

해설 $P = IV$

$\therefore I = \dfrac{P}{V} = \dfrac{1,000}{200} = 5A$

정답 25.④ 26.② 27.② 28.③ 29.① 30.① 31.① 32.②

33 SCR에 대한 설명으로 틀린 것은?

① 교류가 출력된다.
② 정류작용이 있다.
③ 교류전원의 위상제어에 많이 사용된다.
④ 한 번 통전하면 게이트에 의해서 전류를 차단할 수 없다.

해설 SCR(Silicon Controlled Rectifier Thyristor)은 PnPn접합의 4층 구조 반도체소자의 총칭으로 일반적으로는 SCR (실리콘정류제어소자)이라고 하는 역저지 3단자 Thyristor를 말한다. 3개 이상의 PN접합을 갖고 off상태 및 on상태의 두 안정상태를 가져야 하며 on상태에서 off상태로, 또한 off상태에서 on상태로 이행이 가능한 반도체소자라 정의하고 있다.

34 회로시험기를 이용하여 저항값을 측정하고자 할 때 전환스위치의 위치는?

① DC V   ② Ω
③ AC V   ④ DC mA

해설 회로시험기에서 저항값을 측정하기 위해서는 전환스위치는 Ω에 위치한다.

35 Y결선으로 접속된 3상 회로에서 선간전압은 상전압의 몇 배인가?

① 2   ② $\sqrt{2}$
③ 3   ④ $\sqrt{3}$

해설 선간전압은 상전압의 $\sqrt{3}$ 배이다.

36 두 종류의 금속을 서로 접합하고 접합점에 서로 다른 온도의 차이를 주게 되면 기전력이 발생하여 일정한 방향으로 전류가 흐르는 현상은?

① 가우스효과   ② 제벡효과
③ 톰슨효과   ④ 펠티어효과

해설 ① 가우스법칙(Gauss's law) : 폐곡면을 통과하는 전기선속이 폐곡면 속의 알짜 전하량과 동일하다는 법칙이다. 맥스웰방정식 가운데 하나이다.
③ 톰슨효과 : 도체에서 온도차에 의해서 기전력이 발생한다.
④ 펠티어효과 : 두 금속의 접점에 전류가 흐르면 가열 혹은 냉각되는 효과를 말한다.

37 다음 그림과 같은 $R-L-C$ 직렬회로에서 공진주파수가 발생할 수 있는 조건은?

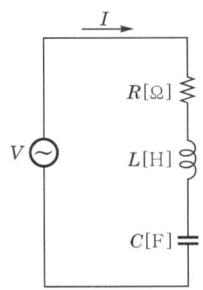

① $R = 0$ ② $\omega L > \dfrac{1}{\omega C}$
③ $\omega L = \dfrac{1}{\omega C}$ ④ $\omega L < \dfrac{1}{\omega C}$

해설 공진주파수는 회로 내에서 전류가 크게 흐를 때 발생하며 유도리액턴스와 용량리액턴스가 동일할 때 발생($X_L = X_C$)한다. 공진조건은 다음과 같다.
∴ $wL = \dfrac{1}{wC}$

38 직류전동기를 급정지 또는 역전시키는 전기제동 방법은?

① 플러깅   ② 계자제어
③ 워드레너드방식   ④ 일그너방식

해설 전기제동법에는 발전제동, 역상제동, 회생제동 등이 있으며, 직류기의 전압에 의한 속도제어는 다음과 같다.
㉠ 워드레너드방식 : 부하의 변동이 거의 없을 경우(정부하) 사용하는 방법이다.
㉡ 일그너방식 : 부하의 변동이 심할 경우 사용하며 부하의 변동에 영향을 받지 않기 위해 무거운 추(플라이휠)를 설치하여 사용하는 방식이다. 부하의 변동이 심한 대용량 압연기나 승강기 등에 사용한다.
㉢ 직병렬제어법 : 정격이 같은 전동기를 직병렬로 접속하여 전동기에 인가되는 전압을 단계적으로 나누어 속도를 제어하는 방법이며, 직류직권전동기의 속도제어를 위해 사용하는 방식이다.
㉣ 쵸퍼제어법 : 반도체 사이리스터를 이용하여 직류전압을 직접 제어하는 방식으로 전기철도의 속도제어를 할 때 많이 사용한다.

정답 33. ① 34. ② 35. ④ 36. ② 37. ③ 38. ①

39 직류전동기에서 자기회로를 만드는 철심과 회전력을 발생시키는 전기자권선으로 구성된 것은?
① 계자
② 전기자
③ 정류자
④ 브러시

해설 전기자는 전기자철심(두께 0.35~0.5mm의 규소강판을 성층한 것)의 홈(slot)에 권선을 집어넣고 거기서 나오는 선을 정류자편에 접속한다. 직류기에서는 회전하는 부분을 전기자라 부르며, 전기자도체에 발생하는 전자력에 의해 동력을 발생시키는 역할을 한다. 즉 계자에 발생했던 자속을 끊음으로서 전압을 유기하여 전류를 흘린다.
㉠ 전기자권선 : 전압을 유기하여 전류를 흘리는 부분으로 일반적으로 2층 권선으로 되어 있다. 권선방식에 따라 중권과 파권이 있다.
㉡ 전기자철심 : 전기자권선을 고정시키고 토크를 전달하는 부분이다.

40 무접점방식 시퀀스에 사용되는 것은?
① 전자릴레이
② 푸시버튼스위치
③ 사이리스터
④ 열동형 릴레이

해설 ㉠ 유접점 : 접점을 확인할 수 있는 릴레이류, 푸시버튼스위치류가 있다.
㉡ 무접점 : 접점을 확인할 수 없는 반도체소자로 논리회로를 적용한다.

41 전기량(Q)과 전류(I), 시간(t)의 상호관계식이 옳은 것은?
① $Q = It$
② $Q = \dfrac{I}{t}$
③ $Q = \dfrac{t}{I}$
④ $I = Q$

해설 전기량은 전류와 시간에 비례한다.

42 도체에 전류가 흐를 때 자기력선의 방향은 어떤 법칙에 의하는가?
① 렌츠의 법칙
② 플레밍의 왼손법칙
③ 플레밍의 오른손법칙
④ 앙페르의 오른나사법칙

해설 ① 렌츠의 법칙 : 전기회로에서 발생하는 유도기전력은 폐회로를 통과하는 자속의 변화에 반하는 유도자기장을 만드는 방향으로 발생한다.
② 플레밍의 왼손법칙 : 자기장 속에 전류가 흐르면 자기장으로 인하여 전자기력이 발생한다.
③ 플레밍의 오른손법칙 : 유도전류방향을 알 수 있으며 검지는 자기장, 중지는 전류, 엄지는 힘의 방향을 표시한다.

43 자기인덕턴스 L[H], 코일에 흐르는 전류세기 I[A]일 때 코일에 저장되는 에너지(J)는?
① LI
② $\dfrac{1}{2}LI$
③ $\dfrac{1}{2}LI^2$
④ $\dfrac{1}{2}L^2I$

해설 $J = \dfrac{1}{2}LI^2$

44 시퀀스제어(sequence control)의 접점 표시 중 한시동작 한시복귀접점을 표시한 것은?
① ——o—— ② ——o̸——
③ ——o̽—— ④ ——o̸̽——

해설 ① a접점, ② 한시동작접점, ③ 한시복귀점점

45 시퀀스제어에서 검출부에 해당되지 않는 것은?
① 리밋스위치
② 마이크로스위치
③ 압력스위치
④ 푸시버튼스위치

해설 푸시버튼스위치는 검출부가 아닌 ON/OFF 스위치역할을 한다.

46 가공방법의 보조기호 중에서 리밍(reaming)가공에 해당하는 것은?
① FS
② FL
③ FF
④ FR

해설 ① FS : 스크레이퍼작업(면을 미세하게 절삭)
② FL : 래핑작업(랩제와 랩유를 이용하여 미세경면가공)
③ FF : 줄작업(사상가공)

47 굵은 실선 또는 가는 실선을 사용하는 선에 해당하지 않는 것은?
① 외형선
② 파단선
③ 절단선
④ 치수선

해설 절단선은 가는 일점쇄선으로 끝부분은 굵게 한다.

정답 39.② 40.③ 41.① 42.④ 43.③ 44.④ 45.④ 46.④ 47.③

48 다음 그림과 같이 대상물의 구멍, 홈 등과 같이 한 부분의 모양을 도시하는 것으로 충분한 경우에는 그 필요한 부분만을 나타내는 투상도의 종류는?

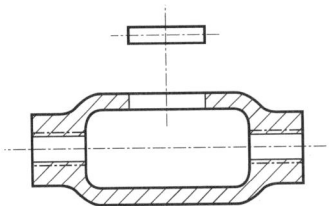

① 국부투상도 ② 부분투상도
③ 보조투상도 ④ 회전투상도

해설 ① 보조투상도 : 경사부가 있는 대상물에서 경사면의 모양을 표시할 필요가 있는 경우
② 부분투상도 : 그림의 일부를 더 상세하게 표시하는 경우
④ 회전투상도 : 투상면이 어느 각도로 유지하고 있을 때 각도만큼 회전하여 그 모양을 투상하는 경우

49 다음 도면과 같이 지시된 치수보조기호의 해독으로 옳은 것은?

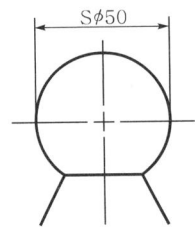

① 호의 지름이 50mm
② 구의 지름이 50mm
③ 호의 반지름이 50mm
④ 구의 반지름이 50mm

해설 구의 반지름은 SR로 표기한다.

50 도면에서 척도란에 NS로 표시된 것은 무엇을 뜻하는가?

① 축척임을 표시
② 1각법임을 표시
③ 비례척이 아님을 표시
④ 배척임을 표시

해설 NS는 No Scale의 약어로 비례척이 아님을 나타낸다.

51 정사각뿔의 중심에 직립하는 원통의 구조물에 대해 다음 그림과 같이 정면도와 평면도를 나타내었다. 여기서 일부 선이 누락된 정면도를 가장 정확하게 완성한 것은?

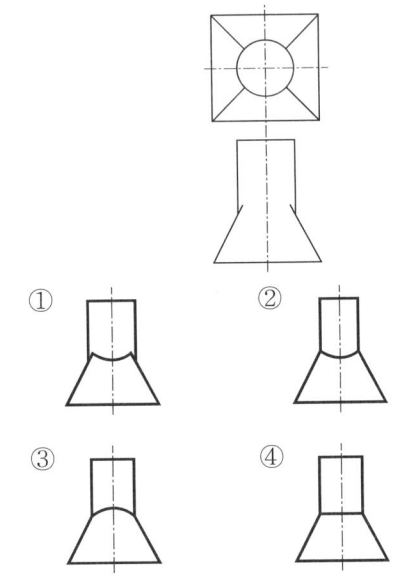

해설 가운데가 원기둥으로 되어 있고, 밑에는 사다리꼴형태이므로 경계부에서 원기둥이 더 표기되어야 한다.

52 기계재료 표시기호 중 탄소공구강강재의 KS재료기호는?

① SCM415 ② STC140
③ SM20C   ④ GC200

해설 SM20C는 기계구조용 탄소강을 표시하며, C가 없는 표시는 최저인장강도를 나타낸다.

53 페더키(feather key)라고도 하며 축방향으로 보스를 슬라이딩운동을 시킬 필요가 있을 때 사용하는 키는?

① 성크키   ② 접선키
③ 미끄럼키 ④ 원뿔키

해설 ① 성크키(묻힘키) : 축과 보스에 홈을 파서 고정시킨다.
② 접선키 : 축과 보스에 접선방향으로 홈을 파서 서로 반대의 테이퍼를 가진 키를 조합하여 고정시킨다.
④ 원뿔키 : 축과 보스에 홈을 파지 않고 마찰력으로 고정시킨다.

정답 48.① 49.② 50.③ 51.① 52.② 53.③

54 다음 중 V벨트의 단면적이 가장 작은 형식은?

① A ② B
③ E ④ M

해설 V벨트는 M, A, B, C, D, E의 6종이 있으며 E에서 M으로 갈수록 단면이 작아진다.

55 축방향 및 축과 직각인 방향으로 하중을 동시에 받는 베어링은?

① 레이디얼베어링 ② 테이퍼베어링
③ 스러스트베어링 ④ 슬라이딩베어링

해설 ① 레이디얼베어링 : 축과 직각인 방향의 하중을 받을 때 사용한다.
③ 스러스트베어링 : 축방향의 하중을 받을 때 사용한다.
④ 슬라이딩베어링 : 면접촉으로 충격하중이 있는 곳에 적용한다.

56 지름 15mm, 표점거리 100mm인 인장시험편을 인장시켰더니 110mm가 되었다면 길이방향의 변형률은?

① 9.1% ② 10%
③ 11%   ④ 15%

해설 길이방향의 변형률은 늘어난 길이에서 원래의 길이를 뺀 다음 원래의 길이로 나누고 100을 곱한다.
$\varepsilon = \frac{\delta}{l} = \frac{110-100}{100} \times 100 = 10\%$

57 나사의 풀림을 방지하는 용도로 사용되지 않는 것은?

① 스프링와셔 ② 캡너트
③ 분할핀   ④ 로크너트

해설 캡너트는 한쪽이 막혀 있는 너트로 이물질이 혼입되는 것을 방지한다.

58 다음 그림과 같은 스프링에서 스프링상수가 $k_1=$10N/mm, $k_2=$15N/mm이라면 합성스프링상수값은 약 몇 N/mm인가?

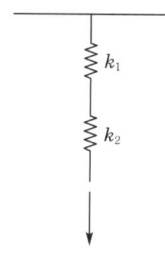

① 3   ② 6
③ 9   ④ 25

해설 직렬인 경우 $\frac{1}{k} = \frac{1}{k_1} + \frac{1}{k_2} = \frac{1}{10} + \frac{1}{15} = \frac{1}{6}$
∴ $k = 6\text{N/mm}$

59 동력전달을 직접전동법과 간접전동법으로 구분할 때 직접전동법으로 분류되는 것은?

① 체인전동   ② 벨트전동
③ 마찰차전동 ④ 로프전동

해설 직접전동법은 구동축과 종동축이 접촉한 상태에서, 간접전동법은 구동축과 종동축이 어느 정도 떨어진 상태(체인, 로프, 벨트)에서 동력을 전달한다.

60 양 끝이 수나사를 깎은 머리 없는 볼트로 한쪽은 본체에 조립한 상태에서, 다른 한쪽에는 결합할 부품을 대고 너트를 조립하는 볼트는?

① 탭볼트   ② 관통볼트
③ 기초볼트 ④ 스터드볼트

해설 ① 탭볼트 : 너트를 사용하지 않고 암나사에 체결하는 방법이다.
② 관통볼트 : 관통을 한 후에 볼트와 너트로 체결한다.
③ 기초볼트 : 기계구조물을 설치할 때 콘크리트에 구멍을 낸 다음, 기초볼트를 넣고 조이게 되면 콘크리트 내부에서 직경이 커져서 압축력을 유지하게 한다.

정답 54. ④ 55. ② 56. ② 57. ② 58. ② 59. ③ 60. ④

제3회 공유압기능사

2015.4.4. 시행

01 오일쿨러의 종류가 아닌 것은?
① 증기식   ② 공냉식
③ 수냉식   ④ 냉동식

해설 오일쿨러는 오일을 냉각을 시키는 것이 목적이므로 증기식은 없다.

02 다음 밸브 중 방향제어밸브에 속하는 것은?
① 니들밸브
② 스로틀밸브
③ 리듀싱밸브
④ 2포트 2위치 밸브

해설 니들밸브, 스로틀밸브(교축밸브)는 유량제어밸브이며, 리듀싱밸브(감압밸브)는 압력제어밸브이다. 방향제어밸브로 2포트 2위치밸브는 유체의 상태를 포트를 통해 차단하는 역할을 하며 ON/OFF밸브이다.

03 기호요소 중 회전축, 레버, 피스톤로드 등을 나타내는 기호는?
① 반원   ② 정사각형
③ 복선   ④ 일점쇄선

해설 회전축, 레버, 피스톤로드 등을 나타내는 기호는 복선으로 표시하며 화살표방향에 따라 운동상태를 표시한다.

04 OR논리를 만족시키는 밸브는?
① 2압밸브   ② 급속배기밸브
③ 셔틀밸브   ④ 압력시퀀스밸브

해설 셔틀밸브(OR밸브)
㉠ 2개(X, Y)의 입구와 1개(A)의 출구를 가진 3-way 밸브로서 OR밸브라고도 한다.
㉡ X+Y = A
㉢ 병렬연결

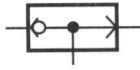

05 압력을 비중량으로 나눈 양정(lift)의 단위는?
① m   ② N/m²
③ mmHg   ④ kgf/cm²

해설 압력은 단위면적당 무게이고, 비중량은 단위체적당 무게로 표시하므로 양정은 다음과 같다.
$$h = \frac{P}{\gamma}\left[\frac{kgf/m^2}{kgf/m^3} = m\right]$$

06 용적식 압축기 중 가장 깨끗한 공기를 만들 수 있는 공기압축기는?
① 피스톤압축기   ② 축류식 압축기
③ 스크루압축기   ④ 다이어프램압축기

해설 다이어프램압축기는 오염과 누설이 없어 고순도가스, 유해가스, 유독가스, 특수가스의 압송, 실린더 고압충진 또는 수소연료 셀기술 등의 분야에 사용된다.

07 다음에 설명하고 있는 요소의 도면기호는 어느 것인가?

> 이 밸브는 공압, 유압시스템에서 액추에이터의 속도를 조정하는데 사용되며, 유량의 조정은 한쪽 흐름방향에서만 가능하고 반대방향의 흐름은 자유롭다.

①    ②
③    ④

해설 체크밸브가 내장된 유량제어밸브이다.

08 전기제어에 사용되는 접점의 종류가 아닌 것은?
① a접점   ② b접점
③ c접점   ④ d접점

해설 a접점은 전원이 인가되면 ON이 되는 접점이고, b접점은 전원이 인가되면 OFF되는 접점이며, c접점은 공통접점이다.

정답 01.① 02.④ 03.③ 04.③ 05.① 06.④ 07.④ 08.④

09 유압제어밸브 중 출구가 고압측 입구에 자동적으로 접속되는 동시에 저압측 입구를 닫는 작용을 하는 밸브는?

① 셔틀밸브   ② 셀렉터밸브
③ 체크밸브   ④ 바이패스밸브

해설 셔틀밸브는 고압 우선 밸브이다.

10 유압실린더의 피스톤로드를 깨끗이 유지하기 위해 필요한 것은?

① 쿠션장치
② 슬리브실린더
③ 로드와이퍼실
④ 피스톤행정제한장치

해설 쿠션장치는 끝단에서 충격을 완화해주며, 로드와이퍼실은 고무재질로 로드에 이물질을 제거하는 역할을 한다.

11 피스톤에 공기압력을 급격하게 작용시켜 피스톤을 고속으로 움직이며, 이때의 속도에너지를 이용하는 공기압실린더는?

① 탠덤형 공압실린더
② 다위치형 공압실린더
③ 텔레스코프형 공압실린더
④ 임팩트실린더형 공압실린더

해설 탠덤형 공압실린더는 작은 공간에서 큰 힘이 필요할 때 같은 실린더를 직렬로 결합하여 사용한다. 텔레스코프형 공압실린더는 긴 행정이 필요하고 설치공간이 좁을 때 적용한다.

12 다음 〈그림 1〉과 〈그림 2〉는 전기제어회로에서 사용되는 제어용 기기의 특성을 입력(i)과 출력(o)상태로 표현한 것이다. 이들이 각각 나타내는 것은?

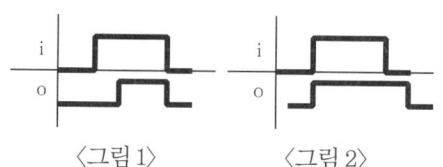

〈그림 1〉   〈그림 2〉

① 그림 1 : 소자지연타이머, 그림 2 : 여자지연타이머
② 그림 1 : 소자지연타이머, 그림 2 : 소자지연타이머
③ 그림 1 : 여자지연타이머, 그림 2 : 여자지연타이머
④ 그림 1 : 여자지연타이머, 그림 2 : 소자지연타이머

해설 〈그림 1〉은 여자지연타이머이고, 〈그림 2〉는 소자지연타이머이다.

13 공압의 장점에 관한 설명으로 옳지 않은 것은?

① 큰 힘을 쉽게 얻을 수 있다.
② 환경오염의 우려가 없다.
③ 에너지 축적이 용이하다.
④ 힘의 증폭이 용이하고 속도조절이 간단하다.

해설 공압은 큰 힘을 얻을 수 없으며 필요시 유압을 사용해야 한다.
㉠ 장점
 • 에너지원을 쉽게 얻을 수 있다.
 • 힘의 전달 및 증폭이 용이하다.
 • 속도, 압력, 유량 등의 제어가 용이하다.
 • 보수, 점검 및 취급이 용이하다.
 • 인화 및 폭발의 위험성이 있다.
 • 에너지의 축적이 용이하다.
 • 과부하가 되어도 안전하다.
 • 내환경성이 좋다.
㉡ 단점
 • 에너지 변환효율이 낮다.
 • 위치, 속도의 제어성이 나쁘다.
 • 응답성이 나쁘다.
 • 윤활대책이 필요하다.
 • 이물질에 약하다.
 • 큰 힘을 얻을 수 없다.
 • 배기소음이 크다.
 • 균일한 속도를 얻을 수 없다.

14 포핏방식의 방향전환밸브가 갖는 장점이 아닌 것은?

① 누설이 거의 없다.
② 밸브의 이동거리가 짧다.
③ 조작에 힘이 적게 든다.
④ 먼지, 이물질의 영향이 적다.

해설 포핏방식 방향전환밸브의 단점
㉠ 공기의 압력이 높아지면 밸브를 개폐하는 조작력이 크게 된다.
㉡ 배관구가 많아지면 형상이 복잡하게 되어 자유도가 적어진다.

정답 09. ① 10. ③ 11. ④ 12. ④ 13. ① 14. ③

15 공기압조정유닛의 기능이 아닌 것은?

① 여과기능 ② 윤활기능
③ 저장기능 ④ 압력조절기능

해설 공기압조정유닛의 기능은 FRL unit라고도 하며 필터기능(filter), 압력조절기능(regulator), 윤활기능(lubricator)이 있다.

16 공압장치의 기본요소 중 구동부에 속하는 것은?

① 여과기 ② 애프터쿨러
③ 실린더 ④ 루브리케이터

해설 실린더는 구동부(액추에이터)로서 압력에너지를 받아서 기계적 에너지로 변환한다.

17 공기건조기에 대한 설명으로 옳은 것은?

① 건조제 재생방법을 논 브리드식이라 부른다.
② 흡착식은 실리카겔 등의 고체흡착제를 사용한다.
③ 흡착식은 최대 -170℃까지의 저노점을 얻을 수 있다.
④ 수분제거방식에 따라 건조식, 흡착식으로 분류한다.

해설 흡착식은 활성알루미나, 실리카겔, 분자체 같은 수분흡착제에 의한 건조방식으로 2개의 건조탱크 중 하나는 압축공기를 건조시키고 다른 탱크는 내부 Heater나 증기열에 의해 건조재생된다. 세 가지 드라이어 중 노점이 가장 낮은(보통 -40℃이며 -73℃까지 가능) 공기를 공급할 수 있으며 1ppm까지 수분을 제거해준다.

18 공기의 압축성 때문에 스틱슬립(stick slip)현상이 생겨 속도가 안정되지 않을 때 이를 방지하기 위해 사용되는 기기는?

① 증압기 ② 충격방출기
③ 증폭기 ④ 공유압변환기

해설 공기압에서 스틱슬립현상은 속도가 안정되지 못하며, 이것을 방지하기 위해 공유압변환기를 사용한다. 저유압실린더에 의한 안정된 속도제어와 보다 정확한 중간 정지, 이속제어 등의 응용에 사용한다.

19 다음의 그림이 나타내는 회로의 명칭은?

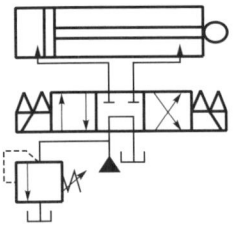

① 로킹회로 ② 시퀀스회로
③ 단락회로 ④ 브레이크회로

해설 로킹회로(locking circuit)는 실린더행정 중 임의위치에서 행정단에서 실린더를 고정시킬 때 플런저이동을 방지하는 회로이다.

20 공압시스템에서 부하의 변동 시 비교적 안정된 속도가 얻어지는 속도제어방법은?

① 미터 인 방법 ② 미터 아웃 방법
③ 블리드 온 방법 ④ 블리드 오프 방법

해설 미터 아웃 속도제어는 실린더의 피스톤 양쪽에 모두 압력이 유지되고 있는 상태로 실린더가 움직이게 되므로 실린더에 작용하는 부하의 방향이 바뀌거나 부하의 크기가 갑자기 변화되어도 실린더가 유압적으로 클램프되어 있으므로 미터 인 방법보다 더 안정적이다.

21 진공 발생기에서 진공이 발생하는 것은 어떤 원리를 이용한 것인가?

① 샤를의 원리 ② 파스칼의 원리
③ 벤투리원리 ④ 토리첼리의 원리

해설 벤추리관(ventury tube)으로 공기가 흐른다고 할 때 면적이 작아지는 부분에서는 연속의 법칙에 의해 속도는 빨라지고 베르누이정리에 의해 압력은 낮아진다. 즉 면적이 가장 작은 부분에서는 속도는 최대가 되고, 압력은 최소가 된다. 다시 면적이 넓어지는 곳을 통과하면서 속도는 느려지고 압력은 증가하여 처음 공기가 입구로 들어갈 때의 속도와 압력을 갖게 된다.

22 기계에너지를 유압에너지로 변환시키는 장치는?

① 유압모터 ② 유압펌프
③ 유압밸브 ④ 유압실린더

해설 유압펌프는 전동기나 엔진 등의 원동기에서 기계적 에너지를 공급받아 유압 액추에이터(유압실린더, 유압모터 등)를 작동시키는 데 필요한 압력에너지로 변환시키는 것이다.

정답 15. ③ 16. ③ 17. ② 18. ④ 19. ① 20. ② 21. ③ 22. ②

23 난연성 유압유가 아닌 것은?
① 석유계(石油系) ② 인산에스테르계
③ 유화계(乳化系) ④ 물-글리콜계

해설 난연성 작동유에는 비함수계(내화성을 갖는 합성물)와 함수계가 있다. 비함수계 작동유에는 인산에스테르와 폴리올에스테르가 대표적이며, 함수계 작동유에는 수중유적형(O/W), 유중수적형(W/O), 물-글리콜계 등이 있다. O/W형은 첨가제를 함유한 광유를 1~10% 물속에 유화시킨 것이며, W/O형은 물을 40~50% 오일 속에 분산시킨 것이다. 어느 것이나 유화제, 방청제, 마모 방지제, 방부제 등의 첨가제가 사용되고 있다. 물-글리콜형은 글리콜, 폴리글리콜(증점제)의 수용액 속에 방청제와 마모 방지제의 첨가제를 넣은 것이며 수분량은 40~50%이다.

24 다음 중 체적효율이 가장 높은 펌프는?
① 외접기어펌프 ② 평형형 베인펌프
③ 내접기어펌프 ④ 회전피스톤펌프

해설 유압펌프의 성능비교

유압펌프의 종류			정격압력 (MPa)	배제용적 (cm³/rev)	회전속도 (rpm)	전효율 (%)
피스톤 펌프	축방향형	사판식	14~35	~500	300~3,600	80~93
		사축식	14~35	~500	300~3,600	80~93
	반지름방향형		~31.5	1,800	300~1,800	80~93
치차 펌프	외접치차		17.5	~350	100~3,000	70~85
	내접치차		3~7	~250	100~5,000	70~85
	고압내접치차		25	~125	300~2,500	85~90
베인 펌프	평형식		7~9	~175	300~2,000	70~85
	고성능형		14~17.5	~350	300~2,700	70~85
나사펌프			~7	~20,000	100~10,000	~80

25 공압실린더의 전진속도를 조절하기 위해 사용하는 밸브는?
① 셧-오프 밸브 ② 방향조절밸브
③ 유량조절밸브 ④ 압력조절밸브

해설 실린더의 전진과 후진속도는 체크내장형 유량제어밸브를 사용하여 속도를 조절한다.

26 검출용 스위치 중 무접촉형 스위치는?
① 광전스위치 ② 리밋스위치
③ 압력스위치 ④ 마이크로스위치

해설 리밋스위치와 마이크로스위치는 레버를 접촉하며, 압력스위치는 공기압이 형성되므로 스위치역할을 한다.

27 압력제어밸브의 특성이 아닌 것은?
① 유량특성 ② 압력조정특성
③ 인터폴로특성 ④ 히스테리시스특성

해설 압력제어밸브는 유량특성, 압력조정특성, 히스테리시스특성이 있으며, 특히 히스테리시스특성값은 제어밸브의 성능에 대한 신뢰성의 상태를 판단할 수가 있다.

28 다음 유압회로의 명칭은 무엇인가?

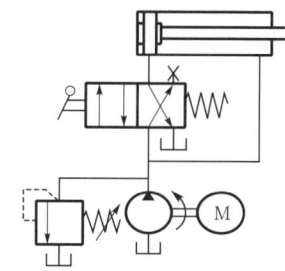

① 로킹회로 ② 재생회로
③ 동조회로 ④ 속도회로

해설 실린더 단면적에 대한 로드측의 단면적의 비율에 따라 속도증가비율이 정해진다. 실린더의 전진속도는 빨라 사이클시간을 단축할 수 있는 반면, 그 작용력은 작게 된다. 이 회로는 소형 프레스회로에 응용된다.

29 유압작동유가 구비해야 할 조건이 아닌 것은?
① 압축성이어야 한다.
② 열을 방출시킬 수 있어야 한다.
③ 적절한 점도가 유지되어야 한다.
④ 장시간 사용하여도 화학적으로 안정되어야 한다.

해설 유압작동유는 비압축성이어야 한다.

정답 23.① 24.④ 25.③ 26.① 27.③ 28.② 29.①

30 2개의 안정된 출력상태를 가지고 입력 유무에 관계없이 직전에 가해진 압력의 상태를 출력상태로서 유지하는 회로는?

① 부스터회로 ② 플립플롭회로
③ 카운터회로 ④ 레지스터회로

해설 플립플롭은 전류가 부가되면 현재의 반대상태로 변하며(0에서 1로, 또는 1에서 0으로) 그 상태를 계속 유지하므로 한 비트의 정보를 저장할 수 있는 능력을 가지고 있다.

31 시퀀스도를 그리는 일반적인 방법으로 옳지 않은 것은?

① 전원모선은 상하 또는 좌우에 쓴다.
② 아래(오른쪽) 제어모선에 전등을 비롯한 부하를 그린다.
③ 위(왼쪽) 제어모선에 누름버튼스위치, 감지기 등을 그린다.
④ 교류전원은 P(+), N(−), 직류전원은 (R), (T) 등으로 표시한다.

해설 직류전원은 P(+), N(−), 교류전원은 (R), (T) 등으로 표시한다.

32 전동기의 정·역운전회로에서 다른 계전기의 동시동작을 금지시키는 회로는?

① 비반전회로 ② 정지우선회로
③ 인터록회로 ④ 기동우선회로

해설 기기나 작업자의 안전을 위하여 다른 기기의 동작을 금지하는 회로를 인터록(interlock)회로라고 한다.

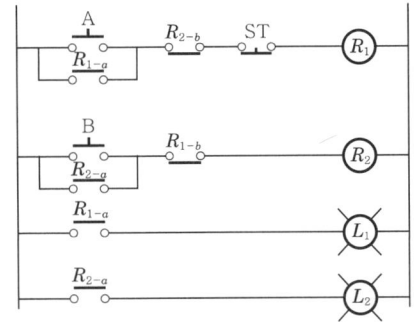

33 도체의 저항값에 관한 설명으로 옳은 것은?

① 전압에 비례하고, 전류와는 반비례한다.
② 전류에 비례하고, 전압과는 반비례한다.
③ 도체의 고유저항에 비례하고, 길이에 반비례한다.
④ 도체의 고유저항에 반비례하고, 길이에 비례한다.

해설 $V = IR \rightarrow R = \dfrac{V}{I}$

도체는 같은 길이 및 단면적이라도 재료가 다르면 저항값이 다르다. 이는 재료마다 저항률이 다르기 때문이다.

$R = \rho \dfrac{l}{A}$

여기서, ρ : 도체의 고유저항(저항률)

34 부하가 저항만으로 이루어진 교류회로에서 전압과 전류의 위상관계는?

① 전류는 전압과 동상이다.
② 전류는 전압보다 위상이 90° 늦다.
③ 전류는 전압보다 위상이 90° 앞선다.
④ 전류는 전압보다 위상이 180° 늦다.

해설 저항 양단의 전압과, 저항을 통해 흐르는 전류의 위상은 서로 같다. 또한 커패시터를 통해 흐르는 전류는 커패시터 양단의 전압보다 90°만큼 앞선다.

35 다음 그림과 같은 회로도를 갖는 기본논리게이트의 논리식은?

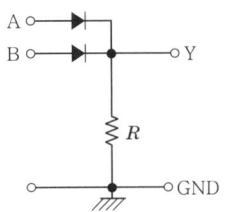

① Y = A · B ② Y = A + B
③ Y = A + A · B ④ Y = A ∩ B

해설 OR gate로 A, B 중 하나만 ON이 되면 전류는 흐른다.

정답 30. ② 31. ④ 32. ③ 33. ① 34. ① 35. ②

36 정전용량이 $2\mu F$인 콘덴서의 1kHz에서의 용량리액턴스는 약 몇 Ω인가?

① 15.9 ② 79.6
③ 159   ④ 796

해설 $X_L = \dfrac{1}{2\pi fC} = \dfrac{1}{2\times 3.14\times 1,000\times 2\times 10^{-6}} = 79.6\Omega$

37 220V, 40W의 형광등 10개를 4시간 동안 사용했을 때의 소비전력량은 몇 kWh인가?

① 0.16 ② 1.6
③ 8.8   ④ 16

해설 전력량은 어느 일정시간 동안의 전기에너지의 총량이다.
$W = Pt = VIt[Ws = J]$
$= 40\times 10\times 4 = 1,600Wh = 1.6kWh$

38 직류발전기의 주요 부분 중 기전력이 유도되는 부분은?

① 계자   ② 브러시
③ 전기자 ④ 정류자

해설 ① 계자 : 자극과 계철로 자속 생성
② 브러시 : 외부에서 내부로 전기 인가
④ 정류자 : 브러시와 접촉하며 교류를 직류로 변환하는 부분

39 직류 미소전류의 측정방법에 관한 설명으로 옳은 것은?

① 직류전류의 측정에는 주로 가동철편형 계기가 사용된다.
② 전류계는 전류의 크기를 측정하고자 하는 회로에 병렬로 연결한다.
③ 전류의 크기가 얼마나 되겠는지를 미리 짐작한 후 예상값보다 작은 눈금의 전류계를 선택해야 한다.
④ 전원장치의 (+)극 쪽에 연결된 도선은 전류계의 (+)단자에, (-)극 쪽에 연결된 도선은 전류계의 (-)단자에 연결한다.

해설 직류전류의 측정에는 주로 열전형 계기가 사용되고, 전류계는 전류의 크기를 측정하고자 하는 회로에 직렬로 연결한다. 전류의 크기가 얼마나 되겠는지를 미리 짐작한 후 예상값보다 큰 눈금의 전류계를 선택해야 한다.

40 전기적 신호를 파형으로 보면서 관찰하게 만든 전기·전자계측기는?

① 함수 발생기
② 오실로스코프
③ 디지털멀티미터
④ 진동편형 주파수계

해설 전기적 신호를 파형으로 보면서 관찰하게 만든 전기·전자계측기는 오실로스코프이다.

41 정류회로에 커패시터필터를 사용하는 이유는?

① 용량의 감소를 위하여
② 소음을 감소시키기 위하여
③ 2배의 직류값을 얻기 위하여
④ 직류에 가까운 파형을 얻기 위하여

해설 커패시터를 정류출력에 달아서 맥류를 줄인다. 커패시터가 전압을 충전했다가 전압이 내려갈 때 서서히 보내준다. 가장 간단하고 다른 회로의 응용이 되기도 한다.

42 3상 유도전동기의 회전방향을 바꾸기 위한 조치로 옳은 것은?

① 전원의 주파수변환
② 전동기의 극수변환
③ 전동기의 $Y-\Delta$변환
④ 전원의 2상 접속변환

해설 일반적으로 3상 유도전동기는 산업 전반에 걸쳐 사용하고 있는데, 사용 도중에 모터의 회전방향이 틀려 바꾸곤 한다. R, S, T 3상 중에 R-S, R-T, S-T를 서로 바꾸면 회전방향이 반대로 회전한다.

43 저항 R인 전선의 길이를 2배로 하고, 단면적을 $\dfrac{1}{2}$로 변화하였을 때의 저항은 얼마인가?

① $\dfrac{1}{2}R$ ② $2R$
③ $4R$ ④ $8R$

해설 $R = \rho\dfrac{l}{A} = \rho\dfrac{2l}{\dfrac{1}{2}A} = 4R$

정답 36.② 37.② 38.③ 39.④ 40.② 41.④ 42.④ 43.③

44 다음 그림과 같은 주파수특성을 갖는 전기소자는?

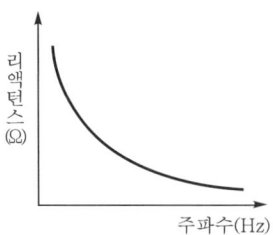

① 저항 ② 코일
③ 콘덴서 ④ 다이오드

해설 콘덴서는 주파수와 인덕터 리액턴스의 관계에서 반비례관계이다.

45 저항만의 부하로 이루어진 단상 교류회로에서 전원 실효전압 V[V], 실효전류 I[A]가 흐른다면 단상전력 P[W]는?

① $P = VI$ ② $P = \sqrt{2}\,VI$
③ $P = \dfrac{1}{\sqrt{2}}VI$ ④ $P = \sqrt{3}\,VI$

해설 전압과 전류는 동상으로 그 실효값은 옴의 법칙이 그대로 성립한다.

46 일반적으로 제도에서 사용할 수 있는 척도로 틀린 것은?

① 10 : 1 ② 5 : 1
③ 3 : 1 ④ 2 : 1

해설 배척은 실제 크기보다 큰 비율로 나타내는 척도로서 2 : 1, 5 : 1, 10 : 1 등을 사용한다.

47 다음 그림에서 ①의 선명칭으로 옳은 것은?

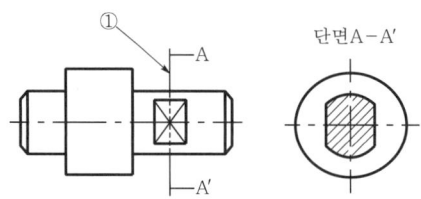

① 파단선 ② 절단선
③ 피치선 ④ 숨은선

해설 절단선은 부품의 형상을 이해하기 쉽게 하기 위해서 절단 부분을 SECTION A-A′로 표기하며, 화살표는 보는 방향을 나타낸다.

48 다음 3각 정투상도에 해당하는 입체도는?

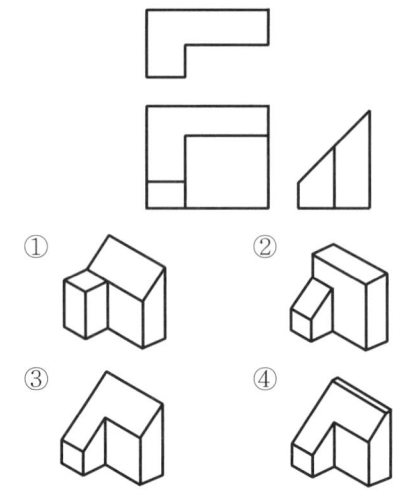

해설 윗면이 경사로 한 면으로 측면도에서 표현되어 있다.

49 3각법 정투상도에서 저면도의 배치위치로 옳은 것은?

① 정면도의 아래쪽 ② 정면도의 오른쪽
③ 정면도의 위쪽 ④ 정면도의 왼쪽

해설 3각법에서 정면도를 기준으로 위쪽은 평면도, 아래쪽은 저면도, 좌측에는 좌측면도, 우측에는 우측면도를 배치한다.

50 다음 입체도에서 화살표방향이 정면일 때 우측면도로 가장 적합한 것은?

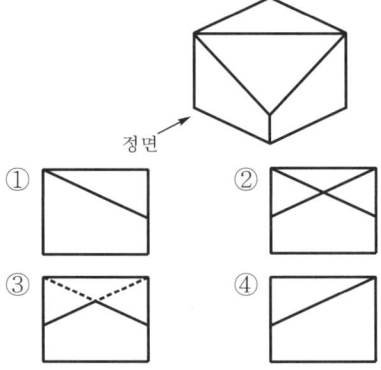

해설 우측면도는 제시된 그림에서 왼쪽이 경사방향으로 절단이 되어 있으므로 오른쪽에서 왼쪽으로 경사진 상태로 외형선이 나타난다.

정답 44. ③ 45. ① 46. ③ 47. ② 48. ③ 49. ① 50. ④

51 기계재료기호 SM15CK에서 '15'가 의미하는 것은?

① 침탄깊이
② 최저인장강도
③ 탄소함유량
④ 최대 인장강도

해설 SM15CK는 침탄용 기계구조용 강으로 침탄열처리를 하며 탄소함유량을 나타낸다. 기계구조용 강에서 탄소함유량은 기계적 성질에 많은 영향을 주기 때문에 설계 시 재료선택을 잘해야 한다.

52 치수에 사용하는 기호와 그 설명이 잘못 연결된 것은?

① 정사각형의 변 : □
② 구의 반지름 : R
③ 지름 : ϕ
④ 45° 모따기 : C

해설 표면이 구면으로 되어 있음을 표시할 때는 구의 지름 또는 반지름의 치수를 기입하고 ϕ 또는 R 앞에 'S'를 기입한다.

53 두 물체 사이의 거리를 일정하게 유지시키면서 결합하는데 사용하는 볼트는?

① 기초볼트
② 아이볼트
③ 나비볼트
④ 스테이볼트

해설 ① 기초볼트 : 콘크리트 바닥에 기계장치를 고정하기 위해 사용한다.
② 아이볼트 : 볼트 상단에 링형태로 되어 있어서 기계장치를 이동시키고자 할 때 사용한다.
③ 나비볼트 : 손으로 쉽게 체결할 수 있도록 볼트 상단에 나비형태로 되어 있다.

54 지름 50mm인 원형 단면에 하중 4,500N이 작용할 때 발생되는 응력은 약 몇 N/mm²인가?

① 2.3
② 4.6
③ 23.3
④ 46.6

해설 $\sigma = \dfrac{P}{A} = \dfrac{4,500}{\dfrac{3.14 \times 50^2}{4}} = 2.29\text{N/mm}^2$

55 평벨트와 비교한 V벨트전동의 특성이 아닌 것은?

① 설치면적이 넓어 큰 공간이 필요하다.
② 비교적 작은 장력으로 큰 회전력을 전달할 수 있다.
③ 운전이 정숙하다.
④ 마찰력이 평벨트보다 크고 미끄럼이 적다.

해설 V벨트는 평벨트보다 설치면적이 좁은 곳에 적용한다.

56 너트의 밑면에 넓은 원형 플랜지가 붙어있는 너트는?

① 와셔붙이 너트
② 육각너트
③ 판너트
④ 캡너트

해설 와셔붙이 너트는 밑면에 넓은 원형 플랜지가 붙어 있으므로 볼트의 체결력을 크게 하며, 볼트구멍이 클 경우 체결력을 향상시킨다.

57 기계요소부품 중에서 직접전동용 기계요소에 속하는 것은?

① 벨트
② 기어
③ 로프
④ 체인

해설 벨트는 풀리에 의해, 로프는 도르래에 의해, 체인은 스프로킷에 의해 동력을 전달한다.

58 시험 전 단면적이 6mm², 시험 후 단면적이 1.5mm²일 때 단면수축률은?

① 25%
② 45%
③ 55%
④ 75%

해설 $\psi = \dfrac{A_o - A}{A_o} \times 100\%$
$= \dfrac{6 - 1.5}{6} \times 100\% = 75\%$

59 축이 회전하는 중에 임의로 회전력을 차단할 수 있는 것은?

① 커플링
② 스플라인
③ 크랭크
④ 클러치

해설 커플링(coupling)은 축과 축을 연결해주며 축선의 공차를 보정하고, 스플라인은 기어형태의 요철이 축선으로 형성되어 기어를 축방향으로 이동시켜준다.

60 고정원판식 코일에 전류를 통하면 전자력에 의해 회전원판이 잡아당겨져 브레이크가 걸리고, 전류를 끊으면 스프링작용으로 원판이 떨어져 회전을 계속하는 브레이크는?

① 밴드브레이크 ② 디스크브레이크
③ 전자브레이크 ④ 블록브레이크

해설 밴드브레이크는 디스크를 감싸서 제동력을 형성하고, 디스크브레이크는 측면에서 제동력을 주며, 블록브레이크는 회전축에 고정된 브레이크드럼을 블록으로 눌렀을 때 발생하는 마찰력을 이용한 제동장치이다.

정답 60. ③

제4회 공유압기능사

2015.7.19. 시행

01 다음 그림과 같은 회로도를 무엇이라고 하는가?

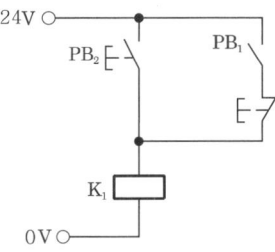

① 인터록회로
② 플립플롭회로
③ ON 우선 자기유지회로
④ OFF 우선 자기유지회로

해설 PB₁, PB₂를 동시에 누르면 릴레이 K₁은 여자되는 회로로 ON 우선 자기유지회로이다.

02 피스톤로드의 중심선에 대하여 직각을 이루는 실린더의 양측으로 뻗은 한 쌍의 원통 모양의 피벗으로 지지된 공압실린더의 지지형식을 무엇이라 하는가?

① 풋형 ② 크레비스형
③ 용접형 ④ 트러니언형

해설 실린더지지형식에 의한 분류
㉠ 고정식 : 풋형(축직각 : LA, 축방향 : LB), 플랜지형(로드측 : FA, 헤드측 : FB)
㉡ 요동형 : 크레비스형(1산 : CA, 2산 : CB), 트러니언형(로드측 : TA, 헤드측 : TB, 중간 : TC)

03 다음 중 실린더의 속도를 제어할 수 있는 기능을 가진 밸브는?

① AND밸브 ② 3/2 way 밸브
③ 압력시퀀스밸브 ④ 1방향 유량제어밸브

해설 실린더의 속도를 제어할 수 있는 밸브는 체크내장형 유량제어밸브이다.

04 유압펌프의 성능을 표현하는 것으로 단위시간당 에너지를 의미하는 것은?

① 동력 ② 전력
③ 항력 ④ 추력

해설 일률(공률) 또는 동력(power)은 단위시간당 한 일의 양을 의미한다.

05 유압탱크의 구비조건이 아닌 것은?

① 필요한 기름의 양을 저장할 수 있을 것
② 복귀관측과 흡입관측 사이에 격판을 설치할 것
③ 펌프의 출구측에 스트레이너가 설치되어 있을 것
④ 적당한 크기의 주유구와 배유구가 설치되어 있을 것

해설 펌프의 입구측에 스트레이너가 설치되어 있어야 이물질을 필터링을 한 다음 밸브와 액추에이터로 보내진다.

06 공압장치의 특징으로 옳지 않은 것은?

① 사용에너지를 쉽게 구할 수 있다.
② 압축성 에너지이므로 위치제어성이 좋다.
③ 힘의 증폭이 용이하고 속도조절이 간단하다.
④ 동력의 전달이 간단하며 먼 거리이송이 쉽다.

해설 공압은 압축성 에너지이므로 위치제어성이 유압에 비해 좋지 않다.

07 실린더로드의 지름을 크게 하여 부하에 대한 위험을 줄인 실린더는?

① 램형 실린더 ② 탠덤실린더
③ 다위치실린더 ④ 텔레스코프실린더

해설 ① 램형 실린더(ram type cylinder) : 로드의 지름을 크게 하여 출력쪽 로드측에 높은 강도를 필요로 할 때 사용한다.

정답 01.③ 02.④ 03.④ 04.① 05.③ 06.② 07.①

② 탠덤(tandem)실린더 : 2개의 복동실린더가 1개의 실린더형태로 실린더의 지름은 한정되고 큰 힘이 필요한 곳에 사용한다.
③ 다위치실린더 : 실린더가 원하는 위치에 정지하도록 한 실린더이다.
④ 텔레스코프실린더 : 실린더 설치면적이 좁고 긴 스트로크가 필요한 부분에 사용한다.

08 유압펌프의 동력을 산출하는 방법으로 옳은 것은?
① 힘×거리
② 압력×유량
③ 질량×가속도
④ 압력×수압면적

해설 $L = FV = \frac{PQ}{6} \times \frac{1}{75} = \frac{PQ}{450}$ [PS]
$= \frac{PQ}{6} \times \frac{1}{102} = \frac{PQ}{612}$ [kW]

09 자기현상을 이용한 스위치로 빠른 전환사이클이 요구될 때 사용되는 스위치는?
① 압력스위치
② 전기리드스위치
③ 광전스위치
④ 전기리밋스위치

해설 ① 압력스위치 : 설정압력에 도달하면 전기적 신호를 보내어 압력을 차단하거나 통과하게 한다.
② 전기리드스위치 : 실린더 내부에 영구자석을 부착하여 영구자석위치에 리드스위치가 있으면 자력에 의해 전류를 흐르게 한다.
④ 전기리밋스위치 : 한계를 설정하여 전기적 신호를 생성시킨다.

10 액추에이터의 공급 쪽 관로 내의 흐름을 제어함으로써 속도를 제어하는 다음 그림과 같은 회로는 무슨 방식인가?

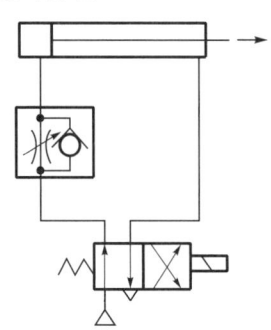

① 미터 인
② 미터 아웃
③ 블리드 온
④ 블리드 오프

해설 미터 아웃 회로의 로드 쪽은 자유상태이므로 공압이 바로 상승하며, 공기는 출구에서 교축되어 방출되므로 배기속도는 제한하고 양쪽의 차압에 의한 추력으로 피스톤은 균일하게 움직인다.

11 공압실린더나 공압탱크의 공기를 급속히 방출할 필요가 있을 때 또는 공압실린더의 속도를 증가시킬 필요가 있을 때 사용되는 밸브로 가장 적당한 것은?
① 2압밸브
② 셔틀밸브
③ 체크밸브
④ 급속배기밸브

해설 셔틀밸브는 2개의 공급포트와 1개의 출력포트를 가진 밸브로서 출력포트가 고압을 공급하는 포트에 반드시 접속되고 저압측의 포트를 닫도록 동작하는 것이다. 직접 실린더를 구동시키는 주회로에 사용하는 비교적 대유량인 것과 전 공압회로에 사용하는 소유량인 것이 있다. 전 공압회로에 사용되는 것은 OR소자라고도 한다.

12 전기제어의 동작상태에 관한 설명으로 옳지 않은 것은?
① 기기의 미소시간동작을 위해 조작동작되는 것을 조깅이라 한다.
② 계전기코일에 전류를 흘려 자화성질을 얻게 하는 것을 여자라 한다.
③ 계전기코일에 전류를 차단하여 자화성질을 잃게 하는 것을 소자라 한다.
④ 계전기가 소자된 후에도 동작기능이 유효하게 하는 것을 인터록이라 한다.

해설 계전기가 소자된 후에도 동작기능이 유효하게 하는 것을 자기유지회로라 한다. 자기유지회로(self-holding circuit)에는 자기유지를 시켜주기 위한 ON신호가 자기유지를 해제하기 위한 OFF신호보다 우선하는 ON 우선회로(Dominant ON)와 OFF신호가 ON신호보다 우선하는 OFF 우선회로(Dominant OFF)가 있다.

13 다음 중 공압모터의 장점인 것은?
① 배기음이 작다.
② 에너지 변환효율이 높다.
③ 폭발의 위험성이 거의 없다.
④ 공기의 압축성에 의해 제어성이 우수하다.

정답 08. ② 09. ③ 10. ① 11. ④ 12. ④ 13. ③

해설 공압모터의 특징
　㉠ 장점
　　• 회전속도, 토크를 자유로이 조절할 수 있다.
　　• 과부하 시 위험성이 없다.
　　• 시동, 정지, 역회전 시 충격 발생이 없다.
　　• 폭발성이 없다.
　　• 에너지를 축적할 수 있어 비상용으로 유효하다.
　㉡ 단점
　　• 에너지 변환효율이 적다.
　　• 공기의 압축성 때문에 제어성이 좋지 않다.
　　• 부하에 의한 회전속도의 변동이 크다.
　　• 배기소음이 크다.
　　• 부하에 의한 회전 시 변동이 크고 일정속도를 높은 정확도로 유지하기 어렵다.

14 다음과 같은 회로의 명칭은?

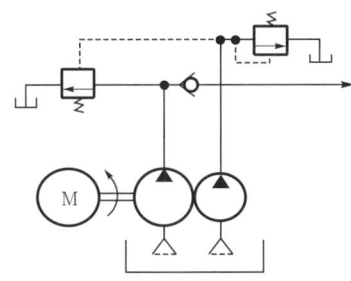

① 로크회로　　② 무부하회로
③ 동조회로　　④ 카운터밸런스회로

해설 ① 로크회로 : 실린더행정을 임의위치에서 고정시켜 이동을 방지하는 회로이다.
③ 동조회로 : 용량이 같은 유압모터를 같은 축으로 하여 2개의 릴리프밸브로 압력을 일정하게 한다.
④ 카운터밸런스회로 : 배압밸브라고도 하며 인장하중효과의 발생을 방지하기 위해 인장하중이 걸리는 쪽 배관에 압력릴리프밸브를 달아 저항을 주게 된다.

15 공기청정화장치로 이용되는 공기필터에 관한 설명으로 적합하지 않은 것은?

① 압축공기에 포함된 이물질을 제거하여 문제가 발생하지 않도록 사용한다.
② 압축공기는 필터를 통과하면서 응축된 물과 오물을 제거하는 역할을 한다.
③ 투명한 수지로 되어 있는 필터통은 가정용 중성세제로 세척하여 사용해야 한다.
④ 필터에 의해 걸러진 응축물은 필터통에 꽉 차여져 있어야 추가적인 이물질 공급이 차단되어 효율적이다.

해설 공기필터는 필터에 의해 걸러진 수분이 어느 정도 차게 되면 자동으로 수분을 드레인하도록 한다.

16 루브리케이터(lubricator)에 사용되는 적정한 윤활유는?

① 기계유 1종(ISO VG 32)
② 터빈유 1종, 2종(ISO VG 32)
③ 그리스유 3종, 4종(ISO VG 32)
④ 스핀들유 3종, 4종(ISO VG 32)

해설 윤활장치(lubricator)에 넣을 수 있는 유종은 터빈유 1종과 2종이 있다. 1종은 첨가물이 없는 것이고, 2종은 방청첨가제, 산화 방지제 등을 첨가하고 있다. 보통 에어루브리케이터에는 터빈유 1종을 사용한다.

17 공압시스템의 서징 설계조건으로 볼 수 없는 것은?

① 반복횟수　　② 부하의 형상
③ 부하의 중량　　④ 실린더의 행정거리

해설 압축성으로 인한 압력변화 때문에 액추에이터가 있는 시스템에서는 맥동현상이 발생한다. 맥동현상은 압력이 출렁대며 일정치 않은 상태를 의미한다.

18 일의 3요소에 해당되지 않는 것은?

① 크기　　② 속도
③ 형상　　④ 방향

해설 일의 3요소는 크기, 속도, 방향이다.

19 압력의 크기에 의해 제어되거나 압력에 큰 영향을 미치는 것은?

① 솔레노이드밸브　　② 방향제어밸브
③ 압력제어밸브　　④ 유량제어밸브

해설 압력의 크기에 의해 제어되거나 압력에 큰 영향을 미치는 것은 압력제어밸브이다.

정답　14. ②　15. ④　16. ②　17. ②　18. ③　19. ③

20 접속된 관로를 나타내는 기호는?

해설 접속된 관로는 서로 만나는 지점에 검정색 점으로 표기한다.

21 회로 설계 시 주의해야 할 부하 중 과주성 부하에 관한 설명으로 옳지 않은 것은?

① 음의 부하이다.
② 저항성 부하이다.
③ 운동량을 증가시킨다.
④ 액추에이터의 운동방향과 동일하게 작용한다.

해설 액추에이터의 운동방향과 반대방향으로 작용한다.

22 유압제어밸브 중 회로압이 설정압을 넘으면 막이 유체압에 의해 파열되어 압유를 탱크로 귀환시키고 동시에 압력 상승을 막아 기기를 보호하는 역할을 하는 기기는?

① 유체퓨즈   ② 압력스위치
③ 감압밸브   ④ 릴리프밸브

해설 감압밸브는 압력을 감소시키며 파이로트 다이어프램식, 파이로트 피스톤식, 직동식이 있다.

23 공유압변환기를 에어하이드로실린더와 조합하여 사용할 경우 주의사항으로 틀린 것은?

① 열원의 가까이에서 사용하지 않는다.
② 공유압변환기는 수평방향으로 설치한다.
③ 에어하이드로실린더보다 높은 위치에 설치한다.
④ 작동유가 통하는 배관에 누설, 공기흡입이 없도록 밀봉을 철저히 한다.

해설 공유압변환기는 수직방향으로 설치한다.

24 공압밸브에 부착되어 있는 소음기의 역할에 관한 설명으로 옳은 것은?

① 배기속도를 빠르게 한다.
② 공압작동부의 출력이 커진다.
③ 공압기기의 에너지 효율이 좋아진다.
④ 압축공기흐름에 저항이 부여되고 배압이 생긴다.

해설 소음기는 배출되는 공기에 의한 소음을 최소화하기 위해 사용한다.

25 다음 중 공기압 발생장치에 해당되지 않는 장치는?

① 송풍기   ② 진공펌프
③ 압축기   ④ 공압모터

해설 공압모터는 공기압을 이용하여 기계적 에너지를 생성시킨다.

26 다음 그림과 같은 유압회로의 명칭은?

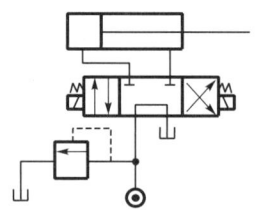

① 감속회로   ② 차동회로
③ 로킹회로   ④ 정토크 구동회로

해설 로킹회로는 유압 액추에이터를 임의의 위치에 정지시키는 회로이다.

27 유압실린더나 유압모터의 작동방향을 바꾸는데 사용되는 것으로 회로 내의 유체흐름의 통로를 조정하는 것은?

① 체크밸브   ② 유량제어밸브
③ 압력제어밸브   ④ 방향제어밸브

해설 체크밸브는 한쪽 방향으로만 흐르게 하며, 유량제어밸브는 유량을, 압력제어밸브는 압력을 제어한다.

정답 20. ① 21. ④ 22. ① 23. ② 24. ④ 25. ④ 26. ③ 27. ④

28 연속적으로 공기를 빼내는 공기구멍을 나타내는 기호는?

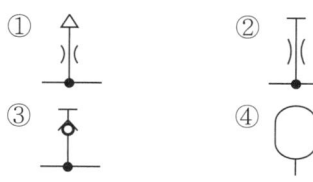

해설 ②는 유량제어밸브, ③은 체크밸브, ④는 어큐뮬레이터이다.

29 공압실린더를 순차적으로 작동시키기 위해서 사용되는 밸브의 명칭은 무엇인가?

① 시퀀스밸브   ② 무부하밸브
③ 압력스위치   ④ 교축밸브

해설 ② 무부하밸브 : 외부압력이 설정압력을 초과하면 완전히 열려 1차측은 탱크로, 2차측은 대기압으로 배출한다.
③ 압력스위치 : 설정압 이상이 되면 전기신호로 압력 상승을 멈춘다.
④ 교축밸브 : 교축부 개부면적의 크기에 의해 유량을 제어한다.

30 유압실린더가 중력으로 인하여 제어속도 이상 낙하하는 것을 방지하는 밸브는?

① 감압밸브
② 시퀀스밸브
③ 무부하밸브
④ 카운터밸런스밸브

해설 ① 감압밸브 : 2차측 압력을 제한하며 2차측이 설정압력으로 되면 1차측 압력이 높더라도 설정압력을 유지한다.
② 시퀀스밸브 : 액추에이터의 작동순서를 결정하는 밸브이다.
③ 무부하밸브 : 유압계통의 압력을 일정범위로 유지시키는 밸브이다.

31 전류를 측정하는 기본단위의 표현이 틀린 것은?

① 나노암페어 : pA
② 밀리암페어 : mA
③ 킬로암페어 : kA
④ 마이크로암페어 : μA

해설 전류를 측정하는 기본단위는 밀리암페어(mA), 킬로암페어(kA), 마이크로암페어(μA)를 사용한다.

32 다음 회로는 어떠한 회로를 나타낸 것인가?

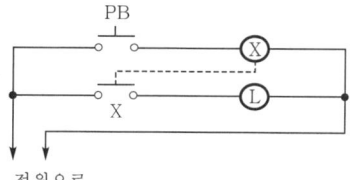

① ON회로   ② OFF회로
③ c접점회로   ④ 인터록회로

해설 PB를 누르면 릴레이코일 X가 여자되고 릴레이접점 X가 b접점이 되어 램프 L이 점등된다.

33 교류회로에서 위상을 고려하지 않고 단순히 전압과 전류의 실효값을 곱한 값을 무엇이라고 하는가?

① 임피던스   ② 피상전력
③ 무효전력   ④ 유효전력

해설 유효전력은 발전소에서 터빈회전수를 3,600rpm으로 유지하기 위해 사용되는 전력이고, 무효전력은 발전기의 계자전류의 양만 조절하면 되므로 비용이 들지 않는다.
㉠ 유효전력 : $P = EI\cos\theta$
㉡ 무효전력 : $P_r = EI\sin\theta$

34 백열전구를 스위치로 점등과 소등을 하는 것을 무슨 제어라고 하는가?

① 자동제어   ② 정성적 제어
③ 되먹임제어   ④ 정량적 제어

해설 ㉠ 정성적 제어(qualitative control) : 제어명령이 ON/OFF, 유무상태 등 2개의 정보만으로 구성되어 있으며 이산정보(discrete)와 디지털정보(digital)가 있다.
㉡ 정량적 제어(quantitative control) : 제어명령이 온도, 압력, 위치, 속도, 전압 등과 같은 무한개의 물리적인 양을 정보로 가지고 있으며 아날로그정보(analog)와 연속정보(continuous)가 있다.

35 정전용량(C)만의 교류회로에서 용량리액턴스에 관한 설명으로 옳은 것은?

① 기호는 X_C, 단위는 H를 사용한다.
② 정전용량(C)에 각속도 w를 곱한 값이다.
③ 정전용량(C)에 각속도 w로 나눈 값이다.
④ 정전용량(C)에 각속도 w를 곱한 값의 역수이다.

정답 28. ① 29. ① 30. ④ 31. ① 32. ① 33. ② 34. ② 35. ④

해설 용량리액턴스 $X_C = \dfrac{1}{\omega C} = \dfrac{1}{2\pi f C}[\Omega]$

36 교류 고전압측정에 주로 사용되는 것은?
① 진동검류계
② 계기용 변압기(PT)
③ 켈빈더블브리지
④ 계기용 변류기(CT)

해설 ① 진동검류계 : 매우 적은 양의 전류를 측정할 때 사용된다.
② 계기용 변압기 : 어떤 전압값을 이에 비례하는 전압으로 변성하는 변압기를 말한다.
③ 켈빈더블브리지 : 저저항측정용으로 휘스톤브리지에서 접촉저항 및 리드선저항과 같은 영향을 감소시켜 측정한다.
④ 계기용 변류기 : 어떤 전류값을 이에 비례하는 전류값으로 변성하는 변류기를 말한다.

37 평형 3상 Y결선의 상전압(V_p)과 선간전압(V_l)과의 관계는?
① $V_p = V_l$
② $V_p = \sqrt{3}\,V_l$
③ $V_p = 3V_l$
④ $V_p = \dfrac{1}{\sqrt{3}}V_l$

해설 $V_l = \sqrt{3}\,V_p$

38 기계설비조정을 위해 순간적으로 전동기를 시동·정지시킬 때 이용하는 회로는?
① 정역운전
② 리액터기동
③ 현장·원격제어
④ 촌동운전(미동, Jog)

해설 기계설비조정을 위해 순간적으로 전동기를 시동·정지시킬 때 이용하는 회로는 촌동운전(미동, Jog)이다.

39 다음 중 직류기의 구성요소가 아닌 것은?
① 계자
② 정류자
③ 콘덴서
④ 전기자

해설 직류기의 구성요소는 계자, 정류자, 전기자이다.

40 직류분권전동기의 속도제어방법이 아닌 것은?
① 계자제어
② 저항제어
③ 전압제어
④ 주파수제어

해설 직류분권전동기는 계자회로와 전기자회로 모두가 일정직류전원에 연결되어 있기 때문에 타여자일 때와 분권일 때의 결선은 동일하다. 계자회로의 동작과 전기자회로의 동작은 관련이 없으며 계자제어, 저항제어, 전압제어가 있다.

41 최대값이 E[V]인 정현파 교류전압의 실효값은 몇 V인가?
① $\dfrac{1}{\sqrt{2}}E$
② $\sqrt{2}\,E$
③ $\dfrac{2}{\pi}E$
④ $2E$

해설 $V = \dfrac{\sqrt{2}\,E}{}$[V]

42 전선에 흐르는 전류에 의한 자장의 방향을 결정하는 것은 무슨 법칙인가?
① 렌츠의 법칙
② 플레밍의 왼손법칙
③ 플레밍의 오른손법칙
④ 앙페르의 오른나사법칙

해설 ① 렌츠의 법칙 : 유도기전력은 폐회로를 통과하는 자속의 변화에 따라 유도자기장의 방향으로 발생한다.
② 플레밍의 왼손법칙 : 자속하에 전류도체의 회전력방향(자기력의 방향)을 결정하는 법칙이다.
③ 플레밍의 오른손법칙 : 도체운동에 의한 유도기전력의 방향을 결정하는 법칙으로 엄지손가락은 도체를 움직이는 방향을, 집게손가락은 자기장(자기력선)의 방향을, 가운뎃손가락은 전류의 방향을 나타낸다.

43 직류전동기가 기동하지 않을 때 고장의 원인으로 보기에 가장 거리가 먼 것은?
① 과부하
② 제어기의 양호
③ 퓨즈의 용단
④ 계자권선의 단선

해설 직류전동기가 기동하지 않을 때는 단선이나 과부하로 인해 고장이 발생한다.

44 어떤 전기회로에 2초 동안 10C의 전하가 이동하였다면 전류는 몇 A인가?
① 0.2
② 2.5
③ 5
④ 20

해설 $I = \dfrac{Q}{t} = \dfrac{10}{2} = 5\text{A}$

정답 36.② 37.④ 38.④ 39.③ 40.④ 41.① 42.④ 43.② 44.③

45 다음 그림과 같은 기호의 스위치명칭은?

① 광전스위치   ② 터치스위치
③ 리밋스위치   ④ 레벨스위치

해설 리밋스위치(limit switch)는 세팅한계로 a접점과 b접점으로 작동한다.

46 다음 그림과 같은 입체도를 3각법으로 투상한 도면으로 가장 적합한 것은?

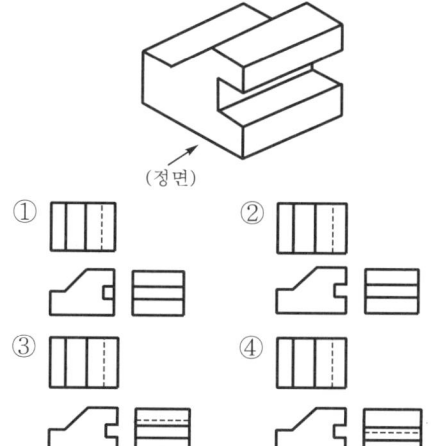

해설 3각법은 정면도를 기준으로 위에는 평면도, 우측에는 우측면도를 배치한다.

47 도면에 표제란과 부품란이 있을 때 부품란에 기입할 사항으로 가장 거리가 먼 것은?

① 제도일자   ② 부품명
③ 재질   ④ 부품번호

해설 표제란에는 회사명, 기계명, 제도날짜, 설계자, 투상법을 표기한다.

48 곡면과 곡면, 또는 곡면과 평면 등과 같이 두 입체가 만나서 생기는 경계선을 나타내는 용어로 가장 적합한 것은?

① 전개선   ② 상관선
③ 현도선   ④ 입체선

해설 곡면과 곡면, 또는 곡면과 평면 등과 같이 두 입체가 만나서 생기는 경계선을 상관선이라 한다.

49 관용테이퍼나사 중 테이퍼 수나사를 나타내는 표시기호로 옳은 것은?

① G   ② R
③ Rc   ④ Rp

해설 ① G : 관용평행나사(인치계)
② Rc : 관용테이퍼 암나사
③ Rp : 관용테이퍼 평행 암나사

50 물체의 구멍, 홈 등 특정 부분만의 모양을 도시하는 것으로 다음 그림과 같이 그려진 투상도의 명칭은?

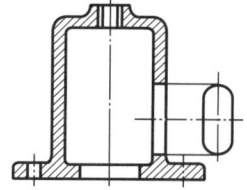

① 회전투상도   ② 보조투상도
③ 부분 확대도 ④ 국부투상도

해설 ① 회전투상도 : 투상면이 어느 각도를 가지고 있기 때문에 그 실제 모양을 표시하지 못할 때에는 그 부분을 회전하여 표시
② 보조투상도 : 경사면의 실제 모양을 도시할 필요가 있을 때 사용
② 부분 확대도 : 물체의 일부분만을 도시하는 것으로 충분한 경우

51 두 축이 나란하지도 교차하지도 않으며 베벨기어의 축을 엇갈리게 한 것으로, 자동차의 차동기어장치의 감속기어로 사용되는 것은?

① 베벨기어   ② 웜기어
③ 베벨헬리컬기어 ④ 하이포이드기어

해설 ① 베벨기어 : 종동축과 원동축이 직각인 상태에서 동력을 전달하며 예각과 둔각인 상태도 있다.
② 웜기어 : 감속장치로 사용하며 웜이 1회전하면 웜기어는 1개의 이만큼 회전한다.
③ 베벨헬리컬기어 : 스퍼기어형태가 아닌 헬리컬기어형태로 추력을 보정하기 위해 사용한다.

정답 45. ③ 46. ④ 47. ① 48. ② 49. ② 50. ④ 51. ④

52 도면에서 판의 두께를 표시하는 방법을 정해놓고 있다. 두께 3mm의 표현방법으로 옳은 것은?

① P3 ② C3
③ t3 ④ □3

해설 ①은 없는 기호이며, ②는 모따기를, ④는 정사각형을 나타낸다.

53 다음 그림과 같은 용접기호에서 '40'의 의미를 바르게 설명한 것은?

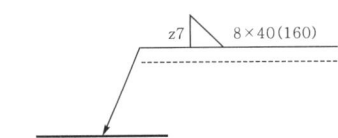

① 용접부의 길이
② 용접부 수
③ 인접한 용접부의 간격
④ 용입의 바닥까지의 최소 거리

해설 용접기호 표기법

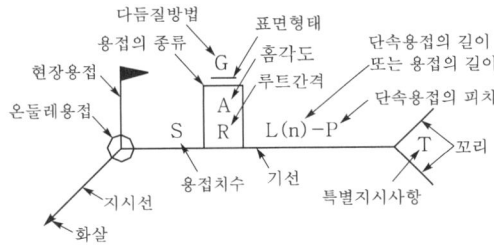

54 다음 제동장치 중 회전하는 브레이크드럼을 브레이크블록으로 누르게 한 것은?

① 밴드브레이크 ② 원판브레이크
③ 블록브레이크 ④ 원추브레이크

해설 브레이크형태는 제동상태의 형상에 따라 밴드, 원판, 블록, 원추의 형태가 있다.

55 너트 위쪽에 분할핀을 끼워 풀리지 않도록 하는 너트는?

① 원형너트   ② 플랜지너트
③ 홈붙이너트 ④ 슬리브너트

해설 너트의 종류
㉠ 사각너트 : 너트의 모양이 사각인 너트로서 주로 목재에 쓰인다.
㉡ 둥근 너트 : 자리가 좁아 보통의 육각너트를 쓸 수 없는 경우 또는 너트의 높이를 작게 할 필요가 있는 경우에 쓰인다.
㉢ 플랜지너트 : 너트의 밑면에 큰 지름의 와셔가 달린 너트로 볼트구멍이 클 때, 접촉면이 거칠 때, 큰 면압을 피하려고 할 때 사용한다.
㉣ 캡너트 : 유체의 누설 방지용으로 사용한다.
㉤ 홈붙이너트 : 너트의 위쪽에 분할핀을 끼워 너트가 풀리지 않도록 할 때 사용한다.
㉥ 슬리브너트 : 수나사 중심선의 편심을 방지하는데 사용한다.
㉦ 플레이트너트 : 암나사를 깎을 수 없는 얇은 판에 리벳으로 설치하여 사용한다.
㉧ 턴버클 : 막대와 로프 등을 죄는 데 사용한다.
㉨ 그 밖에 아이너트, 나비너트, T너트 등이 있다.

56 원형나사 또는 둥근 나사라고도 하며 나사산의 각(a)은 30°로 산마루와 골이 둥근 나사는?

① 톱니나사 ② 너클나사
③ 볼나사   ④ 세트스크루

해설 ㉠ 톱니나사 : 축선의 한 방향으로만 하중이 작용할 때 사용된다.
㉡ 둥근 나사(너클나사, 전구나사) : 전구나 소켓 등에 쓰이는 나사로서 먼지가 들어가기 쉬운 곳에서 운동의 정확도가 요구되지 않는 곳에서 사용된다.
㉢ 볼나사 : 마찰이 매우 작아 공작기계의 수치제어에 의한 결정 등의 이송나사에 사용된다.
㉣ 작은 나사 : 지름 8mm 이하의 작은 나사로 힘을 많이 받지 않는 부분과 얇은 판자 등을 붙이는데 사용되며, 머리 부분에는 -자홈 또는 +자홈이 파여있다.

57 42,500kgf·mm의 굽힘모멘트가 작용하는 연강축지름은 약 몇 mm인가? (단, 허용굽힘응력은 5kgf/mm²이다.)

① 21 ② 36
③ 44 ④ 92

해설 $d = \sqrt[3]{\dfrac{10.2M}{\sigma_b}} = \sqrt[3]{\dfrac{10.2 \times 42,500}{5}} = 44\text{mm}$

정답 52. ③ 53. ① 54. ③ 55. ③ 56. ③ 57. ③

58 나사에 관한 설명으로 틀린 것은?

① 나사에서 피치가 같으면 줄 수가 늘어나도 리드는 같다.
② 미터계 사다리꼴나사산의 각도는 30°이다.
③ 나사에서 리드라 하면 나사축 1회전당 전진하는 거리를 말한다.
④ 톱니나사는 한 방향으로 힘을 전달시킬 때 사용한다.

해설 나사에서 피치가 같으면 줄 수가 늘어나도 리드는 차이가 생긴다.
$l = np$
여기서, l : 리드, n : 줄 수, p : 나사의 피치

59 한 변의 길이가 30mm인 정사각형 단면의 강재에 4,500N의 압축하중이 작용할 때 강재의 내부에 발생하는 압축응력은 몇 N/mm²인가?

① 2   ② 4
③ 5   ④ 10

해설 $\sigma_c = \dfrac{P}{A} = \dfrac{4,500}{900} = 5\text{N/mm}^2$

60 저널베어링에서 저널의 지름이 30mm, 길이가 40mm, 베어링의 하중이 2,400N일 때 베어링의 압력은 몇 MPa인가?

① 1   ② 2
③ 3   ④ 4

해설 $p_a = \dfrac{W}{dl} = \dfrac{2,400}{30 \times 40} = 2\text{MPa}$

정답 58. ① 59. ③ 60. ②

제5회 공유압기능사

2015.10.10. 시행

01 압력제어밸브에서 상시열림기호는?

해설 압력제어밸브는 압력을 제어하여 작동부의 최적조건을 유지시킨다. 상시열림은 포트와 직접 연결되어야 한다.

02 유량비례분류밸브의 분류비율은 일반적으로 어떤 범위에서 사용하는가?
① 1:1~36:1 ② 1:1~27:1
③ 1:1~18:1 ④ 1:1~9:1

해설 유량비례분류밸브의 분류비율은 1:1~9:1이고, 두 오리피스 입구의 압력과 스풀 양쪽의 압력이 같고 오리피스를 통과하는 압력의 강하가 같기 때문에 작동에 관계없이 양쪽의 유량비가 같다.

03 다음 그림의 회로도에서 죔실린더의 전진 시 최대 작용압력은 몇 kgf/cm²인가?

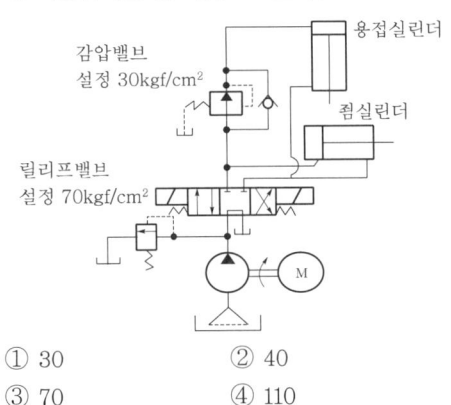

① 30 ② 40
③ 70 ④ 110

해설 릴리프밸브에서 70kgf/cm²로 설정을 하고 중간에 압력제어밸브가 없기 때문에 죔실린더에는 70kgf/cm²로 압력이 가해진다.

04 다음 그림의 실린더는 피스톤 단면적(A)이 20cm², 행정거리(S)는 10cm이다. 이 실린더가 전진행정을 1분 동안에 마치려면 필요한 공급유량은 약 몇 cm³/s인가?

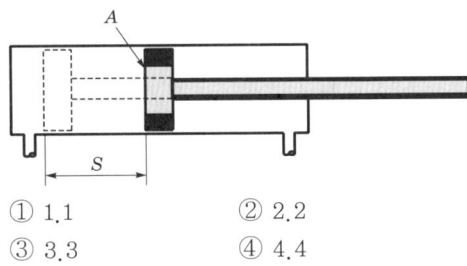

① 1.1 ② 2.2
③ 3.3 ④ 4.4

해설 $Q = Av = 20 \times \dfrac{10}{60} = 3.3 \text{cm}^3/\text{s}$

05 미리 정한 복수의 입력신호조건을 동시에 만족했을 경우에만 출력에 신호가 나오는 공압회로는?
① AND회로 ② OR회로
③ NOR회로 ④ NOT회로

해설 AND Gate는 A와 B가 동시에 ON이 되면 출력신호가 생성된다.

06 공기압장치의 배열순서로 옳은 것은?
① 공기압축기 → 공기탱크 → 에어드라이어 → 공기압조정유닛
② 공기압축기 → 에어드라이어 → 공기압조정유닛 → 공기탱크
③ 공기압축기 → 공기압조정유닛 → 에어드라이어 → 공기탱크
④ 에어드라이어 → 공기탱크 → 공기압조정유닛 → 공기압축기

해설 공기압축기에서 압력이 형성되면 공기탱크에서 난류상태인 공기상태를 안정화시킨 다음에 외부에서 유입된 수분은 에어드라이어를 통해 건조한 다음 압력조정기로 보내진다.

정답 01.① 02.④ 03.③ 04.③ 05.① 06.①

07 자동화라인에 사용하는 공기압의 게이지가 0.5MPa을 나타내고 있다. 이때 사용되고 있는 공압동력장치는?

① 팬　　　　② 압축기
③ 송풍기　　④ 공기여과기

해설 0.5MPa는 공기압축기의 사용압력이다. kgf/cm² 를 MPa환산하면 10으로 나누고, MPa를 kgf/cm²로 환산하면 10을 곱한다. 따라서 공압에서 사용압력은 5kgf/cm²이다.

08 유압실린더의 조립형식에 의한 분류에 속하지 않는 것은?

① 일체형 방식　　② 슬라이딩방식
③ 플랜지방식　　④ 볼트삽입방식

해설 유압실린더의 조립방식은 일체형 방식, 플랜지방식, 볼트삽입방식이 있다.

09 방향제어밸브의 연결구 표시 중 공급라인의 숫자 및 영문 표시(ISO규격)는?

① 1, A　　② 2, B
③ 1, P　　④ 2, R

해설 방향제어밸브에서 공급라인은 1개이고 압력(P : pressure)으로 표시한다. A포트는 작업포트, B포트는 리턴포트, R은 배기포트를 나타낸다.

10 다음 중 유체에너지를 기계적인 에너지로 변환하는 장치는?

① 유압탱크　　② 액추에이터
③ 유압펌프　　④ 공기압축기

해설 유압펌프는 유압으로 압력에너지를 생성하고, 공기압축기는 공기로 압력에너지를 생성시킨다.

11 다음 중 요동형 액추에이터의 기호는?

① 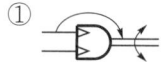　　②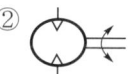
③ 　　④

해설 ① 액추에이터로 공압으로 작동되는 2방향 요동형이다.
② 2방향 흐름회전 정용량형 공기압모터이다.
③ 2방향 흐름회전 가변용량형 공기압모터이다.
④ 공기압용 요동형 모터이다.

12 유압장치에서 작동유를 통과, 차단시키거나 또는 진행방향을 바꾸어주는 밸브는?

① 유압차단밸브　　② 유량제어밸브
③ 압력제어밸브　　④ 방향전환밸브

해설 방향전환밸브는 작동유를 통과, 차단하거나 진행방향을 바꾸어준다.

13 공압의 특성 중 장점에 속하지 않는 것은?

① 이물질에 강하다.
② 인화의 위험이 없다.
③ 에너지 축적이 용이하다.
④ 압축공기의 에너지를 쉽게 얻을 수 있다.

해설 공압은 이물질에 강하지 않기 때문에 에어필터를 설치하여 이물질을 제거한다.

14 동력에 관한 설명으로 옳은 것은?

① 작용한 힘의 크기와 움직인 거리의 곱이다.
② 작용한 힘의 크기와 움직이는 속도의 곱이다.
③ 작용한 압력의 크기와 움직인 거리의 곱이다.
④ 작용한 압력의 크기와 움직이는 속도의 곱이다.

해설 동력은 작용하는 힘의 크기와 움직이는 속도의 곱이다.

15 다음 그림과 같은 유압회로에서 실린더의 속도를 조절하는 방법으로 가장 적절한 것은?

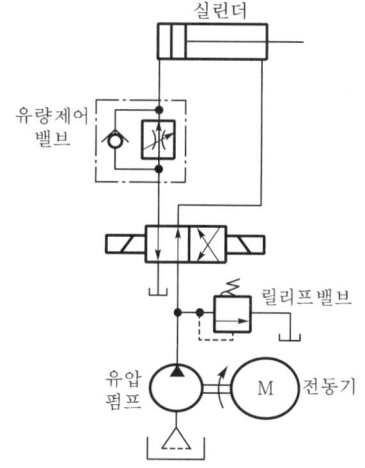

① 가변형 펌프의 사용
② 유량제어밸브의 사용
③ 전동기의 회전수 조절
④ 차동피스톤펌프의 사용

해설 실린더의 속도는 유량제어밸브를 사용하여 속도를 제어한다.

16 속도에너지를 이용하여 피스톤을 고속으로 움직이게 하는 공압실린더는?

① 탠덤형 공압실린더
② 다위치형 공압실린더
③ 텔레스코프형 공압실린더
④ 임팩트실린더형 공압실린더

해설 임팩트실린더(impact cylinder)는 속도에너지를 이용하여 단조작업의 해머와 같이 사용한다.

17 다음 중 작동유의 열화판정법으로 적절한 것은?

① 성상시험법   ② 초음파진단법
③ 레이저진단법   ④ 플라즈마진단법

해설 작동유의 열화진단은 오일의 상태를 조사하면 알 수 있다.

18 위치검출용 스위치의 부착 시 주의사항에 관한 설명으로 옳지 않은 것은?

① 스위치부하의 설계 선정 시 부하의 과도적인 전기특성에 주의한다.
② 전기용접기 등의 부근에는 강한 자계가 형성되므로 거리를 두거나 차폐를 실시한다.
③ 직렬접속은 몇 개라도 접속이 가능하지만 스위치의 누설전류가 접속수만큼 커지므로 주의한다.
④ 실린더스위치는 전기접점이므로 직접 정격 전압을 가하면 단락되어 스위치나 전기회로를 파손시킨다.

해설 직렬접속을 많이 하게 되면 전류값의 변화로 오동작이 될 수 있다.

19 다음 중 유압을 발생시키는 부분은?

① 안전밸브   ② 제어밸브
③ 유압모터   ④ 유압펌프

해설 유압모터는 유압으로 생성된 압력에너지를 받아 기계적 에너지를 생성시킨다.

20 압축공기의 저장탱크를 구성하는 기기가 아닌 것은?

① 압력계   ② 차단밸브
③ 유량계   ④ 압력스위치

해설 압축공기의 저장탱크는 일정압력에 도달되면 압력을 차단하는 밸브와 압력의 상태를 알 수 있는 압력계, 일정압력 도달 시 차단밸브를 작동시키는 압력스위치로 구성되어 있다.

21 순수 공압제어회로의 설계에서 신호의 트러블(신호중복에 의한 장애)을 제거하는 방법 중 메모리밸브를 이용한 공기분배방식은?

① 3/2 way 밸브의 사용방식
② 시간지연밸브의 사용방식
③ 캐스케이드체인 사용방식
④ 방향성 리밋스위치의 사용방식

해설 캐스케이드체인이란 플립플롭형 밸브 등의 제어요소를 접속할 때 전단의 출력신호를 다음의 입력신호에 차례로 직렬 연결한 것으로, 각 제어요소는 다음 위치에 있는 제어요소의 작동을 규제하는 제어체인이다. 캐스케이드란 명칭은 계단과 같은 직렬연결을 의미한다.

22 공기마이크로미터 등의 정밀용에 사용되는 공기여과기의 여과엘리먼트 틈새범위로 옳은 것은?

① $5\mu m$ 이하   ② $5\sim10\mu m$
③ $10\sim40\mu m$ ④ $40\sim70\mu m$

해설 여과기의 여과엘리먼트 틈새범위는 $5\sim10\mu m$ 이다.

23 무부하회로의 장점이 아닌 것은?

① 유온의 상승효과
② 펌프의 수명연장
③ 유압유의 노화 방지
④ 펌프의 구동력 절약

해설 무부하회로는 부하가 발생하지 않으므로 유온이 상승하지 않는다.

24 유압을 측정했더니 압력계의 지침이 $50kgf/cm^2$일 때 최대 압력은 약 몇 kgf/cm^2인가?

① 35   ② 40
③ 51   ④ 61

해설 절대압력 = 대기압 + 게이지압력
= $1.03323 + 50 ≒ 51 kgf/cm^2$

정답 16. ④ 17. ① 18. ③ 19. ④ 20. ③ 21. ③ 22. ② 23. ① 24. ③

25 베르누이의 정리에서 에너지 보존의 법칙에 따라 유체가 가지고 있는 에너지가 아닌 것은?

① 위치에너지 ② 마찰에너지
③ 운동에너지 ④ 압력에너지

해설 베르누이방정식 $\frac{P_1}{\gamma}+\frac{V_1^2}{2g}+Z_1=\frac{P_2}{\gamma}+\frac{V_2^2}{2g}+Z_2$로 압력에너지, 속도에너지, 위치에너지가 있다.

26 실린더의 동작시간을 결정하는 요인이 아닌 것은?

① 검출센서의 종류
② 실린더의 피스톤에 가해지는 부하
③ 실린더 흡기측에 압력을 공급하는 능력
④ 실린더 배기측의 압력을 배기하는 능력

해설 동작시간과 검출센서의 종류와는 무관하다. 센서는 감지를 하면 접점신호를 주는 역할을 한다.

27 증압기에 관한 설명으로 옳지 않은 것은?

① 입구측 압력은 공압을, 출구측 압력은 유압으로 변환하여 증압한다.
② 직압식 증압기는 공압실린더부와 유압실린더부가 있고, 이들 내부에 증압로드가 있다.
③ 예압식 증압기는 직압식과 구조가 유사하며 공유압변환기가 오일탱크 전단에 설치되어 있다.
④ 증압기는 일반적으로 증압비 10~25 정도의 것이 많으며 공기압 0.5MPa일 때 발생하는 유압은 5~12.5MPa 정도이다.

해설 공유압변환기의 사용상 주의점
㉠ 공유압변환기는 수직으로 설치한다.
㉡ 액추에이터 및 배관 내의 공기를 충분히 제거한다.
㉢ 액추에이터보다 높은 곳에 설치한다.
㉣ 정기적으로 유량을 점검하고 부족 시 보충한다.
㉤ 열원의 가까이에서 사용하지 않는다.

28 다음의 오염물질 중 밸브 몸체에 고착, 실(seal) 불량, 누적에 의한 화재 및 폭발, 오염 등의 원인이 되는 이물질은?

① 녹   ② 유분
③ 수분 ④ 카본

해설 밸브의 작동을 원활하게 하기 위한 유분은 윤활기에서 분사한 오일이 누적되어 화재, 폭발, 오염을 일으키므로 정기적으로 청소가 필요하다.

29 입력라인용 필터의 막힘과 이로 인한 엘리먼트의 파손을 방지할 목적으로 라인필터에 부착하는 밸브는?

① 귀환밸브   ② 릴리프밸브
③ 체크밸브   ④ 어큐뮬레이터

해설 릴리프밸브는 유압탱크에서 추력된 압력을 설정하므로 라인필터가 부착되어 있다.

30 실린더의 귀환행정 시 일을 하지 않을 경우 귀환속도를 빠르게 하여 시간을 단축시킬 필요가 있을 때 사용하는 밸브는?

① 2압밸브   ② 셔틀밸브
③ 체크밸브   ④ 급속배기밸브

해설 ① 이압밸브(AND밸브) : 2개의 입구에 압력이 작용할 때 작동된다.
② 셔틀밸브 : OR밸브로 고압 우선 밸브이다.
③ 체크밸브 : 유체를 한쪽 방향으로만 흐르게 한다.

31 다음 그림에서 X로 표시되는 기기는 무엇을 측정하는 것인가?

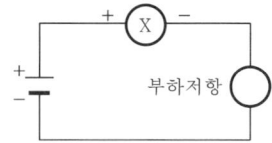

① 교류전압   ② 교류전류
③ 직류전압   ④ 직류전류

해설 직류전류로 직렬상태에서 흐름을 표시한다.

32 빌딩, 아파트 물탱크(수조)의 수위를 검출하는 스위치는?

① 포토스위치   ② 한계스위치
③ 근접스위치   ④ 플로트계전기

해설 포토스위치는 광전스위치로 투수광기가 있으며, 한계스위치는 기계적 장치에 의해, 근접스위치는 자력선을 이용하여 검출한다.

정답 25. ② 26. ① 27. ③ 28. ② 29. ② 30. ④ 31. ④ 32. ④

33 전력을 바르게 표현한 것은?
① 전압×저항　② 저항/전류
③ 전압×전류　④ 전압/저항

해설 $P = IV$ = 전류×전압

34 구동회로에 가해지는 펄스 수에 비례한 회전각도만큼 회전시키는 특수전동기는?
① 분권전동기　② 직권전동기
③ 타여자전동기　④ 직류스테핑전동기

해설 스테핑모터(stepping motor)는 펄스 수에 따라 회전한다. 예를 들어, 3.6°/pulse로 모터에 표기가 되었다면 1회전하는 데 100펄스를 발생하며 자동화장치에 많이 사용한다.

35 자석 부근에 못을 놓으면 못도 자석이 되어 자성을 가지게 되는데, 이러한 현상을 무엇이라고 하는가?
① 절연　② 자화
③ 자극　④ 전자력

해설 전자력은 밸브와 같이 코일이 감겨진 상태에서 전류를 인가하면 자석이 되는 것을 의미한다.

36 R-L 병렬회로에 100∠0°V의 전압이 가해질 경우에 흐르는 전체 전류(I)는 몇 A인가? (단, R=100Ω, wL=100Ω이다.)

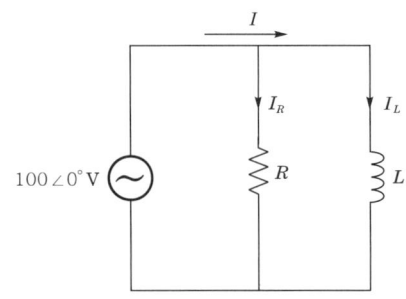

① 1　② 2
③ $\sqrt{2}$　④ 100

해설 $I = \sqrt{I_R^2 + I_L^2} = \sqrt{\left(\dfrac{V}{R}\right)^2 + \left(\dfrac{V}{\omega L}\right)^2}$
$= V\sqrt{\left(\dfrac{1}{R}\right)^2 + \left(\dfrac{1}{\omega L}\right)^2}$
$= 100 \times \sqrt{\left(\dfrac{1}{100}\right)^2 + \left(\dfrac{1}{100}\right)^2}$
$= \sqrt{2}\,\text{A}$

37 금속 및 전해질용액과 같이 전기가 잘 흐르는 물질을 무엇이라 하는가?
① 도체　② 저항
③ 절연체　④ 반도체

해설 절연체는 전기의 흐름을 차단하는 물질이고, 반도체는 전기가 흐르지 않는 물질이다.

38 시퀀스제어계의 구성요소에서 검출부, 명령처리부, 조작부, 표시경보부를 총칭하여 무엇이라 하는가?
① 제어부　② 제어대상
③ 조절기　④ 제어명령

해설 시퀀스제어의 구성요소
㉠ 제어명령 : 기동 및 정지 등의 명령신호를 말한다.
㉡ 입출력변환기 : 제어회로와 조작기기에 신호를 주는 각각의 변환기를 의미한다.
㉢ 제어회로 : 판단 및 연산기능을 가진 인간의 두뇌에 해당하는 역할을 한다.
㉣ 조작기기 : 실제적으로 조작을 행하는 역할을 한다.
㉤ 제어대상 : 제어하고자 하는 각종 장치 및 기계를 말한다.
㉥ 검출기 : 인간의 시각, 촉각, 청각 등 5감에 해당하는 역할을 한다.
㉦ 제어량 : 제어대상으로부터 발생되는 제어목적의 상태량을 의미한다.

39 사인파 교류파형에서 주기 T[s], 주파수 f[Hz]와 각속도 ω[rad/s] 사이의 관계식을 바르게 표기한 것은?
① $\omega = 2\pi f$　② $\omega = 2\pi T$
③ $\omega = \dfrac{1}{2\pi f}$　④ $\omega = \dfrac{1}{2\pi T}$

해설 $\omega = \dfrac{\theta}{t} = \dfrac{2\pi}{T} = 2\pi f\,[\text{rad/s}]$

40 발전기의 배전반에 달려 있는 계전기 중 대전류가 흐를 경우 회로의 기기를 보호하기 위한 장치는 무엇인가?
① 과전압계전기　② 과전력계전기
③ 과속도계전기　④ 과전류계전기

해설 과전류계전기는 정상적인 전류보다 높을 때 전류를 차단하여 기기를 보호한다.

정답 33.③　34.④　35.②　36.③　37.①　38.①　39.①　40.④

41 전압계 사용법 중 틀린 것은?

① 전압의 크기를 측정할 시 사용된다.
② 교류전압측정 시에는 극성에 유의한다.
③ 전압계는 회로의 두 단자에 병렬로 연결한다.
④ 교류전압을 측정할 시에는 교류전압계를 사용한다.

해설 교류전압을 측정할 때는 극성에 무관하며 직류전압을 측정 시 극성에 유의해야 한다.

42 b접점(break contact)에 대한 설명으로 옳은 것은?

① 간접조작에 의해 열리거나 닫히는 접점
② 전환접점으로 a접점과 b접점을 공유한 접점
③ 항상 열려 있다가 외부의 힘에 의해 닫히는 접점
④ 항상 닫혀 있다가 외부의 힘에 의해 열리는 접점

해설 항상 열려 있다가 전원이 인가되면 닫히는 접점은 a접점이다.

43 반도체소자는 작은 신호를 증폭하여 큰 신호를 만들거나 신호의 모양을 바꾸는데 사용되어 왔으며, 기술의 발전에 따라 전압과 전류의 용량을 크게 만들 수 있게 되었다. 다음 중 반도체에 관한 설명으로 옳지 않은 것은?

① 저항률이 $10^{-4}\Omega \cdot m$ 이하를 말한다.
② P형 반도체는 정공, 즉 (+)성분이 남는다.
③ 다이오드는 P형과 N형 반도체를 접합한 것이다.
④ 대표적인 반도체소자는 다이오드, 트랜지스터, FET 등이 있다.

해설 반도체의 물질은 실리콘(Si), 게르마늄(Ge)이며, 저항률은 $10^{-5} \sim 10^4$ 정도이다.

44 직류기를 구성하는 주요 부분이 아닌 것은?

① 계자   ② 필터
③ 정류자   ④ 전기자

해설 직류기는 계자, 정류자, 전기자로 구성되어 있다.

45 3상 교류의 △결선에서 상전압과 선간전압의 크기관계를 바르게 표시한 것은?

① 상전압 < 선간전압
② 상전압 > 선간전압
③ 상전압 = 선간전압
④ 상전압 ≤ 선간전압

해설 3상 교류의 △결선에서 상전압과 선간전압의 크기는 동일하다.

46 구의 반지름을 나타내는 치수보조기호는?

① Sϕ ② R
③ ϕ ④ SR

해설 Sϕ는 구의 지름을 표기한다.

47 판금제품을 만드는 데 필요한 도면으로 입체의 표면을 한 평면 위에 펼쳐서 그리는 도면은?

① 회전평면도   ② 전개도
③ 보조투상도   ④ 사투상도

해설 판금제품은 판재를 재단한 다음 오려서 형상을 제작해야 하므로 펼쳐진 상태의 도면이 필요하다.

48 A : B로 척도를 표시할 때 A : B의 설명으로 옳은 것은?

　　　　　A　　　　：　　　　B
① 도면에서의 길이   : 대상물의 실제 길이
② 도면에서의 치수값 : 대상물의 실제 길이
③ 대상물의 전체 길이 : 도면에서의 길이
④ 대상물의 크기   : 도면의 크기

해설 A는 도면에서의 길이를, B는 대상물의 실제 길이를 표기한다.

49 설명용 도면으로 사용되는 캐비닛도를 그릴 때 사용하는 투상법으로 옳은 것은?

① 정투상   ② 등각투상
③ 사투상   ④ 투시투상

해설 사투상도는 투상선이 투상면을 사선으로 평행하도록 무한대의 수평선으로 얻은 물체의 윤곽을 그리게 되면 육면체의 세 모서리는 경사축이 α각을 이루는 입체도이다. 45°의 경사축으로 그린 것을 카발리에도, 60°의 경사축으로 그린 것을 캐비닛도라 한다.

50 다음 그림과 같은 입체도에서 화살표방향을 정면으로 할 때 좌측면도로 옳은 것은? (단, 정면도에서 좌우대칭이다.)

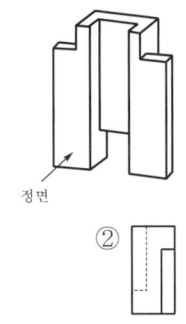

해설 ④는 우측면도이다.

51 일반구조용 압연강재의 KS기호는?
① SPCG ② SPHC
③ SS400 ④ STS304

해설 SS400에서 SS는 일반구조용 압연강재를, 400은 인장강도를 나타낸다. STS304는 스테인리스강이다.

52 기계제도에서 가는 실선으로 나타내는 선은?
① 외형선 ② 피치선
③ 가상선 ④ 파단선

해설 외형선은 굵은 실선, 피치선은 가는 일점쇄선, 가상선은 가는 이점쇄선으로 나타낸다.

53 강도와 기밀을 필요로 하는 압력용기에 쓰이는 리벳은?
① 접시머리리벳 ② 둥근 머리리벳
③ 납작머리리벳 ④ 얇은 납작머리리벳

해설 리벳의 형상과 용도
㉠ 유니버설머리리벳(universal head rivet, AN470) : 기체 내·외부의 구조부
㉡ 브래지어머리리벳(braziel head rivet, AN455) : 흐름에 노출되는 얇은 판재 연결
㉢ 납작머리리벳(flat head rivet, AN442) : 항공기 구조의 안쪽
㉣ 둥근 머리리벳(round head rivet, AN430) : 두꺼운 판재나 강도가 필요한 내부구조물
㉤ 접시머리리벳(Counter sunk rivet, AN426) : 가장 적은 공기저항, 항공기 외피

54 다음 중 가장 큰 회전력을 전달할 수 있는 것은?
① 안장키 ② 평키
③ 묻힘키 ④ 스플라인

해설 스플라인은 스퍼기어형태로 축의 전체가 치차(기어)처럼 되어 있어 큰 회전력을 전달할 수 있다.

55 양 끝을 고정한 단면적 $2cm^2$인 사각봉이 온도 $-10℃$에서 가열되어 $50℃$가 되었을 때 재료에 발생하는 열응력은? (단, 사각봉의 탄성계수는 21GPa, 선팽창계수는 $12 \times 10^{-6}/℃$이다.)
① 15.1MPa ② 25.2MPa
③ 29.9MPa ④ 35.8MPa

해설 $\sigma = E\varepsilon = E\alpha\Delta T$
$= 21 \times 10^9 \times 12 \times 10^{-6} \times (50-(-10))$
$= 15.1MPa$

56 다음 중 V벨트의 단면 형상에서 단면이 가장 큰 벨트는?
① A ② C
③ E ④ M

해설 A가 가장 좁고, E가 가장 넓다.

57 체결하려는 부분이 두꺼워서 관통구멍을 뚫을 수 없을 때 사용되는 볼트는?
① 탭볼트 ② T홈볼트
③ 아이볼트 ④ 스테이볼트

해설 탭볼트(tap bolt)
㉠ 체결되는 물체에 암나사가 있어 너트를 필요로 하지 않는다.
㉡ 나사부가 돌출되지 않는다.
㉢ 조임토크규제가 곤란한 경우가 있다.
㉣ 나사부를 통해서 누유될 수 있다.
㉤ 반복해서 조립과 해체를 행할 경우 나사산이 손상될 수 있다.
㉥ 암나사의 깊이는 볼트보다 2~3mm 길고 암나사의 재질에 따라 결정한다.

정답 50.② 51.③ 52.④ 53.② 54.④ 55.① 56.③ 57.①

58 표준기어의 피치점에서 이 끝까지의 반지름방향으로 측정한 거리는?

① 이뿌리높이 ② 이끝높이
③ 이끝원   ④ 이끝틈새

해설 어덴덤(addendum)은 피치원에서 이 끝까지의 길이로 이끝높이이다. 디덴덤(dedendum)은 피치원에서 이뿌리까지의 길이로 이뿌리높이이다.

59 풀리의 지름 200mm, 회전수 900rpm인 평벨트 풀리가 있다. 벨트의 속도는 약 몇 m/s인가?

① 9.42   ② 10.42
③ 11.42 ④ 12.42

해설 $V = \dfrac{\pi DN}{60 \times 1,100} = \dfrac{3.14 \times 200 \times 900}{60 \times 1,000} = 9.42 \text{m/s}$

60 나사에서 리드(l), 피치(p), 나사줄 수(n)와의 관계식으로 옳은 것은?

① $l = p$ ② $l = 2p$
③ $l = np$ ④ $l = n$

해설 $l = np$

정답 58. ② 59. ① 60. ③

제6회 공유압기능사

2014.4.6. 시행

01 압축공기저장탱크의 구성기기가 아닌 것은?
① 압력계 ② 체크밸브
③ 유량계 ④ 안전밸브

해설 압축공기저장탱크는 압력계, 압력스위치, 안전밸브, 차단밸브, 드레인뽑기, 접속관으로 구성된다.

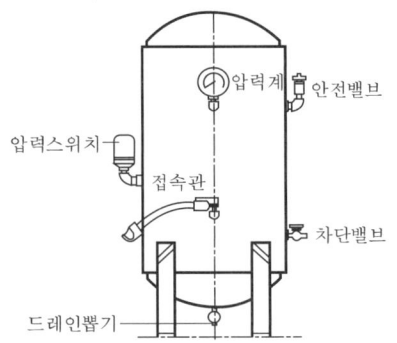

02 미끄럼면에서 사용되는 유체의 누설 방지용으로 사용하는 요소는?
① 램 ② 슬리브
③ 패킹 ④ 플랜지

해설 패킹(packing)은 유체의 누설을 방지하기 위한 부품으로 조립 시 사용한다.

03 다음 그림은 방향조정장치에 사용되어 양쪽 실린더에 같은 유량이 흐르도록 하는 것이다. 이 밸브의 명칭은?

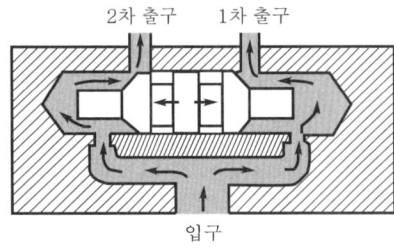

① 유량제어서보밸브 ② 유량분류밸브
③ 압력제어서보밸브 ④ 유량조정순위밸브

해설 유량분류밸브는 공급된 압유를 비례배분적으로 분류 또는 집류하는 역할을 하는 밸브로서, 압력보상형 유량제어밸브를 조합한 것과 같은 구조로 되어 있다.

04 기기의 보호와 조작자의 안전을 목적으로 기기의 동작상태를 나타내는 접점을 이용하여 기기의 동작을 금지하는 회로는?
① 인터록회로 ② 플리커회로
③ 정지우선회로 ④ 시동우선회로

해설 ㉠ 플리커회로는 설정한 시간에 따라 ON/OFF를 반복하는 회로이다.
㉡ 릴레이의 기능 중에는 메모리기능이 있어 자기유지회로를 구성하여 동작을 기억시킬 수 있다. ON 우선 자기유지회로와 OFF 우선 자기유지회로 두 종류가 있다

05 공압용 실린더에서 튜브와 커버를 인장력에 의해 결속시킬 때 필요한 구조장치는?
① 타이로드 ② 트러니언
③ 쿠션장치 ④ 다이어프램

해설 ① 타이로드 : 튜브와 커버를 너트로 결합하여 기밀을 유지하고 작동압력이 높을 때 적용한다.
② 트러니언 : 실린더의 좌우 중앙 혹은 끝단에 회전력을 줄 수 있도록 하여 회전운동을 하는 부하에 적용한다.
③ 쿠션장치 : 실린더가 끝단에 쿠션장치를 설치하여 진동과 소음을 억제시킨다.
④ 다이어프램 : 압력을 받는 부분에 다이어프램을 적용하는 것을 의미한다.

06 시스템 내의 최대 압력을 제한해주는 것으로 주로 유압회로에서 많이 사용하는 것은?
① 감압밸브 ② 릴리프밸브
③ 체크밸브 ④ 시퀀스밸브

해설 ① 감압밸브 : 공급되는 압력을 감압하여 2차측 공기압력을 일정한 공기압력으로 설정한다.
③ 체크밸브 : 유체를 한 방향으로만 흐르게 한다.
④ 시퀀스밸브 : 2개 이상의 분기회로를 가진 회로 내에서 그 작동순서를 회로의 압력에 의해 제어하는 밸브를 말한다.

정답 01.③ 02.③ 03.② 04.① 05.① 06.②

07 회로 내의 압력이 설정압 이상 되면 자동으로 작동되어 탱크 또는 공압기기의 안전을 위하여 사용되는 밸브는?

① 안전밸브　　② 체크밸브
③ 시퀀스밸브　④ 리밋밸브

해설 안전밸브는 회로 내의 기기나 관 등의 파괴를 방지하기 위해 회로의 최고압력을 한정하는 밸브로, 공기탱크 등에는 설치가 의무화되어 있다.

08 다음 그림의 기호가 가지고 있는 기능에 관한 설명으로 옳지 않은 것은?

① 실린더 내의 압력을 제거할 수 있다.
② 실린더가 전진운동을 할 수 있다.
③ 실린더가 후진운동을 할 수 있다.
④ 모터가 정지할 수 있다.

해설 3위치 올 포트 블록으로 밸브의 포트가 닫힘으로써 압력이 차단된 상태이다.

09 유압작동유의 종류에 속하지 않는 것은?

① 석유계 유압유　② 합성계 유압유
③ 유성계 유압유　④ 수성계 유압유

해설 유압장치에서 작동유가 흘러나와 화재의 위험이 있을 때에는 합성작동유나 수성작동유 등 난연성 작동유를 이용하고 있다. 이 난연성 작동유에는 석유계 작동유와는 다른 성질이 있어 사용할 때 주의를 요한다. 염소화 탄화수소계 작동유는 분해되면 독성이 강하고 부식성이 있어 공업용 작동유로 거의 사용되지 않는다.

10 오일탱크의 배유구(Drain Plug)위치로 가장 적절한 곳은?

① 유면의 최상단
② 탱크의 제일 낮은 곳
③ 유면의 1/2이 되는 위치
④ 탱크의 정중앙 중간 위치

해설 오일탱크의 배유구위치는 탱크 내 오일이 모두 제거될 수 있는 오일탱크의 제일 낮은 곳에 설치해야 오일에 포함된 이물질을 제거할 수 있다.

11 다음 유압기호에 대한 설명으로 옳은 것은?

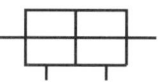

① 양쪽 로드형 단동실린더이다.
② 양쪽 로드형 복동실린더이다.
③ 한쪽 로드형 단동실린더이다.
④ 한쪽 로드형 복동실린더이다.

해설 양쪽 로드형 복동실린더로 전진과 후진은 작동압력을 이용하며, 작동하중은 동일하고 속도는 상이할 수 있다.

12 유량제어밸브에 관한 설명으로 옳지 않은 것은?

① 유압모터의 회전속도를 제어한다.
② 유압실린더의 운동속도를 제어한다.
③ 정용량형 펌프의 토출량을 바꿀 수 있다.
④ 관로 일부의 단면적을 줄여 유량을 제어한다.

해설 정용량형 펌프는 토출량이 일정하여 유량제어밸브를 적용하지 않는다.

13 릴레이의 코일부에 전류가 공급되었을 때 이에 대한 설명으로 맞는 것은?

① 접점을 복귀시킨다.
② 가동철편을 잡아당긴다.
③ 가동접점을 원위치시킨다.
④ 고정접점에 출력을 만든다.

해설 릴레이의 코일부에 전류가 공급되면 가동철편을 잡아당겨서 a접점이 떨어지고 b접점으로 전류가 흐른다.

14 9개의 입력신호 중 어느 한 곳의 신호만 있어도 한 곳으로 출력을 발생시킬 수 있는 밸브와 그 수량은?

① 2압밸브, 8개　② 2압밸브, 9개
③ 셔틀밸브, 8개　④ 셔틀밸브, 9개

해설 어느 한 곳의 신호만 있어도 한 곳으로 출력을 발생시킬 수 있는 조건은 셔틀밸브(OR밸브)로 8개이다.

정답　07. ①　08. ①　09. ③　10. ②　11. ②　12. ③　13. ②　14. ③

15 유압에너지의 장점이 아닌 것은?

① 온도변화에 따른 작업조건의 변화
② 정확한 위치제어가 가능
③ 제어 및 조정성이 우수
④ 큰 부하상태에서의 출발이 가능

해설 유압에너지는 온도변화에 따른 작업조건의 변화가 없어야 제어 및 정밀성이 유지된다.

16 ISO 1219 표준(문자식 표현)에 의한 공압밸브의 연결구 표시방법에 따라 A, B, C 등으로 표현되어야 하는 것은?

① 배기구 ② 제어라인
③ 작업라인 ④ 압축공기공급라인

해설 공압밸브에서 A, B, C 등으로 표현되는 것은 공압에너지를 받아 외부에 일을 하는 포트, 즉 작업라인이다.

17 공압소음기의 구비조건이 아닌 것은?

① 배기음과 배기저항이 클 것
② 충격이나 진동에 변형이 생기지 않을 것
③ 장기간의 사용에 배기저항변화가 작을 것
④ 밸브에 장착하기 쉬운 형상일 것

해설 공압소음기는 배기음과 배기저항이 작아야 한다.

18 마름모(◇)가 기본이 되는 공유압기호가 아닌 것은?

① 여과기 ② 열교환기
③ 차압계 ④ 루브리케이터

해설 차압계는 공기압기기의 입구와 출구의 압력차를 한눈에 알 수 있어 필터 등의 보수관리에 적합하다.

〈차압계〉

19 다음 그림과 같은 변위단계선도가 나타내는 시스템의 운동상태는?

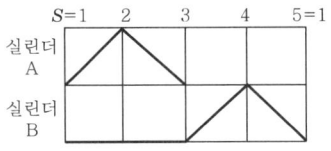

① A^+, B^+, B^-, A^- ② A^+, B^+, A^-, B^-
③ A^+, A^-, B^+, B^- ④ B^+, B^-, A^+, A^-

해설 변위단계선도가 상승하면 (+), 하강하면 (−)를 부여하여 시스템의 운동상태를 적용한다.

20 다음 중 유압이 이용되지 않는 곳은?

① 건설기계
② 항공기
③ 덤프차(Dump car)
④ 컴퓨터

해설 컴퓨터는 디지털회로인 논리회로를 사용하며 직류전압 DC 5V를 적용하여 작동시킨다.

21 다음 그림의 기호가 나타내는 것은?

① 유압펌프
② 공기압축기
③ 고압 가변용량형 펌프
④ 요동형 공기압 액추에이터

해설 요동형 공기압 액추에이터는 일정한 각도로 시계방향과 반시계방향으로 반복하면서 운동하므로 진동장치로 사용할 수 있다.

22 유압실린더의 전진운동 시 유압유가 공급되는 입구 쪽에 체크밸브위치를 차단되게 1방향 유량제어밸브를 설치하여 실린더의 전진속도를 제어하는 회로는?

① 재생회로   ② 미터 인 회로
③ 블리드 오프 회로 ④ 미터 아웃 회로

해설 ① 재생회로 : 펌프에서 형성된 압력을 실린더에 작동시키고 다시 펌프압력과 합쳐지는 상태를 말한다.
③ 블리드 오프 회로 : 실린더로 공급되는 유량의 일부를 유량제어밸브를 통하여 탱크로 귀환시키는 것이다.
④ 미터 아웃 회로 : 실린더로부터 배출되는 유량을 조절하여 실린더의 속도를 제어하는 것이다.

23 부하의 변동이 있어도 비교적 안정된 속도를 얻을 수 있는 회로는?

① 미터 인 회로   ② 미터 아웃 회로
③ 블리드 온 회로 ④ 블리드 오프 회로

정답 15. ① 16. ③ 17. ① 18. ③ 19. ③ 20. ④ 21. ④ 22. ② 23. ②

해설 미터 아웃 속도제어는 실린더의 피스톤 양쪽에 모두 압력이 유지되고 있는 상태로 실린더가 움직이게 되므로 실린더에 작용하는 부하의 방향이 바뀌거나 부하의 크기가 갑자기 변화되어도 실린더가 유압으로 클램프되어 있어서 미터 인 방법보다 더 안정적이다.

24 메모리방식으로 조작력이나 제어신호를 제거하여도 정상상태로 복귀하지 않고 반대신호가 주어질 때까지 그 상태를 유지하는 방식을 무엇이라 하는가?

① 디텐트방식 ② 스프링복귀방식
③ 파일럿방식 ④ 정상상태 열림방식

해설 밸브 몸체의 복귀형식에 따라 스프링리턴방식, 공기압리턴방식, 디텐트(detent)방식으로 분류한다.

25 유압서보시스템에 대한 설명으로 옳지 않은 것은?

① 서보기구는 토크모터, 유압증폭부, 안내밸브의 3요소로 구성된다.
② 서보유압밸브의 노즐플래퍼는 기계적 변위를 유압으로 변환하는 기구이다.
③ 전기신호를 기계적 변위로 바꾸는 기구는 스풀이다.
④ 서보시스템의 구성을 위하여 피드백신호가 있어야 한다.

해설 스풀은 밸브에서 포트를 열고 닫기 위해 솔레노이드에 의해서 직선운동을 하며 포트를 제어한다.

26 실린더 안지름 50mm, 피스톤로드지름 20mm인 유압실린더가 있다. 작동유의 유압을 35kgf/cm², 유량을 10L/min이라 할 때 피스톤의 전진행정 시 낼 수 있는 힘은 약 몇 kgf인가?

① 480 ② 575
③ 612 ④ 687

해설 $A = \dfrac{\pi d^2}{4} = \dfrac{3.14 \times 5^2}{4} = 19.625\,\text{cm}^2$
∴ $F = PA = 35 \times 19.625 = 686.9\,\text{kgf}$

27 유압회로에서 주회로압력보다 저압으로 해서 사용하고자 할 때 사용하는 밸브는?

① 감압밸브 ② 시퀀스밸브
③ 언로드밸브 ④ 카운터밸런스밸브

해설 감압밸브는 유압펌프에서 오는 유압을 감압하여 2차측 유압을 일정한 유압으로 설정한다.

28 다음 그림과 같은 유압펌프의 종류는?

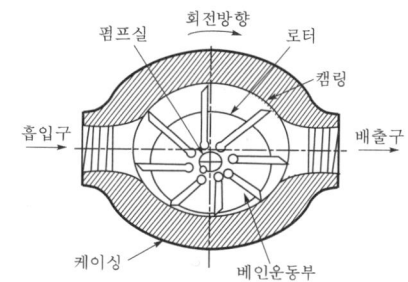

① 나사펌프 ② 베인펌프
③ 로브펌프 ④ 피스톤펌프

해설 **유압펌프의 종류**
㉠ 기어펌프 : 케이싱 내에 상호물림을 하는 기어의 회전으로 기름을 토출하게 된다.
㉡ 베인펌프 : 캠링 내의 로터가 회전하여 2개의 베인 사이에 들어온 기름을 토출하게 된다.
㉢ 액셜피스톤펌프 : 축방향으로 피스톤을 왕복운동시켜 기름을 토출한다.
㉣ 레이디얼피스톤펌프 : 반경방향으로 피스톤을 운동시켜 기름을 토출한다.
㉤ 나사펌프 : 2~3개의 나사가 물려있는 기구에 의해 송출시킨다.
㉥ 크랭크형 또는 캠형의 왕복동펌프
㉦ 로터리로브펌프 : 비접촉 회전용적식 펌프로서 다양한 종류의 액체 및 유체를 안정적으로 이송한다.

29 다음 중 표준대기압(1atm)과 다른 값은?

① 760mmHg ② 1.0332kgf/m²
③ 1,013mbar ④ 101.3kPa

해설 1atm=760mmHg=730mmAq=1.0332kgf/cm²
=1,013mbar=101.3kPa

정답 24.① 25.③ 26.④ 27.① 28.② 29.②

30 실린더, 로터리 액추에이터 등 일반용 공압기기의 공기여과에 적당한 여과기 엘리먼트의 입도는?

① 5μm 이하 ② 5~10μm
③ 10~40μm ④ 40~70μm

해설 실린더, 로터리 액추에이터 등 일반용 공압기기의 공기여과에 적당한 여과기 엘리먼트의 입도는 40~70μm이다.

31 다음은 무슨 회로인가?

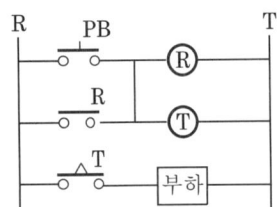

① 인터록회로 ② 정역회로
③ 지연동작회로 ④ 일정시간동작회로

해설 PB스위치를 누르면 릴레이가 작동되면서 자기유지회로가 동작한다. 또한 릴레이 a접점이 작동되므로 타이머코일에 전류가 인가되고 설정된 시간만큼 지연된 후 부하에 인가된다.

32 1차 전지(알칼리건전지, 리튬전지)의 전압크기를 측정하고자 할 때 사용되는 계기로 적당한 것은?

① 메거 ② 직류전압계
③ 검류계 ④ 교류브리지

해설 1차 전지(알칼리건전지, 리튬전지)의 전압은 DC전압이므로 직류전압계를 사용해야 한다.

33 회로시험기를 사용하여 저항측정 시 전환스위치를 R×100에 놓았을 때 계기의 바늘이 30Ω을 가리켰다면 저항값은?

① 30Ω ② 100Ω
③ 300Ω ④ 3,000Ω

해설 저항측정 시 전환스위치를 R×100을 선택하였으므로 실제 나온 저항값의 100배가 된다.
∴ $R = 30 \times 100 = 3,000\Omega$

34 한 달간 사용한 전력량을 계산하였더니 100 kWh이었다. 이를 줄(J)단위로 환산하면 얼마인가?

① 0.24 ② 746
③ 10^5 ④ 3.6×10^8

해설 단위 Wh는 1W의 공률로 1W=1J/s, 1h=3,600s이므로 1Wh=3,600J이다. 보통 kWh(킬로와트시, 1kWh=1,000Wh)가 쓰인다.
∴ 100kWh=100×1,000×3,600=3.6×10^8J

35 N극과 S극 사이의 자기장 내에 있는 도체를 상하로 움직일 때 도체에 기전력이 유도되는 현상은?

① 자화유도현상 ② 자기유도현상
③ 전자유도현상 ④ 주파수유도현상

해설 전자기유도는 자기장이 변하는 곳에 있는 도체에 전위차(전압)가 발생하는 현상이다. 마이클 패러데이는 발생한 전압은 자기선속의 변화율에 비례한다는 사실을 알아내었다. 이 법칙은 자속밀도가 변화하거나 또는 일정하지 않은 자속밀도가 퍼져 있는 공간을 도체가 움직일 때 적용할 수 있다. 전자기유도는 발전기와 전동기 등의 전기 구동기의 바탕이 되는 법칙이다.

36 5a 2b의 접점을 지닌 전자개폐기와 계전기를 사용하여 기동스위치 1개로 3상 유도전동기의 운전과 정지가 가능한 제어회로를 만들고자 한다. 이때 5a 2b에서 보조 a접점의 개수는?

① 2 ② 3
③ 4 ④ 5

해설 릴레이에 접점되는 보조 a접점은 보조 b접점이 2개이므로 a접점도 2개가 되어야 한다.

37 전동기의 기동버튼을 누를 때 전원퓨즈가 단선되는 원인이 아닌 것은?

① 코일의 단락 ② 접촉자의 접지
③ 접촉자의 단락 ④ 철심면의 오손

해설 철심면의 오손은 단선되는 원인이 아니고 전동기의 효율과 관계가 있다.

정답 30.④ 31.③ 32.② 33.④ 34.④ 35.③ 36.① 37.④

38 유효전력(㉠), 무효전력(㉡), 피상전력(㉢)의 단위를 바르게 나열한 것은?

① ㉠ Var, ㉡ W, ㉢ VA
② ㉠ W, ㉡ VA, ㉢ Var
③ ㉠ W, ㉡ Var, ㉢ VA
④ ㉠ Var, ㉡ Var, ㉢ W

해설 ㉠ 유효전력 : 전압에 전압과 동상인 전류성분을 곱해서 구하거나, 전류에 전류와 동상인 전압성분을 곱해서 구해지는 전력. 단위는 W
㉡ 무효전력 : 전압에 전압과 90°의 위상차인 전류성분을 곱해서 구하거나, 전류에 전류와 90°의 위상차인 전압성분을 곱해서 구해지는 전력. 단위는 Var
㉢ 피상전력 : 전압과 전류의 실효값을 곱해서 구해지는 전력. 단위는 VA

39 직류기(DC machine) 중 기계에너지를 전기에너지로 변환시키는 기기는?

① 변압기   ② 직류전동기
③ 유도전동기   ④ 직류발전기

해설 변압기는 전압을 변환하여 가정이나 산업시설에 보내며, 직류전동기와 유도전동기는 전기에너지를 기계에너지로 변환한다.

40 일정시간 동안 전기에너지가 한 일의 양을 무엇이라고 하는가?

① 전류   ② 전압
③ 전기량   ④ 전력량

해설 일정시간 동안 전기에너지가 한 일의 양을 전력량이라고 한다.

41 저항 3Ω과 유도리액턴스 4Ω이 직렬로 접속된 회로에 교류전압 100V를 가할 때 흐르는 전류는 몇 A인가?

① 14.3   ② 20
③ 24.3   ④ 30

해설 $V = IZ$
$\therefore I = \dfrac{V}{Z} = \dfrac{100}{\sqrt{3^2+4^2}} = 20\text{A}$

42 2개의 저항 R_1, R_2가 병렬로 접속된 회로에 R_1에 20V의 전압이 걸렸다면 R_2에는 몇 V의 전압이 걸리게 되는가?

① 20   ② $20R_1$
③ $20R_2$ ④ $20R_1R_2$

해설 병렬회로는 전압이 일정하므로 20V가 걸린다.

43 다음과 같이 전력용 반도체소자로 구성된 스위칭회로의 이름은 무엇인가?

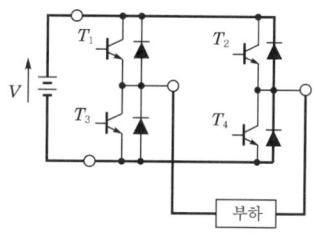

① 증폭기   ② 반파정류
③ 인버터   ④ 3상 컨버터

해설 SSD(Solid State Devices)를 이용한 유도전동기의 속도제어방식은 많으나 대표적으로 인버터제어인 1차 전압제어방식과 주파수변환방식이다.

44 정격이 5A, 220V인 전기제품을 10시간 동안 사용하였을 때 전력량은 몇 kWh인가?

① 1   ② 11
③ 21   ④ 31

해설 전력량 $= IVt = 5 \times 220 \times 10 = 11{,}000\text{Wh} = 11\text{kWh}$

45 다음 그림과 같이 교류전류에 대한 저항(R)만의 회로에서 전압과 전류의 위상관계는?

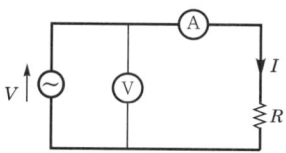

① 전압과 전류는 위상이 같다.
② 전압은 전류보다 위상이 90° 앞선다.
③ 전류는 전압보다 위상이 90° 앞선다.
④ 전압은 전류보다 위상이 180° 앞선다.

정답 38. ③   39. ④   40. ④   41. ②   42. ①   43. ③   44. ②   45. ①

해설 전류는 전압과 동상임을 알 수 있으며, 실효값 I와 V의 사이에는 다음 식이 성립한다. $I=\dfrac{V}{R}$

46 다음 투상법의 기호는 몇 각법을 나타낸 기호인가?

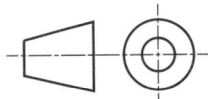

① 1각법　② 2각법
③ 3각법　④ 4각법

해설 경사진 끝단이 실선으로 표기되기 때문에 1각법이다. 3각법으로 표현한다면 작은 원을 파선으로 나타내야 한다.

47 다음 그림과 같이 경사면부가 있는 물체에서 경사면의 실제 형상을 나타낼 수 있도록 그리는 투상도는?

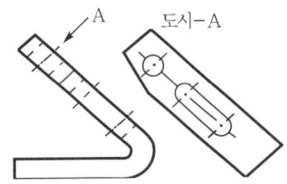

① 보조투상도　② 국부투상도
③ 회전투상도　④ 부분투상도

해설 보조투상도는 나타내고자 한 부분을 경사방향으로 평행하게 연장하여 나타낸다.

48 원호의 반지름이 커서 그 중심위치를 나타낼 필요가 있을 경우 지면 등의 제약이 있을 때에는 그 반지름의 치수선을 구부려서 표시할 수 있다. 이때 치수선의 표시방법으로 맞는 것은?

① 중심점의 위치는 원호의 실제 중심위치에 있어야 한다.
② 중심점에서 연결된 치수선의 방향은 정확히 화살표로 향한다.
③ 치수선의 방향은 중심에 관계없이 보기 좋게 긋는다.
④ 치수선에 화살표가 붙은 부분은 정확한 중심위치를 향하도록 한다.

해설 치수선에 화살표가 붙은 부분은 정확한 중심위치를 향하도록 그려야 가공자가 도면을 이해하기 쉽다.

49 강판을 말아서 다음과 같은 원통을 만들고자 한다. 다음 중 가장 적합한 강판의 크기(가로×세로)는?

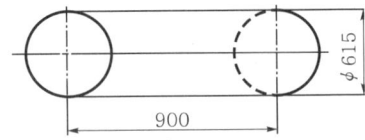

① 966×900　② 1,932×900
③ 2,515×900　④ 3,864×900

해설 세로길이는 현치수와 동일하며, 가로길이= $L=\pi D=3.14 \times 615 ≒ 1,932$ 이다.

50 다음 그림에서 '가'와 '나'의 용도에 의한 명칭과 선의 종류(굵기)가 바르게 연결된 것은?

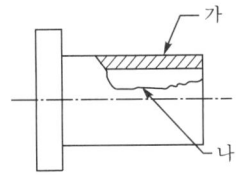

① 가. 해칭선-가는 실선
　나. 파단선-가는 실선
② 가. 해칭선-굵은 실선
　나. 파단선-굵은 실선
③ 가. 해칭선-가는 실선
　나. 파단선-굵은 실선
④ 가. 해칭선-굵은 실선
　나. 파단선-가는 실선

해설 ㉠ 해칭선 : 단면을 절단한 면을 사선방향에 가는 실선으로 표시
㉡ 파단선 : 내부를 알기 쉽게 표시하기 위해 임의로 절단한 부분을 가는 실선으로 표시

51 다음과 같이 입체도를 3각법으로 그린 투상도에 관한 설명으로 옳은 것은?

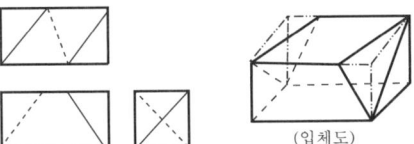

(입체도)

① 평면도만 틀림　② 정면도만 틀림
③ 우측면도만 틀림　④ 모두 올바름

해설 평면도의 중앙에 파선은 표시하지 않아야 한다.

정답 46. ① 47. ① 48. ④ 49. ② 50. ① 51. ①

52 도면부품란에 'SM45C'로 기입되어 있을 때 어떤 재료를 의미하는가?
① 탄소주강품
② 용접용 스테인리스강재
③ 회주철품
④ 기계구조용 탄소강재

해설 SM45C는 기계구조용 탄소강재로, '45'는 탄소함유량을 표시한다.

53 양 끝에 왼나사 및 오른나사가 있어서 막대나 로프 등을 조이는 데 사용하는 기계요소는?
① 나비너트　② 캡너트
③ 아이너트　④ 턴버클

해설 ① 나비너트 : 나비 모양의 형태가 너트의 좌우에 마주 보게 되므로 손으로 체결하기 쉽게 되어 있다.
② 캡너트 : 너트 모양이 개폐가 되지 않고 한쪽이 밀폐된 것이다.
③ 아이너트 : 기계장치에서 사람이 들기 힘든 장치를 운반하거나 분해, 조립하기 위해 임시로 설치하며 소형 기중기를 사용한다.

54 한 변의 길이가 2cm인 정사각형 단면의 주철제 각봉에 4,000N의 중량을 가진 물체를 올려놓았을 때 생기는 압축응력(N/mm²)은?
① 10N/mm²　② 20N/mm²
③ 30N/mm²　④ 40N/mm²

해설 $\sigma_c = \dfrac{P}{A} = \dfrac{4,000}{20^2} = 10\text{N/mm}^2$

55 다음은 무엇에 대한 설명인가?

> 2개의 축이 평행하지만 축선의 위치가 어긋나 있을 때 사용하며, 한 개의 원판 앞뒤에 서로 직각방향으로 키 모양의 돌기를 만들어 이것을 양 축 사이의 플랜지 사이에 끼워놓아, 한쪽의 축을 회전시키면 중앙의 원판이 홈을 따라서 미끄러지며 다른 쪽의 축에 회전력을 전달시키는 축이음방법이다.

① 셀러커플링　② 유니버설커플링
③ 올덤커플링　④ 마찰클러치

해설 ㉠ 유니버설커플링(universal coupling, KS B 1554) : 두 축이 같은 평면 내에서 어느 각도로 교차하는 경우로 회전 중 양축이 맺는 각도가 변화해도 된다.
㉡ 셀러원추커플링(seller coupling) : 안쪽은 원통형이고, 바깥쪽은 테이퍼진 원추형인 안통과 내경이 양쪽 방향으로 테이퍼진 바깥통으로 구성된다.
㉢ 마찰원통커플링(friction slip coupling) : 큰 토크의 전달이 불가능하고 진동, 충격에 의해 쉽게 이완된다.

56 다음 중 다른 벨트에 비해 탄성과 마찰계수는 떨어지지만 인장강도가 대단히 크고 벨트수명이 긴 장점을 가지고 있는 것으로, 마찰을 크게 하기 위하여 풀리의 표면에 고무, 코르크 등을 붙여 사용하는 것은?
① 가죽벨트　② 고무벨트
③ 섬유벨트　④ 강철벨트

해설 탄성과 마찰계수는 떨어지지만 인장강도가 대단히 크고 벨트수명이 긴 장점을 가진 것은 강철벨트이다. 가죽벨트, 고무벨트, 섬유벨트는 탄성과 마찰계수가 크다.

57 기준원 위에서 원판을 굴릴 때 원판 위의 한 점이 그리는 궤적으로 나타내는 선은?
① 쌍곡선　② 포물선
③ 인벌류트곡선　④ 사이클로이드곡선

해설 인벌류트곡선은 원통에 실을 감았다가 풀어나가는 궤적으로 호환성이 좋고 값이 저렴하다.

58 국제단위계 SI단위를 옳게 표현한 것은?
① 가속도 : km/h　② 체적 : kL
③ 응력 : Pa　④ 힘 : N·m²

해설 ① 가속도 : m/s²
② 체적 : m³
④ 힘 : N

59 축을 설계할 때 고려사항으로 적합하지 않은 것은?
① 변형　② 축간거리
③ 강도　④ 진동

해설 축 설계 시 고려사항 : 강도(strength), 강성(rigidity), 진동(vibration), 열응력(thermal stress), 열팽창, 부식(corrosion)

정답 52. ④　53. ④　54. ①　55. ③　56. ④　57. ④　58. ③　59. ②

60 코일스프링 전체의 평균지름이 30mm, 소선의 지름이 3mm라면 스프링지수는?

① 0.1　　② 6
③ 8　　　④ 10

[해설] 스프링지수는 소선의 지름에 대한 스프링의 평균지름의 비이다.
$$C = \frac{D}{d} = \frac{30}{3} = 10$$

정답 60. ④

제7회 공유압기능사

2014.10.11. 시행

01 공압장치에 사용되는 압축공기필터의 공기여과 방법으로 틀린 것은?

① 가열하여 분리하는 방법
② 원심력을 이용하여 분리하는 방법
③ 흡습제를 사용해서 분리하는 방법
④ 충돌판에 닿게 하여 분리하는 방법

[해설] 압축공기필터는 수분으로 인한 압축공기 내의 부식 및 스케일을 발생시키고 공압기기의 오동작과 효율을 저하시키는 수분을 제거하기 위해 원심력, 흡습제, 충돌판을 이용한다.

02 유압회로에서 회로 내의 압력을 일정하게 유지시키는 역할을 하는 밸브는?

① 체크밸브 ② 릴리프밸브
③ 유압밸브 ④ 솔레노이드밸브

[해설] 릴리프밸브는 유압회로에서 회로 내의 압력을 일정하게 유지시키므로 정밀제어가 가능하다.

03 일정량의 액체가 채워져 있는 용기의 밑면적이 받는 압력은?

① 정압   ② 절대압력
③ 대기압   ④ 게이지압력

[해설] 절대압력은 대기압과 게이지압의 합이다.

04 유압회로에서 유압작동유의 점도가 너무 높을 때 일어나는 현상이 아닌 것은?

① 응답성이 저하된다.
② 동력손실이 커진다.
③ 열 발생의 원인이 된다.
④ 관내 저항에 의한 압력이 저하된다.

[해설] 유압작동유의 점도가 너무 높을 때 일어나는 현상
㉠ 파이프 내의 마찰손실이 커진다.
㉡ 동력손실이 커진다.
㉢ 열 발생의 원인이 된다.
㉣ 유압이 높아진다.
㉤ 소음이나 캐비테이션이 발생한다.

05 흡착식 건조기에 관한 설명으로 옳지 않은 것은?

① 건조제로 실리카겔, 활성알루미나 등이 사용된다.
② 흡착식 건조기는 최대 -70℃ 정도까지의 저이슬점을 얻을 수 있다.
③ 건조제가 압축공기 중의 수분을 흡착하여 공기를 건조하게 한다.
④ 냉매에 의해 건조되며 2~5℃까지 냉각되어 습기를 제거한다.

[해설] 흡착식 건조기의 원리는 공기 중의 습기를 2개의 탱크 안에 투입된 흡착제가 습기를 빨아들이는 방식이다. 비가열재생방식은 일정비율의 건조공기를 흡착제에 통과시키고, 가열재생방식은 전기히터로 흡착제를 건조하여 사용한다.

06 펌프의 토출압력이 높아질 때 체적효율과의 관계로 옳은 것은?

① 효율이 증가한다.
② 효율은 일정하다.
③ 효율이 감소한다.
④ 효율과는 무관하다.

[해설] 펌프의 토출압력이 높아질 때 체적효율이 감소한다.

07 압축공기에 비해 유압의 장점으로 옳지 않은 것은?

① 정확성   ② 비압축성
③ 배기성   ④ 힘의 강력성

[해설] 배기성은 공압시스템으로 소음기를 부착하여 대기로 배출한다.

정답 01. ① 02. ② 03. ① 04. ④ 05. ④ 06. ③ 07. ③

08 복동실린더의 미터 아웃 방식에 의한 속도제어 회로는?

① 실린더로 공급되는 유체의 양을 조절하는 방식
② 실린더에서 배출되는 유체의 양을 조절하는 방식
③ 공급과 배출되는 유체의 양을 모두 조절하는 방식
④ 전진 시에는 공급유체를, 후진 시에는 배출 유체의 양을 조절하는 방식

해설 실린더로 공급되는 유체의 양을 조절하는 방식은 미터 인 방식이다.

09 다음 그림에 관한 설명으로 옳은 것은?

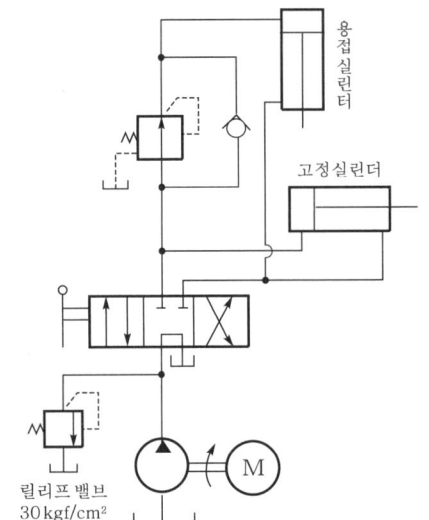

① 자유낙하를 방지하는 회로이다.
② 감압밸브의 설정압력은 릴리프밸브 설정압력보다 낮다.
③ 용접실린더와 고정실린더의 순차제어를 위한 회로이다.
④ 용접실린더에 공급되는 압력을 높게 하기 위한 방법이다.

해설 감압밸브의 설정압력은 릴리프밸브의 설정압력보다 낮게 설정된 상태이다.

10 공기압회로에서 압축공기의 역류를 방지하고자 하는 경우 사용하는 밸브로서, 한쪽 방향으로만 흐르고 반대방향으로는 흐르지 않는 밸브는?

① 체크밸브   ② 시퀀스밸브
③ 셔틀밸브   ④ 급속배기밸브

해설 시퀀스밸브는 2개 이상의 분기회로를 가진 회로 내에서 그 작동순서를 회로의 압력에 의해 제어하는 밸브를 말한다.

11 다음 중 공기압장치의 기본시스템이 아닌 것은?

① 유압펌프   ② 압축공기조정장치
③ 공압제어밸브   ④ 압축공기 발생장치

해설 유압펌프는 유압유를 매체로 하여 압력에너지를 생성시키는 장치이다.

12 압력 80kgf/cm², 유량 25L/min인 유압모터에서 발생하는 최대 토크는 약 몇 kgf·m인가? (단, 1회당 배출량은 30cc/rev이다.)

① 1.6   ② 2.2
③ 3.8   ④ 7.6

해설 $T = \dfrac{Pq}{628} = \dfrac{80 \times 30}{628} \fallingdotseq 3.8\,\text{kgf}\cdot\text{m}$

13 공기압축기를 작동원리에 따라 분류할 때 용적형 압축기가 아닌 것은?

① 축류식   ② 피스톤식
③ 베인식   ④ 다이어그램식

해설 축류식 압축기는 터보형이다.

14 유압시스템의 최고압력을 설정할 수 있는 밸브는?

① 감압밸브   ② 방향제어밸브
③ 언로딩밸브   ④ 압력릴리프밸브

해설 릴리프밸브(relief valve)는 회로 내 공압이 밸브의 설정값을 넘을 때 배기하여 회로 내의 공압을 설정값으로 유지하는 기능으로, 안전밸브로 사용하며 회로 주위기기 파손 방지, 과다출력 방지역할을 한다.

정답 08. ② 09. ② 10. ① 11. ① 12. ③ 13. ① 14. ④

15 유압작동유의 적절한 점도가 유지되지 않을 경우 발생되는 현상이 아닌 것은?
① 동력손실 증대
② 마찰 부분 마모 증대
③ 내부누설 및 외부누설
④ 녹이나 부식 발생의 억제

해설 녹이나 부식이 발생하기 쉽다.

16 다음 중 공압센서로 검출할 수 없는 것은?
① 물체의 유무   ② 물체의 위치
③ 물체의 재질   ④ 물체의 방향변위

해설 공압센서의 장점
㉠ 물체의 재질, 색에 무관하게 검출
㉡ 고온, 진동, 습기, 충격 등에 사용 가능
㉢ 방폭에 무관(발열, 불꽃 무관)
㉣ 검출목적에 따른 센서 제작 가능
㉤ 광범위한 검출 가능(물체의 유무, 치수, 방향, 요철 등)

17 압력제어밸브의 핸들을 돌렸을 때 회전각에 따라 공기압력이 원활하게 변화하는 특성은?
① 유량특성   ② 릴리프특성
③ 재현특성   ④ 압력조정특성

해설 압력제어밸브의 핸들을 돌렸을 때 회전각에 따라 공기압력이 원활하게 변화하는 특성은 압력조정특성이다.

18 유압·공기압도면기호(KS B 0054)의 기호요소 중 정사각형의 용도가 아닌 것은?
① 필터   ② 피스톤
③ 주유기   ④ 열교환기

해설 정사각형은 필터드레인분리기, 주유기, 열교환기 등을 나타낸다.

19 공기압실린더의 지지형식이 아닌 것은?
① 풋형   ② 플랜트형
③ 플랜지형   ④ 트러니언형

해설 지지형식에 의한 분류
㉠ 고정식 : 풋형(축직각 : LA, 축방향 : LB), 플랜지형(로드측 : FA, 헤드측 : FB)
㉡ 요동형 : 크레비스형(1산 : CA, 2산 : CB), 트러니언형(로드측 : TA, 헤드측 : TB, 중간 : TC)

20 제어작업이 주로 논리제어의 형태로 이루어지는 AND, OR, NOT, 플립플롭 등의 기본논리연결을 표시하는 기호도를 무엇이라 하는가?
① 논리도   ② 제어선도
③ 회로도   ④ 변위단계선도

해설 논리도는 디지털제어회로에서 1(On)과 0(Off)으로 제어하며, 전압은 DC 5V이고 컴퓨터와 같은 정밀기계에 적용한다.

21 실린더가 전진운동을 완료하고 실린더측에 일정한 압력이 형성된 후에 후진운동을 하는 경우처럼 스위칭작용에 특별한 압력이 요구되는 곳에 사용되는 밸브는?
① 시퀀스밸브
② 3/2 way 방향제어밸브
③ 급속배기밸브
④ 4/2 way 방향제어밸브

해설 시퀀스밸브(sequence valve)
㉠ 공기압회로에 액추에이터의 작동을 순차적으로 작동시키고 싶을 때 사용하는 밸브
㉡ 2개 이상의 분기회로를 가진 회로 내에서 그 작동순서를 회로의 압력에 의해 제어

22 필터를 설치할 때 체크밸브를 병렬로 사용하는 경우가 많다. 이때 체크밸브를 사용하는 이유로 알맞은 것은?
① 기름의 충만   ② 역류의 방지
③ 강도의 보강   ④ 눈막힘의 보완

해설 필터를 설치할 때 체크밸브를 병렬로 사용하는 이유는 눈막힘을 방지하기 위해서이다.

23 습공기 중에 포함되어 있는 건조공기중량에 대한 수증기의 중량을 무엇이라고 하는가?
① 포화습도   ② 상대습도
③ 평균습도   ④ 절대습도

해설 상대습도는 현재 포함한 수증기량과 공기가 최대로 포함할 수 있는 수증기량(포화수증기량)의 비를 퍼센트(%)로 나타낸다.

정답 15.④ 16.③ 17.④ 18.② 19.② 20.① 21.① 22.④ 23.④

24 공압장치의 공압밸브조작방식이 아닌 것은?
① 수동조작방식 ② 래치조작방식
③ 전자조작방식 ④ 파일럿조작방식

해설 밸브의 조작방식에 의한 분류 : 인력조작방식, 기계방식, 전자방식, 공압방식, 보조방식

25 다음 그림과 같이 2개의 3/2 way 밸브를 연결한 상태의 회로는 어떠한 논리를 나타내는가?

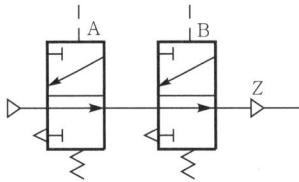

① OR논리   ② AND논리
③ NOR논리 ④ NAND논리

해설 NOR논리는 OR논리의 반대로 입력 X_1과 X_2 양쪽에 신호가 존재하지 않는 경우에만 출력 Y에 신호가 존재하게 된다.
㉠ 논리식 : $Y = \overline{X_1 + X_2} = \overline{X_1} \cdot \overline{X_2}$ (드 모르간의 법칙)
㉡ 진리표

X_1	X_2	Y
0	0	1
0	1	0
1	0	0
1	1	0

26 다음 그림과 같은 회로도의 기능은?

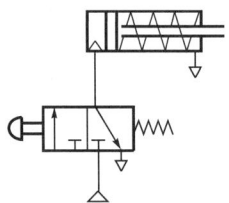

① 단동실린더 고정회로
② 복동실린더 고정회로
③ 단동실린더 제어회로
④ 복동실린더 제어회로

해설 단동실린더에서 A포트는 공압으로, B포트는 스프링의 복원력에 의해서 제어한다.

27 유압·공기압도면기호(KS B 0054)의 기호요소 중 일점쇄선의 용도는?
① 주관로   ② 포위선
③ 계측기   ④ 회전이음

해설 일점쇄선은 2개 이상의 기능을 갖는 유닛을 나타내는 포위선이다.

28 회로 중의 공기압력이 상승해 갈 때나 하강해 갈 때 설정된 압력이 되면 전기스위치가 변환되어 압력변화를 전기신호로 나타나게 한다. 이러한 작동을 하는 기기는?
① 압력스위치 ② 릴리프밸브
③ 시퀀스밸브 ④ 언로드밸브

해설 압력스위치의 접점을 전기신호로 변화시키므로 전자+공압 변환이라 하며, 그 종류에는 다이어프램형, 벨로즈형, 부르돈관형, 피스톤형 등이 있다.

29 작동유의 구비조건으로 옳지 않은 것은?
① 압축성일 것
② 화학적으로 안정할 것
③ 열을 방출시킬 수 있어야 할 것
④ 기름 속의 공기를 빨리 분리시킬 수 있을 것

해설 작동유가 압축성이 있으면 정밀제어가 안 된다. 공압은 압축성 유체이며, 유압은 비압축성 유체이다.

30 유압장치에 사용되고 있는 오일탱크에 관한 설명으로 적합하지 않은 것은?
① 오일을 저장할 뿐만 아니라 오일을 깨끗하게 한다.
② 주유구에는 여과망과 캡 또는 뚜껑을 부착하여 먼지, 절삭분 등의 이물질이 오일탱크에 혼입되지 않게 한다.
③ 공기청정기의 통기용량은 유압펌프토출량의 2배 이상으로 하고, 오일탱크의 바닥면은 바닥에서 최소 15cm를 유지하는 것이 좋다.
④ 오일탱크의 용량은 장치 내의 작동유를 모두 저장하지 않아도 되므로 사용압력, 냉각장치의 유무에 관계없이 가능한 작은 것을 사용한다.

정답 24.② 25.③ 26.③ 27.② 28.① 29.① 30.④

해설 오일탱크의 용량은 장치 내의 작동유를 모두 저장하지 않아도 되므로 사용압력, 냉각장치의 유무에 따라 적절한 공간을 가져야 한다.

31 1Ω 미만의 저저항을 측정하기 위하여 전압강하법을 사용하였다. 전압강하법을 이용한 측정 시 유의사항으로 옳지 않은 것은?

① 내부저항이 큰 전압계를 이용한다.
② 측정 중에는 일정온도를 유지한다.
③ 도선의 연결단자구성 시 접촉저항이 작도록 한다.
④ 전원과 병렬로 가변저항을 삽입하여 전류의 양을 조절한다.

해설 전원과 병렬로 가변저항을 삽입하여 전류의 양을 조절하면 저저항을 측정할 수가 없다.

32 500W의 전력을 소비하는 전기난로를 6시간 동안 사용할 때의 전력량은 얼마인가?

① 0.3kWh   ② 3kWh
③ 30kWh   ④ 300kWh

해설 $W = Pt = 500 \times 6 = 3,000\text{Wh} = 3\text{kWh}$

33 다음 중 측정 중 또는 측정방법으로 인해 발생할 수 있는 오차가 아닌 것은?

① 우연오차   ② 과실오차
③ 계통오차   ④ 정밀오차

해설 계통오차는 원인을 규명할 수 있으며(측정 가능 오차), 우연오차는 원인규명이 불가능하다(측정 불가능 오차). 과실오차는 측정의 실수로 인한 오차이다.

34 정전용량 C[F]인 콘덴서에 교류전원을 접속하여 사용할 경우 전류와 전압과의 위상관계는?

① 전류와 전압은 동상이다.
② 전류가 전압보다 위상이 90° 늦다.
③ 전류가 전압보다 위상이 90° 앞선다.
④ 전류가 전압보다 위상이 120° 앞선다.

해설 정전용량 C[F]인 콘덴서에 교류전원을 접속하면 전류가 전압보다 위상이 90° 앞선다.

35 다음 그림과 같은 전동기 정역회로의 동작에 관한 설명으로 옳지 않은 것은?

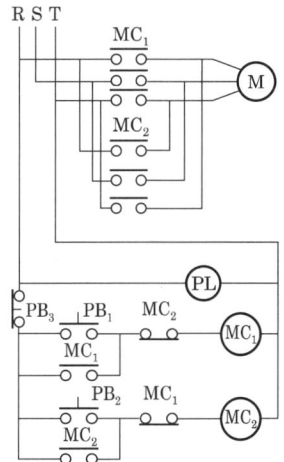

① PL은 전원이 투입되면 PB스위치와 관계없이 항상 점등된다.
② PB_1을 누르면 MC_1이 여자되어 MC_1-a접점이 붙고 전동기 M이 정회전운동을 한다.
③ PB_2를 누르면 MC_2가 여자되어 MC_2-a접점이 붙고 전동기 M이 역회전운동을 한다.
④ PB_3을 누르면 MC_1, MC_2가 여자되어 전동기 M이 자동으로 정·역회전운동을 한다.

해설 PB_3가 b접점조건에서 PB_1과 PB_2를 누르면 정회전과 역회전이 된다.

36 전열기에 전압을 가하여 전류를 흘리면 열이 발생되는데, I[A]의 전류가 저항 R[Ω]인 도체를 t[sec] 동안 흘렀다면 이 도체에서 발생하는 열에너지는 몇 J인가?

① IRt ② I^2Rt
③ $4.2I^2Rt$ ④ $0.24I^2Rt$

해설 줄열은 전기에너지가 열에너지로 전환된 것이다. 저항 R인 저항선에 전압 V를 걸어 전류 I가 t초 동안 흘렀을 때 발생한 열량 Q는 다음과 같다.

$$Q = IVt = I^2Rt = \frac{V^2t}{R}[J]$$

이것을 줄의 법칙(Joul's law)이라고 한다.

정답 31. ④ 32. ② 33. ④ 34. ③ 35. ④ 36. ②

37 정현파 교류전압의 순시값이 200sinωt[V]일 때 최대값은 몇 V인가?

① 100 ② 200
③ 300 ④ 400

해설 순시값은 순간순간 변하는 교류의 임의의 시간에 있어서의 값이다.
$V = V_m \sin\omega t$ [V]
여기서, V : 전압의 순시값(V), V_m : 전압의 최대값(V),
ω : 각속도(rad/s), t : 주기(s)

38 서보모터에 관한 설명으로 옳지 않은 것은?

① 저속회전이 쉽다.
② 급가감속이 어렵다.
③ 정역회전이 가능하다.
④ 저속에서 큰 토크를 얻을 수 있다.

해설 서보모터는 피드백제어를 하므로 위치 정도가 좋으며 급가감속이 쉽다.

39 단상 유도전동기가 산업 및 가정용으로 널리 이용되는 이유로 옳지 않은 것은?

① 직류전원을 생활 주변에서 쉽게 얻을 수 있다.
② 전동기의 구조가 간단하고 고장이 적고 튼튼하다.
③ 적은 동력을 필요로 하며 가격이 비교적 저렴하다.
④ 취급과 운전이 쉬워 다른 전동기에 비해 매우 편리하게 이용할 수 있다.

해설 우리나라 상용전원은 교류전원이다. 직류전원은 교류전원에서 정류장치를 거쳐 생성된다.

40 다음 중 건식정류기(금속정류기)가 아닌 것은?

① 셀렌정류기 ② 실리콘정류기
③ 회전정류기 ④ 아산화동정류기

해설 회전부에 내장된 정류기에서 교류가 정류되는 것을 회전정류기라고 한다.

41 다음 접점회로가 나타내는 논리회로는?

① OR회로
② AND회로
③ NOT회로
④ NAND회로

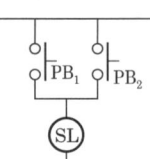

해설 OR회로는 A + B → C이므로 A나 B 중 하나만 b접점이면 코일이 동작한다.

42 직류기의 손실 중 전기자철심 안에서 자속이 변할 때 철심부에 생기는 손실로서 히스테리시스손, 와류손 등으로 구분되는 것은?

① 동손 ② 철손
③ 기계손 ④ 표류부하손

해설 손실의 종류
㉠ 고정손(무부하손)
 • 부하의 변화에 무관하는 손실
 • 철손(히스테리시스손, 와류손), 기계손(마찰손, 풍손)
㉡ 가변손(부하손)
 • 부하의 변화에 따라 변화하는 손실
 • 동손(저항손), 표류부하손

43 평형 3상 회로에서 △결선의 3상 전원 중 2개상의 전원만을 이용하여 3상 부하에 전력을 공급할 때 사용되는 결선은?

① Y결선 ② △결선
③ V결선 ④ Z결선

해설 3상 결선에는 Y결선과 △결선이 있다. V결선은 3상 △결선에서 1상에 상당하는 변압기를 제거한 상태에서 3상의 전력을 공급하는 경우의 변압기 결선을 말한다. V결선으로 하면 △결선의 출력에 비해 출력용량은 57.7%로 저하된다.

44 100Ω의 부하가 연결된 회로에 10V의 직류전압을 인가하고 전류를 측정하면 계기에 나타나는 값은 몇 A인가?

① 10 ② 1
③ 0.1 ④ 0.01

해설 $V = IR$
∴ $I = \dfrac{V}{R} = \dfrac{10}{100} = 0.1$A

정답 37. ② 38. ② 39. ① 40. ③ 41. ① 42. ② 43. ③ 44. ③

45 전류의 단위로 암페어(A)를 사용한다. 다음 중 1A에 해당하는 것은?

① 1sec 동안에 1C의 전기량이 이동하였다.
② 저항 1Ω인 물체에 10V의 전압을 인가하였다.
③ 1m 높은 전위에서 1m 낮은 전위로 전기량이 흘렀다.
④ 1C의 전기량이 두 점 사이를 이동하여 1J의 일을 하였다.

해설 전류의 단위인 암페어(A)는 1sec 동안에 1C의 전기량이 이동함을 의미한다.

46 다음 그림과 같은 용접기호에서 'a5'는 무엇을 의미하는가?

① 루트간격이 5mm
② 필릿용접 목두께가 5mm
③ 필릿용접 목길이가 5mm
④ 점용접부의 용접수가 5개

해설 a5는 필릿용접의 목두께 5mm를 표시한다.

47 3각법으로 투상한 다음 그림과 같은 정면도와 평면도에 좌측면도로 적합한 것은?

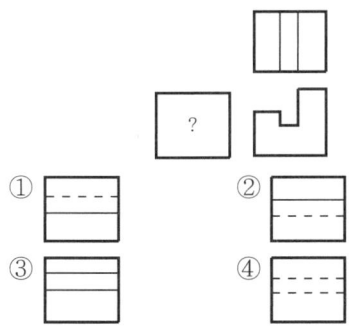

해설 3각법으로 투상한 것으로, 홈 부분이 있으므로 중간에 파선이 존재한다.

48 도면에서 표제란의 투상법란에 다음 그림과 같은 투상법기호로 표시되는 경우는 몇 각법 기호인가?

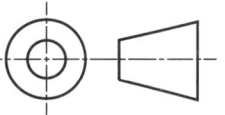

① 1각법　　② 2각법
③ 3각법　　④ 4각법

해설 3각법은 보는 위치에서 형상 그대로 표현하지만, 1각법은 작은 원이 파선으로 나타난다.

49 선의 종류에 의한 용도 중 가는 실선으로 표현해야 하는 선으로 틀린 것은?

① 치수선　　② 중심선
③ 지시선　　④ 외형선

해설 외형선은 굵은 실선으로 표시한다.

50 다음 입체도에서 화살표방향의 정면도로 적합한 것은?

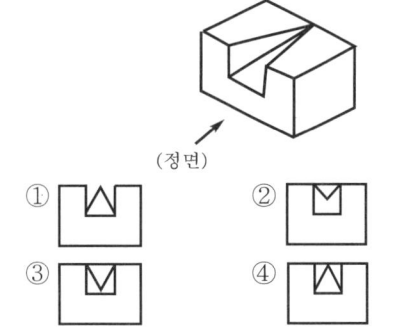

해설 정면에서 보면 홈 부분의 형상이 삼각형으로 보인다.

51 기계제도에서 척도 및 치수기입법 설명으로 잘못된 것은?

① 치수는 되도록 주투상도에 집중하여 기입한다.
② 치수는 특별한 명기가 없는 한 제품의 완성치수이다.
③ 현의 길이를 표시하는 치수선은 동심 원호로 표시한다.
④ 도면에 NS로 표시된 것은 비례척이 아님을 나타낸 것이다.

해설 현의 길이를 표시하는 치수선은 현에 평행한 직선으로 표시한다.

52 다음 그림과 같이 직육면체를 나타낼 수 있는 투상도는?

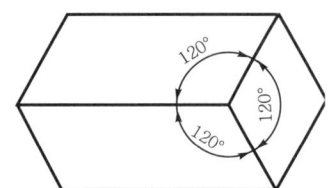

① 정투상도 ② 사투상도
③ 등각투상도 ④ 부등각투상도

해설 물체를 들어 올려 왼쪽 또는 오른쪽으로 돌린 다음 앞쪽 또는 뒤쪽으로 기울여서 2개의 옆면모서리가 수평선과 30°되게 하여 무한대의 수평 사선으로 얻은 물체의 윤곽을 그리게 되면 세 모서리는 120°의 등각을 이루는 그림을 얻을 수 있는데, 이 그림을 등각투상도라고 한다.

53 기어에서 이끝높이(addendum)가 의미하는 것은?

① 두 기어의 이가 접촉하는 거리
② 이뿌리원에서 이끝원까지의 거리
③ 피치원에서 이뿌리원까지의 거리
④ 피치원에서 이끝원까지의 거리

해설 피치원을 중심으로 이끝원과 이뿌리원으로 구분한다. 어덴덤(addendum) 또는 이끝높이는 피치원에서 이 끝까지의 길이이고, 디덴덤(dedendum) 또는 이뿌리높이는 피치원에서 이뿌리까지의 길이이다.

54 607C2P6으로 표시된 베어링에서 안지름은?

① 7mm ② 30mm
③ 35mm ④ 60mm

해설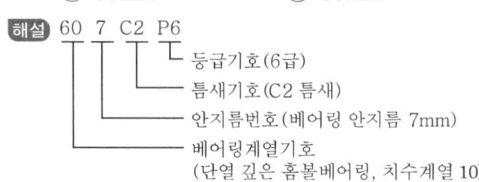

55 체결용 기계요소가 아닌 것은?

① 나사 ② 키
③ 브레이크 ④ 핀

해설 브레이크는 운동 중인 조건을 강제적으로 정지시키는 장치이다.

56 코일스프링에 350N의 하중을 걸어 5.6cm 늘어났다면 이 스프링의 스프링상수(N/mm)는?

① 5.25 ② 6.25
③ 53.5 ④ 62.5

해설 $k = \dfrac{P}{\delta} = \dfrac{350}{56} = 6.25 \text{N/mm}$

57 축에서 토크가 67.5kN·mm이고, 지름 50mm일 때 키(key)에 발생하는 전단응력은 몇 N/mm²인가? (단, 키의 크기는 너비×높이×길이=15mm×10mm×60mm이다.)

① 2 ② 3
③ 6 ④ 8

해설 $\tau = \dfrac{2T}{bld} = \dfrac{2 \times 67.5 \times 1{,}000}{15 \times 60 \times 50} = 3 \text{N/mm}^2$

58 너트의 풀림 방지법이 아닌 것은?

① 턴버클에 의한 방법
② 자동좀너트에 의한 방법
③ 분할핀에 의한 방법
④ 로크너트에 의한 방법

해설 턴버클은 고정하고자 하는 양쪽에 잡아당기는 힘을 생성하는 역할을 한다.

59 원동차와 종동차의 지름이 각각 400mm, 200mm일 때 중심거리는?

① 300mm ② 600mm
③ 150mm ④ 200mm

해설 $C = \dfrac{D_1 + D_2}{2} = \dfrac{400 + 200}{2} = 300 \text{mm}$

정답 52. ③ 53. ④ 54. ① 55. ③ 56. ② 57. ② 58. ① 59. ①

60 1/100의 기울기를 가진 2개의 테이퍼키를 한 쌍으로 하여 사용하는 키는?

① 원뿔키　　　② 둥근키
③ 접선키　　　④ 미끄럼키

해설 ① 원뿔키 : 축과 보스에 홈을 파지 않으며, 한 군데가 갈라진 원뿔 통을 끼워 넣어 마찰력으로 고정시키고 1/25테이퍼를 가진다.
② 반달키 : 축에 원호상의 홈을 파며 축이 약해지는 결점이 있으나, 테이퍼축에 사용된다.
④ 미끄럼키 : 묻힘키의 일종으로 테이퍼 없이 길이가 길고 축방향으로 보스의 이동이 가능하며, 키를 고정하는 경우가 많다.

정답　60. ③

제8회 공유압기능사

2013.4.14. 시행

01 다음 그림에서 단면적이 5cm²인 피스톤에 20kg의 추를 올려놓을 때 유체에 발생하는 압력의 크기는 얼마인가?

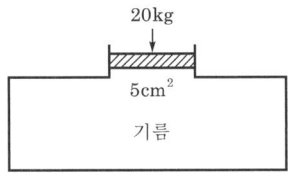

① 1kgf/cm² ② 4kgf/cm²
③ 5kgf/cm² ④ 20kgf/cm²

해설 $P = \dfrac{F}{A} = \dfrac{20}{5} = 4\,\text{kgf/cm}^2$

02 다음에 설명되는 요소의 도면기호는 어느 것인가?

> 압축공기필터는 압축공기가 필터를 통과할 때에 이물질 및 수분을 제거하는 역할을 한다. 이 장치는 필터 내의 응축수를 자동으로 제거하기 위해 사용된다.

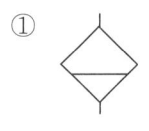

해설 ①은 드레인배출 수동이고, ③은 필터, ④는 에어드라이어이다.

03 다음 유압기호의 명칭은?

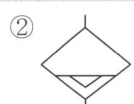

① 스톱밸브 ② 압력계
③ 압력스위치 ④ 축압기

해설 압력스위치는 설정된 압력이 되면 압력이 차단되거나 공급된다(a, b접점의 선택에 따라).

04 공압탱크의 크기를 결정할 때 안전계수는 대략 얼마로 하는가?
① 0.5 ② 1.2
③ 2.5 ④ 3

해설 공압탱크의 크기를 결정하는 안전계수는 보통 1.2를 적용한다.

05 압력보상형 유량제어밸브에 대한 설명으로 맞는 것은?
① 실린더 등의 운동속도와 힘을 동시에 제어할 수 있는 밸브이다.
② 밸브의 입구와 출구압력의 차이를 일정하게 유지하는 밸브이다.
③ 체크밸브와 교축밸브로 구성되어 한 방향으로 유량을 제어한다.
④ 유압실린더 등의 이송속도를 부하에 관계없이 일정하게 할 수 있다.

해설 압력보상형 유량제어밸브는 이송속도을 일정하게 유지하기 위해 압력을 보상하여 유지시킨다.

06 유압장치의 작동이 불량하다. 그 원인으로 잘못된 것은?
① 무부하상태에서 작동될 때
② 펌프의 회전이 반대일 때
③ 릴리프밸브에 결함이 있을 때
④ 압축라인에서 오일이 누출될 때

해설 무부하상태는 유압장치에 부하가 가해지지 않은 상태이므로 관계가 없다.

정답 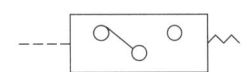 01.② 02.② 03.③ 04.② 05.④ 06.①

07 공압 시퀀스제어회로의 운동선도 작성방법이 아닌 것은?

① 운동의 서술적 표현법
② 테이블표현법
③ 기호에 의한 간략적 표시법
④ 작동시간표현법

해설 공압 시퀀스제어회로의 운동선도는 작동시간을 표현하지 않는다.

08 2개의 강관을 평행(일직선상)으로 연결하고자 할 때 사용되는 관 이음쇠는?

① 유니언   ② 엘보
③ 티   ④ 크로스

해설 ① 엘보 : 유체의 방향이 어느 각도로 방향이 바뀔 때
② 티 : 유체의 흐름이 두 군데로 분기될 때
④ 크로스 : 유체가 십자형으로 흐름이 분기될 때

09 급격하게 피스톤에 공기압력을 작용시켜서 실린더를 고속으로 움직여 그 속도에너지를 이용하는 공압실린더는?

① 서보실린더
② 충격실린더
③ 스위치부착 실린더
④ 터보실린더

해설 충격실린더는 급격하게 피스톤에 공기압력을 생성시켜 고속으로 작동하게 한다.

10 다음 그림은 4포트 3위치 방향제어밸브의 도면 기호이다. 이 밸브의 중립위치형식은?

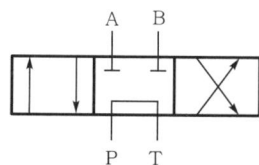

① 탠덤(tandom)센터형
② 올 오픈(all open)센터형
③ 올 클로즈(all close)센터형
④ 프레셔포트 블록(block)센터형

해설 ㉠ 탠덤센터형
㉡ 탠덤센터형(무부하)
㉢ 오픈센터형
㉣ 클로즈센터형

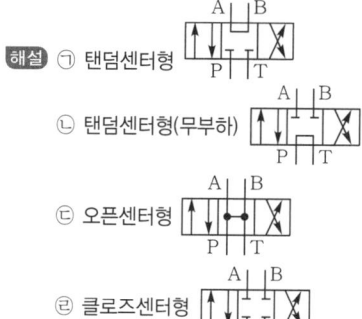

11 유압펌프 중에서 회전사판의 경사각을 이용하여 토출량을 가변할 수 있는 펌프는?

① 베인펌프
② 액시얼피스톤펌프
③ 레이디얼피스톤펌프
④ 스크루펌프

해설 유압펌프 중에서 베인펌프는 베인(vane), 레이디얼피스톤펌프는 피스톤, 스크루펌프는 스크루에 의해서 압력을 생성시킨다.

12 광전스위치를 설명한 것 중 잘못된 것은 어느 것인가?

① 레벨검출, 특정 표시식별 등에 많이 이용되며 포토센서, 광학적 센서라고도 한다.
② 종류에는 투과형, 미러반사형, 확산반사형이 있다.
③ 미러반사형 광전스위치는 투광부와 수광부가 각각 분리되어 있다.
④ 투과형은 투광기와 수광기를 동일축선 상에 위치시켜 사용하여야 정확한 측정이 가능하다.

해설 회귀반사형(=미러반사형) 센서의 특징
㉠ 광부와 수광부 일체형
㉡ 반사경 이용(편광미러)
㉢ 반사경보다 반사율이 낮은 물체가 광차단 시 출력
㉣ 광축조정 용이
㉤ 검출체 투명체, 반사율이 좋은 경우 검출 곤란
㉥ 확산반사형과 비교
㉦ 긴 검출거리
㉧ 배경에 의한 오동작 방지
㉨ 투과형에 비해 비용 저렴

정답 07. ④ 08. ① 09. ② 10. ① 11. ② 12. ③

13 유압작동유의 점도가 너무 낮을 때 일어날 수 있는 사항이 아닌 것은?

① 캐비테이션이 발생한다.
② 마모나 눌어붙음이 발생한다.
③ 펌프의 용적효율이 저하된다.
④ 펌프에서의 내부누설이 증가한다.

해설 유체 속에서 압력이 낮은 곳이 생기면 물속에 포함되어 있는 기체가 분리되어 물이 없는 빈 곳이 생기는데, 이와 같은 현상을 캐비테이션(cavitation)이라고 한다.

14 공기탱크와 공기압회로 내의 공기압력이 규정 이상의 공기압력으로 될 때 공기압력이 상승하지 않도록 대기와 다른 공기압회로 내로 빼내주는 기능을 갖는 밸브는?

① 감압밸브
② 릴리프밸브
③ 시퀀스밸브
④ 압력스위치

해설 감압밸브는 압력을 낮게 하여 흐르게 하고, 시퀀스밸브는 한 동작이 끝나면 다른 동작을 할 수 있도록 순차적으로 유체를 흐르게 하는 역할을 한다.

15 유압작동유의 일반적인 구비조건으로 틀린 것은?

① 압축성이어야 한다.
② 화학적으로 안정하여야 한다.
③ 방열성이 좋아야 한다.
④ 녹이나 부식 발생이 방지되어야 한다.

해설 유압작동유는 비압축성 유체로서 정밀제어가 가능하다.

16 증압기의 사용목적으로 적합한 것은?

① 속도의 증감
② 에너지의 저장
③ 압력의 증대
④ 보조탱크의 기능

해설 증압기는 정상적인 공압보다 더 큰 부하가 필요할 때 사용하며 압력을 증가시킨다.

17 밸브의 작업포트를 표현하는 기호는 무엇인가?

① A
② P
③ Z
④ R

해설 밸브의 작업포트는 A포트이며, B포트는 공기압이 복귀되며 소음기를 통해 외기로 배출시킨다.

18 다음 기호의 밸브작동을 바르게 설명한 것은?

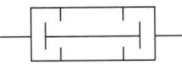

① 어느 한쪽만 유입될 때 출력된다.
② 양쪽에 공기가 유입될 때 폐쇄된다.
③ 양쪽에 공기가 유입될 때 고압 쪽이 출력된다.
④ 양쪽에 공기가 유입될 때 저압 쪽이 출력된다.

해설 2압밸브로서, 양쪽에 공기가 유입되면 저압 쪽이 출력된다.

19 공기압축기를 작동원리에 의해 분류하였을 때 터보형에 해당되는 압축기는 어느 것인가?

① 원심식
② 베인식
③ 피스톤식
④ 다이어프램식

해설 공기압축기는 터보형과 용적형으로 분류한다. 터보형은 원심식과 축류식이 있으며, 용적형은 회전식과 왕복식으로 분류한다. 회전식은 베인형, 스크류형, 루트형이 있으며, 왕복식은 피스톤형(단동, 복동), 다이어프램형이 있다.

20 공압제어밸브의 종류에 해당되지 않는 것은?

① 압력제어밸브
② 방향제어밸브
③ 유량제어밸브
④ 온도제어밸브

해설 공압제어밸브는 공압호스를 통해 흐르는 공기의 압력과 유량, 방향을 제어한다.

21 유압에너지를 기계적 에너지로 변환하는 장치부는?

① 동력원
② 제어부
③ 구동부
④ 배관부

해설 유압에너지를 기계적 에너지로 변환하는 장치는 구동부로 액추에이터라고 하며 실린더와 모터가 있다.

22 펌프의 송출압력이 50kgf/cm², 송출량이 20L/min인 유압펌프의 펌프동력은 약 얼마인가?

① 1.0kW
② 1.2kW
③ 1.6kW
④ 2.2kW

해설 $H = \dfrac{PQ}{102 \times 100 \times 60} = \dfrac{50 \times 20,000}{102 \times 100 \times 60} = 1.63\,\text{kW}$

[참고] $1\text{cm}^3 = 1\text{mL}$

정답 13.① 14.② 15.① 16.③ 17.① 18.④ 19.① 20.④ 21.③ 22.③

23 유압실린더의 중간 정지회로에 적합한 방향제어밸브는?

① 3/2 way 밸브　② 4/3 way 밸브
③ 4/2 way 밸브　④ 2/2 way 밸브

해설 유압실린더의 중간 정지는 4/3 way 밸브를 사용한다.

24 유온 상승 방지 및 펌프의 동력절감을 위해 사용하는 회로는?

① 감압회로　② 감속회로
③ 시퀀스회로　④ 무부하회로

해설 무부하회로
㉠ 축압기에 의한 무부하회로 : 누유가 되면 축압기로부터 유압유가 보급되고 회로압력이 떨어지게 된다.
㉡ Hi-Lo에 의한 무부하회로 : 고압 소용량과 저압 대용량의 펌프를 동시에 사용한 회로이다.
㉢ 압력스위치와 전자밸브에 의한 무부하회로 : 압력스위치의 전기적 신호로 솔레노이드밸브를 작동한다.
㉣ 파일럿조작 릴리프밸브에 의한 무부하회로 : 주회로가 설정압에 도달했을 때 펌프를 무부하로 하는 회로이다.
㉤ 압력보상 가변용량형 펌프에 의한 무부하회로 : 펌프의 송출압에 따라 송출량을 보상하여 펌프의 동력을 경감시키는 회로이다.
㉥ 다수의 실린더를 무부하시키는 회로 : 2개 이상의 실린더에 1개의 펌프로부터 유압유를 공급할 경우에 이용한다.

25 다음의 그림은 단동실린더 제어회로이다. 이 회로를 설명한 것 중 옳은 것은?

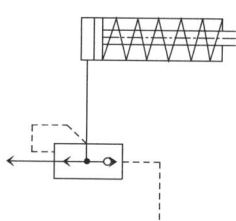

① 후진속도 증가회로
② 전진속도 증가회로
③ 전진속도조절회로
④ 후진속도조절회로

해설 단동실린더에 후진속도를 증가시키는 회로이다.

26 압력의 원격조작이 가능한 밸브는?

① 유량조정밸브
② 파일럿작동형 릴리프밸브
③ 셔틀밸브
④ 감압밸브

해설 압력의 원격조작은 파일럿작동형 릴리프밸브이다.

27 대기의 성분 중 가장 많은 것부터 나열한 것은?

① 산소 → 질소 → 아르곤 → 이산화탄소
② 산소 → 아르곤 → 질소 → 이산화탄소
③ 질소 → 이산화탄소 → 산소 → 아르곤
④ 질소 → 산소 → 아르곤 → 이산화탄소

해설 대기의 성분은 질소→산소→아르곤→이산화탄소 순으로 많이 분포되어 있다.

28 부하의 운동에너지가 완충실린더의 흡수에너지보다 클 때에 행정 끝단에 충격에 의한 파손이 우려되어 사용되는 기기를 무엇이라 하는가?

① 유량조정밸브　② 완충기
③ 윤활기　④ 필터

해설 완충기는 피스톤의 끝단에서 발생하는 충격을 흡수하여 실린더의 파손을 막고 장치에 전달되는 충격을 흡수한다.

29 피스톤모터의 특징으로 틀린 것은?

① 사용압력이 높다.　② 출력토크가 크다.
③ 구조가 간단하다.　④ 체적효율이 높다.

해설 피스톤모터의 특징
㉠ 고압, 고속, 고출력이 발생한다.
㉡ 구조가 복잡하고 고가이다.
㉢ 효율이 유압모터 중 가장 좋다.

30 공압실린더의 배출저항을 적게 하여 운동속도를 빠르게 하는 밸브로 맞는 것은?

① 급속배기밸브　② 시퀀스밸브
③ 언로드밸브　④ 카운터밸런스밸브

해설 급속배기밸브는 배관이나 방향제어밸브의 저항을 피하고 저항이 적은 단락상태로 공기를 대기 중으로 방출하여 액추에이터의 속도를 증가시킬 목적으로 사용된다.

정답　23. ②　24. ④　25. ①　26. ②　27. ④　28. ②　29. ③　30. ①

31 전원이 교류가 아닌 직류로 주어져 있을 때에 어떤 직류전압을 입력으로 하여 크기가 다른 직류를 얻기 위한 회로는?

① 인버터회로
② 초퍼회로
③ 사이리스터회로
④ 다이오드정류회로

해설 ① 인버터회로 : 주파수 f를 변화시키든가 모터의 극수 P나 슬립 s를 변화시키면 임의의 회전속도 N을 얻을 수 있으며 극제어, 슬립제어, 주파수제어가 있다.

$$N = \frac{120f}{P}(1-s)$$

③ 사이리스터회로 : 3단자의 반도체소자를 사용한 회로로 한 번 통전시키면 통과전류가 0이 될 때까지 통전상태를 유지해야 하는 곳에 사용된다.
④ 다이오드정류회로 : 정류회로(rectifier circuit)는 교류를 직류로 바꿔주는 회로이다.

32 교류회로에서 직렬공진 시 최대가 되는 것은?

① 전압 ② 전류
③ 저항 ④ 임피던스

해설 직렬공진일 때 임피던스 $Z = R$이 되어 임피던스는 최소, 전류는 최대가 된다.

33 유도전동기의 슬립 $s = 1$일 때의 회전자의 상태는?

① 발전기상태이다.
② 무구속상태이다.
③ 동기속도상태이다.
④ 정지상태이다.

해설 유도전동기는 $s = 1$이면 $N = 0$이므로 전동기는 정지상태이고, $s = 0$이면 $N = N_s$이므로 전동기가 동기속도로 회전하고 있는 상태이다.

34 구조가 간단하고 고장이 적고 취급이 용이하며 공장의 동력용 또는 세탁기나 냉장고뿐만 아니라 펌프, 재봉틀 등 많은 가전제품의 동력을 필요로 하는 곳에 사용되고 있는 것은?

① 변압기   ② 스테핑모터
③ 유도전동기 ④ 제어정류기

해설 스테핑모터(stepping motor)는 디지털펄스로 발생시켜 Step, 즉 펄스 1개가 발생하면 1회전의 분할수에 따라 미소 회전하며 제어를 한다.

35 전류측정 시 안전 및 유의사항으로 거리가 먼 것은?

① 측정 전 날씨의 조건(습도)을 확인한다.
② 직류전류계를 사용할 때 전원의 극성을 틀리지 않도록 접속한다.
③ 회로연결 시 그 접속에 따른 접촉저항이 작도록 해야 한다.
④ 전류계의 내부저항이 작을수록 회로에 주는 영향이 작고 그 측정오차도 작다.

해설 전류측정 시 안전 및 유의사항
㉠ 직류전류계의 극성은 회로의 극성과 일치하도록 접속하여야 한다. 즉 전류계는 항상 (+)단자가 측정전류의 (+)단자에, (-)단자는 측정전류의 (-)단자에 연결해야 한다.
㉡ 전류계의 측정범위는 측정하려는 전류보다 높은 것을 선택해야 한다.

36 배율기를 사용하여 측정범위를 확대하여 직류전압을 측정하려고 한다. 배율기의 저항은 50kΩ이고, 전압계의 내부저항은 10kΩ일 때 전압계의 전압은 60V를 가리킨다. 측정전압은 몇 V인가?

① 72   ② 240
③ 360   ④ 720

해설 $m = \dfrac{R_v + R_m}{R_v} = \dfrac{10+50}{10} = 6$

∴ $V = 60 \times 6 = 360V$

37 옥내 전등선의 절연저항을 측정하는 데 가장 적당한 측정기는?

① 휘스톤브리지 ② 켈빈더블브리지
③ 메거   ④ 전위차계

해설 절연저항측정의 분류
㉠ 저저항(1Ω 이하)의 측정
• 전압강하법(전압전류계법)
• 전위차계법
• 켈빈더블브리지법 : 단면적이 균일하며 굵고 짧은 도선의 저항
  예 굵은 나전선의 저항

정답 31. ② 32. ② 33. ④ 34. ③ 35. ① 36. ③ 37. ③

ⓒ 중저항(1Ω~1MΩ)의 측정
  - 전압강하법(전압전류계법) : 백열전구의 필라멘트저항, 발전기나 변압기 권선저항
  - 휘스톤브리지법 : 수천Ω의 가는 전선의 저항
  - 저항계
  - 회로계
ⓓ 고저항(1MΩ 이상)의 측정
  - 직편법
  - 전압계법
  - 메거 : 옥내 전등선이나 변압기 등의 절연저항
ⓔ 특수저항의 측정
  - 검류계의 내부저항 : 휘스톤브리지법
  - 전지의 내부저항측정 : 전압계법, 전류계법, 콜라우슈브리지법, 맨스법
  - 전해액의 저항측정 : 콜라우슈브리지법, 슈트라우스와 헨더슨법

38 다음 그림은 전동기의 정회전, 역회전회로이다. 전원이 투입되면 항상 ON상태인 것은?

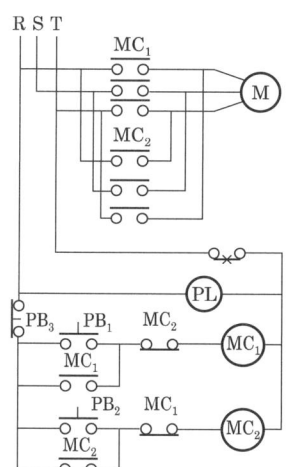

① M ② PL
③ MC₁ ④ MC₂

해설 M은 모터이며 MC₁이나 MC₂ Magnetic Coil이 작동하면 정·역회전이 된다. PL은 Pilot lamp로서 3상 전원을 인가하면 R, T단자에 단상이 투입되어 ON이 된다(불이 켜진다).

39 교류에서 1초 동안에 반복되는 사이클의 수를 무엇이라 하는가?

① 주파수 ② 전력
③ 각속도 ④ 주기

해설 교류에서 1초 동안 반복되는 사이클을 주파수라고 하며, 단위는 Hz 혹은 CPS(Cycle Per Second)로 표기한다.

40 직류기의 구조 중 정류자면에 접촉하여 전기자 권선과 외부회로를 연결시켜 주는 것은?

① 브러시(brush)
② 정류자(commutator)
③ 전기자(armature)
④ 계자(field magnet)

해설 전기자권선과 외부회로를 연결하는 것은 탄소브러시(carbon brush)이다. 정류자가 회전하므로 마찰이 발생하여 마모가 되면 접촉이 불안정(스파크 발생)하여 교환해야 한다.

41 다음 그림과 같은 논리기호를 논리식으로 나타내면?

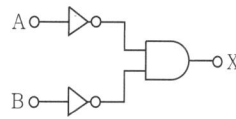

① $X = A + B$ ② $X = \overline{A + B}$
③ $X = \overline{A} - \overline{B}$ ④ $X = \overline{A} \cdot \overline{B}$

해설 NOT게이트와 AND게이트의 조합이다.

42 3상 교류전력 P[W]는?

① $P = VI\cos\theta$ [W]
② $P = \sqrt{3}\,VI\cos\theta$ [W]
③ $P = 2VI\cos\theta$ [W]
④ $P = \dfrac{1}{\sqrt{2}}VI\cos\theta$ [W]

해설 3상 교류전력 P는 Y결선 또는 Δ결선일지라도 전력 P[W]는 같다.
$P = 3V_p I_p \cos\theta = \sqrt{3}\,V_l I_l \cos\theta$ [W]

43 자석이 가지는 자기량의 단위는?

① AT ② Wb
③ N ④ H

해설 자기량의 단위는 Wb이다.

44 직류전동기를 급정지 또는 역전시키는 전기제동 방법은?

① 플러깅 ② 계자제어
③ 워드레너드방식 ④ 일그너방식

해설 직류전동기의 제동
  ⊙ 발전제동 : 운전 중인 전동기를 발전기로 전환하여 저항 내에서 열에너지로 소비시켜 제동하는 방법
  ⓒ 역전제동(플러깅) : 전동기의 전기자전류를 반대로 전환하면 토크가 발생되어 제동하는 방법
  ⓒ 회생제동 : 권상기, 엘리베이터와 같이 강하중량의 위치에너지로 전동기를 발전기로 전력을 전원에 반환하면서 과속을 방지하는 제동방법

45 전력(electric power)을 맞게 설명한 것은?
① 도선에 흐르는 전류의 양을 말한다.
② 전원의 전기적인 압력을 말한다.
③ 단위시간 동안에 전하가 하는 일을 말한다.
④ 전기가 할 수 있는 힘을 말한다.

해설 전력은 단위시간당 전류가 할 수 있는 일의 양을 말한다. 전력은 크게 역률로 구분하거나 전압과 전류가 가지는 상에 의해 구분할 수 있다. 역률에 의한 구분은 유효전력과 무효전력으로 나눈다.

46 다음 그림과 같은 도면에서 대각선으로 표시한 가는 실선이 나타내는 뜻은?

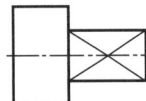

① 평면   ② 열처리할 면
③ 가공 제외 면 ④ 끼워맞춤하는 부분

해설 대각선으로 표시한 가는 실선은 축에서 평면을 나타낸다.

47 다음 그림과 같은 용접보조기호를 가장 올바르게 설명한 것은?
① 현장점용접
② 전둘레 필릿용접
③ 전둘레 현장용접
④ 전둘레 용접

해설 현장에서 용접 시 전둘레 현장용접을 나타낸다.

48 다음 그림과 같은 입체도의 화살표방향을 정면으로 한 3각 정투상도로 가장 적합한 것은?

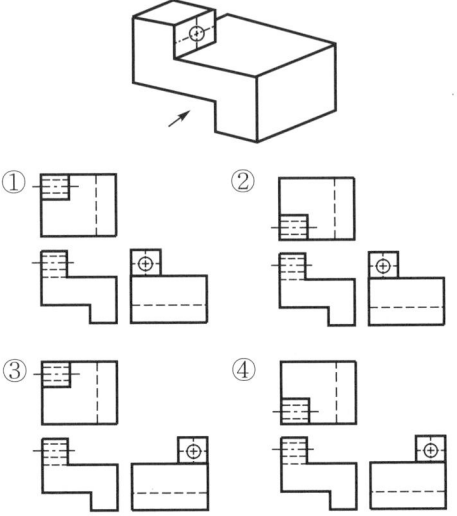

해설 화살표방향이 정면도, 상단에는 평면도, 왼쪽에 좌측면도가 위치한다.

49 다음 그림과 같은 3각법에 의한 투상도면의 입체도로 적합한 것은?

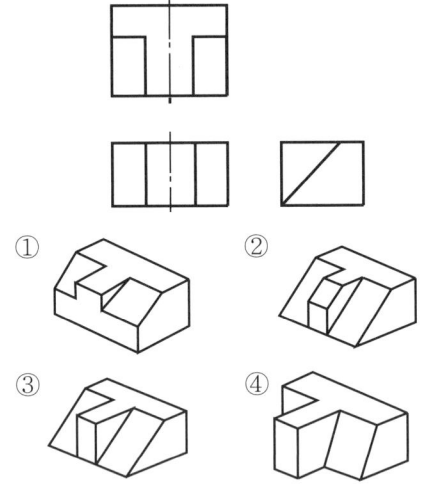

해설 좌측면도의 형상을 보고 입체도의 윤곽을 확인할 수 있다.

정답 45. ③ 46. ① 47. ③ 48. ② 49. ③

50 기계제도에서 3각법에 대한 설명으로 틀린 것은?

① 눈→투상면→물체의 순으로 나타낸다.
② 평면도는 정면도의 위에 그린다.
③ 배면도는 정면도의 아래에 그린다.
④ 좌측면도는 정면도의 좌측에 그린다.

해설 배면도는 정면도의 뒤에서 본 형상이다.

51 도면에서 특정 치수가 비례척도가 아닌 경우를 바르게 표기한 것은?

① (24)　② 2̸4̸
③ 24　④ 24

해설 ①은 참고치수를, ②는 수정치수를, ③은 이론적으로 정확한 치수를 표기하는 방법이다.

52 기계제도에서 물체의 투상에 관한 설명 중 잘못된 것은?

① 주투상도는 대상물의 모양 및 기능을 가장 명확하게 표시하는 면을 그린다.
② 보다 명확한 설명을 위해 주투상도를 보충하는 다른 투상도는 되도록 많이 그린다.
③ 특별한 이유가 없는 경우 대상물을 가로길이로 놓은 상태로 그린다.
④ 서로 관련되는 그림의 배치는 되도록 숨은선을 쓰지 않도록 한다.

해설 주투상도는 물체를 가장 명확하게 확인하는 방향을 선정하며 보충하는 투상도는 따로 그린다.

53 스프링의 용도에 가장 적합하지 않은 것은?

① 충격완화용　② 무게측정용
③ 동력전달용　④ 에너지 축적용

해설 동력전달에는 벨트나 체인, 기어가 사용된다.

54 재료의 전단탄성계수를 바르게 나타낸 것은?

① 굽힘응력/전단변형률
② 전단응력/수직변형률
③ 전단응력/전단변형률
④ 수직응력/전단변형률

해설 전단응력은 $\tau = G\gamma$이다. 이때 G는 가로탄성계수 혹은 전단탄성계수라고 한다.

55 직접 전동기계요소인 홈마찰차에서 홈의 각도(α)는?

① $2\alpha = 10 \sim 20°$　② $2\alpha = 20 \sim 30°$
③ $2\alpha = 30 \sim 40°$　④ $2\alpha = 40 \sim 50°$

해설 홈마찰차에서 홈의 각도는 보통 $2\alpha = 30 \sim 40°$ 정도이다.

56 하중 20kN을 지지하는 훅 볼트에서 나사부의 바깥 지름은 약 몇 mm인가? (단, 허용응력 $\sigma_a = 50$ N/mm²이다.)

① 29　② 57
③ 10　④ 20

해설 축방향에만 정하중을 받는 경우이므로
$d = \sqrt{\dfrac{2W}{\sigma_a}} = \sqrt{\dfrac{2 \times 2,000}{50}} ≒ 28.3\text{mm}$

57 평기어에서 잇수가 40개, 모듈이 2.5인 기어의 피치원지름은 몇 mm인가?

① 100　② 125
③ 150　④ 250

해설 피치원지름은 구동기어와 종동기어가 접촉하는 가상의 지름이다.
$D_P = zm = 40 \times 2.5 = 100\text{mm}$

58 축계 기계요소에서 레이디얼하중과 스러스트하중을 동시에 견딜 수 있는 베어링은?

① 니들베어링　② 원추롤러베어링
③ 원통롤러베어링　④ 레이디얼볼베어링

해설 레이디얼하중은 축에 직각방향으로 작용하는 하중이고, 스러스트하중은 축방향으로 작용하는 하중이다. 이 두 하중을 동시에 견딜 수 있는 베어링으로 원추롤러베어링 혹은 테이퍼롤러베어링을 사용한다. 보통 자동차의 차축에 사용한다.

59 체결하려는 부분이 두꺼워서 관통구멍을 뚫을 수 없을 때 사용되는 볼트는?

① 탭볼트　② T홈볼트
③ 아이볼트　④ 스테이볼트

정답　50. ③　51. ④　52. ②　53. ③　54. ③　55. ③　56. ①　57. ①　58. ②　59. ①

해설 ② T홈볼트 : T형 홈을 파서 부품을 고정시킬 때
③ 아이볼트 : 공작기계와 같이 무거운 것을 옮길 때
④ 스테이볼트 : 나사부와 너트가 분리되어 있는 상태를 서로 고정시킬 때

60 우드러프키라고도 하며 일반적으로 60mm 이하의 작은 축에 사용되고, 특히 테이퍼축에 편리한 키는?

① 평키
② 반달키
③ 성크키
④ 원뿔키

해설 ① 평키 : 납작키로서 키의 폭만큼 축을 가공하여 때려 박으며 새들키보다는 큰 힘을 전달한다.
② 반달키 : 반달형으로 되어 있어 힘의 방향에 따라 움직여 안정된 상태를 유지한다.
③ 성크키 : 묻힘키라고 하며, 축과 보스에 홈을 파고 가장 많이 사용하는 것으로 평행키와 경사키가 있다.
④ 원뿔키 : 축에 키홈을 파기 어려울 때 사용하며 축의 임의의 위치에 보스를 고정시킨다.

정답 60. ②

제9회 공유압기능사

01 다음 중 감지거리가 가장 짧은 공압 비접촉식 센서는?

① 배압감지기 ② 반향감지센서
③ 공기배리어 ④ 공압리밋밸브

해설 공압근접감지센서(비접촉식 감지장치)의 원리는 자유분사, 배압장치로 그 종류는 다음과 같다.
㉠ 공기배리어(air barrier) : 분사노즐, 수신노즐로 구성되며 물체감지거리는 100mm 이하이다.
㉡ 반향감지기(reflex sensor) : 배압원리를 이용하며 감지거리는 1~6mm이다. 용도는 검사장치, 계수, 감지 등에 사용한다.
㉢ 배압감지기(back pressure sensor) : 물체가 접근하면 배압이 형성된다. 압력은 0.1~8bar, 감지거리는 0~0.5mm, 마지막 위치감지, 위치제어에 사용한다.
㉣ 공압근접스위치(pneumatic proximity switch) : 공기배리어원리를 이용하며 A신호는 저압이기 때문에 압력증폭기에 사용한다.
㉤ 전기근접스위치(electric proximity switch) : 영구자석을 지닌 피스톤이 스위치에 접근하면 유리튜브 안에 있는 2개의 리드가 접촉하게 되어 전기신호를 보내는 것이다.
㉥ 공압리밋밸브 : 다목적 3방향 또는 개방배기 4방향으로 일반적으로 실린더피스톤행정의 양 끝점 또는 전·후진행정의 제한점에서 실린더피스톤로드에 의해 작동된다.

02 다음에 표기한 기호가 의미하는 전기회로용 기기의 명칭은?

① 코일 ② 퓨즈
③ 표시등 ④ 전동기

해설 ② 퓨즈: ―⌒⌒―(오픈형), ―▭―(밀폐형)로 내부기기를 보호하기 위해 설치한다.
③ 표시등 : 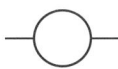 로 원 안에 "L"로 표시한다.
④ 전동기 : ―Ⓜ― 로 원 안에 "M"으로 표시한다.
[참고] 계전기, 타이머, 전자접촉기 등의 코일로 전원을 인가한다.

03 다음은 일정용량형 유압모터의 기호이다. 어떤 형에 해당되는가?

① 한 방향 흐름 ② 두 방향 흐름
③ 하부방향 흐름 ④ 우방향 흐름

해설 정용량형 유압모터는 1회전에 토출하는 유량이 일정하고 일정압력에서 출력토크가 일정한 유압모터이다. 이것은 출력토크의 변경이 필요 없는 경우에 사용되며 기어모터(gear motor), 베인모터(vane motor), 피스톤모터(piston motor) 등이 있다.

04 유관의 안지름을 2.5cm, 유속을 10cm/s로 하면 최대 유량은 약 몇 cm³/s인가?

① 49 ② 98
③ 196 ④ 250

해설 $Q = AV = \dfrac{3.14 \times 2.5^2}{4} \times 10 = 49 \text{cm}^3/\text{s}$

[참고] 연속의 법칙 $Q = A_1 V_1 = A_2 V_2$로부터 단면적이 크면 속도는 느리고, 단면적이 작으면 속도는 빨라 관에 흐르는 유량은 일정하다.

05 어큐뮬레이터회로에서 어큐뮬레이터의 역할이 아닌 것은?

① 회로 내의 맥동을 흡수한다.
② 회로 내의 압력을 감압한다.
③ 회로 내의 충격압력을 흡수한다.
④ 정전 시 비상용 유압원으로 사용한다.

해설 축압기의 역할
㉠ 유압에너지의 축적
㉡ 2차 회로의 구동
㉢ 압력보상
㉣ 맥동 제거

정답 01.① 02.① 03.① 04.① 05.②

06 유압에 의해 동력을 전달하고자 한다. 공압장치에 비해 유압장치의 장점으로 옳지 않은 것은?

① 자동화가 가능하다.
② 무단변속이 가능하다.
③ 온도에 의한 영향을 많이 받는다.
④ 힘의 증폭 및 속도조절이 용이하다.

해설 유압장치는 유압모터가 회전하여 유압펌프를 통해 일정한 압력을 유지해야 하므로 온도에 의한 영향을 많이 받는 것은 단점이다.

07 파스칼의 원리에 관한 설명으로 옳지 않은 것은?

① 각 점의 압력은 모든 방향에서 같다.
② 유체의 압력은 면에 대하여 직각으로 작용한다.
③ 정지해 있는 유체에 힘을 가하면 단면적이 적은 곳은 속도가 느리게 전달된다.
④ 밀폐된 용기 속에 유체의 일부에 가해진 압력은 유체의 모든 부분에 똑같은 세기로 전달된다.

해설 파스칼의 원리
㉠ 정지액체와 접하고 있는 면에 가해진 압력은 그 면에 수직으로 작용한다.
㉡ 정지액체의 한 점에서의 압력의 크기는 여러 방향에서 동일하다.
㉢ 밀폐용기 속 정지액체의 한쪽에 가해진 압력은 액체 내의 여러 부분에 동일한 압력으로 전달된다.
㉣ 정지해 있는 유체에 힘을 가하면 단면적이 작은 곳은 속도가 빠르다.

08 방향전환밸브에서 공기의 통로를 개폐하는 밸브의 형식과 거리가 먼 것은?

① 포핏식
② 포트식
③ 스풀식
④ 회전판 미끄럼식

해설 조작방식에 의한 주밸브의 분류
㉠ 포핏식 밸브 : 밸브 몸통이 밸브자리에서 직각방향으로 이동하는 방식으로, 구조가 간단하고 먼지나 이물질의 영향을 적게 받으므로 소형에서 대형의 밸브까지 폭넓게 이용된다.
㉡ 스풀식 밸브 : 스풀이 원통 내부에서 축방향으로 이동하여 밸브를 개폐하는 구조로 되어 있다.
㉢ 미끄럼식 밸브 : 밸브 몸통에서 밸브가 미끄러져 개폐작용을 하는 형식이다.

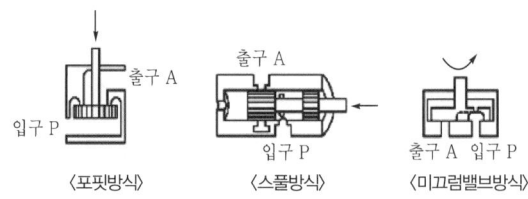

〈포핏방식〉 〈스풀방식〉 〈미끄럼밸브방식〉

09 포핏(poppet)밸브의 장점이 아닌 것은?

① 밀봉이 우수하다.
② 작은 힘으로 작동된다.
③ 짧은 거리에서 밸브의 전환이 이루어진다.
④ 먼지 등의 이물질영향을 거의 받지 않는다.

해설 포핏밸브의 장단점
㉠ 밀봉이 우수하다.
㉡ 이물질에 둔감하다.
㉢ 구조가 복잡하다.
㉣ 작동력이 크다.
㉤ 작동거리가 짧다.
㉥ 다양한 기능을 가진 밸브를 만들기 어렵다.

10 실린더 입구의 분기회로에 유량제어밸브를 설치하여 실린더 입구측의 불필요한 압유를 배출시켜 작동효율을 증진시킨 속도제어회로는?

① 재생회로
② 미터 인 회로
③ 미터 아웃 회로
④ 블리드 오프 회로

해설 ② 미터 인 회로 : 공급되는 유량을 조절하여 실린더의 운동속도를 제어하는 것이다.
③ 미터 아웃 회로 : 배출되는 유량을 조절하여 실린더의 속도를 제어하는 것이다.
④ 블리드 오프 회로 : 실린더에서 배출되는 유량의 일부를 유량제어밸브를 통하여 탱크로 귀환시키는 것이다.

11 공압드레인 방출방법 중 드레인의 양에 관계없이 압력변화를 이용하여 드레인을 배출하는 것은?

① 전동식
② 차압식
③ 수동식
④ 부구식

해설 ① 전동식(솔레노이드밸브식) : 설정된 시간에 따라 주기적으로 배출한다.
② 차압식(파일럿식) : 압력변화에 의해서 수분을 배출한다.
③ 부구식(플로트식) : 수분이 일정수준에 도달되면 배출한다.
[참고] 공압드레인은 압축공기 중에 함유한 수분을 배출하여 공압기기를 보호한다.

정답 06. ③ 07. ③ 08. ② 09. ② 10. ④ 11. ②

12 비압축성 유체의 정상흐름에 대한 베르누이방정식 $\dfrac{v_1^2}{2g}+\dfrac{P_1}{\gamma}+z_1=\dfrac{v_2^2}{2g}+\dfrac{P_2}{\gamma}+z_1=\text{const}$ 에서 $\dfrac{v_1^2}{2g}$ 항이 나타내는 에너지의 종류는 무엇인가? (단, v : 속도, P : 압력, γ : 비중량, z : 위치)

① 속도에너지 ② 위치에너지
③ 압력에너지 ④ 전기에너지

해설 베르누이방정식을 에너지방정식이라고 부르기도 한다.
$\dfrac{v_1^2}{2g}(\text{속도})+\dfrac{P_1}{\gamma}(\text{압력})+z_1(\text{위치})$
$=\dfrac{v_2^2}{2g}+\dfrac{P_2}{\gamma}+\dfrac{v_1^2}{2g}+z_1=\text{const}$

13 기어펌프에 관한 설명으로 옳지 않은 것은?

① 구조상 일반적으로 가변용량형이다.
② 고압의 기어펌프는 베어링하중이 크다.
③ 윤활유, 절삭유의 수용용으로 사용된다.
④ 기어펌프는 외접식 펌프와 내접식 펌프가 있다.

해설 기어펌프는 외접식과 내접식 펌프가 있으며 그 특징은 다음과 같다.
㉠ 구조가 간단하다.
㉡ 다루기 쉽고 가격이 저렴하다.
㉢ 기름의 오염에 비교적 강한 편이다.
㉣ 펌프의 효율은 피스톤펌프에 비해 떨어진다.
㉤ 가변용량형으로 만들기 곤란하다.
㉥ 흡입능력이 가장 크다.

14 일반적으로 널리 사용되는 압축기로 사용압력범위는 10~100kgf/cm² 정도이며 냉각방식에 따라 공냉식과 수냉식으로 분류되는 압축기는?

① 터보압축기 ② 베인형 압축기
③ 스크루형 압축기 ④ 왕복피스톤압축기

해설 공압시스템에서 사용공기압력의 상한치는 10kgf/cm² 정도이므로 압축기의 기종은 왕복식이나 회전식 압축기가 적당하다.

15 다음의 기호가 가지고 있는 기능을 설명한 것으로 옳은 것은?

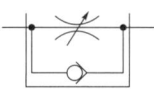

① 압력을 조정한다.
② OR논리를 만족시킨다.
③ 실린더의 힘을 조절한다.
④ 실린더의 속도를 조절한다.

해설 체크붙이형 유량제어밸브로, 연속의 법칙 $Q=AV$ 에서 속도와 관계가 있다. 사용 예는 다음과 같다.

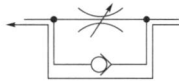 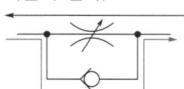

〈공급공압이 교축밸브방향으로 통과〉 〈배기공압이 교축밸브방향으로 통과〉

16 고압 시퀀스회로의 신호중복에 관한 설명으로 옳은 것은?

① 실린더의 제어에 시간지연밸브가 사용될 때를 말한다.
② 실린더의 제어에 2개 이상의 체크밸브가 사용될 때를 말한다.
③ 1개의 실린더를 제어하는 마스터밸브에 전기신호를 주는 것을 말한다.
④ 1개의 실린더를 제어하는 마스터밸브에 동시에 세트신호와 리셋신호가 존재하는 것을 말한다.

해설 신호중복은 1개의 실린더를 제어하는 마스터밸브에 동시에 세트신호와 리셋신호가 존재하는 것으로, 그 대책은 간섭제어회로를 사용하여 발생하지 않도록 하는 것이다.

17 펌프의 용적효율 94%, 압력효율 95%, 펌프의 전효율이 85%라면 펌프의 기계효율은 약 몇 %인가?

① 85 ② 87
③ 92 ④ 95

해설 펌프의 전효율 $\eta_p=\eta_h\,\eta_m\,\eta_v$
여기서, η_h : 수력효율(hydraulic efficiency)
η_m : 기계효율(mechanical efficiency)
η_v : 체적효율(volumetric efficiency)

정답 12. ① 13. ① 14. ④ 15. ④ 16. ④ 17. ④

$$\therefore \eta_m = \frac{\eta_p}{\eta_h \, \eta_v} \times 100\% = \frac{0.85}{0.95 \times 0.94} \times 100\% = 95\%$$

18 유압동력을 직선왕복운동으로 변화시키는 기구는?
① 유압모터 ② 요동모터
③ 유압실린더 ④ 유압펌프

해설 ① 유압모터 : 압력에너지를 받아 기계적 에너지(토크) 생성
② 요동모터 : 일정한 각도로 회전운동 반복
③ 유압펌프 : 압력에너지 생성

19 피스톤로드가 양쪽에 있는 실린더는?
① 램형 실린더 ② 양 로드실린더
③ 탠덤실린더 ④ 피스톤형 실린더

해설 ① 램형 실린더 : 피스톤지름과 로드지름이 같은 가동 부분을 갖는 실린더
③ 탠덤실린더 : 복수의 피스톤을 갖는 실린더
④ 피스톤형 실린더 : 가장 일반적인 실린더로 단동, 복동, 차동형

20 유압기기에서 포트(port)수에 대한 설명으로 옳은 것은?
① R,S,T의 기호로 표시된다.
② 밸브배관의 수도포트수보다 1개 적다.
③ 유압밸브가 가지고 있는 기능의 수이다.
④ 관로와 접촉하는 전환밸브의 접촉구의 수이다.

해설 포트는 유체가 흐르는 통로이며, 유압에서는 공압과 다르게 관로와 접촉하는 전환밸브의 접촉구 수를 말한다. 공압에서 리턴되는 압력 R_1, R_2은 대기로 배출되지만, 유압에서는 다시 유압탱크로 보내서 유압펌프를 통하여 압력에너지를 생성시킨다.

21 과도적으로 상승한 압력의 최대값을 무엇이라 하는가?
① 배압 ② 전압
③ 맥동 ④ 서지압

해설 ① 배압 : 출구에서 형성되는 압력을 말한다.
② 전압 : 유체에서 정압(static pressure)과 동압(dynamic pressure)의 합으로 나타낸다.
③ 맥동 : 압력이 시간에 따라 변화하지 않고 크기만 불규칙적으로 변화한다.

22 유압작동유의 점도지수에 관한 설명으로 옳은 것은?
① 점도지수가 크면 유압장치의 효율을 증대시킨다.
② 점도지수가 작은 경우 정상운전 시 누유량이 감소된다.
③ 점도지수가 작은 경우 정상운전 시 온도조절범위가 넓어진다.
④ 점도지수가 크면 온도변화에 대한 유압작동유의 점도변화가 크다.

해설 점도지수(VI : Viscosity Index)란 온도의 변화에 대한 점도의 변화량으로, 수치가 큰 쪽이 온도에 대한 오일의 점도변화가 적다. 점도지수가 높은 유압유일수록 넓은 온도범위에서 사용할 수 있다.
㉠ 일반광유계 유압유 : 90 이상
㉡ 고점도지수 유압유 : 130~225 정도

23 다음 중 에너지 변환효율이 가장 좋은 것은?
① 공압 ② 유압
③ 전기 ④ 기계

해설 에너지 변환효율은 에너지 생성과정에서 발생하는 마찰에너지(손실)의 발생 정도에 따라 다른데 전기에너지가 가장 좋다.

24 다음 중 2개의 입력신호 중에서 높은 압력만을 출력하는 OR밸브는?
① 이압밸브 ② 셔틀밸브
③ 체크밸브 ④ 시퀀스밸브

해설 ① 이압(AND)밸브 : 2개의 입구와 1개의 출구를 갖춘 밸브로서, 2개의 입구에 압력이 작용할 때에만 출구에 출력이 작용하는 밸브이다. AND밸브라고도 하며 안전제어, 연동제어, 검사기능, 로직작동 등에 사용된다.
③ 체크밸브 : 유체의 흐름을 한쪽 방향으로만 흐르게 하는 밸브로 역류 방지밸브이다.
④ 시퀀스밸브 : 2개 이상의 분기회로를 가진 회로 내에서 그 작동순서를 회로의 압력에 의해 제어하는 밸브를 말한다.

정답 18. ③ 19. ② 20. ④ 21. ④ 22. ① 23. ③ 24. ②

25 면적 2m²의 평면상에 1kgf/cm²의 압력이 균등히 작용할 때 평면에 작용하는 힘은 얼마인가?

① 5톤   ② 10톤
③ 15톤 ④ 20톤

해설 $F = PA = 1 \times 2 \times 100^2$
$= 20,000 \text{kg} = \dfrac{20,000}{1,000} = 20톤$

26 송출압력이 200kgf/cm²이며 100L/min의 송출량을 갖는 레이디얼플런저펌프의 소요동력은 약 몇 PS인가? (단, 펌프효율은 90%이다.)

① 36.31 ② 39.72
③ 49.38 ④ 59.48

해설 $L_s = \dfrac{PQ}{450\eta} = \dfrac{200 \times 100}{450 \times 0.9} = 49.38 \text{PS}$

27 다음은 어떤 회로의 진리값을 나타낸 표이다. 이 회로에 해당하는 논리제어회로는?

입력신호		출력
A	B	C
0	0	0
0	1	0
1	0	0
1	1	1

① OR회로   ② AND회로
③ NOT회로 ④ NOR회로

해설 AND회로는 A×B = C이며, OR회로는 A + B = C이다.

28 유량제어밸브에 해당하는 것은?

① 교축밸브   ② 시퀀스밸브
③ 감압밸브   ④ 릴리프밸브

해설 교축(스로틀)밸브는 유로의 단면적을 교축하여 유량을 제어하는 밸브이다.
㉠ 속도조절밸브(1방향 교축밸브) : 교축밸브에 체크밸브를 붙인 것으로 공압회로에서 액추에이터의 속도를 제어하기 위한 밸브이다.
㉡ 급속배기밸브 : 공압실린더 등의 액추에이터 내의 공기를 급속히 방출하여 액추에이터의 속도를 증속한다.
㉢ 배기교축밸브 : 방향제어밸브의 배기구에 설치하여 배기공기교축으로서 실린더속도를 조절하는 밸브이다.
㉣ 쿠션밸브 : 실린더행정 도중에 기계적으로 유량을 조절하는 밸브이다.

29 다음 중 액추에이터의 가속 시 부하에 해당하지 않는 것은?

① 가속부하   ② 저항성부하
③ 정지마찰부하 ④ 운동마찰부하

해설 가속 시 부하는 정지상태에서 운동을 시작할 때의 부하를 의미하는 것으로 가속부하, 저항성부하, 운동마찰부하 등이 있다. 정지마찰부하는 기동 시 부하이다.

30 공압모터에 관한 설명으로 옳지 않은 것은?

① 회전수 변동이 크다.
② 모터 자체의 발열이 적다.
③ 에너지 변환효율이 낮다.
④ 전동기에 비해 시동과 정지 시 쇼크가 발생한다.

해설 공압모터는 전동기에 비해 시동과 정지 시 유체의 흐름을 감소시키고 차단하므로 쇼크가 없다.

31 유도전동기의 슬립을 나타내는 식은?

① $\dfrac{\text{동기속도} - \text{회전자속도}}{\text{동기속도}}$

② $\dfrac{\text{회전자속도} - \text{동기속도}}{\text{동기속도}}$

③ $\dfrac{\text{회전자속도} - \text{동기속도}}{\text{회전자속도}}$

④ $\dfrac{\text{동기속도} - \text{회전자속도}}{\text{회전자속도}}$

해설 슬립$(s) = \dfrac{\text{동기속도} - \text{회전자속도}}{\text{동기속도}}$ 로 3상 유도전동기의 회전속도를 나타내는 값이다. 회전자의 속도가 감소하면 s값이 커지고, 회전자의 속도가 증가하면 s값이 작아진다.

32 다음과 같은 측정회로에서 전류계는 20.1A를, 전압계는 200V를 지시하였다. 저항 R_x의 값은 얼마인가? (단, 전압계의 내부저항 R_v =2,000Ω이다.)

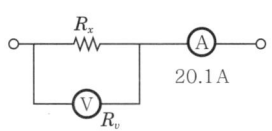

① 20Ω   ② 20.1Ω
③ 10Ω   ④ 10.1Ω

정답 25. ④ 26. ③ 27. ② 28. ① 29. ③ 30. ④ 31. ① 32. ③

해설 $I_v = \dfrac{V}{R_v} = \dfrac{200}{2,000} = 0.1\text{A}$

비례식에 의해서 R_x를 구하면
$R_v : R_x = I_x : I_v$
$\therefore R_x = \dfrac{R_v I_v}{I_x} = \dfrac{2,000 \times 0.1}{20.1} \fallingdotseq 10\Omega$

33 전자계전기의 종류에 해당되지 않는 것은?
① 보호계전기 ② 한시계전기
③ 푸시버튼스위치 ④ 전자접촉기

해설 계전기(relay)란 정해진 전기량이나 물리량에 응용하여 전기회로를 제어하는 전기기기로, 동작하는 방식에 따라 전자기계형과 디지털형으로 분류한다. 푸시버튼스위치는 a접점과 b접점을 보유한 누름스위치이다.

34 정격전압이 100V, 소비전력이 2kW인 전열기구에 몇 A의 전류가 흐르는가?
① 0.2 ② 20
③ 200 ④ 2,000

해설 $P = IV$
$\therefore I = \dfrac{P}{V} = \dfrac{2,000}{100} = 20\text{A}$

35 다음 설명 중 맞는 것은?
① 일정시간에 전기에너지가 한 일의 양을 전력이라 한다.
② 전열기는 전류의 발열작용을 이용한 것이다.
③ kW는 전력량의 단위이다.
④ W는 전열량의 단위이다.

해설 일정시간에 전기에너지가 한 일의 양을 전력량이라 하며, kW와 W는 전력의 단위이다.

36 측정단위 중 1kW는 몇 W인가?
① 10 ② 100
③ 1,000 ④ 10,000

해설 킬로(kilo)는 SI단위계의 접두어로서 1,000을 나타내므로 1kW=1,000W이다.

37 어떤 부하의 저항성분이 8Ω, 유도리액턴스성분 12Ω, 용량리액턴스성분 12Ω이다. 이 회로에 120V 전압공급 시 피상전력(VA)은 얼마인가?
① 1,000 ② 1,200
③ 1,800 ④ 2,000

해설 $I = \dfrac{V}{Z} = \dfrac{120}{8} = 15\text{A}$
$\therefore P = IV = 15 \times 120 = 1,800\text{VA}$

38 SCR의 설명 중 틀린 것은?
① SCR은 교류가 출력된다.
② SCR은 한 번 통전하면 게이트에 의해서 전류를 차단할 수 없다.
③ SCR은 정류작용이 있다.
④ SCR은 교류전원의 위상제어에 많이 사용된다.

해설 SCR(Silicon Controlled Rectifier)은 실리콘제어정류기로서 전력제어와 스위칭응용에 사용되며 전류제어방식, 반파전력제어, 위상제어회로, 전압보호회로 등에 응용한다. SCR은 직류가 출력된다.

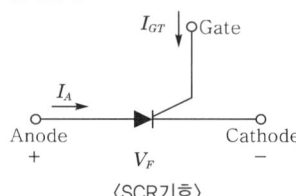

〈SCR기호〉

39 대칭 3상 교류에서 각 상의 위상차는?
① 60° ② 90°
③ 120° ④ 150°

해설 대칭 3상 교류는 크기가 같고 $2\pi/3[\text{rad}]$만큼의 위상차를 가진다.

40 전기적인 접점기구의 직·병렬로 미리 정해진 순서에 따라 단계적으로 기기가 조작되는 논리판단제어는?
① 아날로그정량제어 ② 프로세서제어
③ 서보기구제어 ④ 시퀀스제어

해설 시퀀스제어는 순차적 제어로 반드시 전 단계에서 작동이 되어야만 다음 단계로 진행한다.

41 직류발전기의 단자전압을 조정할 때 어느 것을 조절하는가?

① 계자저항기　② 전류저항기
③ 가동저항기　④ 전압조정기

해설 직류발전기의 단자전압을 조정할 때는 계자저항기를 조정한다.

42 교류전압의 크기와 위상을 측정할 때 사용되는 계기는?

① 교류전압계　② 전자전압계
③ 교류전위차계　④ 회로조정기

해설 ① 교류전압계 : 교류전압을 측정한다.
② 전자전압계 : 반도체와 같이 미소전압을 측정한다.
④ 회로시험기 : 저항, 전압, 전류 등을 측정하는 전기계측기이다. 전기·전자부품을 점검하거나 수리하는 데 이용한다. 직류전압, 교류전압, 직류전류, 저항을 측정하며 교류전류는 측정이 불가능하다. 통전시험, 절연시험 등을 할 수 있다.

43 불대수의 기본적인 논리식이 잘못된 것은?

① $A \cdot A = A$　② $A \cdot \overline{A} = 0$
③ $A \cdot (A+B) = A$　④ $A \cdot B + A = B$

해설 $A \cdot B + A = A(B+1) = A$

44 $R-C$ 직렬회로에서 임피던스가 5Ω, 저항 4Ω일 때 용량리액턴스(Ω)는?

① 1　② 2
③ 3　④ 4

해설 $Z = \sqrt{R^2 + X_c^2}$
∴ $X_c = \sqrt{Z^2 - R^2} = \sqrt{5^2 - 4^2} = 3\,\Omega$

45 여러 개의 입력 중에서 가장 먼저 신호가 입력되는 경우 다른 신호에 우선하여 그 회로가 동작되도록 하는 회로는?

① 자기유지회로　② 시간제어회로
③ 선입력 우선회로　④ 후입력 우선회로

해설 ① 자기유지회로 : 시퀀스제어에서 전원을 공급하기 위한 기억회로이다.
② 시간제어회로 : 타이머를 이용하여 일정시간 유지하며 On Delay와 Off Delay가 있다.
④ 후입력 우선회로 : 입력된 여러 개의 접점 중에서 먼저 동작하도록 한다.

46 다음과 같은 용접도시기호의 명칭으로 옳은 것은?

① 겹침접합부　② 경사접합부
③ 표면접합부　④ 표면육성

해설 ① 경사접합부 :
③ 표면접합부 :
④ 표면육성 :

47 모따기의 각도가 45°일 때 치수수치 앞에 넣는 모따기기호는?

① D　② C
③ R　④ φ

해설 C(chamfer)는 모따기의 각도가 45°일 때 표기한다.

48 다음의 입체도를 3각법으로 나타낼 때 정면도로 올바른 것은? (단, 화살표방향이 정면이다.)

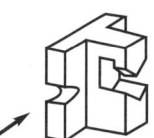

해설 3각법에서 정면도는 보는 방향에서 물체의 형상을 표현하는 것으로 ②와 같이 나타내어야 한다.

49 리벳의 호칭이 "KS B 1102 둥근 머리리벳 18×40 SV330"으로 표시된 경우 숫자 "40"의 의미는?

① 리벳의 수량　② 리벳의 구멍치수
③ 리벳의 길이　④ 리벳의 호칭지름

해설 리벳의 호칭은 리벳종류, 지름×길이, 재료 순으로 표기한다.

정답 41.① 42.③ 43.④ 44.③ 45.③ 46.① 47.② 48.② 49.③

50 도면의 척도란에 5 : 1로 표시되었을 때 의미로 올바른 설명은?

① 축척으로 도면의 형상크기는 실물의 $\frac{1}{5}$이다.
② 축척으로 도면의 형상크기는 실물의 5배이다.
③ 배척으로 도면의 형상크기는 실물의 $\frac{1}{5}$이다.
④ 배척으로 도면의 형상크기는 실물의 5배이다.

해설 배척으로 도면의 형상크기는 실물의 5배이며, 도면에서 상세하게 표기할 부분은 배척하여 표기한다.

51 다음 중 선의 굵기가 가는 실선이 아닌 것은?
① 지시선   ② 치수선
③ 해칭선   ④ 외형선

해설 ㉠ 외형선은 물체의 외형을 표현할 때 사용하는 선으로 굵은 실선(0.5mm)을 사용하며 선분의 끊어짐이 없이 그려야 한다.
㉡ 치수선, 치수보조선, 지시선, 해칭, 평면선, 작도선 등은 가는 실선(0.2mm)으로 나타낸다.

52 패킹, 얇은 판, 형강 등과 같이 절단면의 두께가 얇은 경우 실제 치수와 관계없이 단면을 특정선으로 표시할 수 있다. 이 선은 무엇인가?
① 가는 실선   ② 굵은 일점쇄선
③ 아주 굵은 실선   ④ 가는 이점쇄선

해설 패킹 개스킷, 얇은 판, 형강 등과 같이 얇은 물체의 단면은 그 물체의 두께에 해당하는 굵기로 1개의 실선으로 도시하고, 이들 단면이 인접할 때는 약간의 틈새를 두어 각각의 단면을 명확하게 구분하여 표시한다. 1개의 선으로 표시함으로써 오독의 염려가 있을 때는 지시선으로 표시한다. 그 예는 다음과 같다.

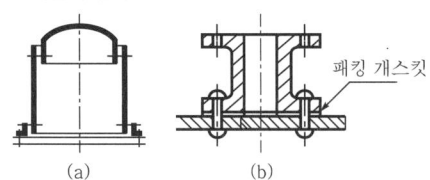

53 회전축의 회전방향이 양쪽 방향인 경우 두 쌍의 접선키를 설치할 때 접선키의 중심각은?
① 30°   ② 60°
③ 90°   ④ 120°

해설 접선키(tangential key)는 1/100의 기울기를 가진 2개의 키를 한 쌍으로 사용하며, 키가 작용하는 힘은 축의 둘레의 접선방향으로 작용하여 큰 힘을 전달하고 역전하는 것은 120°로 설치한다. 정사각형 단면의 키를 90°로 배치한 것을 캐네디키(kennedy key)라 한다.

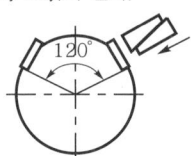

54 축이나 구멍에 설치한 부품이 축방향으로 이동하는 것을 방지하는 목적으로 주로 사용하며 가공과 설치가 쉬워 소형 정밀기기나 전자기기에 많이 사용되는 기계요소는?
① 키   ② 코터
③ 멈춤링   ④ 커플링

해설 ① 키 : 축과 보스를 연결하여 축에 회전력을 풀리나 기어로 전달하며 적용하는 방법에 따라 종류가 많다.
② 코터 : 주로 인장 또는 압축을 받는 두 축을 흔들림 없이 연결하는 이음으로, 한쪽 구배와 양쪽 구배가 있으나 한쪽 구배가 많이 쓰인다.
④ 커플링 : 커플링은 종동축과 구동축을 연결할 때 사용하며 축 간의 오차를 보정하는 역할을 한다.

55 나사의 풀림 방지법이 아닌 것은?
① 철사를 사용하는 방법
② 와셔를 사용하는 방법
③ 로크너트에 의한 방법
④ 사각너트에 의한 방법

해설 너트는 기계장치가 작동을 하면 진동이 발생하므로 풀림을 방지해야 하며 그 방법은 다음과 같다.
㉠ 탄성력이 있는 와셔를 사용하는 방법(스프링와셔, 이붙이 와셔)
㉡ 로크너트를 사용하는 방법
㉢ 세트스크루, 작은 나사 및 핀을 사용하는 방법
㉣ 클로(claw) 또는 철사를 사용하는 방법
㉤ 와셔의 일부를 접어 굽히거나 코킹(caulking)하는 방법
㉥ 너트의 측면에 금속편을 맞대는 방법
㉦ 분할핀(split pin)을 사용하는 방법
㉧ 자리면에 가하는 힘을 이용하는 방법
㉨ 자동죔너트(self-locking nut)에 의한 방법

정답 50. ④ 51. ④ 52. ③ 53. ④ 54. ③ 55. ④

56 비틀림모멘트 440N·m, 회전수 300rev/min (=rpm)인 전동축의 전달동력(kW)은?

① 5.8　　② 13.8
③ 27.6　　④ 56.6

해설 $H = \dfrac{TN}{9{,}740} = \dfrac{440 \times 300}{9{,}740} = 13.55\,\text{kW}$

57 일반적으로 사용하는 안전율은 어느 것인가?

① $\dfrac{사용응력}{허용응력}$　　② $\dfrac{허용응력}{기준강도}$

③ $\dfrac{기준강도}{허용응력}$　　④ $\dfrac{허용응력}{사용응력}$

해설 연강과 같은 재료에 정하중이 작용할 경우의 기준응력은 항복점이다. 따라서 실제로 사용하는 허용응력 σ_a와 항복점 σ_Y와의 비가 안전율이다.

$S = \dfrac{\sigma_Y}{\sigma_a}$

[참고] 연강과 같이 항복점이 명확하거나 약간의 소성변형도 허용하지 말아야 할 정밀기기 등에 정하중이 작용할 때는 일반적으로 항복점을 기준강도로 한다.

58 미끄럼베어링의 윤활방법이 아닌 것은?

① 적하급유법　　② 패드급유법
③ 오일링급유법　　④ 그리스급유법

해설 일반적으로 미끄럼베어링에는 윤활유를, 구름베어링에는 그리스를 사용하고 있다. 그러나 고속 회전에서 베어링에 윤활유를 사용하면 온도 상승 시 녹아 붙는(seizure) 문제가 발생하므로 그리스를 사용한다.

59 기어에서 이의 간섭 방지대책으로 틀린 것은?

① 압력각을 크게 한다.
② 이의 높이를 높인다.
③ 이 끝을 둥글게 한다.
④ 피니언의 이뿌리면을 파낸다.

해설 이의 간섭원인과 방지대책
㉠ 원인
　• 피니언의 잇수가 극히 적을 때
　• 기어와 피니언의 잇수비가 매우 클 때
　• 압력각이 작을 때
㉡ 방지대책
　• 피니언의 잇수를 최소 치수 이상으로 한다.
　• 기어의 잇수를 한계치수 이하로 한다.
　• 압력각을 크게 한다.
　• 치형수정을 한다.
　• 기어의 이높이를 줄인다.

60 결합용 기계요소인 와셔를 사용하는 이유가 아닌 것은?

① 볼트머리보다 구멍이 클 때
② 볼트길이가 길어 체결여유가 많을 때
③ 자리면이 볼트체결압력을 지탱하기 어려울 때
④ 너트가 닿는 자리면이 거칠거나 기울어져 있을 때

해설 와셔를 사용하는 이유
㉠ 볼트구멍의 지름이 볼트보다 너무 클 때
㉡ 볼트머리의 시트가 평평하지 아니하고 거칠거나 경사져 있어 죄는 힘이 고르게 작용하지 않을 때
㉢ 볼트시트면의 재료가 약해서 넓은 면으로 지지해야 할 때
㉣ 진동이나 회전으로 인해서 볼트나 너트가 풀리거나 빠져나가는 것을 방지할 때

정답 56. 정답없음　57. ③　58. ④　59. ②　60. ②

제10회 공유압기능사

2012.4.8. 시행

01 급속배기밸브의 설명으로 적합한 것은?
① 순차작동이 된다.
② 실린더의 운동속도를 빠르게 한다.
③ 실린더의 진행방향을 바꾼다.
④ 서지압력을 완충시킨다.

해설 급속배기밸브는 외기로 공기를 빠르게 배출하므로 실린더의 운동속도가 빨라지게 된다.

02 증압기에 대한 설명으로 가장 적합한 것은?
① 유압을 공압으로 변환한다.
② 낮은 압력의 압축공기를 사용하여 소형 유압실린더의 압력을 고압으로 변환한다.
③ 대형 유압실린더를 이용하여 저압으로 변환한다.
④ 높은 유압압력을 낮은 공기압력으로 변환한다.

해설 증압기는 사용압력(5~6kgf/cm²)보다 높은 고압으로 변환하여 큰 힘을 얻을 수 있다.

03 공압장치에 사용되는 압축공기필터의 공기여과 방법으로 틀린 것은?
① 원심력을 이용하여 분리하는 방법
② 충돌판에 닿게 하여 분리하는 방법
③ 가열하여 분리하는 방법
④ 흡습제를 사용해서 분리하는 방법

해설 가열하여 분리하는 것은 공기의 흐름과 에어호스에 영향을 미치므로 사용하지 않는다.

04 보일-샤를의 법칙에서 공기의 기체상수(kgf·m/kg·K)로 맞는 것은?
① 19.27   ② 29.27
③ 39.27   ④ 49.27

해설 $R = \dfrac{848}{M}$ [kgf·m/kg·K] $= \dfrac{8,312}{M}$ [J/kg·K]
∴ 공기의 기체상수 = 287J/kg·K = 29.27kgf·m/kg·K

05 다음의 기호 중 공압실린더의 1방향 속도제어에 주로 사용되는 밸브는?

①  ②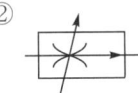

③ 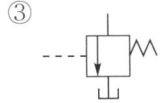 ④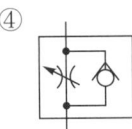

해설 공압실린더의 1방향 속도제어에는 체크밸브붙이 유량제어밸브를 사용한다.

06 다음 중 기계효율을 설명한 것으로 맞는 것은?
① 펌프의 이론토출량에 대한 실제 토출량의 비
② 구동장치로부터 받은 동력에 대하여 펌프가 유압유에 준 이론동력의 비
③ 펌프가 받은 에너지를 유용한 에너지로 변환한 정도에 대한 척도
④ 펌프동력의 축동력의 비

해설 기계효율은 구동장치로부터 받은 동력(축동력)에 대하여 펌프가 유압유에 준 이론동력의 비이다.
$\eta_m = \dfrac{L_{th}}{L_s}$

07 습기 있는 압축공기가 실리카겔, 활성알루미나 등의 건조제를 지나가면 건조제가 압축공기 중의 습기와 결합하여 혼합물이 형성되어 건조되는 공기건조기는?
① 흡착식 에어드라이어
② 흡수식 에어드라이어
③ 냉동식 에어드라이어
④ 혼합식 에어드라이어

해설 건조제를 통과하면 건조제가 압축공기 중의 습기와 결합하여(흡착) 혼합물이 형성되어 건조되는 공기건조기는 흡착식 에어드라이어이다.

정답 01.② 02.② 03.③ 04.② 05.④ 06.② 07.①

08 다음 중 공압 단동실린더의 설명으로 틀린 것은?
① 스프링이 내장된 형식이 일반적이다.
② 클램핑, 프레싱, 이젝팅 등의 용도로 사용된다.
③ 행정거리는 복동실린더보다 짧은 것이 일반적이다.
④ 공기소모량은 복동실린더보다 많다.

해설 공압 단동실린더는 A포트에만 압력을 생성하고 B포트는 압력을 생성하지 않고 스프링의 힘에 의해서 복귀시키므로 공기소모량이 복동실린더보다 적다.

09 다음의 기호를 무엇이라 하는가?

① ON delay 타이머
② OFF delay 타이머
③ 카운터
④ 솔레노이드

해설 OFF delay 타이머는 전원이 공급되고 설정된 시간이 지나면 ON이 된다.

10 유압회로에 공기가 침입할 때 발생되는 상태가 아닌 것은?
① 공동현상   ② 정마찰
③ 열화 촉진   ④ 응답성 저하

해설 ① 공동현상(cavitation) : 관의 확대와 축소부에서 압력의 편차로 기포가 발생한다.
② 정마찰 : 부품이 가지는 정지마찰을 의미한다.
③ 열화 촉진 : 공기침입으로 온도 상승을 유발한다.
④ 응답성 저하 : 공기침입으로 인한 기공으로 응답성이 저하된다.

11 유압장치에서 사용되고 있는 오일탱크에 대한 설명으로 적합하지 않은 것은?
① 오일을 저장할 뿐만 아니라 오일을 깨끗하게 한다.
② 오일탱크의 용량은 장치 내의 작동유를 모두 저장하지 않아도 되므로 사용압력, 냉각장치의 유무에 관계없이 가능한 작은 것을 사용한다.
③ 주유구에는 여과망과 캡 또는 뚜껑을 부착하여 먼지, 절삭분 등의 이물질이 오일탱크에 혼입되지 않게 한다.
④ 공기청정기의 통기용량은 유압펌프토출량의 2배 이상으로 하고, 오일탱크의 바닥면은 바닥에서 최소 15cm를 유지하는 것이 좋다.

해설 오일탱크의 용량은 장치 내의 작동유를 모두 저장하며 필터, 펌프, 냉각장치의 유무에 따라 크기를 결정해야 한다.

12 주어진 입력신호에 따라 정해진 출력을 나타내며 신호와 출력의 관계가 기억기능을 겸비한 회로는?
① 시퀀스회로   ② 온 오프 회로
③ 레지스터회로 ④ 플립플롭회로

해설 플립플롭에 전류가 부가되면 현재의 반대상태로 변하면서(0에서 1로, 또는 1에서 0으로) 그 상태를 계속 유지하므로 한 비트의 정보를 저장할 수 있는 능력을 가지고 있다.

13 방향제어밸브에서 존재할 수 있는 포트의 수가 아닌 것은?
① 1   ② 2
③ 3   ④ 4

해설 방향제어밸브는 반드시 2개 이상 포트가 존재해야 한다.

14 압축공기를 생산하는 장치는?
① 에어루브리케이터(air lubricator)
② 에어액추에이터(air actuator)
③ 에어드라이어(air dryer)
④ 에어컴프레서(air compressor)

해설 ① 에어루브리케이터 : 에어배관 속에 윤활유를 분사하여 마찰력을 감소시킨다.
② 에어액추에이터 : 실린더류를 의미한다.
③ 에어드라이어 : 압축된 공기에 습기를 제거하기 위한 장치이다.

정답 08. ④ 09. ② 10. ② 11. ② 12. ④ 13. ① 14. ④

15 유량제어밸브를 실린더의 입구측에 설치한 회로로서 유압 액추에이터에 유입하는 유량을 제어하는 방식으로 움직임에 대하여 정(正)의 부하가 작용하는 경우에 적합한 회로는?

① 블리드 오프 회로
② 브레이크회로
③ 감압회로
④ 미터 인 회로

해설 ㉠ 미터 인 제어방식은 액추에이터에 공급되는 유량을 제어하는 방식이다.
㉡ 미터 아웃 제어방식은 액추에이터에서 배출되는 유량을 제어하는 방식으로 미터 인 회로보다 미터 아웃 회로가 제어성이 우수하다.

16 유압장치의 장점이 아닌 것은?

① 힘을 무단으로 변속할 수 있다.
② 속도를 무단으로 변속할 수 있다.
③ 일의 방향을 쉽게 변화시킬 수 있다.
④ 하나의 동력원으로 여러 장치에 동시에 사용할 수 있다.

해설 하나의 동력으로 여러 장치에 동시에 사용할 수 있는 것은 공압장치이며, 유압장치는 각 장치마다 동력을 단독으로 설치해야 한다.

17 수냉식 오일쿨러(oil cooler)의 장점이 아닌 것은?

① 소형으로 냉각능력이 크다.
② 소음이 적다.
③ 자동유온조정이 가능하다.
④ 냉각수의 설비가 요구된다.

해설 유압장치는 유압유의 온도 상승으로 냉각장치가 설치되어야 한다.

18 2개 이상의 실린더를 순차작동시키려면 어떤 밸브를 사용해야 하는가?

① 감압밸브   ② 릴리프밸브
③ 시퀀스밸브   ④ 카운터밸런스밸브

해설 2개 이상의 실린더를 순차작동시키려면 시퀀스밸브를 사용해야 한다.

19 다음 기기들의 설명 중 틀린 것은?

① 실린더 : 유압의 압력에너지를 기계적 에너지로 바꾸는 기기이다.
② 체크밸브 : 유체를 양방향으로 흐르게 한다.
③ 제어밸브 : 유체를 정지 또는 흐르게 하는 기능을 한다.
④ 릴리프밸브 : 장치 내의 압력이 과도하게 높아지는 것을 방지한다.

해설 체크밸브는 유체를 한쪽 방향으로만 흐르게 한다.

20 다음 중 일반산업분야의 기계에서 사용하는 압축공기의 압력으로 가장 적당한 것은?

① 약 50~70kgf/cm^2
② 약 500~700kPa
③ 약 500~700bar
④ 약 50~70Pa

해설 일반산업분야의 기계에서 사용하는 압축공기의 압력은 약 500~700kPa이다.

21 압력제어밸브의 핸들을 돌렸을 때 회전각에 따라 공기압력이 원활하게 변화하는 특성은?

① 압력조정특성   ② 유량특성
③ 재현특성   ④ 릴리프특성

해설 압력제어밸브의 핸들을 돌렸을 때 회전각에 따라 공기압력이 원활하게 변화하는 것은 압력조정특성이다.

22 다음 그림과 같은 공압회로는 어떤 논리를 나타내는가?

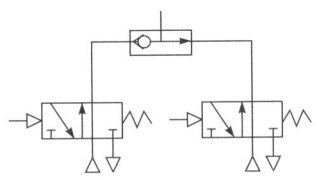

① OR   ② AND
③ NAND   ④ EX-OR

해설 OR회로로서 고압을 우선한다.

23 유량비례분류밸브의 분류비율은 일반적으로 어떤 범위에서 사용하는가?

① 1 : 1 ~ 9 : 1   ② 1 : 1 ~ 18 : 1
③ 1 : 1 ~ 27 : 1 ④ 1 : 1 ~ 36 : 1

해설 유량비례분류밸브의 분류비율은 일반적으로 1 : 1~9 : 1을 적용한다.

24 일명 로터리실린더라고도 하며 360° 전체를 회전할 수는 없으나 출구와 입구를 변화시키면 ±50° 정·역회전이 가능한 것은?

① 기어모터   ② 베인모터
③ 요동모터   ④ 회전피스톤모터

해설 요동모터는 기계장치에서 왕복운동으로 구현할 때 사용한다.

25 유압밸브 중에서 파일럿부가 있어서 파일럿압력을 이용하여 주스풀을 작동시키는 것은?

① 직동형 릴리프밸브
② 평형피스톤형 릴리프밸브
③ 인라인형 체크밸브
④ 앵글형 체크밸브

해설 유압밸브 중에서 파일럿부가 있어서 파일럿압력을 이용하여 주스풀을 작동시키는 것은 평형피스톤형 릴리프밸브이다.

26 전기신호를 이용하여 제어를 하는 이유로 가장 적합한 것은?

① 과부하에 대한 안전대책이 용이하다.
② 응답속도가 빠르다.
③ 외부 누설(감전, 인화)의 영향이 없다.
④ 출력 유지가 용이하다.

해설 전기신호는 유압과 공압보다도 응답속도가 가장 빠르다.

27 유압유에서 온도변화에 따른 점도의 변화를 표시하는 것은?

① 점도지수   ② 점도
③ 비중   ④ 동점도

해설 유압유에서 온도변화에 따른 점도의 변화를 표시하는 것은 점도지수이다.

28 유압·공기압도면기호 중 접속구를 나타내었다. 다음 그림과 같은 공기구멍에 대한 설명으로 맞는 것은?

① 연속적으로 공기를 빼는 경우
② 어느 시기에 공기를 빼고 나머지 시간은 닫아 놓는 경우
③ 필요에 따라 체크기구를 조작하여 공기를 빼내는 경우
④ 수압면적이 상이한 경우

해설 ㉠   : 연속적으로 공기를 빼는 경우

㉡   : 어느 시기에 공기를 빼고 나머지 시간은 닫아놓는 경우

㉢   : 필요에 따라 체크기구를 조작하여 공기를 빼내는 경우

28 공압실린더가 운동할 때 낼 수 있는 힘(F)을 식으로 맞게 표현한 것은? (단, P : 실린더에 공급되는 공기의 압력, A : 피스톤 단면적, V : 피스톤속도이다.)

① $F = PA$ ② $F = AV$
③ $F = P/A$ ④ $F = A/V$

해설 힘은 가해지는 압력과 면적을 곱하여 얻는다.
$F = PA$

30 다음 기호의 명칭으로 맞는 것은?

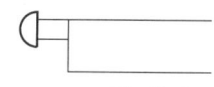

① 버튼   ② 레버
③ 페달   ④ 롤러

해설 푸시버튼형태로 손으로 조작하여 유체의 흐름을 제어한다.

정답 23.① 24.③ 25.② 26.② 27.① 28.② 29.① 30.①

31 평형조건을 이용한 중저항측정법은?

① 켈빈더블브리지법
② 전위차계법
③ 휘트스톤브리지법
④ 직접 편위법

해설 평형조건을 이용한 중저항측정법은 휘트스톤브리지법으로 서로 마주 보는 저항값을 더해 상대값을 비교한다.

32 시퀀스제어용 기기로 전자접촉기와 열동계전기를 총칭하는 것은?

① 적산카운터 ② 한시타이머
③ 전자개폐기 ④ 전자계전기

해설 시퀀스제어용 기기로 전자접촉기와 열동계전기를 총칭하는 것을 전자개폐기(magnetic relay)라 한다.

33 3상 유도전동기의 회전방향을 변경하는 방법은?

① 1차측의 3선 중 임의의 1선을 단락시킨다.
② 1차측의 3선 중 임의의 2선을 전원에 대하여 바꾼다.
③ 1차측의 3선 모두를 전원에 대하여 바꾼다.
④ 1차 권선의 극수를 변환시킨다.

해설 3상 유도전동기의 회전방향은 1차측의 3선 중 임의의 2선을 전원을 바꾸어 전환한다.

34 정류회로에 커패시터필터를 사용하는 이유는?

① 용량 증대를 위하여
② 소음을 감소하기 위하여
③ 직류에 가까운 파형을 얻기 위하여
④ 2배의 직류값을 얻기 위하여

해설 정류회로에 커패시터필터를 사용하는 것은 직류에 가까운 파형을 얻기 위함이다.

35 회로시험기를 이용하여 측정하고자 한다. 틀린 방법은?

① 적색 단자막대는 +극에, 흑색 단자막대는 −극에 접속시킨다.
② 전류는 직렬로 연결하고, 전압은 병렬로 연결한다.
③ 미지의 전압과 전류측정 시에는 측정범위가 낮은 곳부터 높은 곳으로 범위를 넓혀간다.
④ 교류를 측정할 때에는 허용치를 넘지 않는 주파수범위 내에서 이용한다.

해설 미지의 전압과 전류측정 시에는 측정범위가 높은 곳부터 낮은 곳으로 진행한다.

36 전류계를 사용하는 방법으로 틀린 것은?

① 부하전류가 클 때에는 분류기를 사용한다.
② 전류가 흐르므로 인체에 접촉되지 않도록 주의한다.
③ 전류치를 모를 때는 높은 쪽 범위부터 측정한다.
④ 전류계 접속 시 회로에 병렬접속한다.

해설 전류계 접속 시 회로에 직렬접속한다.

37 15kW 이상의 농형 유도전동기에 주로 적용되는 방식으로, 기동 시 공급전압을 낮추어 기동전류를 제한하는 기동법은?

① $Y-\Delta$기동법 ② 기동보상기법
③ 저항기동법   ④ 직입기동법

해설 15kW 이상의 농형 유도전동기에 주로 적용되는 방식으로, 기동 시 공급전압을 낮추어 기동전류를 제한하는 기동법은 기동보상기법이다.

38 정전용량이 0.01μF인 콘덴서의 1MHz에서의 용량리액턴스는 약 몇 Ω인가?

① 15.9   ② 16.9
③ 159   ④ 169

해설 $X_C = \dfrac{1}{2\pi fC} = \dfrac{1}{2\times 3.14\times 1\times 10^6 \times 0.01\times 10^{-6}}$
$= 15.9\,\Omega$

39 리밋스위치의 A접점은?

해설 ①은 릴레이 A접점, ②는 릴레이 B접점, ④는 리밋스위치 B접점이다.

정답 31.③ 32.③ 33.② 34.③ 35.③ 36.④ 37.② 38.① 39.③

40 다음과 같은 진리표에 해당하는 회로는? (단, L : 0V, H : 5V이다.)

입력신호		출력
A	B	X
L	L	L
L	H	L
H	L	L
H	H	H

① OR회로　　② AND회로
③ NOT회로　　④ NOR회로

해설 AND회로 : $A \times B = X$

입력신호		출력
A	B	X
0	0	0
0	1	0
1	0	0
1	1	1

41 다음 그림에서 I_1의 값은 얼마인가?

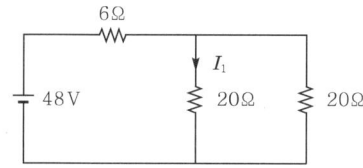

① 1.5A　　② 2.4A
③ 3A　　　④ 8A

해설 직·병렬회로에서 먼저 병렬회로의 저항을 계산하면
$R' = R_{20} = \dfrac{20 \times 20}{20+20} = 10\,\Omega$
$R_T = 6 + 10 = 16\,\Omega$
옴의 법칙에 의해
$I = \dfrac{V}{R_T} = \dfrac{48}{16} = 3A$
전류분배법칙을 적용하면
$I_{20} = \left(\dfrac{R_{20}}{R_{20}+R_{20}}\right) \times 3 = \left(\dfrac{20}{20+20}\right) \times 3 = 1.5A$

42 직류전동기 중에서 무부하운전이나 벨트운전을 절대 해서는 안 되는 전동기는?
① 타여자전동기　　② 복권전동기
③ 직권전동기　　　④ 분권전동기

해설 직류전동기 중에서 무부하운전이나 벨트운전을 절대 해서는 안 되는 전동기는 직권전동기이다.

43 교류에서 전압과 전류의 벡터그림이 다음과 같다면 어떤 소자로 구성된 회로인가?

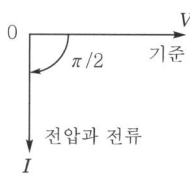

① 저항　　　② 코일
③ 콘덴서　　④ 다이오드

해설 교류전압 $v = \sqrt{2}\,V\sin\omega t\,[V]$에 기전력을 가하면 전류 $i = \sqrt{2}\,I\sin\left(\omega t - \dfrac{\pi}{2}\right)[A]$이다. 인덕턴스(코일)만의 회로에서 전류가 전압보다 $\dfrac{\pi}{2}$ [rad]만큼 뒤진다.

44 100Ω의 크기를 가진 저항에 직류전압 100V를 가할 때 이 저항에 소비되는 전력은 얼마인가?
① 100W　　② 150W
③ 200W　　④ 250W

해설 $P = IV = \dfrac{V^2}{R} = \dfrac{100^2}{100} = 100W$

45 대칭 3상 교류전압 순시값의 합은 얼마인가?
① 0V　　　② 50V
③ 110V　　④ 220V

해설 대칭 3상 교류전압 순시값의 합은 0V이다.

46 다음 그림의 도면이 3각법으로 정투상한 정면도와 우측면도일 때 가장 적합한 평면도는?

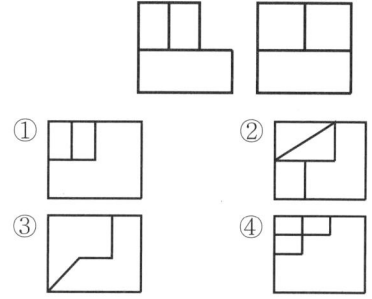

해설 평면도는 위에서 내려다 본 형상을 의미한다.

정답 40. ②　41. ①　42. ③　43. ②　44. ①　45. ①　46. ③

47 기계제도에서 가는 이점쇄선을 사용하는 것은?

① 중심선 ② 지시선
③ 가상선 ④ 피치선

해설 가상선은 가는 이점쇄선을 사용하여 기계장치의 운동범위나 제작한 후의 운동영역을 표시해 도면을 쉽게 이해하도록 한다.

48 암이나 리브 등의 단면을 회전도시 단면도를 사용하여 나타낼 경우 절단한 곳의 전후를 끊어서 그 사이에 단면의 형상을 나타낼 때 사용하는 선은?

① 굵은 실선 ② 가는 일점쇄선
③ 가는 파선 ④ 굵은 일점쇄선

해설 굵은 실선은 암이나 리브 등의 단면을 회전도시 단면도를 사용하여 나타낼 경우 절단한 곳의 전후를 끊어서 그 사이에 단면의 형상을 나타낼 때 사용한다.

49 기계가공도면에서 구의 반지름을 표시하는 기호는?

① φ ② R
③ SR ④ Sφ

해설 φ는 지름을, R은 반지름을, Sφ는 구의 지름을 나타낸다.

50 다음 그림과 같은 용접기호에 대한 해석이 잘못된 것은?

6 □ 10×12(45)

① 용접 목길이는 10mm
② 슬롯부의 너비는 6mm
③ 용접부의 길이는 12mm
④ 인접한 용접부 간의 거리(피치)는 45mm

해설 '10'은 용접부의 폭을 의미한다.

51 도면의 마이크로사진촬영, 복사 등의 작업을 편리하게 하기 위하여 표시하는 것과 가장 관계가 깊은 것은?

① 윤곽선 ② 중심마크
③ 표제란 ④ 재단마크

해설 중심마크는 도면의 마이크로사진촬영, 복사 등의 작업을 편리하게 하기 위해서 표시한다.

52 다음 그림과 같은 솔리드모델링에 의한 물체의 형상에서 화살표방향의 정면도로 가장 적합한 투상도는?

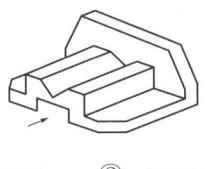

해설 정면도는 물체 정면에서 본 형상을 의미한다.

53 브레이크드럼을 브레이크블록으로 누르게 한 것으로 단식, 복식으로 구분하며 차량, 기중기 등에 많이 사용되는 것은?

① 가죽브레이크 ② 블록브레이크
③ 축압브레이크 ④ 밴드브레이크

해설 브레이크드럼을 브레이크블록으로 누르게 한 것은 블록브레이크이다.

54 미터나사에 관한 설명으로 틀린 것은?

① 미터법을 사용하는 나라에서 사용된다.
② 나사산의 각도가 60°이다.
③ 미터보통나사는 진동이 심한 곳의 이완 방지용으로 사용된다.
④ 호칭치수는 수나사의 바깥지름과 피치를 mm로 나타낸다.

해설 미터보통나사는 정밀을 요하는 곳에 사용한다.

55 재료의 어느 범위 내에 단위면적당 균일하게 작용하는 하중은?

① 집중하중 ② 분포하중
③ 반복하중 ④ 교번하중

해설 ① 집중하중 : 한 곳에 집중하여 작용하는 하중
③ 반복하중 : 일정한 하중이 규칙성을 가지고 작용하는 하중
④ 교번하중 : 불규칙한 하중이 반복적으로 작용하는 하중

정답 47. ③ 48. ① 49. ③ 50. ① 51. ② 52. ③ 53. ② 54. ③ 55. ②

56 맞물림클러치의 턱형태에 해당하지 않는 것은?
① 사다리꼴형   ② 나선형
③ 유선형   ④ 톱니형

해설 클러치는 동력을 차단하고 전달하는 역할을 하는 것으로 턱형태에 따라 사다리꼴, 나선형, 톱니형이 있다.

57 V벨트전동장치의 장점을 맞게 설명한 것은?
① 설치면적이 넓으므로 사용이 편리하다.
② 평벨트처럼 벗겨지는 일이 없다.
③ 마찰력이 평벨트보다 작다.
④ 벨트의 마찰면을 둥글게 만들어 사용한다.

해설 V벨트전동장치는 V형 홈을 가지므로 마찰력이 우수하고 벨트가 이탈하지 않는다.

58 피치원지름이 250mm인 표준스퍼기어에서 잇수가 50개일 때 모듈은?
① 2   ② 3
③ 5   ④ 7

해설 $P = Zm$
$$\therefore m = \frac{P}{Z} = \frac{250}{50} = 5$$

59 회전력의 전달과 동시에 보스를 축방향으로 이동시킬 때 가장 적합한 키는?
① 새들키   ② 반달키
③ 미끄럼키   ④ 접선키

해설 미끄럼키는 회전의 전달과 동시에 보스를 축방향으로 이동시킬 수 있다.

60 아이볼트에 2톤의 인장하중이 걸릴 때 나사부의 바깥지름은? (단, 허용응력 σ_n =10kgf/ mm²이고, 나사는 미터보통나사를 사용한다.)
① 20mm   ② 30mm
③ 36mm   ④ 40mm

해설 $d = \sqrt{\dfrac{2W}{\sigma_n}} = \sqrt{\dfrac{2 \times 2{,}000}{10}} = 20\,\text{mm}$

정답 56. ③   57. ②   58. ③   59. ③   60. ①

제11회 공유압기능사

2012.10.20. 시행

01 액추에이터 중 유압에너지를 직선운동으로 변환하는 기기는?
① 유압모터   ② 유압실린더
③ 유압펌프   ④ 요동모터

해설 ①, ④ 유압모터와 요동모터 : 유압에너지를 회전운동으로 변환
③ 유압펌프 : 압력에너지 생성

02 유압 및 공기압용어의 정의에 대하여 규정한 한국산업표준으로 맞는 것은?
① KS B 0112   ② KS B 0114
③ KS B 0119   ④ KS B 0120

해설 한국산업표준
㉠ KS B 0054 : 유압 및 공기압도면기호
㉡ KS B 0120 : 유압 및 공기압용어
㉢ KS B ISO 2867 : 토공기계-접근시스템
㉣ KS B 6277 : 유압시스템 통칙
㉤ KS B 6370 : 유압실린더
㉥ KS B 6702 : 유압 및 공기압실린더-구성요소 및 식별기호에 관한 통칙
㉦ KS B 6703 : 유압실린더 부착치수
㉧ KS B 6705 : 유압 및 공기압실린더 부속품의 치수

03 전기리드스위치를 설명한 것으로 틀린 것은?
① 자기현상을 이용한 것이다.
② 영구자석으로 작동한다.
③ 불활성가스 속에 접점을 내장한 유리관의 구조이다.
④ 전극의 정전용량변화를 이용하여 검출한다.

해설 전극의 정전용량변화를 이용한 것은 근접센서이다.

04 액추에이터의 공급 쪽 관로에 설정된 바이패스 관로의 흐름을 제어함으로써 속도를 제어하는 회로는?
① 미터 인 회로   ② 미터 아웃 회로
③ 블리드 온 회로   ④ 블리드 오프 회로

해설 ① 미터 인 회로 : 들어오는(입력) 유량을 조절한다.
② 미터 아웃 회로 : 배출되는 유량을 조절한다.
③ 블리드 온 회로 : 실린더에서 배출되는 유량의 일부를 유량제어밸브를 통해 탱크로 귀환시키지 않는다.

05 공압의 특징을 나타낸 것이다. 옳지 않은 것은?
① 위치제어가 용이하다.
② 에너지 축적이 용이하다.
③ 과부하가 되어도 안전하다.
④ 배기소음이 발생한다.

해설 공압은 압축성 유체이기 때문에 위치제어가 용이하지 않다.

06 압축공기의 조정유닛(unit)의 구성기구가 아닌 것은?
① 압축공기필터   ② 압축공기조절기
③ 압축공기윤활기   ④ 소음기

해설 압축공기의 조정유닛은 필터(filter), 압축공기조절기(regulator), 윤활기(lubricator)이며, 일명 FRL unit 혹은 AC(Air Combination) unit이라고 한다.

07 공압시스템의 서징 설계조건으로 볼 수 없는 것은?
① 부하의 중량
② 반복횟수
③ 실린더의 행정거리
④ 부하의 형상

해설 공압시스템의 서징 설계조건은 부하의 중량, 반복횟수, 실린더의 행정거리에 의해서 결정한다.

정답 01.② 02.④ 03.④ 04.④ 05.① 06.④ 07.④

08 양 제어밸브, 양 체크밸브라고도 말하며 압축공기 입구(X, Y)가 2개소, 출구(A)가 1개소로 되어 있으며, 서로 다른 위치에 있는 신호밸브로부터 나오는 신호를 분류하고 제2의 신호밸브로 공기가 누출되는 것을 방지하므로 OR요소라고도 하는 밸브는 어느 것인가?

① 셔틀밸브 ② 체크밸브
③ 언로드밸브 ④ 리듀싱밸브

해설 ② 체크밸브 : 공압회로에서 압축공기의 역류를 방지하고자 하는 경우에 사용한다.
③ 언로드밸브 : 압력이 설정압력보다 높아지면 압력조절기 내의 피스톤을 밀어 배출시킨다.
④ 리듀싱밸브 : 유압회로 내의 일부 압력을 감압시켜 압력을 일정하게 유지하는 밸브이다.

09 사용온도가 비교적 넓기 때문에 화재의 위험성이 높은 유압장치의 작동유에 적합한 것은?

① 식물성 작동유 ② 동물성 작동유
③ 난연성 작동유 ④ 광유계 작동유

해설 유압작동유는 석유계 작동유, 합성계 작동유(난연성 작동유), 함수계 작동유(난연성 작동유)가 있다. 화재 위험성이 높은 작동유는 난연성 작동유이다.

10 공유압제어밸브를 기능에 따라 분류하였을 때 해당되지 않는 것은?

① 방향제어밸브 ② 압력제어밸브
③ 유량제어밸브 ④ 온도제어밸브

해설 공유압제어밸브는 기능에 따라 방향제어밸브, 압력제어밸브, 유량제어밸브로 분류된다.

11 펌프가 포함된 유압유닛에서 펌프 출구의 압력이 상승하지 않는다. 그 원인으로 적당하지 않은 것은?

① 릴리프밸브의 고장
② 속도제어밸브의 고장
③ 부하가 걸리지 않음
④ 언로드밸브의 고장

해설 속도제어밸브는 유압의 액추에이터에 설치되어 실린더나 모터의 속도를 제어한다.

12 다음 그림의 기호는 무엇을 뜻하는가?

① 압력계 ② 온도계
③ 유량계 ④ 소음기

해설 ① 압력계 :    ③ 유량계 : 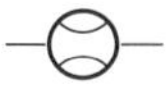
④ 소음기 :

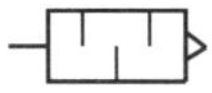

13 공기압회로에서 실린더나 액추에이터로 공급하는 공기의 흐름방향을 변환하는 기능을 갖춘 밸브는 어느 것인가?

① 방향전환밸브 ② 유량제어밸브
③ 압력제어밸브 ④ 속도제어밸브

해설 방향전환밸브는 공급하는 공기의 흐름방향을 제어한다.

14 공기건조기에 대한 설명 중 옳은 것은?

① 수분 제거방식에 따라 건조식, 흡착식으로 분류한다.
② 흡착식은 실리카겔 등의 고체흡착제를 사용한다.
③ 흡착식은 최대 −170℃까지의 저노점을 얻을 수 있다.
④ 건조제 재생방법을 논 브리드식이라 부른다.

해설 수분 제거방법에 따라 냉각식, 흡착식, 흡수식이 있으며, 흡착식은 최대 −70℃까지의 저노점을 얻을 수 있다.

15 다음 중 압력제어밸브의 특성이 아닌 것은?

① 크래킹특성 ② 압력조정특성
③ 유량특성 ④ 히스테리시스특성

해설 ㉠ 압력제어밸브의 특성으로는 압력조정특성, 유량특성, 압력특성, 히스테리시스특성, 릴리프특성, 감도특성 등이 있다.
㉡ 크래킹특성은 밸브가 열리기 시작하고 유압유가 탱크로 귀환을 시작하는 압력을 의미한다.

16 구조가 간단하고 운전 시 부하변동 및 성능변화가 적을 뿐 아니라 유지·보수가 쉽고 내접형과 외접형이 사용되는 펌프는?

① 기어펌프 ② 베인펌프
③ 피스톤펌프 ④ 플런저펌프

해설 구조가 간단하고 운전 시 부하변동 및 성능변화가 적을 뿐 아니라 유지·보수가 쉽고 내접형과 외접형이 사용되는 펌프는 기어펌프이다.

정답 08. ① 09. ③ 10. ④ 11. ② 12. ② 13. ① 14. ② 15. ① 16. ①

17 한 방향의 유동을 허용하나 역방향의 유동은 완전히 저지하는 역할을 하는 밸브는?

① 체크밸브
② 셔틀밸브
③ 2압밸브(AND밸브)
④ 유량제어밸브

해설 ② 셔틀밸브(shuttle valve) : 양 제어밸브 또는 양 체크밸브라고도 하며 2개소 이상의 방향으로부터의 흐름을 1개소로 합칠 때 사용된다.
③ 2압밸브 : 2개의 입구 X와 Y, 1개의 출구 A가 있으며 압축공기가 2개의 입구 X와 Y에 모두 흐를 때 출구 A에 공기가 흐른다.
④ 유량제어밸브 : 출력되는 유량($Q=AV$)을 제어하여 속도를 제어한다.

18 유압펌프가 기름을 토출하지 않을 때 흡입 쪽의 점검이 필요한 기기는?

① 실린더   ② 스트레이너
③ 어큐뮬레이터   ④ 릴리프밸브

해설 스트레이너는 유압탱크에서 오일을 흡입하기 전에 이물질을 제거하는 역할을 한다.

19 공압장치에 부착된 압력계의 눈금이 5kgf/cm² 를 지시한다. 이 압력을 무엇이라 하는가? (단, 대기압력을 0으로 하여 측정함)

① 대기압력   ② 절대압력
③ 진공압력   ④ 게이지압력

해설 절대압력은 대기압과 게이지압력을 더한 압력이며, 압력계의 압력은 게이지압력이고, 진공압력은 −압력이다.

20 유량제어밸브에 속하는 것은?

① 전환밸브   ② 체크밸브
③ 정비밸브   ④ 교축밸브

해설 교축밸브(throttle valve)는 공압회로의 유량을 일정하게 유지하려 할 때 사용한다.

21 공압과 유압의 조합기기에 해당되는 것은?

① 에어서비스유닛
② 스틱 앤 슬립유닛
③ 하이드롤릭체크유닛
④ 벤투리포지션유닛

해설 공·유압조합기기는 공유압변환기, 증압기, 하이드롤릭체크유닛(hydraulic check unit)이 있다. 하이드롤릭체크유닛은 공압실린더와 결합해서 그것에 있는 교축밸브를 조정하여 실린더의 속도를 제어하는 데 사용한다.

22 공압시스템에서 제어밸브가 할 수 없는 것은?

① 방향제어   ② 속도제어
③ 압축제어   ④ 압력제어

해설 공압시스템에서 밸브의 종류는 방향제어밸브, 압력제어밸브, 속도제어밸브가 있다.

23 공유압제어밸브와 사용목적이 틀린 것은?

① 감압밸브 : 어떤 부분회로의 압력을 주회로의 압력보다 저압으로 할 때 사용된다.
② 2압밸브 : 안전제어, 검사기능 등에 사용된다.
③ 압력스위치 : 압력신호를 높은 압력으로 만든다.
④ 시퀀스밸브 : 다수의 액추에이터에 작동순서를 결정한다.

해설 압력스위치는 압력신호를 높은 압력으로 만드는 것이 아니고 설정압이 되었을 때 ON/OFF신호를 주어 압력의 흐름을 제어한다.

24 유압기기에서 스트레이너의 여과입도 중 많이 사용되고 있는 것은?

① 0.5~1μm   ② 1~30μm
③ 50~70μm   ④ 100~150μm

해설 유압기기에서 스트레이너의 여과입도는 100~150μm를 많이 사용하며, 압력강하는 50~100mmHg에서 사용한다. 스트레이너가 막히면 펌프가 규정유량을 토출하지 못하거나 소음을 발생한다.

25 유압장치의 구성요소 중 동력장치에 해당되는 요소는 어느 것인가?

① 펌프   ② 압력제어밸브
③ 액추에이터   ④ 실린더

해설 펌프는 유압장치의 구성요소 중 동력장치에 해당하는 요소로 압력에너지를 생성하여 액추에이터, 즉 모터나 실린더를 작동시킨다.

정답 17. ① 18. ② 19. ④ 20. ④ 21. ③ 22. ③ 23. ③ 24. ④ 25. ①

26 시스템을 안전하고 확실하게 운전하기 위한 목적으로 사용하는 회로로 2개의 회로 사이에 출력이 동시에 나오지 않게 하는 데 사용되는 회로는?

① 인터록회로　　② 자기유지회로
③ 정지우선회로　④ 한시동작회로

해설
② 자기유지회로 : 시퀀스회로상에 전원을 지속적으로 공급하기 위한 메모리회로이다.
③ 정지우선회로 : 동작상태회로보다 정지신호를 동작시킨다.
④ 한시동작회로 : 타이머에 의해서 일정시간만 동작이 되도록 하는 회로이다.

27 2개의 안정된 출력상태를 가지고 입력 유무에 관계없이 직전에 가해진 압력의 상태를 출력상태로서 유지하는 회로는?

① 부스터회로　　② 카운터회로
③ 레지스터회로　④ 플립플롭회로

해설 입력된 신호를 기억시켜 그 상태를 유지하는 회로, 즉 입력 A가 ON되면 출력이 전환되고 입력 A가 OFF되어도 입력 B가 ON될 때까지 출력이 그대로 유지되는 회로를 flip-flop 회로 혹은 memory회로라고 한다.

28 다음 그림의 회로도는 어떤 회로인가?

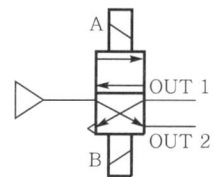

① 1방향 흐름회로　② 플립플롭회로
③ 푸시버튼회로　　④ 스트로크회로

해설 플립플롭회로는 먼저 도달한 신호가 우선되어 작동되며 다음 신호가 입력될 때까지 처음 신호가 유지되는 회로로, 주어진 입력신호에 따라 정해진 출력을 보내며 기억기능이 있는 회로이다. 출력이 최종적으로 주어진 입력신호를 기억하는 기능을 한다.

29 공기압장치에서 사용되는 압축기를 작동원리에 따라 분류하였을 때 맞는 것은?

① 터보형　　② 밀도형
③ 전기형　　④ 일반형

해설 공기압축기는 작동원리에 따라 왕복형, 나사형, 터보형(원심형)으로 분류된다. 이 중 터보형은 터빈을 고속(3~4만회전/분)으로 회전시킴에 따라 공기가 고속이 되며, 이때 공기의 질량×유속=압력에너지로 변환된다. 공기의 질량은 물에 비해 대단히 적으므로 압력을 높이려면 고속 회전을 해야 하고, 그러기 위해서는 빠른 유속이 필요하다. 그래도 압력을 7kgf/cm²까지 한번에 올리는 것은 어려우므로 2단, 3단 압축을 하여 7kgf/cm²까지 올리고 있다.

30 로드리스(rodless)실린더에 대한 설명으로 적당하지 않은 것은?

① 피스톤로드가 없다.
② 비교적 행정이 짧다.
③ 설치공간을 줄일 수 있다.
④ 임의의 위치에 정지시킬 수 있다.

해설 로드리스실린더는 로드가 없기 때문에 행정이 길 필요가 있는 시스템에 적용한다.

31 도체의 전기저항은?

① 단면적에 비례하고 길이에 반비례한다.
② 단면적에 반비례하고 길이에 비례한다.
③ 단면적과 길이에 반비례한다.
④ 단면적과 길이에 비례한다.

해설 일반적으로 도선의 전기저항은 도선의 길이에 비례하고 단면적에 반비례한다. 도선의 길이를 l[m], 단면적을 A[m²]라고 하면 저항은 $R = \rho \dfrac{l}{A}$[Ω]이다.

32 다음 그림과 같이 입력이 동시에 ON 되었을 때에만 출력이 ON 되는 회로를 무슨 회로라고 하는가?

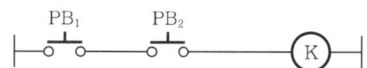

① OR회로　　② AND회로
③ NOR회로　④ NAND회로

해설 AND회로는 PB₁과 PB₂가 동시에 ON이 되면 K가 ON이 되는 조건을 의미한다.

33 다음 중 검출용 스위치는?

① 푸시버튼스위치　② 근접스위치
③ 토글스위치　　　④ 전환스위치

해설 근접스위치는 물체의 유무를 판별하는 스위치를 의미한다.

정답　26.①　27.④　28.②　29.①　30.②　31.②　32.②　33.②

34 권선형 유도전동기의 속도제어법 중 비례추이를 이용한 제어법으로 맞는 것은?

① 극수변환법　　② 전원주파수변환법
③ 전압제어법　　④ 2차 저항제어법

해설 비례추이를 응용하여 유도전동기의 2차 저항의 크기를 가감하면 슬립을 제어할 수 있다. 즉 회전속도를 조절할 수 있으며, 이러한 제어는 2차 저항값이 고정되어 있는 농형에서는 불가능하고 권선형에서 가능하다.

35 교류회로의 역률을 구하는 공식으로 맞는 것은?

① $\dfrac{\text{피상전력}}{\text{전압} \times \text{전류}}$　　② $\dfrac{\text{무효전력}}{\text{전압} \times \text{전류}}$

③ $\dfrac{\text{겉보기 전력}}{\text{전압} \times \text{전류}}$　　④ $\dfrac{\text{유효전력}}{\text{전압} \times \text{전류}}$

해설 $\cos\theta = \dfrac{P}{P_a} = \dfrac{VI\cos\theta}{VI}$
여기서, P_a : 피상전력, P : 유효전력

36 3상 교류의 △결선에서 상전압과 선간전압의 크기관계를 표시한 것은?

① 상전압 < 선간전압　② 상전압 > 선간전압
③ 상전압 = 선간전압　④ 상전압 ≠ 선간전압

해설 상전압과 선간전압의 관계에서 상전압과 선간전압은 동상(phase)이다.

37 4Ω, 5Ω, 8Ω의 저항 3개를 병렬로 접속하고 50V의 전압을 가하면 5Ω에 흐르는 전류는 몇 A인가?

① 4　　② 5
③ 8　　④ 10

해설 병렬회로에서는 전압이 일정하므로 5Ω에 흐르는 전류는 다음과 같다.
$I = \dfrac{V}{R} = \dfrac{50}{5} = 10\text{A}$

38 사인파 전압의 순시값 $v = \sqrt{2}\,V\sin\omega t\,[\text{V}]$인 교류의 실효값(V)은?

① $\dfrac{V}{2}$　　② $\sqrt{2}\,V$
③ V　　④ $\dfrac{V}{\sqrt{2}}$

해설 ㉠ 순시값 : $v = V_m \sin\omega t = \sqrt{2}\,V\sin\omega t\,[\text{V}]$
㉡ 실효값 : $V = \dfrac{1}{\sqrt{2}}V_m\,[\text{V}]$
∴ $V' = \dfrac{\sqrt{2}\,V}{\sqrt{2}} = V$

39 백열전구를 스위치로 점등과 소등을 하는 것을 무슨 제어라고 하는가?

① 정성적 제어
② 되먹임제어
③ 정량적 제어
④ 자동제어

해설 정성적 제어의 제어명령은 ON/OFF, 유무상태 등 2개의 정보만으로 구성되어 있다.

40 직류전동기의 속도제어법이 아닌 것은?

① 계자제어법
② 발전제어법
③ 저항제어법
④ 전압제어법

해설 직류전동기의 속도는 저항, 계자, 전압에 의해서 제어된다.

41 전류를 측정하는 기본단위의 기호가 잘못된 것은?

① 킬로암페어 : kA
② 밀리암페어 : mA
③ 마이크로암페어 : μA
④ 나노암페어 : pA

해설 나노암페어의 기호는 nA이고, pA는 피코암페어의 기호이다.

42 3상 유도전동기의 원리는?

① 블론델법칙
② 보일의 법칙
③ 아라고원판
④ 자기저항효과

해설 다상 유도전동기의 기본원리는 아라고의 원판실험에 의해 실현되었다. 구리 또는 알루미늄으로 만든 원판을 축으로 회전할 수 있게 하고, 이 원판 주변을 자석이 움직이면 원판은 자석보다 느린 속도로 같은 방향으로 움직인다.

정답 34. ④　35. ④　36. ③　37. ④　38. ③　39. ①　40. ②　41. ④　42. ③

43 10A의 전류가 흘렀을 때의 전력이 100W인 저항에 20A의 전류가 흐르면 전력은 몇 W인가?

① 50　　② 100
③ 200　　④ 400

[해설] 전력 $P = IV = I^2R$이다. 저항 R은 일정하므로 전류가 20A일 때 전력은 400W가 된다.

44 전압계 사용법 중 틀린 것은?

① 전압의 크기를 측정할 때 사용된다.
② 전압계는 회로의 두 단자에 병렬로 연결한다.
③ 교류전압측정 시에는 극성에 유의한다.
④ 교류전압을 측정할 시에는 교류전압계를 사용한다.

[해설] 직류전압은 극성에 유의해야 하지만 교류전압은 그렇지 않다.

45 시퀀스제어의 형태가 아닌 것은?

① 시한제어　　② 순서제어
③ 조건제어　　④ 되먹임제어

[해설] 되먹임제어(feedback control)는 입력값이 출력값과 항상 일치하도록 제어하여 오차가 없으며 CNC밀링, 선반과 같이 정밀제어에 적용한다.

46 단면임을 나타내기 위하여 단면 부분의 주된 중심선에 대해 45° 정도로 경사지게 나타내는 선들을 의미하는 것은?

① 호핑　　② 해칭
③ 코킹　　④ 스머징

[해설] ① 호핑 : 정밀가공하는 방법이다.
③ 코킹 : 리벳작업 후 기밀유지를 위해 옆면에 노치를 형성한다.
④ 스머징 : 색연필로 단면의 테두리만 색칠하여 표기하는 것을 의미한다.

47 다음 그림과 같은 용접보조기호의 설명으로 가장 적합한 것은?

① 일주공장용접
② 공장점용접
③ 일주현장용접
④ 현장점용접

[해설] 전체 둘레 혹은 일주현장용접에 대한 기호이다.

48 기계제도에서 대상물의 일부를 떼어낸 경계를 표시하는 데 사용하는 선의 명칭은?

① 가상선　　② 피치선
③ 파단선　　④ 지시선

[해설] 기계제도에서 대상물의 일부를 떼어낸 경계를 표시하는 데 사용하는 선은 파단선이다.

49 다음 그림과 같은 3각법으로 정투상한 정면도와 우측면도에 가장 적합한 평면도는?

(정면도)　(우측면도)

① 　②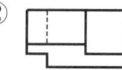
③ 　④

[해설] 측면도를 보면 왼쪽의 파선이 측면도 우측까지 연결되어 있어야 하므로 ③이다.

50 다음 그림의 치수선은 어떤 치수를 나타내는 것인가?

① 각도의 치수　　② 현의 길이치수
③ 호의 길이치수　　④ 반지름의 치수

[해설] ① 각도의 치수 :
③ 호의 길이치수 :
④ 반지름의 치수 :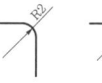

51 경사면부가 있는 대상물에서 그 경사면의 실형을 표시할 필요가 있는 경우 그 투상도로 가장 적합한 것은?

① 회전투상도　　② 부분투상도
③ 국부투상도　　④ 보조투상도

정답　43. ④　44. ③　45. ④　46. ②　47. ③　48. ③　49. ③　50. ②　51. ④

해설 ① 회전투상도 : 물체의 일부분이 투영면에 대하여 경사져 실형이 나타나지 않을 때
② 부분투상도 : 주투상도의 보조로 나타낼 때
③ 국부투상도 : 물체의 홈이나 구멍 등을 표기할 때

52 리벳의 호칭길이를 가장 올바르게 도시한 것은?

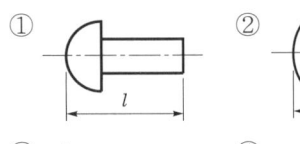

해설 둥근 머리리벳의 호칭길이를 표기할 때는 머리 부분을 제외한다.

53 볼트와 너트의 풀림 방지, 핸들을 축에 고정할 때 등 큰 힘을 받지 않는 가벼운 부품을 설치하기 위한 결합용 기계요소로 사용되는 것은?
① 키 ② 핀
③ 코터 ④ 리벳

해설 풀림 방지나 큰 힘을 받지 않는 가벼운 부품을 설치할 때 사용하는 것은 핀이다.

54 V벨트에서 인장강도가 가장 작은 것은?
① M형 ② A형
③ B형 ④ E형

해설
종류	1개당 인장강도(kgf/mm²)
M	120 이상
A	250 이상
B	360 이상
C	600 이상
D	1,100 이상
E	1,500 이상

55 작은 스퍼기어와 맞물리고 잇줄이 축방향과 일치하며 회전운동을 직선운동으로 바꾸는 데 사용하는 기어는?
① 내접기어 ② 랙기어
③ 헬리컬기어 ④ 크라운기어

해설 ① 내접기어 : 하나의 기어는 내접으로, 하나의 기어는 외접으로 접촉할 때
② 헬리컬기어 : 추력이 발생할 때
③ 크라운기어 : 예각이나 둔각인 상태에서 축의 방향을 전환할 때

56 끝면의 모양에 따라 45° 모따기형과 평형이 있으며 위치결정이나 막대의 연결용으로 사용하는 핀은?
① 스프링핀 ② 분할핀
③ 테이퍼핀 ④ 평행핀

해설 ① 스프링핀 : 탄성력을 부여한 핀
② 분할핀 : 진동이 발생하는 부분에 적용, 한쪽 끝을 구부려 이탈 방지
③ 테이퍼핀 : 2개의 축을 연결할 때 사용

57 응력-변형률선도에서 응력을 서서히 제거할 때 변형이 서서히 없어지는 성질은?
① 점성 ② 탄성
③ 소성 ④ 관성

해설 응력-변형률선도는 y축에 응력 혹은 하중을, x축에 변형률 혹은 신장량을 표기한다. 모든 조건은 탄성영역범위 내에서 이루어지며 선도의 특성은 재질에 따라 상이하다.

58 코일스프링에 하중을 36kgf 작용시킬 때 처짐량이 6mm였다면 스프링상수값은 몇 kgf/mm인가?
① 6 ② 7
③ 8 ④ 10

해설 $P = k\delta$
$\therefore k = \dfrac{P}{\delta} = \dfrac{36}{6} = 6\,\text{kgf/mm}$

59 나사가 축을 중심으로 한 바퀴 회전할 때 축방향으로 이동한 거리는 무엇인가?
① 피치 ② 리드
③ 리드각 ④ 백래시

해설 ① 피치 : 산과 산 혹은 골과 골의 거리
② 리드각 : 리드가 1회전한 것을 평면으로 표기할 때의 경사각
④ 백래시 : 나사가 시계방향 혹은 반시계방향으로 움직일 때의 틈새

정답 52. ③ 53. ② 54. ① 55. ② 56. ④ 57. ② 58. ① 59. ②

60 속도비가 1/3이고, 원동차의 잇수가 25개, 모듈이 4인 표준스퍼기어의 외접연결에서 중심거리는?

① 75mm ② 100mm
③ 150mm ④ 200mm

해설 ㉠ 피치원지름 : $D = Zm = 25 \times 4 = 100\,\text{mm}$

㉡ 속도비 : $i = \dfrac{v_o}{v_i} = \dfrac{D_i}{D_o} = \dfrac{1}{3} = \dfrac{100}{D_o}$

∴ $D_o = 100 \times 3 = 300\,\text{mm}$

㉢ 중심거리 : $C = \dfrac{D_i + D_o}{2} = \dfrac{100 + 300}{2} = 200\,\text{mm}$

정답 60. ④

제12회 공유압기능사

2011.10.9. 시행

01 다음 중 응력단위를 옳게 표시한 것은?
① N/m
② N/m²
③ N·m
④ N

해설 응력은 단위면적당 힘을 말한다.
$\sigma = \dfrac{P}{A}$ [N/m²]

02 니켈-구리계 합금 중 구리에 니켈을 60~70% 정도 첨가한 것으로, 내열·내식성이 우수하여 터빈날개, 펌프 임펠러 등의 재료로 사용되는 것은?
① 모넬메탈
② 콘스탄탄
③ 로우메탈
④ 인코넬

해설 니켈-구리계 합금에서 구리에 니켈을 60~70% 정도 첨가하여 내열·내식성이 우수한 재료는 모넬메탈이다.

03 전동축의 회전력이 40kgf·m이고, 회전수가 300rpm일 때 전달마력은 약 몇 PS인가?
① 12.3
② 16.8
③ 123
④ 168

해설 $T = 716.2 \dfrac{H}{n}$
$\therefore H = \dfrac{Tn}{716.2} = \dfrac{40 \times 300}{716.2} = 16.75 \text{PS}$

04 비중이 약 2.7로 가볍고 내식성, 가공성이 좋으며 전기·열전도도가 높은 것은?
① 금(Au)
② 알루미늄(Al)
③ 철(Fe)
④ 은(Ag)

해설 ① 금 : 19.3g/cm³
② 알루미늄 : 2.7g/cm³
③ 철 : 7.82g/cm³
④ 은 : 10.49g/cm³

05 순철의 성질에 관한 사항 중 틀린 것은?
① 상온에서 연성과 전성이 크다.
② 용융점의 온도는 539℃ 정도이다.
③ 단접하기 쉽고 소성가공이 용이하다.
④ 용접성이 좋다.

해설 순철의 용융온도는 1,538℃이다.

06 다음 중 자유롭게 휠 수 있는 축은?
① 전동축
② 크랭크축
③ 중공축
④ 플렉시블축

해설 자유롭게 휠 수 있는 축은 유연성이 있는 플렉시블축(flexible shaft)이다.

07 노 내에서 페로실리콘(Fe-Si), 알루미늄(Al) 등의 강탈산제를 첨가하여 충분히 탈산시킨 것으로서, 표면에 헤어크랙이 생기기 쉬우며 상부에 수축관이 생기기 쉬운 강괴는?
① 킬드강
② 림드강
③ 세미킬드강
④ 캡드강

해설 헤어크랙(hair crack)은 수소(H₂)가스에 의해 머리카락 모양으로 미세하게 갈라지는 균열로, 킬드강에서 발생하고 수소의 압력이나 열응력, 변태응력 등에 의해서 균열이 발생한다.

08 제강할 때 편석을 일으키기 쉬우며, 이 원소의 함유량이 0.25% 정도 이상이 되면 연신율이 감소하고 냉간취성을 일으키는 원소는?
① 인
② 황
③ 망간
④ 규소

해설 인(P)은 0.25% 이상 함유하면 연신율이 감소하고 냉간취성이 발생한다.

정답 01. ② 02. ① 03. ② 04. ② 05. ② 06. ④ 07. ① 08. ①

09 펌프의 송출압력이 50kgf/cm², 송출량이 20L/min인 펌프의 펌프동력(PS)은 약 얼마인가?

① 1.5　　② 1.7
③ 2.2　　④ 2.7

해설 $H = \dfrac{PQ}{75 \times 60 \times 100} = \dfrac{50 \times 20 \times 1{,}000}{75 \times 60 \times 100} = 2.2\text{PS}$

10 다음 그림기호가 나타내는 것은?

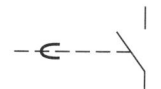

① 수동조작스위치 a접점
② 수동조작스위치 b접점
③ 소자지연타이머 a접점
④ 여자지연타이머 a접점

해설 여자지연타이머 a접점을 나타낸다.

11 다음의 기호가 나타내는 기기를 설명한 것 중 옳은 것은?

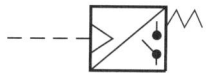

① 실린더의 로킹회로에서만 사용된다.
② 유압실린더의 속도제어에서 사용된다.
③ 회로의 일부에 배압을 발생시키고자 할 때 사용된다.
④ 유압신호를 전기신호로 전환시켜 준다.

해설 유압신호를 전기신호로 전환하여 단계적 동작을 유도한다.

12 유압장치의 특징과 거리가 먼 것은?

① 소형 장치로 큰 힘을 발생한다.
② 작동유로 인한 위험성이 있다.
③ 일의 방향을 쉽게 변환시키기 어렵다.
④ 무단변속이 가능하고 정확한 위치제어를 할 수 있다.

해설 유압장치는 일의 방향을 방향제어밸브를 통해 조작장치로 쉽게 전환할 수 있다.

13 유압회로에서 어떤 부분회로의 압력을 주회로보다 저압으로 사용하고자 할 때 사용하는 밸브는?

① 배압밸브　　② 감압밸브
③ 압력보상형 밸브　　④ 셔틀밸브

해설 감압밸브는 입력측의 압력은 제어하지 않고 출력측의 압력을 일정하게 제어한다.

14 공기압 유량제어밸브 사용상의 주의사항으로 틀린 것은?

① 유량제어밸브는 되도록 제어대상에 멀리 설치하는 것이 제어성의 면에서 바람직하다.
② 공기압실린더의 속도제어에는 공기의 압축성을 이용하여 미터 아웃 방식을 사용한다.
③ 유량조절이 끝나면 고정용 나사를 꼭 고정하여 풀리지 않도록 한다.
④ 크기의 선정도 중요하다.

해설 유량제어밸브는 제어대상에서 가장 근접하게 설치해야 정확도를 유지한다. 멀리 설치하면 관의 마찰손실로 제어량이 변화할 수 있다.

15 압력의 크기에 의해 제어되거나 압력에 큰 영향을 미치는 것은?

① 논 리턴밸브　　② 방향제어밸브
③ 압력제어밸브　　④ 유량제어밸브

해설 압력제어밸브는 압력에 영향을 주며 출력측의 압력을 일정하게 유지시킨다.

16 다음 그림의 연결구를 표시하는 방법에서 틀린 부분은?

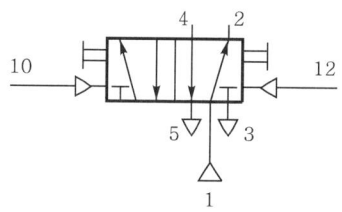

① 공급라인 : 1　　② 제어라인 : 4
③ 작업라인 : 2　　④ 배기라인 : 3

해설 4는 배기라인이다.

정답　09. ③　10. ④　11. ④　12. ③　13. ②　14. ①　15. ③　16. ②

17 습공기 내에 있는 수증기의 양이나 수증기의 압력과 포화상태에 대한 비를 나타내는 것은?

① 절대습도 ② 상대습도
③ 대기습도 ④ 게이지습도

해설 절대습도는 1m³ 중에 포함된 수증기의 양을 g으로 나타내고, 상대습도는 공기 중의 포화수증기량과 비교하여 현재의 수증기량을 %로 나타낸다. 절대습도는 온도와 무관하므로 실제 상태를 측정할 수 없지만, 상대습도는 포화압력이 온도에 의존하기 때문에 상태를 잘 보여준다.

18 공유압변환기를 에어하이드로실린더와 조합하여 사용할 경우 주의사항으로 틀린 것은?

① 에어하이드로실린더보다 높은 위치에 설치한다.
② 공유압변환기는 수평방향으로 설치한다.
③ 열원 가까이에서 사용하지 않는다.
④ 작동유가 통하는 배관에 누설, 공기흡입이 없도록 밀봉을 철저히 한다.

해설 공유압변환기의 고려사항
㉠ Level gauge(아크릴)에 유해한 물질(염소, 아황산, 중크롬산칼륨 등)이 있는 곳에서의 사용을 피한다.
㉡ 화기 근처에서의 사용을 피한다.
㉢ 변환기는 반드시 수직으로 설치하고, 설치높이는 가능한 기기의 유면 하한선이 액추에이터의 상한선보다 높게 설치한다.
㉣ 배관 전에는 반드시 플러싱하여 이물질을 제거한 후 설치한다.
㉤ 오일배관은 극도의 내경차가 없도록 한다.
㉥ 오일배관에는 공기가 혼입되지 않도록 한다.
㉦ 관 이음매 부분이 좁혀져 있거나 90°의 굴곡이 많으면 소정의 속도를 얻을 수 없는 경우가 있다.

19 검출용 스위치 중 접촉형 스위치가 아닌 것은?

① 마이크로스위치 ② 광전스위치
③ 리밋스위치 ④ 리드스위치

해설 광전스위치는 빛을 이용하므로 접촉형이 아니다.

20 유압장치의 과부하 방지에 사용되는 기기는?

① 시퀀스밸브 ② 카운터밸런스밸브
③ 릴리프밸브 ④ 감압밸브

해설 릴리프밸브는 압력을 설정하면 그 이상의 압력은 탱크로 보내어 과부하를 방지한다.

21 공압조합밸브로 1개의 정상상태에서 닫힌 3/2 way 밸브와 1개의 정상상태 열림 3/2 way 밸브, 2개의 속도제어밸브로 구성되어 있는 기기로, 2개의 속도제어밸브를 조정하면 여러 가지 사이클시간을 얻을 수 있으며, 진동수는 압력과 하중에 따라 달라지게 하는 제어기기는 무엇인가?

① 가변진동 발생기 ② 압력증폭기
③ 시간지연밸브 ④ 공유압조합기기

해설 가변진동 발생기는 속도제어밸브에 의해서 진동수를 발생하며 압력에 따라 하중이 변화한다.

22 구동부가 일을 하지 않아 회로에서 작동유를 필요로 하지 않을 때 작동유를 탱크로 귀환시키는 것은?

① AND회로 ② 무부하회로
③ 플립플롭회로 ④ 압력설정회로

해설 무부하밸브는 구동부가 작동하지 않으면 작동유를 탱크로 보낸다.

23 유압작동유의 점도가 너무 높을 경우 유압장치의 운전에 미치는 영향이 아닌 것은?

① 캐비테이션(cavitation)의 발생
② 배관저항에 의한 압력 감소
③ 유압장치 전체의 효율 저하
④ 응답성의 저하

해설 배관저항에 의해 관의 마찰력이 증가하여 압력이 증가한다.

24 제어작업이 주로 논리제어의 형태로 이루어지는 AND, OR, NOT, 플립플롭 등의 기본논리연결을 표시하는 기호도를 무엇이라 하는가?

① 논리도 ② 회로도
③ 제어선도 ④ 변위단계선도

해설 논리회로이며 디지털제어를 위해 사용하고 2진법에 의해 구현한다.

정답 17. ② 18. ② 19. ② 20. ③ 21. ① 22. ② 23. ② 24. ①

25 실린더를 이용하여 운동하는 형태가 실린더로부터 떨어져 있는 물체를 누르는 형태이면 이는 어떤 부하인가?

① 저항부하　　② 관성부하
③ 마찰부하　　④ 쿠션부하

해설 저항부하는 외부에서 가하는 힘에 대한 반력에 의해서 발생한다.

26 다음 설명 중 공기압모터의 장점은?

① 에너지의 변환효율이 낮다.
② 제어속도를 아주 느리게 할 수 있다.
③ 큰 힘을 낼 수 있다.
④ 과부하 시 위험성이 없다.

해설 공기압모터는 압력에너지를 운동에너지로 변환하여 동력을 발생시키므로 정지상태가 아니기 때문에 과부하 시 위험성이 없다.

27 토출압력에 의한 분류에서 저압으로 구분되는 공기압축기의 압력범위는?

① $1kgf/cm^2$ 이하　　② $7\sim8kgf/cm^2$
③ $10\sim15kgf/cm^2$　　④ $15kgf/cm^2$ 이상

해설 공기압축기의 토출압력에 따라 저압은 $7\sim8kgf/cm^2$, 중압은 $10\sim15kgf/cm^2$, 고압은 $15kgf/cm^2$ 이상으로 분류한다.

28 압력조절밸브 사용 시 주의사항으로 공기압기기의 전공기소비량이 압력조절밸브에서 공급되었을 때 압력조절밸브의 2차 압력이 몇 % 이하로 내려가지 않도록 하는 것이 바람직한가?

① 60　　② 70
③ 80　　④ 90

해설 압력조절밸브의 2차 압력이 80% 이하로 떨어지지 않도록 하는 것이 좋다.

29 공기압회로에서 압축공기의 역류를 방지하고자 하는 경우에 사용하는 밸브로서, 한쪽 방향으로만 흐르고 반대방향으로는 흐르지 않는 밸브는?

① 체크밸브　　② 셔틀밸브
③ 릴리프밸브　　④ 급속배기밸브

해설 관에서 압축공기의 역류 방지는 체크밸브가 한다.

30 압력제어밸브에 해당되는 것은?

① 셔틀밸브　　② 체크밸브
③ 차단밸브　　④ 릴리프밸브

해설 릴리프밸브는 설정압력으로 출력하며 그 이상은 탱크로 보내진다.

31 다음 중 공기압장치의 기본시스템이 아닌 것은?

① 압축공기 발생장치
② 압축공기조정장치
③ 공압제어밸브
④ 유압펌프

해설 유압펌프는 작동유체를 유압을 사용하여 압력에너지를 생성하게 한다.

32 공기건조방식 중 −70℃ 정도까지의 저노점을 얻을 수 있는 공기건조방식은 무엇인가?

① 흡수식　　② 냉각식
③ 흡착식　　④ 저온건조방식

해설 공기건조방식에서 −70℃ 정도까지 저노점을 얻을 수 있는 방식은 흡착식이다.

33 축동력을 계산하는 방법에 대한 설명으로 틀린 것은?

① 설정압력과 토출량을 곱하여 계산한다.
② 효율은 안전을 위해 약 75%로 한다.
③ 효율은 체적효율만을 고려한다.
④ 단위는 kW를 사용할 수 있다.

해설 축동력을 계산할 때 체적효율, 기계효율 등을 적용하여 동력을 계산해야 모터에 과부하가 걸리는 것을 방지할 수 있다.

34 유압장치에서 유량제어밸브로 유량을 조정할 경우 실린더에서 나타나는 효과는?

① 유압의 역류조절　　② 운동속도의 조절
③ 운동방향의 결정　　④ 정지 및 시동

해설 유량제어밸브로 유량을 제어하면 운동속도가 조절된다(연속의 법칙).

정답 25.①　26.④　27.②　28.③　29.①　30.④　31.④　32.③　33.③　34.②

35 다음은 어떤 밸브를 나타내는 기호인가?

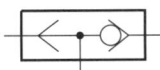

① 급속배기밸브 ② 셔틀밸브
③ 2압밸브 ④ 파일럿조작밸브

해설 OR밸브이며 셔틀밸브이다. 어느 한쪽에 유체가 유입되면 압력이 출력된다.

36 공압실린더 중 단동실린더가 아닌 것은?
① 피스톤실린더 ② 격판실린더
③ 벨로즈실린더 ④ 로드리스실린더

해설 로드리스실린더는 로드가 없는 형태이며 복동이다.

37 축압기에 대한 설명 중 틀린 것은?
① 맥동이 발생한다.
② 압력보상이 된다.
③ 충격완충이 된다.
④ 유압에너지를 축적할 수 있다.

해설 축압기는 맥동을 방지하기 위해 유압시스템에서 반드시 설치해야 한다.

38 다음 중 압력시퀀스밸브가 하는 일을 나타낸 것은?
① 자유낙하의 방지
② 배압의 유지
③ 구동요소의 순차작동
④ 무부하운전

해설 압력시퀀스밸브는 구동요소의 순차적 작동을 한다.

39 다음 중 전력량 1J은 몇 cal인가?
① 0.24 ② 4.2
③ 86 ④ 860

해설 1cal=4.18605J
∴ 1J=0.24cal

40 가동코일형 전류계에서 전류측정범위를 확대시키는 방법은?
① 가동코일과 직렬로 분류기 저항을 접속한다.
② 가동코일과 병렬로 분류기 저항을 접속한다.
③ 가동코일과 직렬로 배율기 저항을 접속한다.
④ 가동코일과 직·병렬로 배율기 저항을 접속한다.

해설 가동코일형 전류계에서 전류측정범위를 확대하기 위해서는 가동코일과 병렬로 분류기 저항을 접속하여 측정한다.

41 다음 중 입력요소는?
① 전동기 ② 전자계전기
③ 리밋스위치 ④ 솔레노이드밸브

해설 입력요소는 리밋스위치이며 전동기, 전자계전기, 솔레노이드밸브는 출력요소이다.

42 시간의 변화에 따라 각 계전기나 접점 등의 변화상태를 시간적 순서에 의해 출력상태를 (ON, OFF), (H, L), (1, 0) 등으로 나타내는 것은?
① 실체 배선도 ② 플로차트
③ 논리회로도 ④ 타임차트

해설 타임차트는 계전기나 접점 등에 대한 변화상태를 시간적 순서에 의해서 출력상태를 표시한다.

43 4극의 유도전동기에 50Hz의 교류전원을 가할 때 동기속도(rpm)는?
① 200 ② 750
③ 1,200 ④ 1,500

해설 $N = \dfrac{120f}{p} = \dfrac{120 \times 50}{4} = 1,500 \text{rpm}$

44 정전용량 C 만의 회로에 $v = \sqrt{2}\, V\sin\omega t$[V] 인 사인파 전압을 가할 때 전압과 전류의 위상 관계는?
① 전류는 전압보다 위상이 90° 뒤진다.
② 전류는 전압보다 위상이 30° 앞선다.
③ 전류는 전압보다 위상이 30° 뒤진다.
④ 전류는 전압보다 위상이 90° 앞선다.

해설 정전용량 C 만의 회로에서 사인파 전압을 가하면 전류는 전압보다 위상이 90° 앞선다.

정답 35.② 36.④ 37.① 38.③ 39.① 40.② 41.③ 42.④ 43.④ 44.④

45 임피던스 $Z[\Omega]$인 단상 교류부하를 단상 교류전원 $V[V]$에 연결하였을 경우 흐르는 전류가 $I[A]$라면 단상 전력 P를 구하는 식은? (단, V: 전압, I: 전류, θ: 전압과 전류의 위상차, $\cos\theta$: 역률)

① $P = VI\cos\theta[W]$ ② $P = \sqrt{3}\,VI\cos\theta[W]$
③ $P = VR\cos\theta[W]$ ④ $P = VI\sin\theta[W]$

해설 임피던스 $Z[\Omega]$인 단상 교류부하를 단상 교류전원에 연결할 때 전력은 $P = VI\cos\theta[W]$이다.

46 직류전동기에서 운전 중에 항상 브러시와 접촉하는 것은?

① 전기자   ② 계자
③ 정류자   ④ 계철

해설 직류전동기에서 운전 중에 항상 브러시와 접촉하여 모터코일에 전류를 흐르게 하는 것은 정류자이다.

47 열동계전기의 기호는?

① DS   ② THR
③ NFB   ④ S

해설 열동계전기의 기호는 THR(Thermal Relay)이다.

48 동일한 전원에 연결된 여러 개의 전등은 다음 중 어느 경우가 가장 밝은가?

① 각 등을 직·병렬연결할 때
② 각 등을 직렬연결할 때
③ 각 등을 병렬연결할 때
④ 전등의 연결방법에는 관계없다.

해설 동일한 전원에 각 전등을 병렬로 연결해야 전원이 직접 공급되어 가장 밝은 상태가 된다.

49 사인파 교류의 순시값이 $v = V\sin\omega t[V]$이면 실효값은? (단, V는 최대값임)

① $\dfrac{V}{\sqrt{2}}$ ② V
③ $\sqrt{2}\,V$ ④ $2V$

해설 사인파의 순시값이 $v = V\sin\omega t[V]$이면 실효값은 $\dfrac{V}{\sqrt{2}}$이다.

50 다음 중 지시계기의 구비조건이 아닌 것은?

① 눈금이 균등하거나 대수눈금일 것
② 절연내력이 낮을 것
③ 튼튼하고 취급이 편리할 것
④ 지시가 측정값의 변화에 신속히 응답할 것

해설 절연에 대한 저항이 커야 한다.

51 내부저항 5kΩ의 전압계 측정범위를 10배로 하기 위한 방법은?

① 15kΩ의 배율기 저항을 병렬연결한다.
② 15kΩ의 배율기 저항을 직렬연결한다.
③ 45kΩ의 배율기 저항을 병렬연결한다.
④ 45kΩ의 배율기 저항을 직렬연결한다.

해설 내부저항이 5kΩ인 전압계 측정범위를 10배로 하기 위해서는 45kΩ의 배율기 저항을 직렬로 연결한다.

52 기기의 보호나 작업자의 안전을 위해 기기의 동작상태를 나타내는 접점으로 기기의 동작을 금지하는 회로는?

① 인칭회로   ② 인터록회로
③ 자기유지회로   ④ 자기유지처리회로

해설 인터록회로는 기기의 보호나 작업자의 안전을 위한 회로이다.

53 하나의 회전기를 사용하여 교류를 직류로 바꾸는 것은?

① 셀렌정류기   ② 실리콘정류기
③ 회전변류기   ④ 아산화동정류기

해설 회전변류기는 교류를 직류로 변환하는 장치이다.

54 다음 그림에서 A 부의 치수는 얼마인가?

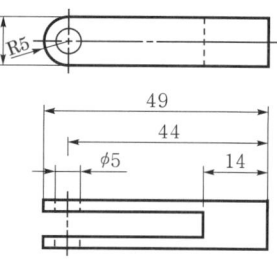

① 5   ② 10
③ 15   ④ 14

해설 R5이므로 A의 치수는 10이 된다.

정답 45.① 46.③ 47.② 48.③ 49.① 50.② 51.④ 52.② 53.③ 54.②

55 다음 그림과 같은 배관도시기호가 있는 관에는 어떤 종류의 유체가 흐르는가?

① 공기   ② 연료가스
③ 증기   ④ 물

해설 A는 공기(Air), 연료가스는 G(Gas), 증기는 V(Vapor), 물은 W(Water)이다.

56 개스킷, 박판, 형강 등에서 절단면이 얇은 경우 단면도 표시법으로 가장 적합한 설명은?

① 절단면을 검게 칠한다.
② 실제 치수와 같은 굵기의 아주 굵은 일점 쇄선으로 표시한다.
③ 얇은 두께의 단면이 인접되는 경우 간격을 두지 않는 것이 원칙이다.
④ 모든 인접 단면과의 간격은 0.5mm 이하의 간격이 있어야 한다.

해설 개스킷, 박판, 형강 등과 같이 절단면이 얇으면 절단면을 검게 칠한다.

57 KS용접기호 중에서 다음 그림과 같은 용접기호는 무슨 기호인가?

① 심용접   ② 비드용접
③ 필릿용접   ④ 점용접

해설 필릿용접은 모서리 부분을 제거한 후에 T자형이나 직선상에서 용접할 때 용접부의 강도를 보강한다.

58 선은 굵기에 따라 가는 선, 굵은 선, 아주 굵은 선의 세 종류로 구분하는데 굵기의 비율로 가장 올바른 것은?

① 1 : 2 : 3   ② 1 : 2 : 4
③ 1 : 3 : 5   ④ 1 : 2 : 5

해설 선의 굵기에 따른 가는 선, 굵은 선, 아주 굵은 선의 비율은 1 : 2 : 4이다.

59 다음 그림과 같은 투상도의 평면도와 우측면도에 가장 적합한 정면도는?

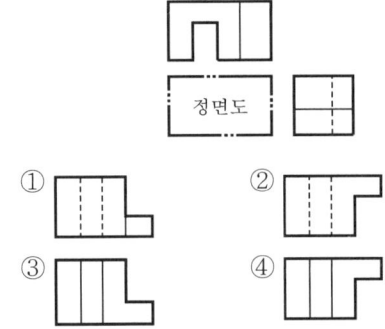

해설 측면도 중간에 실선이 있으므로 계단형태이다.

60 도면에서 비례척이 아님을 나타내는 기호는?

① NS   ② NPS
③ NT   ④ PQ

해설 NS는 No Scale을 의미하며 비례척이 아님을 표기한다.

제13회 공유압기능사

2010.10.3. 시행

01 브레이크의 축방향에 압력이 작용하는 브레이크는?
① 원판브레이크 ② 복식 블록브레이크
③ 밴드브레이크 ④ 드럼브레이크

해설 복식 블록·밴드·드럼브레이크는 축의 직각방향에서 압력을 작용시킨다.

02 다음 벨트의 종류 중 인장강도가 가장 큰 것은?
① 가죽벨트 ② 섬유벨트
③ 고무벨트 ④ 강철벨트

해설 인장강도는 재료가 가지고 있는 내력으로 가죽·섬유·고무·강철벨트 중에서 강철벨트가 가장 강하다.

03 회전축을 지지하고 있는 베어링에서 축과 베어링에 의해 받쳐지고 있는 축 부분을 무엇이라 하는가?
① 리테이너 ② 저널
③ 볼 ④ 롤러

해설 리테이너는 베어링의 볼간격을 유지하기 위함이고, 저널은 축과 베어링을 받쳐주는 축 부분을 의미한다.

04 회전수를 적게 하고 빨리 조이고 싶을 때 가장 유리한 나사는?
① 1줄나사 ② 2줄나사
③ 3줄나사 ④ 4줄나사

해설 리드가 가장 큰 나사를 구하는 것으로, 리드는 $L = np$이므로 줄수가 가장 많은 나사가 이동거리가 길다.

05 하중을 분류할 때 분류방법이 나머지 셋과 다른 것은?
① 인장하중 ② 굽힘하중
③ 충격하중 ④ 비틀림하중

해설 재료에 힘을 가하는 방향에 따른 분류
㉠ 인장하중 : 재료를 잡아당기는 상태
㉡ 굽힘하중 : 양쪽에 지지점이 있고 지지점 사이에 어느 부분을 가하는 상태
㉢ 비틀림하중 : 축에서 서로 반대방향으로 힘이 가해지는 상태

06 키의 종류에서 일반적으로 60mm 이하의 작은 축에 사용되고, 특히 테이퍼축에 사용이 용이하며 키의 가공에 의해 축의 강도가 약하게 되기는 하나 키 및 키홈 등의 가공이 쉬운 것은?
① 성크키 ② 접선키
③ 반달키 ④ 원뿔키

해설 반달키는 테이퍼축에 사용하며 반달 형상으로 테이퍼의 경사도에 따라 축과 보스의 상태를 최적의 조건으로 유지한다.

07 축을 설계할 때 고려되는 사항과 가장 거리가 먼 것은?
① 축의 강도 ② 응력집중
③ 축의 변형 ④ 축의 용도

해설 축의 설계 시 고려사항은 외부하중이나 토크에 따른 변형이나 강도, 응력의 변화로 인한 안정성 등이 있다.

08 스프링상수 6N/mm인 코일스프링에 24N의 하중을 걸면 처짐은 몇 mm로 되는가?
① 0.25 ② 1.50
③ 4.00 ④ 4.25

해설 $P = \delta k$
$\therefore \delta = \dfrac{P}{k} = \dfrac{24}{6} = 4\text{mm}$

09 유압기기에서 포트(port)수에 대한 설명으로 맞는 것은?
① 유압밸브가 가지고 있는 기능의 수이다.
② 관로와 접촉하는 전환밸브의 접촉구의 수이다.
③ R.S.T의 기호로 표시된다.
④ 밸브배관의 수는 포트수보다 1개 적다.

해설 포트는 유체가 출입하는 구멍을 의미하며, 포트수는 관로와 접촉하는 전환밸브의 접촉구의 수를 의미한다.

정답 01.① 02.④ 03.② 04.④ 05.③ 06.③ 07.④ 08.③ 09.②

10 다음과 같은 회로의 명칭은?

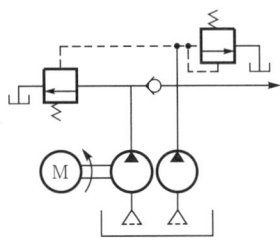

① 압력스위치에 의한 무부하회로
② 전환밸브에 의한 무부하회로
③ 축압기에 의한 무부하회로
④ Hi-Lo에 의한 무부하회로

해설 고압 소용량과 저압 대용량의 펌프를 동시에 사용한 회로가 사용되는데, 이 회로가 Hi-Lo회로이다.

11 다음 그림의 한쪽 로드형 실린더에서 부하 없이 A, B포트에 같은 압력의 오일을 흘려 넣으면 피스톤의 움직임은?

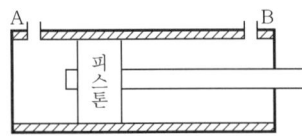

① A쪽으로 움직인다.
② B쪽으로 움직인다.
③ 제자리에서 회전한다.
④ 제자리에 정지한다.

해설 실린더의 로드직경의 면적만큼 힘은 감소하며 대부분 공유압에서는 로드가 한쪽만 존재할 때 A방향을 A포트로 설정하여 사용한다.

12 다음 중 드레인배출기붙이 필터를 나타내는 기호는?

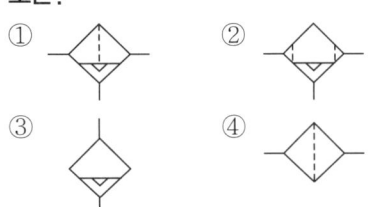

해설 공기여과기에서 ④는 일반형이고, ①은 드레인부착형 여과기이다. 일정한 위치까지 수분이 차게 되면 자동으로 수분을 배출한다.

13 다음 유압기호 중 파일럿작동, 외부드레인형의 감압밸브에 해당되는 것은?

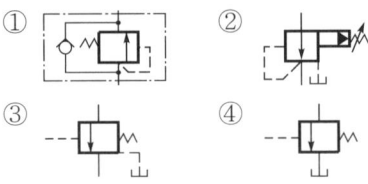

해설 파일럿작동, 외부드레인형은 ②가 해당된다. 파일럿이란 내부의 미소압력으로 밸브를 조작하는 원리이다.

14 응축수배출기의 종류가 아닌 것은?

① 플로트식(float type)
② 파일럿식(pilot type)
③ 미립자 분리식(mist separator type)
④ 전동기 구동식(motor drive type)

해설 응축수배출기의 종류는 작동원리를 어떤 방식을 사용하느냐에 따라 분류한다. 미립자 분리식은 해당되지 않는다.

15 다음 중 복동실린더의 공기소모량 계산 시 고려해야 할 대상이 아닌 것은?

① 압축비   ② 분당 행정수
③ 피스톤직경   ④ 배관의 직경

해설 공기소모량은 실린더 내부에 영향을 주는 요인을 고려하면 된다. 배관의 직경은 외부에서 유체의 흐름을 위한 관이다.

16 공압모터의 특징으로 맞는 것은?

① 에너지 변환효율이 높다.
② 과부하 시 위험성이 크다.
③ 배기음이 작다.
④ 공기의 압축성에 의해 제어성은 그다지 좋지 않다.

해설 공압모터에서 사용되는 공압은 압축성 유체로 유압에 비해 제어성은 훨씬 떨어진다.

17 1차측 공기압력이 변화해도 2차측 공기압력의 변동을 최저로 억제하여 안정된 공기압력을 일정하게 유지하기 위한 밸브는?

① 방향제어밸브   ② 감압밸브
③ OR밸브   ④ 유량제어밸브

정답 10. ④ 11. ② 12. ① 13. ② 14. ③ 15. ④ 16. ④ 17. ②

해설 압력을 제어하는 밸브이므로 감압밸브는 1차측은 변화해도 2차측 압력을 최저로 억제한다.

18 공압실린더의 속도를 증가시킬 목적으로 사용하는 밸브는?

① 교축밸브 ② 속도제어밸브
③ 급속배기밸브 ④ 배기교축밸브

해설 실린더속도는 내부에 존재하는 공기를 급속히 배기함으로써 증가시킬 수 있다.

19 다음 중 왕복형 공기압축기에 대한 회전형 공기압축기의 특징에 대한 설명으로 옳은 것은?

① 진동이 크다.
② 고압에 적합하다.
③ 소음이 작다.
④ 공압탱크를 필요로 한다.

해설 회전형 공기압축기는 고속으로 회전하므로 소음이 작지만, 왕복형 압축기는 직선운동에 따른 방향변환으로 맥동압력이 발생할 수 있다.

20 도면에서 ①의 밸브가 ON되면 실린더의 피스톤 운동상태는 어떻게 되는가?

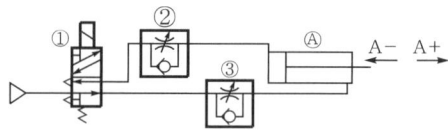

① A+ 쪽으로 전진 ② A- 쪽으로 복귀
③ 왕복운동 ④ 정지상태 유지

해설 단동솔레노이드밸브는 실린더의 A포트를 제어하므로 A+ 방향으로 전진한다.

21 다음 중 실린더의 속도를 제어할 수 있는 기능을 가진 밸브는?

① 일방향 유량제어밸브
② 3/2 way 밸브
③ AND밸브
④ 압력시퀀스밸브

해설 실린더의 속도를 제어하는 밸브는 유량을 제어하므로 속도가 제어된다. 연속의 법칙 $Q = A_1 V_1 = A_2 V_2$ 에 의해 결정된다.

22 전기적인 입력신호를 얻어 전기신호를 개폐하는 기기로 반복동작을 할 수 있는 기기는?

① 압력스위치 ② 전자릴레이
③ 시퀀스밸브 ④ 차동밸브

해설 전자릴레이는 전류의 흐름을 차단하거나 흘려주는 역할을 한다.

23 작동유의 유온이 적정온도 이상으로 상승할 때 일어날 수 있는 현상이 아닌 것은?

① 윤활상태의 향상
② 기름의 누설
③ 마찰 부분의 마모 증대
④ 펌프효율 저하에 따른 온도 상승

해설 유온이 적정온도 이상으로 상승하면 화학적 반응에 의해서 윤활상태가 감소하는 요인이 된다.

24 2개의 안정된 출력상태를 가지고 입력 유무에 관계없이 직전에 가해진 압력의 상태를 출력상태로서 유지하는 회로는?

① 부스터회로 ② 카운터회로
③ 레지스터회로 ④ 플립플롭회로

해설 플립플롭회로는 기억하는 역할을 하게 되므로 직전에 가해진 압력의 상태를 출력상태로 유지하게 한다.

25 공압센서의 종류가 아닌 것은?

① 광센서 ② 공기배리어
③ 반향감지기 ④ 배압감지기

해설 광센서는 빛을 이용하여 물체를 감지하는 센서이다.

26 다음의 기호가 나타내는 것은?

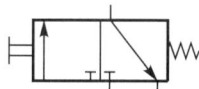

① 3/2 way 방향제어밸브(푸시버튼형, N.O)
② 3/2 way 방향제어밸브(롤러레버형, N.O)
③ 3/2 way 방향제어밸브(푸시버튼형, N.C)
④ 3/2 way 방향제어밸브(롤러레버형, N.C)

해설 3/2 way 방향제어밸브로 푸시버튼형으로 N.C형태이다. 즉 푸시버튼을 작동하면 유체가 관을 통하여 출력하게 된다.

정답 18. ③ 19. ③ 20. ① 21. ① 22. ② 23. ① 24. ④ 25. ① 26. ③

27 다음 중 유압의 특징으로 맞는 것은?

① 직선운동에만 사용한다.
② 유온의 변화와 속도는 무관하다.
③ 무단변속이 가능하다.
④ 원격제어가 불가능하다.

해설 유압은 직선운동과 회전운동, 유온의 변화에 따라 속도에 영향을 주며(기포 발생) 원격제어가 가능하다.

28 다음 중 액추에이터의 가동 시 부하에 해당하는 것으로 맞는 것은?

① 정지마찰   ② 가속부하
③ 운동마찰   ④ 과주성 부하

해설 액추에이터의 가동 시 부하에 영향을 주는 것은 정지마찰이다. 즉 정지마찰력보다 공압에 따른 힘이 커야 운동을 하게 된다.

29 다음 중 유압장치의 구성요소가 아닌 것은?

① 기름탱크   ② 유압모터
③ 제어밸브   ④ 공기압축기

해설 공기압축기는 공압에서 압력에너지를 생성하는 장치이다.

30 유압펌프가 갖추어야 할 특징 중 옳은 것은?

① 토출량의 변화가 클 것
② 토출량의 맥동이 적을 것
③ 토출량에 따라 속도가 변할 것
④ 토출량에 따라 밀도가 클 것

해설 토출량에 따른 맥동이 크게 되면 압력의 변화가 발생하여 정밀제어가 어렵다.

31 동기회로에서 2개의 실린더가 같은 속도로 움직일 수 있도록 위치를 제어해주는 밸브는?

① 체크밸브   ② 분류밸브
③ 바이패스밸브   ④ 스톱밸브

해설 ① 체크밸브 : 역류 방지
③ 바이패스밸브 : 유체 통과
④ 스톱밸브 : 유체 차단

32 베르누이의 정리에서 에너지 보존의 법칙에 따라 유체가 가지고 있는 에너지가 아닌 것은?

① 위치에너지   ② 마찰에너지
③ 운동에너지   ④ 압력에너지

해설 베르누이의 정리에서 방정식은 $\dfrac{P}{\gamma} + \dfrac{V^2}{2g} + Z = H$ 로 압력·운동·위치에너지와 관계가 있다.

33 다음 중 유압장치에서 작동유를 통과·차단시키거나 또는 진행방향을 바꿔주는 밸브는?

① 유압차단밸브   ② 유량제어밸브
③ 방향전환밸브   ④ 압력제어밸브

해설 방향전환밸브는 유체의 흐름을 포트를 통하여 흐르게 하거나 차단하는 역할을 한다.

34 다음과 같은 유압회로의 언로드형식은 어떤 형태로 분류되는가?

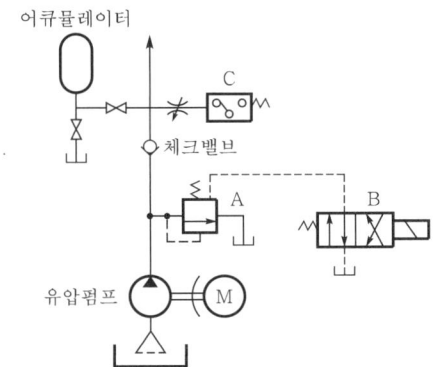

① 바이패스형식에 의한 방법
② 탠덤센서에 의한 방법
③ 언로드밸브에 의한 방법
④ 릴리프밸브를 이용한 방법

해설 릴리프밸브는 압력을 설정하면 설정된 압력범위에서 작동하며, 그 이상의 압력은 탱크로 흘려보낸다.

35 공압시간지연밸브의 구성요소가 아닌 것은?

① 공기저장탱크   ② 시퀀스밸브
③ 속도제어밸브   ④ 3포트 2위치 밸브

해설 시퀀스밸브는 순차적으로 유체의 흐름을 제어한다.

36 다음 그림과 같은 공압로직밸브와 진리값에 일치하는 논리는?

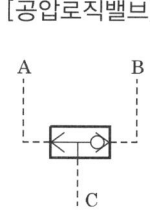

[공압로직밸브]

입력신호		출력
A	B	C
0	0	0
0	1	1
1	0	1
1	1	1

A+B=C

① AND ② OR
③ NOT ④ NOR

해설 OR밸브로서, A와 B 중 하나의 포트만 열려도 C로 흘러가는 조건이다.

37 유관의 안지름을 5cm, 유속을 10cm/s로 하면 최대 유량은 약 몇 cm³/s인가?

① 196 ② 250
③ 462 ④ 785

해설 $Q = AV = \dfrac{3.14 \times 5^2}{4} \times 10 = 196 \text{cm}^3/\text{s}$

38 공기건조기에 대한 설명 중 옳은 것은?

① 수분제거방식에 따라 건조식, 흡착식으로 분류한다.
② 흡착식은 실리카겔 등의 고체흡착제를 사용한다.
③ 흡착식은 최대 −170℃까지의 저노점을 얻을 수 있다.
④ 건조제 재생방법을 논 브리드식이라 부른다.

해설 흡착식은 저노점(−70℃)의 온도조건을 유지할 수 있으며 실리카겔 등의 고체흡착제를 사용한다.

39 기동 시 토크가 큰 것이 특징이며 전동차나 크레인과 같이 기동토크가 큰 것을 요구하는 것에 적합한 전동기는?

① 타여자전동기 ② 분권전동기
③ 직권전동기   ④ 복권전동기

해설 직권전동기는 기동토크가 커서 전동차나 크레인에 사용된다. 기동토크는 모터 작동 시의 토크를 의미한다.

40 250V, 60W인 백열전구 10개를 5시간 동안 모두 점등하였다면 이때의 전력량(kWh)은?

① 1 ② 2
③ 3 ④ 4

해설 $P = VIt = 250 \times \dfrac{60}{250} \times 10 \times 5 = 3{,}000\text{Wh} = 3\text{kWh}$

41 전기량(Q)과 전류(I), 시간(t)의 상호관계식이 바른 것은?

① $Q = It$ ② $Q = \dfrac{I}{t}$
③ $Q = \dfrac{t}{I}$ ④ $I = Q$

해설 $Q = It$

42 자동차용 전자장치는 대개 직류 12V로 동작되도록 만들어져 있는데, 사용전압이 12V가 아닌 전자장치를 자동차에서 사용하려면 전압을 12V로 변환시켜야 한다. 이와 같이 어떤 직류전압을 입력으로 하여 크기가 다른 전압의 직류로 변환하는 회로는?

① 단상 인버터 ② 3상 인버터
③ 사이클로컨버터 ④ 초퍼

해설 초퍼제어는 주로 전동차용 주전동기의 제어나 직류 안정화 전원(AC어댑터) 등에 이용된다.

43 다음 그림에서 X로 표시되는 기기는 무엇을 측정하는 것인가?

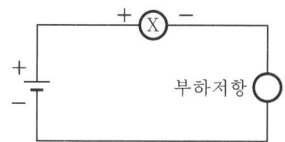

① 교류전압 ② 교류전류
③ 직류전압 ④ 직류전류

해설 전압측정은 병렬, 전류측정은 직렬로 연결하여 계측한다.

정답 36. ② 37. ① 38. ② 39. ③ 40. ③ 41. ① 42. ④ 43. ④

44 시퀀스제어(sequence control)를 설명한 것은?
① 출력신호를 입력신호로 되돌려 제어한다.
② 목표값에 따라 자동적으로 제어한다.
③ 미리 정해놓은 순서에 따라 제어의 각 단계를 순차적으로 제어한다.
④ 목표값과 결과값을 비교하여 제어한다.

해설 시퀀스제어는 미리 정해진 순서에 의해서 순차적으로 제어하며, 작동 시 문제가 발생할 때 비상정지단추를 누르면 모든 과정은 해제된다.

45 유도전동기의 슬립 $s=1$일 때 회전자의 상태는?
① 발전기상태이다.
② 무구속상태이다.
③ 동기속도상태이다.
④ 정지상태이다.

해설 유도전동기에서 $s=1$이면 회전자는 정지상태이다.

46 다음 그림과 같은 회로에서 펄스입력 V_1에 대한 충전전압 V_2의 시상수(ms)는?

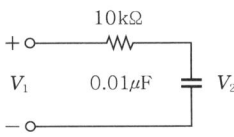

① 0.01   ② 0.1
③ 1   ④ 10

해설 $\tau = RC = 10 \times 0.01 = 0.1$ ms

47 다음 그림의 논리회로에서 입력 X, Y와 출력 Z 사이의 관계를 나타낸 진리표에서 A, B, C, D의 값으로 옳은 것은?

X	Y	Z	X	Y	Z
1	1	A	0	1	C
1	0	B	0	0	D

① A=0, B=1, C=1, D=1
② A=0, B=0, C=1, D=1
③ A=0, B=0, C=0, D=1
④ A=1, B=0, C=0, D=0

해설 NOT AND회로이므로 결과값의 반대로 취하면 된다. 즉 결과값이 1이면 0이 된다.

48 고압을 직접 전압계로 측정하는 것은 계기의 정격과 절연 때문에 불가능하며, 또한 고압에 대한 안전성의 문제도 있기 때문에 이를 해결하기 위해 사용하는 계기는?
① 단로기   ② 발전기
③ 전동기   ④ 계기용 변압기

해설 고압을 측정하기 위해서는 계기용 변압기를 사용하여 측정기를 보호한다.

49 교류전압의 순시값이 $v=\sqrt{2}\,V\sin\omega t$이고, 전류값이 $i=\sqrt{2}\,I\sin\left(\omega t+\dfrac{\pi}{2}\right)$[A]인 정현파의 위상관계는?
① 전류의 위상과 전압의 위상은 같다.
② 전압의 위상이 전류의 위상보다 $\dfrac{\pi}{4}$[rad]만큼 앞선다.
③ 전압의 위상이 전류의 위상보다 $\dfrac{\pi}{2}$[rad]만큼 앞선다.
④ 전압의 위상이 전류의 위상보다 $\dfrac{\pi}{2}$[rad]만큼 뒤진다.

해설 전압의 위상이 전류의 위상보다 $\dfrac{\pi}{2}$[rad]만큼 앞서게 된다.

50 저항이 $R[\Omega]$, 리액턴스가 $X[\Omega]$인 직렬로 접속된 부하에서 역률은?
① $\cos\theta = \dfrac{R}{\sqrt{R^2+X^2}}$
② $\cos\theta = \dfrac{\sqrt{2}\,R}{\sqrt{R^2+X^2}}$
③ $\cos\theta = \dfrac{R}{X^2}$
④ $\cos\theta = \dfrac{2R}{\sqrt{R^2+X^2}}$

해설 $\cos\theta = \dfrac{R}{\sqrt{R^2+X^2}}$

정답 44.③ 45.④ 46.② 47.① 48.④ 49.③ 50.①

51 다음 그림과 같은 직류브리지의 평형조건은?

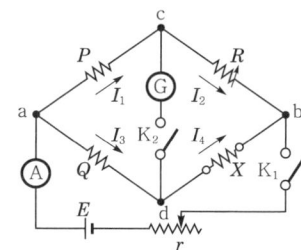

① $QX = PR$ ② $PX = QR$
③ $RX = PQ$ ④ $RX = 2PQ$

해설 직류브리지의 평형조건은 서로 마주 보는 값을 고려하면 된다. 즉 $PX = QR$이다.

52 다음 그림과 같은 전동기 주회로에서 THR은?

① 퓨즈
② 열동계전기
③ 접점
④ 램프

해설 THR은 Thermal Relay의 약어로서 열동계전기를 의미한다.

53 기기의 동작을 서로 구속하며 기기의 보호와 조작자의 안전을 목적으로 하는 회로는?

① 인터록회로 ② 자기유지회로
③ 지연복귀회로 ④ 지연동작회로

해설 ② 자기유지회로 : 시퀀스제어에서 시동단추를 누른 후 차단을 해도 전류가 공급되는 조건을 유지하는 회로
③ 지연복귀회로 : 타이머에 의해 일정시간이 지난 후 복귀하는 회로
④ 지연동작회로 : 타이머에 전류가 인가한 후 일정시간이 지나면 동작하는 회로

54 다음과 같은 KS용접기호의 해독으로 틀린 것은?

① 화살표 반대쪽 점용접
② 점용접부의 지름 6mm

③ 용접부의 개수(용접수) 5개
④ 점용접한 간격 100mm

해설 용접기호에서 화살표는 용접의 위치를 나타낸다.

55 리벳호칭이 'KS B 1002 둥근 머리리벳 18×40 SV330'으로 표시된 경우 숫자 '40'의 의미는?

① 리벳의 수량 ② 리벳의 구멍치수
③ 리벳의 길이 ④ 리벳의 호칭지름

해설 18은 리벳의 직경, 40은 리벳의 길이, SV330은 재질을 의미하는 것이다.

56 한쪽 단면도에 대한 설명으로 옳은 것은?

① 대칭형의 물체를 중심선을 경계로 하여 외형도의 절반과 단면도의 절반을 조합하여 표시한 것이다.
② 부품도의 중앙 부위 전후를 절단하여 단면을 90° 회전시켜 표시한 것이다.
③ 도형 전체가 단면으로 표시된 것이다.
④ 물체의 필요한 부분만 단면으로 표시한 것이다.

해설 한쪽 단면도는 반단면도라고도 하고 중심선을 기준으로 서로 대칭일 때 적용한다. 한쪽(절단 부분)은 내부 단면을 나타내고, 절단하지 않은 부분은 외부 형상을 나타낸다.

57 대상으로 하는 부분의 단면이 한 변의 길이가 20mm인 정사각형이라고 할 때 그 면을 직접적으로 도시하지 않고 치수로 기입하여 정사각형임으로 나타내고자 할 때 사용하는 치수는?

① C20 ② t20
③ □20 ④ SR20

해설 C는 모따기를, t는 두께를, SR은 구의 반지름을 표시한다.

58 도면의 같은 장소에 선이 겹칠 때 표시되는 우선순위가 가장 먼저인 것은?

① 숨은선 ② 절단선
③ 중심선 ④ 치수보조선

해설 선의 우선순위는 외형선 > 숨은선 > 절단선 > 중심선 > 무게중심선 > 치수보조선 순이다.

정답 51.② 52.② 53.① 54.① 55.③ 56.① 57.③ 58.①

59 다음 그림과 같은 입체도를 화살표방향을 정면으로 하여 3각법으로 정투상한 도면으로 가장 적합한 것은?

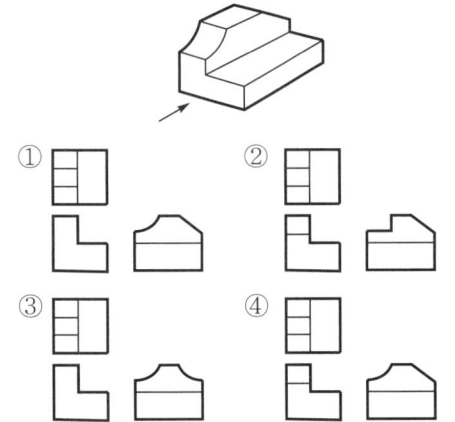

해설 3각법은 물체를 본 상태를 본 방향에 표기한다. 보통 정면도를 기본으로 위에는 평면도, 좌우측에는 측면도를 표기한다.

60 도면에서 표제란과 부품란으로 구분할 때 부품란에 기입할 사항으로 거리가 먼 것은?

① 품명 ② 재질
③ 수량 ④ 척도

해설 척도는 표제란에 기입하며 실척, 배척, 축척이 있다.

정답 59. ④ 60. ④

2009.9.27. 시행

제14회 공유압기능사

01 다음 중 원통커플링에 속하지 않는 것은?
① 머프커플링 ② 마찰원통커플링
③ 셀러커플링 ④ 유니버설커플링

해설 원통커플링에는 머프커플링, 마찰원통커플링, 셀러커플링, 반중첩커플링이 있다.

02 아이볼트(eye bolt)로 52kN의 물체를 수직으로 들어 올리려고 한다. 이 아이볼트나사부의 바깥지름은 약 몇 mm인가? (단, 볼트재료는 연강으로 하고 허용인장응력은 60N/mm²임)
① 21 ② 33
③ 42 ④ 59

해설 $d = \sqrt{\dfrac{2W}{\sigma_t}} = \sqrt{\dfrac{2 \times 52 \times 10^3}{60}} = 42\text{mm}$

03 스플라인에 관한 설명으로 틀린 것은?
① 자동차, 공작기계, 항공기, 발전용 증기터빈 등에 널리 쓰인다.
② 단속키보다 훨씬 작은 토크를 전달시킨다.
③ 축의 둘레에 여러 개의 일정간격의 키가 있다.
④ 축과 보스와의 중심축을 정확하게 맞출 수 있다.

해설 스플라인은 단속키보다 많은 토크를 전달할 수가 있다.

04 마찰클러치의 설계 시 고려사항이 아닌 것은?
① 원활히 단속할 수 있도록 한다.
② 소형이며 가벼워야 한다.
③ 열을 충분히 제거하고 고착되지 않아야 한다.
④ 접촉면의 마찰계수가 작아야 한다.

해설 마찰클러치는 접촉면의 마찰력이 커야 한다.

05 일반적으로 고온에서 볼 수 있는 현상으로 금속에 오랜 시간 외력을 가하면 시간이 경과됨에 따라 그 변형이나 변형률이 증가되는 현상은?

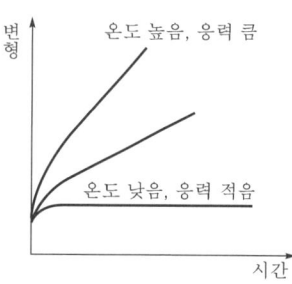

① 피로 ② 크리프
③ 허용응력 ④ 안전율

해설 크리프현상은 고온상태에서 변형률이 발생한다.

06 브레이크블록의 구비조건으로 적당하지 않은 것은?
① 마찰계수가 작을 것
② 내마멸성이 클 것
③ 내열성이 클 것
④ 제동효과가 양호할 것

해설 브레이크는 제동이 커야 하므로 마찰계수가 커야 한다.

07 V벨트의 단면형태를 표시한 것 중 단면적이 가장 큰 것은?
① A형 ② B형
③ C형 ④ M형

해설 V벨트의 단면 형상은 C형이 가장 크다.

정답 01.④ 02.③ 03.② 04.④ 05.② 06.① 07.③

08 코일 전체의 평균지름 D[mm], 소선의 지름 d[mm]라 할 때 스프링지수 C를 구하는 식으로 옳은 것은?

① $C = dD$ ② $C = \dfrac{d}{D}$
③ $C = \dfrac{2d}{D}$ ④ $C = \dfrac{D}{d}$

해설 $C = \dfrac{D}{d}$

09 다음 중 증압기에 대한 설명으로 가장 적합한 것은?

① 유압을 공압으로 변환한다.
② 낮은 압력의 압축공기를 사용하여 소형 유압실린더의 압력을 고압으로 변환한다.
③ 대형 유압실린더를 이용하여 저압으로 변환한다.
④ 높은 유압압력을 낮은 공기압력으로 변환한다.

해설 증압기는 압력을 크게 증가시키는 장치로서 고압에서 주로 사용한다.

10 액추에이터의 속도를 조절하는 밸브는?

① 감압밸브 ② 유량제어밸브
③ 방향제어밸브 ④ 압력제어밸브

해설 액추에이터의 속도조절은 유량제어밸브로 한다.

11 다음 중 공압실린더가 운동할 때 낼 수 있는 힘(F)을 식으로 맞게 표현한 것은? (단, P : 실린더에 공급되는 공기의 압력, A : 피스톤 단면적, V : 피스톤속도)

① $F = PA$ ② $F = AV$
③ $F = \dfrac{P}{A}$ ④ $F = \dfrac{A}{V}$

해설 $F = PA$

12 회로의 압력이 설정압을 초과하면 격막이 파열되어 회로의 최고압력을 제한하는 것은?

① 압력스위치 ② 유체스위치
③ 유체퓨즈 ④ 감압스위치

해설 유체퓨즈는 회로를 보호하기 위해 사용하는 것으로서, 압력이 초과되면 파열된다.

13 압력제어밸브에서 급격한 압력변동에 따른 밸브 시트를 두드리는 미세한 진동이 생기는 현상은?

① 노킹 ② 채터링
③ 해머링 ④ 캐비테이션

해설 채터링은 압력이 스프링의 장력과 비슷한 상태에서 떨림이 발생한다.

14 공기압장치의 특징에 대한 설명으로 틀린 것은?

① 사용에너지를 쉽게 구할 수 있다.
② 힘의 증폭이 용이하고 속도조절이 간단하다.
③ 동력의 전달이 간단하며 먼 거리이송이 쉽다.
④ 압축성 에너지이므로 위치제어성이 좋다.

해설 압축성이므로 위치제어성이 좋지 않다.

15 다음 도면기호의 명칭은 무엇인가?

① 유압펌프 ② 압축기
③ 유압모터 ④ 공기압모터

해설 유압펌프로서, 흑색 삼각형이 외부를 향하도록 표시한다.

16 관 속을 흐르는 유체에서 '$A_1 V_1 = A_2 V_2 =$ 일정'하다는 유체운동의 이론은? (단, A_1, A_2 : 단면적, V_1, V_2 : 유체속도)

① 파스칼의 원리 ② 연속의 법칙
③ 베르누이 정리 ④ 오일러방정식

해설 연속의 법칙으로 관에서 속도나 직경을 구할 때 적용한다.

17 다음 중 공압과 유압의 조합기기에 해당되는 것은?

① 에어서비스유닛
② 스틱 앤드 슬립유닛
③ 하이드롤릭체크유닛
④ 벤투리포지션유닛

해설 하이드롤릭체크유닛은 공압과 유압의 조합으로 되어 있다.

18 전기신호를 이용하여 제어를 하는 이유로 가장 적합한 것은?

① 과부하에 대한 안전대책이 용이하다.
② 작동속도가 빠르다.
③ 외부누설(감전, 인화)의 영향이 없다.
④ 출력유지가 용이하다.

해설 전기신호는 작동속도가 빠르기 때문에 많이 사용한다.

19 압력조절밸브에 대한 설명으로 맞는 것은?

① 밸브시트에 릴리프구멍이 있는 것이 논 브리드식이다.
② 감압을 목적으로 사용한다.
③ 생산된 압력을 증압하여 공급한다.
④ 압력릴리프밸브라고도 한다.

해설 압력조절밸브는 감압을 목적으로 한다.

20 다음과 같은 기호의 명칭은?

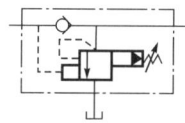

① 브레이크밸브   ② 카운터밸런스밸브
③ 무부하 릴리프밸브 ④ 시퀀스밸브

해설 무부하 릴리프밸브이다.

21 다음 중 유체에너지를 기계적인 에너지로 변환하는 장치는?

① 유압탱크   ② 액추에이터
③ 유압펌프   ④ 공기압축기

해설 액추에이터는 유체에너지를 기계적 에너지로 변환시킨다.

22 유압에서 이용되는 속도제어의 3가지 기본회로는?

① 미터 인 회로, 미터 아웃 회로, 로킹회로
② 블리드 오프 회로, 로킹회로, 미터 아웃 회로
③ 미터 아웃 회로, 블리드 오프 회로, 로킹회로
④ 미터 인 회로, 블리드 오프 회로, 미터 아웃 회로

해설 속도제어에는 미터 인 회로, 블리드 오프 회로, 미터 아웃 회로가 있다.

23 다음의 기호에 해당되는 밸브가 사용되는 경우는?

① 실린더유량의 제어
② 실린더방향의 제어
③ 실린더압력의 제어
④ 실린더힘의 제어

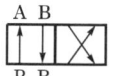

해설 실린더의 방향을 제어하는 밸브이다.

24 OR논리를 만족시키는 밸브는?

① 2압밸브   ② 급속배기밸브
③ 셔틀밸브   ④ 압력시퀀스밸브

해설 셔틀밸브를 OR밸브라고도 한다.

25 다음 그림의 밸브기호가 나타내는 것은?

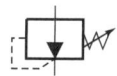

① 감압밸브(reducing valve)
② 릴리프밸브(relief valve)
③ 시퀀스밸브(sequence valve)
④ 무부하밸브(unloading valve)

해설 감압밸브로, 입력측 압력을 낮게 설정한다.

26 유량비례분류밸브의 분류비율은 어떤 범위에서 사용하는가?

① 1:1~9:1   ② 1:1~12:1
③ 1:1~15:1   ④ 1:1~20:1

해설 유량비례분류밸브의 분류비율은 1:1~9:1의 범위에서 사용한다.

27 다음 중 이상적인 유압시스템의 최적온도는?

① -35~0℃   ② 10~30℃
③ 45~55℃   ④ 65~85℃

해설 유압시스템의 최적온도는 45~55℃의 범위에서 사용한다.

정답 18. ② 19. ② 20. ③ 21. ② 22. ④ 23. ② 24. ③ 25. ① 26. ① 27. ③

28 다음의 변위단계선도에서 실린더동작순서가 옳은 것은? (단, + : 실린더의 전진, - : 실린더의 후진)

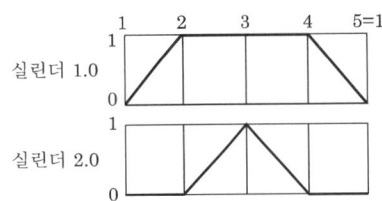

① 1.0⁺ 2.0⁺ 2.0⁻ 1.0⁻
② 1.0⁻ 2.0⁻ 2.0⁺ 1.0⁺
③ 2.0⁺ 1.0⁺ 1.0⁻ 2.0⁻
④ 2.0⁻ 1.0⁻ 1.0⁺ 1.0⁺

[해설] 실린더의 동작순서는 1의 위치는 '+', 0의 위치는 '-'이다.

29 실린더 중 양방향의 운동에서 모두 일을 할 수 있는 것은?
① 단동실린더(피스톤식)
② 램형 실린더
③ 다이어프램실린더(비피스톤식)
④ 복동실린더(피스톤식)

[해설] 복동실린더는 포트가 2개로 양방향에서 일을 할 수 있다.

30 자기현상을 이용한 스위치로 빠른 전환사이클이 요구될 때 적당한 스위치를 무엇이라 하는가?
① 전기리밋스위치   ② 압력스위치
③ 전기리드스위치   ④ 광전스위치

[해설] 리드스위치는 실린더의 몸체에 부착하여 위치를 설정할 때 사용한다.

31 다음 중 송풍기가 발생시키는 압축공기의 범위는?
① 10kPa 미만
② 10kPa 이상~100kPa 미만
③ 100kPa 이상~500kPa 미만
④ 500kPa 이상~1MPa 미만

[해설] 송풍기가 발생시키는 압축공기의 범위는 10kPa 이상~100kPa 미만이다.

32 유압펌프 무부하회로에 대한 설명으로 맞는 것은?
① 펌프의 토출압력을 일정하게 유지한다.
② 펌프의 송출량을 어큐뮬레이터로 공급하는 회로이다.
③ 부하에 의한 자유낙하를 방지하는 회로이다.
④ 간단한 방법으로 탠덤센터형 밸브의 중립위치를 이용한다.

[해설] 유압펌프의 무부하회로는 간단한 방법으로 탠덤센터형 밸브의 중립위치를 이용 가능하다.

33 어큐뮬레이터의 용도가 아닌 것은?
① 에너지 축적   ② 서지압 방지
③ 자동릴레이작동   ④ 펌프맥동흡수

[해설] 자동릴레이작동은 전기적 신호나 압력스위치에 의해서 발생한다.

34 유압펌프의 동력을 계산하는 방법으로 맞는 것은?
① 압력×수압면적   ② 압력×유량
③ 질량×가속도   ④ 힘×거리

[해설] 유압펌프의 동력은 압력×유량으로 계산할 수가 있으며 $L=\dfrac{PQ}{450}[PS]=\dfrac{PQ}{612}[kW]$로 표시한다.

35 포핏방식의 방향전환밸브가 갖는 장점이 아닌 것은?
① 누설이 거의 없다.
② 밸브의 이동거리가 짧다.
③ 조작에 힘이 적게 든다.
④ 먼지, 이물질의 영향이 작다.

[해설] 포핏방식은 조작에 대한 힘이 필요하다.

36 압축공기조정유닛(unit)의 조합기구가 아닌 것은?
① 압축공기필터   ② 압축공기조절기
③ 압축공기윤활기   ④ 소음기

[해설] 압축공기조정유닛은 필터, 압력조정기, 윤활기이며 AC unit 또는 FRL unit이라고 한다.

정답 28. ① 29. ④ 30. ③ 31. ② 32. ④ 33. ③ 34. ② 35. ③ 36. ④

37 다음과 같이 1개의 입력포트와 1개의 출력포트를 가지고 입력포트에 입력이 되지 않는 경우에만 출력포트에 출력이 나타나는 회로는?

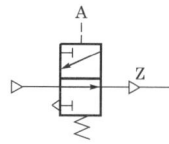

① NOR회로 ② AND회로
③ NOT회로 ④ OR회로

해설 NOT회로로서, 입력에 대한 반대값이 출력신호로 발생한다.

38 저압의 피스톤패킹에 사용되고 피스톤에 볼트로 장착될 수 있으며 저항이 다른 것에 비해 작은 것은?

① V형 패킹   ② U형 패킹
③ 컵형 패킹 ④ 플런저패킹

해설 컵형 패킹은 저항이 다른 패킹에 비해 작다.

39 일반적인 가정에서 제일 많이 사용하는 전원방식은?

① 단상 직류 220V   ② 단상 교류 220V
③ 3상 직류 220V   ④ 3상 교류 220V

해설 우리나라 일반 가정용 전압은 교류 단상 2선식 220V이다.

40 도선에 전류가 흐를 때 발생하는 열량은?

① 저항의 세기에 반비례한다.
② 전류의 세기에 반비례한다.
③ 전류세기의 제곱에 비례한다.
④ 전류세기의 제곱에 반비례한다.

해설 줄의 법칙에 의해 발생하는 열량은 다음과 같다.
$H = 0.24I^2Rt$ [cal]
열량은 저항과 전류의 제곱 및 흐른 시간에 비례한다.

41 $R-C$ 직렬회로에서 임피던스가 10Ω, 저항 8Ω일 때 용량리액턴스(Ω)는?

① 4   ② 5
③ 6   ④ 7

해설 $Z = \sqrt{R^2 + X_C^2}$ [Ω]
$10 = \sqrt{8^2 + X_C^2}$
∴ $X_C = 6Ω$

42 다음 중 회로시험기를 사용할 때 극성에 주의해서 측정해야 하는 것은?

① 저항   ② 교류전압
③ 직류전압 ④ 주파수

해설 직류전압측정 시 유의할 사항은 전원의 극성을 틀리지 않도록 접속하는 것이다.

43 전류의 유무나 전류의 세기를 측정하는데 쓰는 실험용 계기로, 보통 1mA 이하의 미소전류를 측정할 때 쓰는 계기는?

① 전위차계 ② 분류기
③ 배율기   ④ 검류계

해설 ㉠ 분류기 : 전류계의 측정범위를 넓히기 위한 것
㉡ 배율기 : 전압계의 측정범위를 넓히기 위한 것

44 다음 중 동기기의 전기자 반작용에 해당되지 않는 것은?

① 교차자화작용 ② 감자작용
③ 증자작용   ④ 회절작용

해설 동기기의 전기자 반작용은 횡축 반작용(교차자화작용)과 직축 반작용(감자작용, 증자작용)으로 분류된다.

45 다음 중 시퀀스회로에서 전동기를 표시하는 것은?

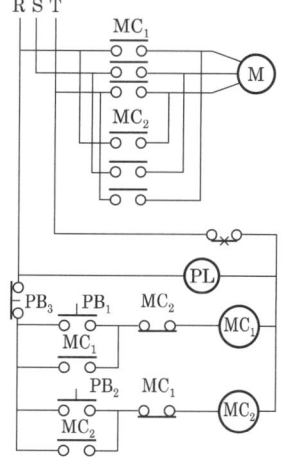

① M   ② PL
③ MC₁ ④ MC₂

정답 37. ③ 38. ③ 39. ② 40. ③ 41. ③ 42. ③ 43. ④ 44. ④ 45. ①

해설 ㉠ PL : 파일럿램프
㉡ MC : 전자접촉기
㉢ PB : 푸시버튼스위치

46 회로시험기 사용에서 저항측정 시 전환스위치를 R×100에 놓았을 때 계기의 바늘이 50Ω을 가리켰다면 측정된 저항값(Ω)은?

① 50
② 100
③ 500
④ 5,000

해설 $R = 50 \times 100 = 5{,}000\,\Omega$

47 다음 그림에서 2Ω, 3Ω, 4Ω의 저항을 직렬로 연결하고 전압 $E_r = 9V$를 인가할 때 4Ω에 의한 전압강하(V)는?

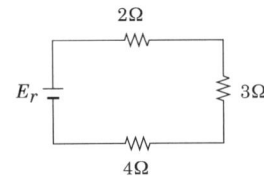

① 2
② 3
③ 4
④ 5

해설 $I = \dfrac{9}{2+3+4} = 1\,A$
∴ 4Ω에 의한 전압강하 $V = 4 \times 1 = 4V$

48 3상 유도전동기에서 기동 시에는 Y결선으로 운전하여 기동전류를 감소시키고, 전동기의 속도가 점차 증가하여 정격속도에 이르면 △결선으로 정상운전하는 기동법은?

① 전전압기동법
② Y-△기동법
③ 기동보상기법
④ △-Y기동법

해설 Y-△기동법은 기동 시 기동전류를 $\dfrac{1}{3}$로 감소시키기 위해 Y결선으로 기동하고 △결선으로 운전하게 한다.

49 교류전원의 주파수가 60Hz이고 극수가 4극인 동기전동기의 회전수(rpm)는?

① 180
② 1,800
③ 240
④ 2,400

해설 $N_s = \dfrac{120f}{p} = \dfrac{120 \times 60}{4} = 1{,}800\,\text{rpm}$

50 전원이 교류가 아닌 직류로 주어져 있을 때 어떤 직류전압을 입력으로 하여 크기가 다른 직류를 얻기 위한 회로는?

① 인버터회로
② 초퍼회로
③ 사이리스터회로
④ 다이오드정류회로

해설 ① 인버터 : 입력신호와 출력신호의 극성을 반전시키는 증폭기의 일종이다.
③ 사이리스터 : 온상태에서 오프상태로, 오프상태에서 온상태로의 전환이 가능하며 pnpn접합의 4층 구조 반도체소자의 총칭이다.
④ 다이오드(diode) : 발광·정류(교류를 직류로 변환)특성 등을 지니는 반도체이다.

51 시퀀스제어(sequence control)의 기능에 대한 용어를 잘못 설명한 것은?

① 여자 : 릴레이 전자접촉기 등의 코일에 전류가 흘러서 전자석이 되는 것
② 소자 : 릴레이 전자접촉기 등의 코일에 흐르고 있는 전류를 차단하여 자력을 잃게 하는 것
③ 인칭 : 기계의 동작을 느리게 하기 위해 동작을 반복하여 행하는 것
④ 인터록 : 복수의 동작을 관여시키는 것으로, 어떤 조건을 갖추기까지의 동작을 정지시키는 것

해설 인칭은 촌동이라고도 하며 전기적 조작에 의해 회전기의 회전부를 미소한 각도로 회전시키는 것이다.

52 저항 R[Ω]과 유도리액턴스 X_L[Ω]이 직렬로 접속된 회로의 임피던스 Z[Ω]의 값은?

① $Z = R^2 + X_L$
② $Z = R^2 - X_L$
③ $Z = \sqrt{R^2 + X_L^2}$
④ $Z = \sqrt{R^2 - X_L}$

해설 저항 R[Ω]과 인덕턴스 L[H]의 직렬로 접속한 회로의 임피던스 $Z = R + j\omega L$[Ω]
∴ $Z = \sqrt{R^2 + X_L^2}$ [Ω]

53 검출스위치가 아닌 것은?

① 리밋스위치
② 광전스위치
③ 버튼스위치
④ 근접스위치

해설 버튼스위치는 수동조작 자동복귀용 스위치이므로 검출용이 아니라 조작용 스위치이다.

정답 46.④ 47.③ 48.② 49.② 50.② 51.③ 52.③ 53.③

54 배관도시기호 중 체크밸브를 나타내는 것은?

① ─▷◁─ ② ─▷▶─
③ ─▷⊕◁─ ④ ─▷◣─

해설 체크밸브는 유체의 흐름을 오직 한 방향으로만 흐르게 한다.

55 A : B로 척도를 표시할 때 A : B의 설명이 가장 적합한 것은?

① A : 도면에서의 길이
　 B : 대상물의 실제 길이
② A : 도면에서의 치수
　 B : 대상물의 실제 치수
③ A : 대상물의 실제 길이
　 B : 도면에서의 길이
④ A : 대상물의 크기
　 B : 도면의 크기

해설 A : B에서 A는 도면에서의 길이를, B는 대상물의 실제 길이를 나타낸다.

56 다음 그림과 같은 입체도에서 화살표방향을 정면도로 했을 때 평면도로 가장 적합한 것은?

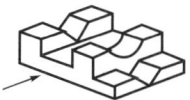

①, ②, ③, ④

해설 ③과 같이 표기해야 평면도가 된다.

57 ISO규격에 있는 관용테이퍼 수나사의 기호는?

① R　② S
③ Tr　④ TM

해설 ISO에서 관용테이퍼 수나사는 R로 표기한다.

58 다음 그림의 Ⓐ 부분과 같이 경사면부가 있는 대상물에서 그 경사면의 실형을 표시할 필요가 있는 경우에 사용하는 투상도는?

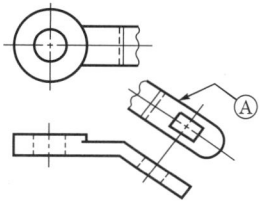

① 국부투상도　② 전개투상도
③ 회전투상도　④ 보조투상도

해설 보조투상도는 실제 형상에서 일부분을 상세하게 표기하는 방법이다.

59 기계제도에 사용하는 선의 분류에서 가는 실선의 용도가 아닌 것은?

① 치수선　② 치수보조선
③ 지시선　④ 외형선

해설 외형선은 굵은 실선으로 표시하며 물체의 보이는 부분을 나타낸다.

60 배관의 간략도시방법에서 파이프의 영구결합부(용접 또는 다른 공법에 의함)상태를 나타내는 것은?

① ─┼─　② ─○─
③ ─┬─　④ ─┴─

해설 결합부는 접촉 부위에 작은 흑색 원으로 표기한다.

정답 54.④ 55.① 56.③ 57.① 58.④ 59.④ 60.③

제15회 공유압기능사

2008.10.5. 시행

01 다음 중 유압에 비해 공기압의 장점이 아닌 것은?
① 안전성이 우수하다.
② 에너지 효율성이 좋다.
③ 에너지 축적이 용이하다.
④ 신속성(동작속도)이 좋다.

해설 에너지 효율성이 리턴되는 압력은 대기로 배출하므로 유압에 비해 나쁘다.

02 오일탱크 내의 압력을 대기압상태로 유지시키는 역할을 하는 것은?
① 가열기 ② 분리판
③ 스트레이너 ④ 에어브리더

해설 분리판은 대기압과 접촉으로 불순물을 제거하는 역할을 하며, 가열기는 겨울철에 작동유의 점도가 유지되지 않은 경우 스트레이너는 작동유 내의 불순물을 제거한다.

03 공기압회로에서 실린더나 기타의 액추에이터로 공급되는 압축공기의 흐름방향을 변화시키는 밸브는?
① 압력제어밸브 ② 유량제어밸브
③ 방향제어밸브 ④ 릴리프밸브

해설 공기의 흐름방향을 변화시키는 것은 방향제어밸브이다.

04 과도적으로 상승한 압력의 최대값을 무엇이라 하는가?
① 배압 ② 서지압
③ 맥동 ④ 전압

해설 과도적으로 상승한 압력의 최대값은 서지압이다.

05 기계적 에너지를 유압에너지로 변환하여 유압을 발생시키는 부분은?
① 유압펌프 ② 유량밸브
③ 유압모터 ④ 유압 액추에이터

해설 유압을 생성하는 것은 유압펌프가 한다.

06 유압회로에서 어떤 부분회로의 압력을 주회로의 압력보다 저압으로 사용하고자 할 때 사용하는 밸브는?
① 배압밸브 ② 감압밸브
③ 압력보상형 밸브 ④ 셔틀밸브

해설 감압밸브는 주회로의 압력보다 낮게 사용한다.

07 다음 기호 중 공압실린더의 1방향 속도제어에 주로 사용되는 것은?
①  ②
③ 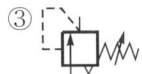 ④

해설 1방향 속도제어에는 체크붙이 유량제어밸브를 사용한다.

08 압력의 크기가 변해도 같은 유량을 유지할 수 있는 유량제어밸브는?
① 니들밸브
② 유량분류밸브
③ 압력보상 유량제어밸브
④ 스로틀 앤드 체크밸브

해설 압력보상 유량제어밸브는 압력의 크기를 보정하는 밸브이다.

09 다음의 방향밸브 중 3개의 작동유 접속구와 2개의 위치를 가지고 있는 밸브는 어느 것인가?

해설 3개의 작동유 접속구는 3포트를, 2개의 위치는 사각형 2개를 의미하므로 ③이다.

정답 01.② 02.④ 03.③ 04.② 05.① 06.② 07.④ 08.③ 09.③

10 공유압변환기를 에어하이드로실린더와 조합하여 사용할 경우 주의사항으로 틀린 것은?

① 에어하이드로실린더보다 높은 위치에 설치한다.
② 공유압변환기는 수평방향으로 설치한다.
③ 열원의 가까이에는 사용하지 않는다.
④ 작동유가 통하는 배관에 누설, 공기흡입이 없도록 밀봉을 철저히 한다.

해설 공유압변환기는 수직으로 설치하여 사용한다.

11 방향전환밸브의 포핏식이 갖고 있는 특징으로 맞는 것은?

① 이동거리가 짧고 밀봉이 완벽하다.
② 이물질의 영향을 잘 받는다.
③ 작은 힘으로 밸브가 작동한다.
④ 윤활이 필요하며 수명이 짧다.

해설 포핏식은 이동거리가 짧고 밀봉이 완벽하다.

12 다음 중 압력제어밸브 및 스위치에 속하지 않는 것은?

① 압력스위치 ② 시퀀스밸브
③ 릴리프밸브 ④ 유량제어밸브

해설 유량제어밸브는 유량을 제어하는 밸브이다.

13 공압실린더의 배출저항을 작게 하며 운동속도를 빠르게 하는 밸브의 명칭은?

① 급속배기밸브 ② 시퀀스밸브
③ 언로드밸브   ④ 카운터밸런스밸브

해설 급속배기밸브는 순간적으로 많은 양을 배출하므로 이송속도를 빠르게 한다.

14 실린더, 로터리 액추에이터 등 일반 공압기기의 공기여과에 적당한 여과기 엘리먼트의 입도는?

① 5μm 이하   ② 5~10μm
③ 10~40μm   ④ 40~70μm

해설 여과기 엘리먼트의 입도는 40~70μm이어야 한다.

15 공압실린더의 속도를 조정하려 한다. 이때 필요한 밸브는?

① 셔틀제어밸브   ② 방향제어밸브
③ 2압제어밸브   ④ 유량제어밸브

해설 실린더의 속도는 유량의 양을 제어하므로 속도를 제어할 수 있다.

16 다음 중 방향제어밸브에 속하는 것은?

① 미터링밸브   ② 언로딩밸브
③ 솔레노이드밸브 ④ 카운터밸런스밸브

해설 솔레노이드밸브는 방향을 제어하는 밸브이다.

17 펌프가 포함된 유압유닛에서 펌프 출구의 압력이 상승하지 않는다. 그 원인으로 적당하지 않은 것은?

① 릴리프밸브의 고장
② 속도제어밸브의 고장
③ 부하가 걸리지 않음
④ 언로드밸브의 고장

해설 릴리프밸브는 설정압을 일정하게 유지하는 밸브로, 반드시 펌프의 출구에 부착한다.

18 3개의 공압실린더를 A^+, B^+, A^-, C^+, C^-, B^-의 순으로 제어하는 회로를 설계하고자 할 때 신호의 중복(트러블)을 피하려면 몇 개의 그룹으로 나누어야 하는가? (단, A, B, C : 공압실린더, + : 전진동작, - : 후진동작)

① 2   ② 3
③ 4   ④ 5

해설 회로를 독립적으로 해야 트러블을 방지하므로 3개로 나눈다.

19 유압 액추에이터의 종류가 아닌 것은?

① 요동형 액추에이터
② 유압모터
③ 유압실린더
④ 솔레노이드밸브

해설 솔레노이드밸브는 유량·압력·방향을 제어하는 밸브이다.

20 어큐뮬레이터(축압기)의 사용목적이 아닌 것은?
① 에너지의 보조   ② 유체의 누설 방지
③ 유체의 맥동 감쇠 ④ 충격압력의 흡수

[해설] 어큐뮬레이터는 압력에너지를 안정화하는 것으로서, 유체의 누설은 배관과 관계가 있다.

21 유압에너지가 가진 특성이 아닌 것은?
① 소형 장치로 큰 출력을 얻을 수 있다.
② 온도변환에 큰 영향을 받지 않는다.
③ 원격제어가 가능하다.
④ 공기압보다 작동속도가 늦다.

[해설] 유압은 온도변화로 오일의 특성이 변화하여 영향을 받는다.

22 다음 공압실린더 중 다른 실린더에 비해 고속으로 동작할 수 있는 것은?
① 텔레스코프실린더
② 충격실린더
③ 가변스트로크실린더
④ 다위치형 실린더

[해설] 충격실린더는 고속으로 동작하여 충격에너지를 생성한다.

23 유압실린더에 작용하는 힘을 산출할 때 사용되는 것은?
① 보일의 법칙   ② 파스칼의 원리
③ 가속도의 법칙 ④ 플레밍의 왼손법칙

[해설] 유압실린더에서 작용하는 힘을 산출할 때 파스칼의 원리를 사용한다.

24 다음 공압장치의 기본요소 중 구동부에 속하는 것은?
① 애프터쿨러   ② 여과기
③ 실린더   ④ 루브리케이터

[해설] 실린더는 압력을 받아 운동하는 기기이다.

25 구동부가 일을 하지 않아 회로에서 작동유를 필요로 하지 않을 때 작동유를 탱크로 귀환시키는 것은?
① AND회로   ② 무부하회로
③ 플립플롭회로 ④ 압력설정회로

[해설] 유압은 기계가 동작하는 동안 계속 작동하므로 일을 하지 않을 시 무부하회로에 의해서 탱크로 귀환한다.

26 유압작동유의 점도를 나타내는 단위는?
① 포아즈   ② 다그리
③ 라스크   ④ 토크

[해설] 점도단위는 절대점도 Poise(g/cm·sec)로 표시되며, 여기에 밀도를 곱해주면 동점도(kinematic viscosity)가 된다.

27 시퀀스(sequence)밸브의 정의로 맞는 것은?
① 펌프를 무부하로 하는 밸브
② 동작을 순차적으로 하는 밸브
③ 배압을 방지하는 밸브
④ 감압시키는 밸브

[해설] 시퀀스밸브는 동작을 순차적으로 작동하는 밸브이다.

28 다음 유압 공기압기호의 명칭은?

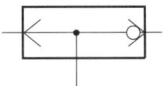

① 감압밸브
② 고압 우선형 셔틀밸브
③ 릴리프밸브
④ 급속배기밸브

[해설] 제시된 기호는 고압 우선형 셔틀밸브이다.

29 공압 발생장치의 구성상 필요 없는 장치는?
① 방향제어밸브 ② 공기탱크
③ 압축기   ④ 냉각기

[해설] 방향제어밸브는 구동을 위한 밸브이다.

30 공기건조방식 중 -70℃ 정도까지의 저노점을 얻을 수 있는 공기건조방식은?
① 흡수식   ② 냉각식
③ 흡착식   ④ 저온건조방식

[해설] 흡착식은 -70℃ 정도까지 저노점을 얻을 수 있다.

정답 20.② 21.② 22.② 23.② 24.③ 25.② 26.① 27.② 28.② 29.① 30.③

31 SCR의 설명 중 틀린 것은?

① SCR은 교류가 출력된다.
② SCR은 한번 통전하면 게이트에 의해서 전류를 차단할 수 없다.
③ SCR은 정류작용이 있다.
④ SCR은 교류전류의 위상제어에 많이 사용된다.

해설 SCR은 단일방향 3단자 소자로, 게이트로 턴 온(turn on)하고 위상제어 및 정류작용을 하여 직류를 출력한다.

32 전기기계는 주어진 에너지가 모두 유효한 에너지로 변환하는 것이 아니고 그 중의 일부 에너지가 없어지는 손실이 발생된다. 축과 베어링, 브러시와 정류자 등의 마찰로 인한 손실을 무엇이라 하는가?

① 동손 ② 철손
③ 기계손 ④ 표유부하손

해설 전기기기의 무부하손은 철손과 기계손의 합을 말하며, 기계손은 바람의 저항에 의한 풍손과 베어링, 브러시의 마찰손을 말한다.

33 다음 그림과 같은 전동기 주회로에서 THR은?

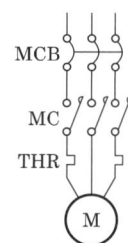

① 퓨즈 ② 열동계전기
③ 접점 ④ 램프

해설 ㉠ MCB : 배선용 차단기
㉡ MC : 전자접촉기

34 측정오차를 작게 하기 위한 전류계와 전압계의 내부저항에 대한 설명으로 바른 것은?

① 전류계, 전압계 모두 큰 내부저항
② 전류계, 전압계 모두 작은 내부저항
③ 전류계는 작은 내부저항, 전압계는 큰 내부저항
④ 전류계는 큰 내부저항, 전압계는 작은 내부저항

해설 전류계는 전류의 세기를 측정하는 계기로, 직렬로 회로에 접속하며 내부저항이 전압계보다 작다.

35 다음 휘트스톤브리지회로에서 X는 몇 Ω인가? (단, 전류평형이 되었을 때)

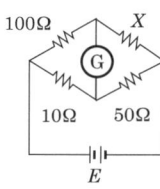

① 10 ② 50
③ 100 ④ 500

해설 $100 \times 50 = X \times 10$
$\therefore X = \dfrac{100 \times 50}{10} = 500\,\Omega$

36 사인파 교류파형에서 주기 T[s], 주파수 f[Hz]와 각속도 ω[rad/s] 사이의 관계식을 나타낸 것으로 옳은 것은?

① $\omega = \dfrac{1}{2\pi f}$ ② $\omega = 2\pi f$
③ $\omega = \dfrac{1}{2\pi T}$ ④ $\omega = 2\pi T$

해설 $\omega = \dfrac{\theta}{t} = 2\pi f$ [rad/s]

37 전동기 운전 시퀀스제어회로에서 전동기의 연속적인 운전을 위해 반드시 들어가는 제어회로는?

① 인터록 ② 지연동작
③ 자기유지 ④ 반복동작

해설 시퀀스제어회로에서 스스로 동작을 유지하는 것을 자기유지회로라고 한다.

38 △결선된 대칭 3상 교류전원의 선전류는 상전류의 몇 배인가?

① $\frac{1}{2}$ ② 1
③ $\sqrt{2}$ ④ $\sqrt{3}$

해설 환상결선(△결선)에서는 선간전압은 상전압이고, 선전류는 $\sqrt{3}$ 상 전류가 된다. 따라서 $\sqrt{3}$ 배가 된다.

39 다음 그림과 같은 회로의 명칭은?

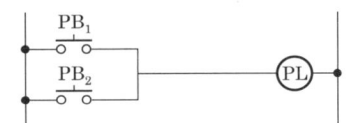

① OR회로 ② AND회로
③ NOT회로 ④ NOR회로

해설 접점병렬접속회로를 OR회로라 한다. 제시된 그림에서 PB₁과 PB₂가 병렬로 접속되어 있으므로 OR회로이다.

40 백열전구를 스위치로 점등과 소등을 하는 것을 무슨 제어라고 하는가?

① 정성적 제어 ② 되먹임제어
③ 정량적 제어 ④ 자동제어

해설 정성적 제어는 일정시간간격을 기억시켜 제어회로를 ON/OFF, 유무상태만으로 제어하는 것을 말한다.

41 절연전선에서는 온도가 높게 되면 절연물이 열화되어 절연전선으로서 사용할 수 없게 되므로 전선에 안전하게 흘릴 수 있는 최대 전류를 규정해 놓고 있다. 이것을 무엇이라 하는가?

① 허용전류 ② 합성전류
③ 단락전류 ④ 내부전류

해설 허용전류는 전선에 전류가 흐를 때 전선에 열화되지 않은 허용되는 전류값을 의미한다.

42 정격이 5A, 220V인 전기제품을 10시간 동안 사용했을 때 전력량(kWh)은?

① 1 ② 11
③ 21 ④ 31

해설 $W = Pt = VIt = I^2Rt$ [Ws]
    = 220×5×10 = 11,000Wh = 11kWh

43 교류전류 중 코일만으로 된 회로에서 전압과 전류와의 위상은?

① 전압이 90° 앞선다.
② 전압이 90° 뒤진다.
③ 동상이다.
④ 전류가 180° 앞선다.

해설 ㉠ 저항만의 회로 : 전압과 전류의 위상은 동상이다.
    ㉡ 코일만의 회로 : 전압은 전류보다 위상이 90° 앞선다.
    ㉢ 콘덴서만의 회로 : 전압은 전류보다 위상이 90° 뒤진다.

44 구동회로에 가해지는 펄스수에 비례한 회전각도만큼 회전시키는 특수전동기는?

① 분권 ② 직권
③ 직류스테핑 ④ 타여자

해설 직류스테핑모터는 디지털펄스를 발생한 만큼 회전을 한다. 예를 들어 1.8°/pulse라면 1펄스당 1.8° 회전한다.

45 분류기를 사용하는 전류를 측정하는 경우 전류계의 내부저항 0.12Ω, 분류기의 저항 0.03Ω이면 그 배율은?

① 6 ② 5
③ 4 ④ 3

해설 $m = 1 + \frac{r}{R_A} = 1 + \frac{0.12}{0.03} = 5$

46 다음 입체도에서 화살표방향을 정면으로 한 3각 정투상도로 가장 적합한 것은?

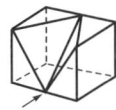

① ② ③ ④

해설 정면도와 평면도가 서로 마주 보는 부분이 같은 조건이며, 측면도에서는 골이 보이지 않으므로 대각선으로 파선이 있어야 한다.

정답 38. ④ 39. ① 40. ① 41. ① 42. ② 43. ① 44. ③ 45. ② 46. ④

47 다음과 같이 화살표방향을 정면도로 선택하였을 때 평면도의 모양은?

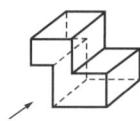

① 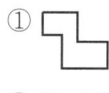   ②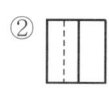
③   ④

해설 평면도를 위에서 본 형상으로, 왼쪽에 파선이 있어야 한다.

48 투상면이 각도를 가지고 있어 실형을 표시하지 못할 때에는 다음 그림과 같이 표시할 수 있다. 무슨 투상도인가?

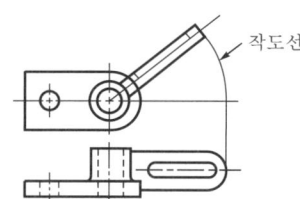

① 보조투상도   ② 회전투상도
③ 부분투상도   ④ 국부투상도

해설 회전투상도는 물체의 형상이 어느 정도의 각도를 유지할 때 회전하여 나타낸다.

49 배관의 간략도시방법에서 체크밸브 도시기호는?

해설 체크밸브는 마주 보는 삼각형 중에 흰색과 흑색을 부여하여 표시한다.

50 치수에 사용하는 기호이다. 잘못 연결된 것은?
① 정사각형의 변 - □
② 구의 반지름 - R
③ 지름 - φ
④ 45° 모따기 - C

해설 구의 반지름은 SR로 표기한다.

51 다음 중 기계제도에서 대상물의 일부를 떼어낸 경계를 표시하는 데 사용하는 선의 명칭은?
① 가상선   ② 피치선
③ 파단선   ④ 지시선

해설 파단선은 물체의 내부를 나타내고자 할 때 사용한다.

52 KS용접기호 중 플러그용접기호는?
① V   ② ○
③ ⊓   ④ V

해설 플러그용접기호는 아래가 터진 사각형으로 표기한다.

53 원형봉에 비틀림모멘트를 가하면 비틀림이 생기는 원리를 이용한 스프링은?
① 코일스프링   ② 벌류트스프링
③ 접시스프링   ④ 토션바

해설 토션바는 비틀림이 발생하도록 형성된 스프링이다.

54 직경 12mm의 환봉에 축방향으로 5,000N의 인장하중을 가하면 인장응력은 몇 N/mm²인가?
① 44.2   ② 66.4
③ 98.6   ④ 132.6

해설 $\sigma = \dfrac{P}{A} = \dfrac{5,000}{\dfrac{3.14 \times 12^2}{4}} = 44.2\text{N/mm}^2$

55 링크가 스프로킷휠에 비스듬히 미끄러져 들어가는 구조로 되어 있어 고속 운전 또는 정숙하고 원활한 운전이 필요할 때 사용하는 체인은?
① 롤러체인   ② 핀틀체인
③ 사일런트체인   ④ 블록체인

해설 사일런트체인은 고속 운전과 정숙한 운전에 사용한다.

56 호칭번호가 6208로 표기되어 있는 구름베어링이 있다. 이 표기 중에서 08이 뜻하는 것은?
① 틈새기호   ② 계열번호
③ 안지름번호   ④ 등급기호

해설 호칭번호 6208에서 08은 베어링의 안지름으로 5×8 = 40mm이다.

정답 47. ② 48. ② 49. ③ 50. ② 51. ③ 52. ③ 53. ④ 54. ① 55. ③ 56. ③

57 접촉면의 압력을 p, 속도를 v, 마찰계수가 μ일 때 브레이크용량(brake capacity)을 표시하는 것은?

① $vp\mu$
② $\dfrac{1}{\mu pv}$
③ $\dfrac{pv}{\mu}$
④ $\dfrac{\mu}{pv}$

해설 브레이크용량=μpv

58 너트(nut)의 풀림을 방지하기 위해 주로 사용되는 핀은?

① 평행핀 ② 분할핀
③ 테이퍼핀 ④ 스프링핀

해설 풀림 방지에 사용하는 것은 분할핀으로 조립 후에 좌우로 구부려서 빠지지 않게 한다.

59 부품을 일정한 간격으로 유지하고 구조물 자체를 보강하는 데 사용되는 볼트는?

① 기초볼트 ② 아이스볼트
③ 나비볼트 ④ 스테이볼트

해설 구조물 자체를 보강하는 데 스테이볼트를 사용한다.

60 동력전달에 필요한 마찰력을 주기 위하여 정지하고 있을 때 벨트에 장력을 준 상태에서 벨트 풀리에 끼워 접촉면에 알맞은 합력이 작용하도록 하는데, 이 장력을 무엇이라 하는가?

① 말기장력 ② 유효장력
③ 피치장력 ④ 초기장력

해설 초기장력은 벨트가 구동 시 종동측이 정지되어 구동력을 발생해야 하므로 마찰력이 많이 필요하다.

정답 57. ① 58. ② 59. ④ 60. ④

제16회 공유압기능사

2007.9.16. 시행

01 유압회로에서 유압의 점도가 높을 때 일어나는 현상이 아닌 것은?
① 관내 저항에 의한 압력이 저하된다.
② 동력손실이 커진다.
③ 열 발생의 원인이 된다.
④ 응답성이 저하된다.

해설 압력은 펌프에서 생성하여 릴리프밸브에 의해서 일정하게 유지되므로 점도로 저하하지는 않는다.

02 유압과 비교한 공기압의 특징에 대한 설명으로 옳지 않은 것은?
① 에너지의 축적이 어렵다.
② 동력원의 집중이 용이하다.
③ 압력제어밸브로 과부하 안전대책이 가능하다.
④ 보수·관리가 용이하다.

해설 공기압은 에너지 축적이 쉽다.

03 다음 그림은 무슨 기호인가? 
① 분류밸브
② 셔틀밸브
③ 디셀러레이션밸브
④ 체크밸브

해설 체크밸브로서 한쪽으로만 유체가 흐르게 한다.

04 구형의 용기를 사용하며, 유실과 가스실은 금속판으로 격리되어 유실에 가스의 침입이 없고, 특히 소형의 고압용 어큐뮬레이터로 이용되는 것은?
① 추부하형 어큐뮬레이터
② 다이어프램형 어큐뮬레이터
③ 스프링부하형 어큐뮬레이터
④ 블래드형 어큐뮬레이터

해설 소형의 고압용 어큐뮬레이터는 다이어프램형 어큐뮬레이터이다.

05 공유압변환기의 사용상 주의점을 열거한 것 중 맞는 것은?
① 공유압변환기는 수직방향으로 설치한다.
② 공유압변환기는 액추에이터보다 낮은 위치에 설치한다.
③ 열원에 근접시켜 사용한다.
④ 작동유가 통하는 배관에는 공기흡입이 잘 되어야 한다.

해설 공유압변환기는 수직으로 설치해야 한다.

06 실린더의 귀환행정 시 일을 하지 않을 경우 귀환속도를 빠르게 하여 시간을 단축시킬 필요가 있을 때 사용하는 밸브는 무엇인가?
① 셔틀밸브
② 2압밸브
③ 체크밸브
④ 급속배기밸브

해설 이송속도를 빠르게 하기 위해 급속배기밸브를 사용한다.

07 유량제어밸브의 사용목적과 거리가 먼 것은?
① 액추에이터의 속도제어
② 솔레노이드밸브의 신호시간제어
③ 실린더의 배출되는 공기량제어
④ 공기식 타이머의 시간제어

해설 솔레노이드밸브의 신호시간제어는 전기부품의 타이머에 의해서 제어한다.

08 블리드 오프 회로에서 유량제어밸브는 어떻게 하는가?
① 실린더 입구의 분기회로에 설치한다.
② 방향제어밸브의 드레인포트에 연결한다.
③ 실린더에 공급되는 유량을 교축한다.
④ 펌프에 직접 연결하여 사용한다.

정답 01.① 02.① 03.④ 04.② 05.① 06.④ 07.② 08.①

해설 블리드 오프 회로에서 유량제어밸브는 실린더 입구의 분기 회로에 설치한다.

09 다음의 기호를 보고 알 수 없는 것은?

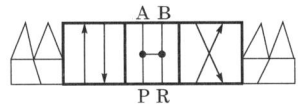

① 4포트 밸브　　② 오픈센터
③ 개스킷접속　　④ 3위치 밸브

해설 개스킷접속은 전혀 관계가 없다.

10 램형 실린더가 갖는 장점이 아닌 것은?

① 피스톤이 필요 없다.
② 공기빼기 장치가 필요 없다.
③ 실린더 자체 중량이 가볍다.
④ 압축력에 대한 휨에 강하다.

해설 램형 실린더는 실린더중량이 무겁다.

11 베인펌프에서 유압을 발생시키는 주요 부분이 아닌 것은?

① 캠링　　　　② 베인
③ 로터　　　　④ 인어링

해설 인어링은 회전하는 부위에 일정한 위치를 유지하기 위해 필요하다.

12 공압용 솔레노이드형태의 전환밸브에서 밸브의 구체적인 전환방식은?

① 레버조작　　② 롤러조작
③ 전기조작　　④ 디텐트조작

해설 솔레노이드는 코일에 전기를 인가하면 전자석이 되어 제어한다.

13 공압장치에 사용되는 압축공기필터의 여과방법으로 틀린 것은?

① 원심력을 이용하여 분리하는 방법
② 충돌판에 닿게 하여 분리하는 방법
③ 가열하여 분리하는 방법
④ 흡습제를 사용해서 분리하는 방법

해설 가열하여 분리하면 유체의 온도가 상승하여 수증기가 발생하므로 관계없다.

14 회로 설계를 하고자 할 때 부가조건의 설명이 잘못된 것은 무엇인가?

① 리셋(reset) : 리셋신호가 입력되면 모든 작동상태는 초기위치가 된다.
② 비상정지(emergency stop) : 비상정지신호가 입력되면 대부분의 경우 전기제어시스템에서는 전원이 차단되나 공압시스템에서는 모든 작업요소가 원위치된다.
③ 단속사이클(single cycle) : 각 제어요소들을 임의의 순서대로 작동시킬 수 있다.
④ 정지(stop) : 연속사이클에서 정지신호가 입력되면 마지막 단계까지는 작업을 수행하고 새로운 작업을 시작하지 못한다.

해설 단속사이클은 임의로 하나의 유닛만 작동시킨다.

15 다음과 같은 공압장치의 명칭은?

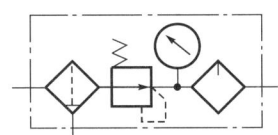

① NOT밸브　　② 유량조절밸브
③ 공기건조기　　④ 공기압조정유닛

해설 공기압조정유닛으로 필터, 압력조정밸브, 압력계, 윤활기로 구성되어 있다.

16 다음 진리값과 일치하는 로직회로의 명칭은?

$\overline{A} = B$

입력신호	출력
A	B
0	1
1	0

① AND회로　　② OR회로
③ NOT회로　　④ NAND회로

해설 NOT회로로, 입력신호에 반대로 출력신호를 발생한다.

정답 09. ③ 10. ③ 11. ④ 12. ③ 13. ③ 14. ③ 15. ④ 16. ③

17 다음 중 제습기의 종류가 아닌 것은?
① 냉동식 제습기 ② 흡착식 제습기
③ 흡수식 제습기 ④ 공냉식 제습기

해설 제습기는 습기를 제거하는 장치로서 공냉식은 없다.

18 감압밸브에서 1차측의 공기압력이 변동했을 때 2차측의 압력이 어느 정도 변화하는가를 나타내는 특성은?
① 크래킹특성 ② 입력특성
③ 감도특성   ④ 히스테리시스특성

해설 입력에 대한 결과를 확인하는 것으로 입력특성이라 한다.

19 다음 그림의 실린더는 피스톤면적(A)이 8cm² 이고 행정거리(S)는 10cm이다. 이 실린더가 전진행정을 1분 동안에 마치려면 필요한 공급유량(cm³/min)은?

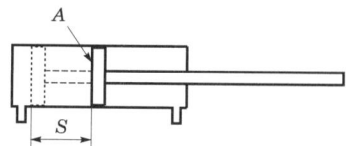

① 60   ② 70
③ 80   ④ 90

해설 $Q = Av = 8 \times 10 = 80 \text{cm}^3/\text{min}$

20 유압유에 수분이 혼입될 때 미치는 영향이 아닌 것은?
① 작동유의 윤활성을 저하시킨다.
② 작동유의 방청성을 저하시킨다.
③ 캐비테이션이 발생한다.
④ 작동유의 압축성이 증가한다.

해설 작동유의 압축성이 감소하게 된다.

21 작동유탱크의 유면이 너무 낮을 경우 가장 손상을 받기 쉬운 것은?
① 유압 액추에이터 ② 유압펌프
③ 여과기   ④ 유압전동기

해설 유압펌프는 오일을 흡입하는 장치로서 손상을 받기 쉽다.

22 유압동기회로에서 2개의 실린더가 같은 속도로 움직일 수 있도록 위치를 제어해주는 밸브는 어떤 것인가?
① 셔틀밸브   ② 분류밸브
③ 바이패스밸브 ④ 서보밸브

해설 2개의 실린더를 같은 속도로 움직이도록 위치를 제어하는 밸브를 분류밸브라 한다.

23 다음의 변위단계선도에서 실린더동작순서가 옳은 것은? (단, +: 실린더의 전진, -: 실린더의 후진)

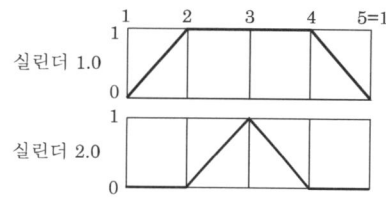

① 1.0⁺ 2.0⁺ 2.0⁻ 1.0⁻
② 1.0⁻ 2.0⁻ 2.0⁺ 1.0⁺
③ 2.0⁺ 1.0⁺ 1.0⁻ 2.0⁻
④ 2.0⁻ 1.0⁻ 1.0⁺ 2.0⁺

해설 실린더가 1의 위치면 '+'이고, 0의 위치면 '-'가 된다.

24 공압장치에 부착된 압력계의 눈금이 5kgf/cm² 를 지시한다. 이 압력을 무엇이라 하는가?
① 대기압력 ② 절대압력
③ 진공압력 ④ 게이지압력

해설 게이지압력은 압력계에서 읽은 압력이다.

25 공기압축기를 출력에 의해서 분류한 것 중 중형에 해당하는 것은?
① 0.2~14kW   ② 15~74kW
③ 76~150kW ④ 150kW 이상

해설 중형에 해당하는 출력은 15~74kW이다.

26 회로의 압력이 설정압을 초과하면 격막이 파열되어 회로의 최고압력을 제한하는 것은?
① 압력스위치 ② 유체스위치
③ 유체퓨즈   ④ 감압스위치

해설 유체퓨즈는 설정압이 초과하면 파열되어 장치를 보호한다.

정답 17. ④ 18. ② 19. ③ 20. ④ 21. ② 22. ② 23. ① 24. ④ 25. ② 26. ③

27 다음과 같은 회로의 명칭은?

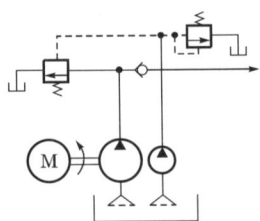

① 압력스위치에 의한 무부하회로
② 전환밸브에 의한 무부하회로
③ 축압기에 의한 무부하회로
④ Hi-Lo에 의한 무부하회로

해설 Hi-Lo에 의한 무부하회로이다.

28 유압회로에서 분기회로의 압력을 주회로의 압력보다 저압으로 할 때 사용하는 밸브는?

① 카운터밸런스밸브
② 릴리프밸브
③ 방향제어밸브
④ 감압밸브

해설 감압밸브는 주회로의 압력보다 낮게 하여 사용한다.

29 실린더의 크기를 결정하는 데 직접 관련되는 요소는?

① 사용공기압력 ② 유량
③ 행정거리   ④ 속도

해설 실린더의 크기결정에 직접 관련된 요소는 사용공기압력이다.

30 다음 그림과 같은 방향제어밸브의 작동방식은?

① 수동식   ② 전자식
③ 플런저식 ④ 롤러레버식

해설 롤러레버식은 기구장치가 롤러에 접촉하여 직선운동을 하는데 사용한다.

31 버튼을 누르고 있는 동안만 회로가 동작하고 놓으면 그 즉시 전동기가 정지하는 운전법으로, 주로 공작기계에 사용하는 방법은?

① 촌동운전   ② 연동운전
③ 정·역운전 ④ 순차운전

해설 연동운전은 인터록에 의한 조건부운전이며, 순차운전은 시퀀스제어에 의해 순차적으로 운전한다.

32 다음 중 지시계기의 구비조건으로서 갖추어야 할 조건이 아닌 것은?

① 눈금이 균등하거나 대수눈금일 것
② 절연내력이 낮을 것
③ 튼튼하고 취급이 편리할 것
④ 확도가 높고 외부의 영향을 받지 않을 것

해설 지시계기의 구비조건
㉠ 확도가 높고 외부의 영향을 받지 않을 것
㉡ 눈금이 균등하거나 대수눈금일 것
㉢ 지시가 측정값의 변화에 신속히 응답할 것
㉣ 튼튼하고 취급이 편리할 것
㉤ 절연내력이 높을 것

33 파형의 맥동성분을 제거하기 위해 다이오드정류회로의 직류출력단에 부착하는 것은?

① 저항   ② 콘덴서
③ 사이리스터 ④ 트랜지스터

해설 콘덴서는 전하를 축적하는 기능을 가지고 있으며 콘덴서의 특성을 이용하여 직류전류를 차단하고 교류전류를 통과시키는 필터로 사용된다.

34 직류회로에서 옴(Ohm)의 법칙을 설명한 내용 중 맞는 것은?

① 전류는 전압의 크기에 비례하고, 저항값의 크기에 비례한다.
② 전류는 전압의 크기에 반비례하고, 저항값의 크기에 반비례한다.
③ 전류는 전압의 크기에 비례하고, 저항값의 크기에 반비례한다.
④ 전류는 전압의 크기에 반비례하고, 저항값의 크기에 비례한다.

정답 27. ④ 28. ④ 29. ① 30. ④ 31. ① 32. ② 33. ② 34. ③

해설 옴의 법칙(Ohm's law)이란 도선 두 점 사이의 전류세기는 그 두 점 사이의 전위차에 비례하고, 전기저항에 반비례한다.
$I = \dfrac{E}{R}$ [A], $E = IR$ [V]

35 내부저항 5kΩ의 전압계 측정범위를 10배로 하기 위한 방법은?

① 15kΩ의 배율기 저항을 병렬연결한다.
② 15kΩ의 배율기 저항을 직렬연결한다.
③ 45kΩ의 배율기 저항을 병렬연결한다.
④ 45kΩ의 배율기 저항을 직렬연결한다.

해설 $m = 1 + \dfrac{R_m}{r}$
$10 = 1 + \dfrac{R_m}{5}$
∴ $R_m = 45\text{k}\Omega$

36 다음 그림과 같은 주파수특성을 갖는 전기소자는?

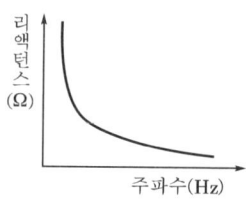

① 저항 ② 코일
③ 콘덴서 ④ 다이오드

해설 콘덴서의 용량리액턴스는 $X_C = \dfrac{1}{\omega C} = \dfrac{1}{2\pi f C}$ 이므로 주파수에 반비례한다.

37 직류전동기를 기동할 때에 전기자회로에 직렬로 연결하여 기동전류를 억제시켜 속도가 증가함에 따라 저항을 천천히 감소시키는 것을 무엇이라 하는가?

① 기동기 ② 정류자
③ 브러시 ④ 제어기

해설 기동저항기는 기동 시 최대 저항으로 기동전류를 억제시키고 가속되면 감소시켜 정격에서 단락시킨다.

38 다음 측정단위 중 1kW는 몇 W인가?

① 10 ② 100
③ 1,000 ④ 10,000

해설 1kW=1,000W

39 다음 중 시퀀스제어에 속하는 것은?

① 정성적 제어 ② 정량적 제어
③ 되먹임제어 ④ 닫힌 루프제어

해설 ㉠ 정성적 제어 : 일정시간간격을 기억시켜 제어회로를 ON/OFF 또는 유무상태만으로 제어하는 명령으로, 2개 값만 존재하며 이산정보와 디지털정보가 있다.
㉡ 정량적 제어 : 온도·압력·위치·속도·전압 등과 같은 물리적 양을 어떤 크기로 제어하는 무한개의 정보를 가지는 제어계로, 피드백제어이며 아날로그정보계와 연속정보계가 있다.

40 다음에 열거한 것 중 조작기기는 어느 것인가?

① 솔레노이드밸브 ② 리밋스위치
③ 광전스위치 ④ 근접스위치

해설 리밋·광전·근접스위치는 기계적 접점을 갖는 검출기기이다.

41 코일이 여자될 때마다 숫자가 하나씩 증가하며 계수 표시를 하는 것은?

① 기계식 카운터 ② 전자식 카운터
③ 적산카운터 ④ 프리셋카운터

해설 릴레이가 여자될 때마다 한 숫자씩 증가하는 것을 표시하는 것은 적산카운터이다.

42 실효값이 E[V]인 정현파 교류전압의 최대값은 얼마인가?

① $\sqrt{2}\,E$[V] ② $\dfrac{1}{\sqrt{2}}E$[V]
③ $\dfrac{2}{\pi}E$[V] ④ $2E$[V]

해설 $E = \dfrac{E_m}{\sqrt{2}}$[V]
∴ $E_m = \sqrt{2}\,E$[V]

정답 35. ④ 36. ③ 37. ① 38. ③ 39. ① 40. ① 41. ③ 42. ①

43 Y결선으로 접속된 3상 회로에서 선간전압은 상전압의 몇 배인가?

① 2 ② $\sqrt{2}$
③ 3 ④ $\sqrt{3}$

해설 Y결선에서 선간전압은 상전압의 $\sqrt{3}$ 배가 된다.

44 직류 200V, 1,000W의 전열기에 흐르는 전류(A)는 얼마인가?

① 0.5 ② 5
③ 50 ④ 10

해설 $P = VI$ [W]
$\therefore I = \dfrac{P}{V} = \dfrac{1,000}{200} = 5$A

45 유도전동기에서 동기속도를 결정하는 요인은?

① 위상 - 파형   ② 홈수 - 주파수
③ 자극수 - 주파수 ④ 자극수 - 전기각

해설 $N_s = \dfrac{120f}{P}$ [rpm]
∴ 자극수와 주파수로 결정된다.

46 배관도면의 글로브밸브에서 나사이음을 할 때 도시기호는?

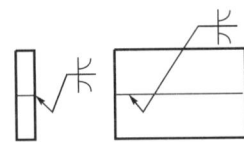

해설 나사이음의 도시기호는 마주 보는 삼각형에 흑색 원으로 표시한다.

47 다음 용접도시기호를 올바르게 설명한 것은?

① 양면 U형 이음 맞대기 용접
② 한쪽 U형 이음 맞대기 용접
③ K형 이음 맞대기 용접
④ 양면 J형 이음 맞대기 용접

해설 양면 J형 맞대기 이음을 나타낸다.

48 물체의 구멍, 홈 등 특정 부분만의 모양을 도시하는 것으로 다음 그림과 같이 그려진 투상도의 명칭은?

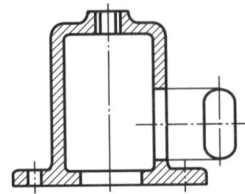

① 회전투상도   ② 보조투상도
③ 부분 확대도 ④ 국부투상도

해설 국부투상도로, 한 부분의 형상을 명확하게 표기하고자 할 때 사용한다.

49 도면의 척도란에 5 : 1로 표시되었을 때 의미로 올바른 설명은?

① 축척으로 도면의 형상크기는 실물의 $\dfrac{1}{5}$이다.
② 축척으로 도면의 형상크기는 실물의 5배이다.
③ 배척으로 도면의 형상크기는 실물의 $\dfrac{1}{5}$이다.
④ 배척으로 도면의 형상크기는 실물의 5배이다.

해설 배척으로 형상이 복잡하거나 크기가 작은 부품을 5배로 확대하여 표기한다.

50 다음과 같은 3각 정투상도인 정면도, 평면도에 가장 적합한 우측면도는?

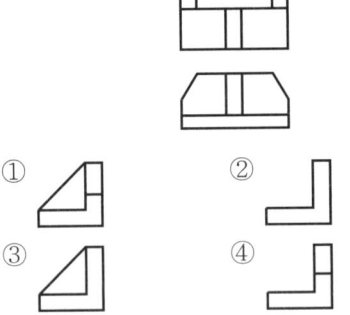

해설 가운데가 보강한 상태이므로 삼각형 형태로 보인다.

정답 43. ④ 44. ② 45. ③ 46. ② 47. ④ 48. ④ 49. ④ 50. ①

51 다음 도면에서 전체 길이인 ( )의 치수는?

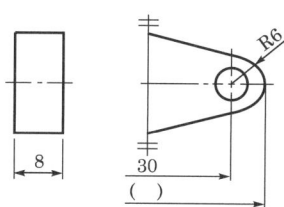

① 36 ② 42
③ 66 ④ 72

해설 서로 대칭을 표기하여 나타내었으므로 R6이 있기 때문에 한쪽은 36이므로 전체 길이는 72가 된다.

52 파형의 가는 실선 또는 지그재그선을 사용하는 선은?

① 회전 단면선 ② 파단선
③ 절단선 ④ 기준선

해설 지그재그선과 가는 실선으로 표기하는 것은 파단선을 나타낸다.

53 다음 중 운동용 나사가 아닌 것은?

① 관용나사 ② 사각나사
③ 사다리꼴나사 ④ 볼나사

해설 관용나사는 배관에서 기밀유지를 위해 사용한다.

54 가로탄성계수를 바르게 나타낸 것은?

① $\dfrac{굽힘응력}{전단변형률}$ ② $\dfrac{전단응력}{수직변형률}$
③ $\dfrac{전단응력}{전단변형률}$ ④ $\dfrac{수직응력}{전단변형률}$

해설 가로탄성계수는 전단응력을 전단변형률로 나타낸 것을 말한다.
$G = \dfrac{\tau}{\gamma}$

55 지름 D[mm]인 코일스프링에 하중 P[kgf]를 가할 때 δ[mm]의 변위를 일으키는 스프링상수 K[kgf/mm]는?

① $K = \dfrac{P}{\delta}$ ② $K = \dfrac{P}{D}$
③ $K = \dfrac{D}{P}$ ④ $K = \dfrac{\delta}{P}$

해설 $P = K\delta$
∴ $K = \dfrac{P}{\delta}$

56 맞물림클러치의 턱 모양이 아닌 것은?

① 톱니형 ② 사다리꼴형
③ 반달형 ④ 사각형

해설 반달형으로 형상이 둥글기 때문에 마찰력을 줄 수 있는 조건이 되지 못한다.

57 롤링베어링의 장점이 아닌 것은?

① 과열의 위험이 없다.
② 규격이 정해진 품종이 풍부하고 교환성이 좋다.
③ 기계의 소형화가 가능하다.
④ 소음 및 진동이 없고 설치와 조립이 쉽다.

해설 롤링베어링은 선접촉으로 소음과 진동이 있다.

58 벨트가 회전하기 시작하여 동력을 전달하게 되면 인장측의 장력은 커지고, 이완측의 장력은 작아지게 되는데, 이 차를 무엇이라 하는가?

① 이완장력 ② 허용장력
③ 초기장력 ④ 유효장력

해설 유효장력은 인장측에서 이완측을 뺀 값을 말한다.

59 키의 길이 50mm, 접선력 6,000kgf, 키의 전단응력 20kgf/cm²일 때 키의 폭(mm)은?

① 6 ② 30
③ 12 ④ 9

해설 $b = \dfrac{W}{\tau l} = \dfrac{6,000}{20 \times 50} = 6$mm

60 다음 중 브레이크의 종류가 아닌 것은?

① 블록 ② 밴드
③ 원판 ④ 토션바

해설 토션바는 자동차에 사용되는 스프링의 종류이다.

정답 51. ④ 52. ② 53. ① 54. ③ 55. ① 56. ③ 57. ④ 58. ④ 59. ① 60. ④

제17회 공유압기능사

2006.10.1. 시행

01 다음 그림은 무슨 유압·공기압도면기호인가?

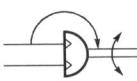

① 요동형 공기압 액추에이터
② 요동형 유압 액추에이터
③ 유압모터
④ 공기압모터

해설 요동형 공기압 액추에이터로서, A, B포트에 압력이 생성될 때 시계방향과 반시계방향으로 일정한 각도로 요동한다.

02 다음 그림에서 단면적이 5cm²인 피스톤에 20kg의 추를 올려놓을 때 유체에 발생하는 압력의 크기(kgf/cm²)는?

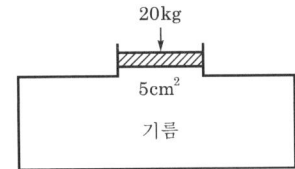

① 1 ② 4
③ 5 ④ 20

해설 $P = \dfrac{W}{A} = \dfrac{20}{5} = 4\text{kgf/cm}^2$

03 다음 기호의 설명으로 맞는 것은?

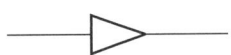

① 관로 속에 기름이 흐른다.
② 관로 속에 공기가 흐른다.
③ 관로 속에 물이 흐른다.
④ 관로 속에 윤활유가 흐른다.

해설 공기압은 삼각형에 흰색으로 표기한다.

04 다음 유압기호의 제어방식에 대한 설명으로 올바른 것은?

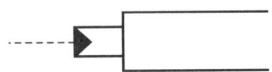

① 레버방식이다.
② 스프링제어방식이다.
③ 공기압제어방식이다.
④ 파일럿제어방식이다.

해설 파일럿제어방식으로, 밸브 내의 미소압력으로 스풀을 열고 닫게 한다.

05 유관의 안지름을 5cm, 유속을 10cm/s로 하면 최대 유량은 약 몇 cm³/s인가?

① 196 ② 250
③ 462 ④ 785

해설 $Q = Av = \dfrac{3.14 \times 5^2}{4} \times 10 = 196 \text{cm}^3/\text{s}$

06 입력측과 출력측의 작용면적비에 대응하는 중압비에 따라 압력을 변환하는 기기는?

① 축압기 ② 차동기
③ 여과기 ④ 증압기

해설 증압기는 부족한 출력측의 압력을 증폭하여 사용하는 장치이다.

07 유압모터의 종류가 아닌 것은?

① 기어형 ② 베인형
③ 피스톤형 ④ 나사형

해설 유압모터는 기어형, 베인형, 피스톤형이 있다.

정답 01.① 02.② 03.② 04.④ 05.① 06.④ 07.④

08 다음 중 고압작동에 적합한 특징을 갖는 모터는?
① 피스톤모터
② 기어모터
③ 압력 평형식 베인모터
④ 압력 불평형식 베인모터

해설 고압작동에는 피스톤형 모터가 사용된다.

09 다음 중 공기압장치의 기본시스템이 아닌 것은?
① 압축공기 발생장치
② 압축공기조정장치
③ 공압제어밸브
④ 유압펌프

해설 유압펌프는 유압을 생성하는 장치이다.

10 양정은 압력을 비중량으로 나눈 값이다. 양정의 단위로 적당한 것은?
① kg   ② m
③ kg/cm²   ④ m²/sec

해설 양정을 수두(head)라고도 한다.
$$H = \frac{p}{\gamma} \left[\frac{\text{kgf/cm}^3}{\text{kgf/cm}^2} = \text{m} \right]$$

11 완전한 진공을 '0'으로 표시한 압력은?
① 게이지압력   ② 최고압력
③ 평균압력   ④ 절대압력

해설 완전한 진공을 '0'으로 표시한 압력은 절대압력이다.

12 유압동력을 직선왕복운동으로 변환하는 기구는?
① 유압모터   ② 요동모터
③ 유압실린더   ④ 유압펌프

해설 직선왕복운동은 유압실린더이며 A, B포트에 압력이 번갈아 입력됨에 따라 왕복운동이 된다.

13 유압펌프 중에서 가변체적형의 제작이 용이한 펌프는?
① 내접형 기어펌프
② 외접형 기어펌프
③ 평형형 베인펌프
④ 축방향 회전피스톤펌프

해설 가변체적형 펌프는 축방향 회전피스톤펌프이다.

14 유압유의 점성이 지나치게 큰 경우 나타나는 현상이 아닌 것은?
① 유동의 저항이 지나치게 많아진다.
② 마찰에 의한 열이 발생한다.
③ 부품 사이의 누출손실이 커진다.
④ 마찰손실에 의한 펌프의 동력이 많이 소비된다.

해설 유압유의 점성이 커지면 누출손실이 작아진다.

15 작동유의 열화를 촉진하는 원인이 될 수 없는 것은?
① 유온이 너무 높음
② 기포의 혼입
③ 플러싱 불량에 의한 열화된 기름의 잔존
④ 점도가 부적당

해설 작동유의 열화는 점도의 부적당과 관계가 없다.

16 다음 그림에서 공압로직밸브와 진리값이 일치하는 로직명칭은?

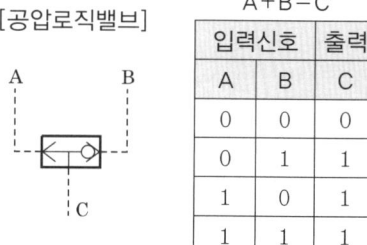

① AND   ② OR
③ NOT   ④ NOR

해설 OR회로는 입력 A, B 중 하나만 신호가 들어오면 작동된다.

17 유압장치에서 방향제어밸브의 일종으로서, 출구가 고압측 입구에 자동적으로 접속되는 동시에 저압측 입구를 닫는 작용을 하는 밸브는?
① 셀렉터밸브   ② 셔틀밸브
③ 바이패스밸브 ④ 체크밸브

해설 셔틀밸브는 OR회로로 구현되어 고압우선회로이다.

정답   08. ①   09. ④   10. ②   11. ④   12. ③   13. ④   14. ③   15. ④   16. ②   17. ②

18 다음 밸브기호는 어떤 밸브의 기호인가?

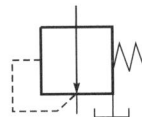

① 무부하밸브   ② 감압밸브
③ 시퀀스밸브   ④ 릴리프밸브

해설 유압회로 내의 일부 압력을 릴리프밸브의 설정압력보다 낮게 제어한다.

19 공기탱크의 기능을 나열한 것 중 틀린 것은?

① 압축기로부터 배출된 공기압력의 맥동을 평준화한다.
② 다량의 공기가 소비되는 경우 급격한 압력강하를 방지한다.
③ 공기탱크는 저압에 사용되므로 법적규제를 받지 않는다.
④ 주위의 외기에 의해 냉각되어 응축수를 분리시킨다.

해설 공기탱크는 안전상에 문제가 되면 법적규제를 받는다.

20 다음의 유압·공기압도면기호는 무엇을 나타낸 것인가?

① 어큐뮬레이터   ② 필터
③ 윤활기   ④ 유량계

해설 필터는 공기압의 불순물을 제거하여 액추에이터를 보호한다.

21 회로압이 설정압을 넘으면 막이 파열되어 압유를 탱크로 귀환시켜 압력 상승을 막아 기기를 보호하는 역할을 하는 것은?

① 방향제어밸브
② 유체퓨즈
③ 파일럿작동형 체크밸브
④ 감압밸브

해설 유체퓨즈는 압력 상승을 막아 기기를 보호한다.

22 다음에서 플립플롭기능을 만족하는 밸브는?

①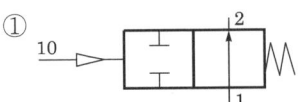

②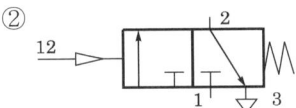

③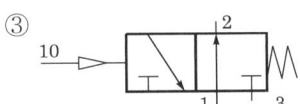

④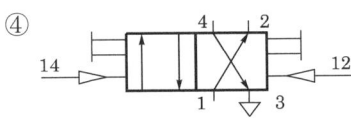

해설 플립플롭기능은 일시적으로 기억하는 기능으로 유체의 흐름이 진행하는 상태이어야 한다.

23 공압실린더에서 쿠션조절의 의미는?

① 실린더의 속도를 빠르게 한다.
② 실린더의 힘을 조절한다.
③ 전체 운동속도를 조절한다.
④ 운동의 끝부분에서 완충한다.

해설 쿠션조절은 운동의 끝부분에서 충격을 완화하는 역할을 한다.

24 다음 실린더 중 단동실린더가 될 수 없는 것은?

① 피스톤실린더   ② 격판실린더
③ 램형 실린더   ④ 양 로드형 실린더

해설 단동실린더는 압력을 생성하는 포트가 하나만 존재한다.

25 유압펌프에 관한 설명이다. 이들의 설명이 잘못된 것은?

① 나사펌프 : 운전이 동적이고 내구성이 작다.
② 치차펌프 : 구조가 간단하고 소형이다.
③ 베인펌프 : 장시간 사용하여도 성능저하가 적다.
④ 피스톤펌프 : 고압에 적당하고 누설이 적다.

해설 나사펌프는 운전이 동적이고 내구성이 크다.

정답 18. ② 19. ③ 20. ② 21. ② 22. ④ 23. ④ 24. ④ 25. ①

26 유압·공기압도면기호(KS B 0054)의 기호요소에서 기호로 사용되는 선의 종류 중 복선의 용도는?

① 주관로　　② 파일럿조작 관로
③ 기계적 결합　　④ 포위선

해설 복선으로 사용하는 경우에는 기계적 결합이 있을 때 사용한다.

27 주로 안전밸브로 사용되며 시스템 내의 압력이 최대 허용압력을 초과하는 것을 방지해주는 밸브로 가장 적합한 것은?

① 언로드밸브　　② 시퀀스밸브
③ 릴리프밸브　　④ 압력스위치

해설 릴리프밸브는 설정압에서만 작동하여 배관의 압력을 일정하게 유지한다.

28 탠덤실린더를 사용하여 실린더의 램을 전진시켜 높지 않은 압력으로 강력한 압축력을 얻을 수 있는 회로는?

① 시퀀스회로　　② 무부하회로
③ 증강회로　　④ 블리드 오프 회로

해설 증강회로는 실린더의 램을 전진시켜 강력한 압축력을 얻을 수가 있다.

29 다음에 설명되는 요소의 도면기호는 어느 것인가?

> 실린더의 속도를 증가시키는 목적으로 사용되는 공압소로써 효과적으로 사용하기 위해 실린더에 직접 설치하거나 가능한 가깝게 설치한다.

① 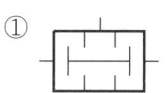　②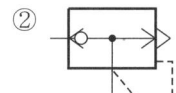
③ 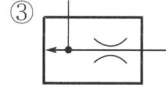　④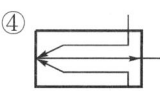

해설 셔틀밸브는 배출되는 유량이 많아 속도가 빠르다.

30 압력보상형 유량제어밸브에 대한 설명이다. 맞는 것은?

① 실린더 등의 운동속도와 힘을 동시에 제어할 수 있는 밸브이다.
② 밸브의 입구와 출구의 압력차이를 일정하게 유지하는 밸브이다.
③ 체크밸브와 교축밸브로 구성되어 일방향으로 유량을 제어한다.
④ 유압실린더 등의 이송속도를 부하에 관계없이 일정하게 할 수 있다.

해설 압력보상형 유량제어밸브는 부하에 관계없이 이송속도를 일정하게 유지한다.

31 빌딩, 아파트 물탱크(수조)의 수위를 검출하여 급수펌프를 자동으로 운전하도록 하는 것은?

① 전자개폐기　　② 플로트리스계전기
③ 근접스위치　　④ 한계스위치

해설 플로트리스계전기는 부력의 원리를 이용하지 않고 일정한 높이까지 물이 채워지면 전기적인 원리에 의해서 급수펌프의 전원을 차단시킨다.

32 전원이 V결선된 경우 부하에 전달되는 전력은 Δ결선인 경우의 약 몇 %인가?

① 57.7　　② 86.6
③ 100　　④ 147

해설 $\dfrac{P_V}{P_\Delta} = \dfrac{\sqrt{3}\,VI}{3VI} \times 100\% = \dfrac{1}{\sqrt{3}} \times 100\% \fallingdotseq 57.7\%$

33 변압기를 병렬운전하기 위한 조건이 아닌 것은?

① 각 변압기의 중량이 같아야 한다.
② 각 변압기의 극성이 같아야 한다.
③ 각 변압기의 권수비가 같아야 한다.
④ 각 변압기의 백분율임피던스강하가 같아야 한다.

해설 변압기의 병렬운전조건
㉠ 1·2차의 정격전압이 같을 것
㉡ 1·2차의 극성이 같을 것
㉢ 임피던스의 전압이 같을 것
㉣ 각 변압기의 저항과 누설리액턴스의 비가 같을 것

정답 26. ③　27. ③　28. ③　29. ②　30. ④　31. ②　32. ①　33. ①

34 10Ω과 20Ω의 저항이 직렬로 연결된 회로에 60V의 전압을 가했을 때 10Ω의 저항에 걸리는 전압(V)을 구하면 얼마인가?

① 6　　② 10
③ 20　　④ 30

해설　$I = \dfrac{V}{R} = \dfrac{60}{10+20} = 2A$
∴ $V_{10} = IR = 2 \times 10 = 20V$

35 대칭 3상 교류에서 각 상의 위상차는?

① 60°　　② 90°
③ 120°　　④ 150°

해설　대칭 3상 교류는 크기는 같고 서로 $\dfrac{2\pi}{3}$[rad]만큼의 위상차를 가지는 3상 교류이다.

36 교류전압의 크기와 위상을 측정할 때 사용되는 계기는?

① 교류전압계　　② 전자전압계
③ 교류전위차계　　④ 회로시험기

해설　전압의 정밀측정에 사용하는 것으로 전류용, 교류용이 있는데, 후자는 교류의 실효값과 위상각을 잴 수 있다. 다시 말하면 전원의 기전력(起電力) 또는 2점 간의 전위차를 측정함에 있어서 표준전지 등의 이미 알고 있는 전압과 비교하여 측정하는 것을 전위차계라고 한다.

37 시퀀스제어계의 일반적인 동작과정을 나타낸 것이다. A, B, C, D에 맞는 용어를 순서대로 나열한 것은?

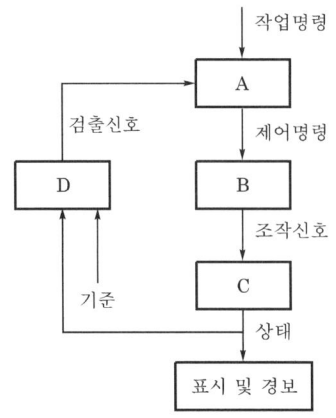

① A : 명령처리부, B : 제어대상, C : 조작부, D : 검출부
② A : 제어대상, B : 검출부, C : 명령처리부, D : 조작부
③ A : 검출부, B : 명령처리부, C : 조작부, D : 제어대상
④ A : 명령처리부, B : 조작부, C : 제어대상, D : 검출부

해설　명령처리부는 검출부의 신호값에 따라 신호를 출력하여 조작부에 보내지고 제어대상(액추에이터)을 제어한다.

38 평등자장 내에 전류가 흐르는 직선도선을 놓을 때 전자력이 최대가 되는 도선과 자장방향의 각도는?

① 0°　　② 30°
③ 60°　　④ 90°

해설　전자력 $F = IlB\sin\theta$[N]
∴ 도선과 자장방향의 각도 $\theta = 90°$일 때 전자력은 최대가 된다.

39 금속 및 전해질용액과 같이 전기가 잘 흐르는 물질을 무엇이라 하는가?

① 도체　　② 반도체
③ 절연체　　④ 저항

해설　도체란 전하가 이동하기 쉬운 물질, 즉 전류가 흐르기 쉬운 물질로 금속, 염류, 전해질용액이 있다.

40 권수가 300인 코일에서 2초 사이에 10Wb의 자속이 변화한다면 코일에 발생되는 유도기전력의 크기는 몇 V인가?

① 20　　② 1,500
③ 3,000　　④ 6,000

해설　$e = N\dfrac{\Delta\phi}{\Delta t} = 300 \times \dfrac{10}{2} = 1,500V$

41 3상 농형 유도전동기의 기동법이 아닌 것은?

① 전전압기동방법　　② $Y-\Delta$기동방법
③ 기동보상기방법　　④ $Y-Y$기동방법

해설　농형 유도전동기의 기동법에는 전전압기동법, $Y-\Delta$기동법, 리액터기동법, 기동보상기법 등이 있다.

정답　34. ③　35. ③　36. ③　37. ④　38. ④　39. ①　40. ②　41. ④

42 100Ω의 부하가 연결된 회로에 10V의 직류전압을 가하고 전류를 측정하면 계기에 나타나는 값 (A)은?

① 10 ② 1
③ 0.1 ④ 0.01

해설 $I = \dfrac{V}{R} = \dfrac{10}{100} = 0.1\text{A}$

43 자기저항의 단위는?

① Ω ② H/m
③ AT/Wb ④ N·m

해설 $R_m = \dfrac{F}{\phi} = \dfrac{NI}{\phi}$ [AT/Wb]

여기서, N : 코일의 권선횟수, I : 코일에 흐르는 전류

44 OR논리시퀀스제어회로의 입력스위치나 접점의 연결은?

① 직렬 ② 병렬
③ 직·병렬 ④ Y

해설 AND는 접점직렬연결, OR은 접점병렬연결이다.

45 1차 전압 110V와 2차 전압 220V의 변압기의 권선비는?

① 1:1 ② 1:2
③ 1:3 ④ 1:4

해설 $a = \dfrac{n_1}{n_2} = \dfrac{V_1}{V_2} = \dfrac{110}{220} = \dfrac{1}{2}$

∴ $n_1 : n_2 = 1 : 2$

46 공유압배관의 간략도시방법으로 신축관이음의 도시기호는?

① ─◁├─ ② ─▷─
③ ─▭─ ④ ─∿─

해설 신축관이음은 열로 인한 배관의 팽창을 보정하는 역할을 한다.

47 다음과 같은 용접도시기호의 설명으로 올바른 것은?

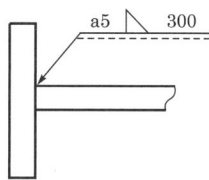

① 홈깊이 5mm ② 목길이 5mm
③ 목두께 5mm ④ 루트간격 5mm

해설 필릿용접에서 목두께 5mm와 용접길이 300mm를 나타낸다.

48 절단된 면을 다른 부분과 구분하기 위해 가는 실선으로 규칙적으로 빗줄을 그은 선의 명칭은?

① 해칭선 ② 피치선
③ 파단선 ④ 기준선

해설 해칭선은 절단한 부분을 표시하며 가는 실선으로 나타낸다.

49 다음과 같은 물체의 한쪽 단면도로 가장 적합한 것은?

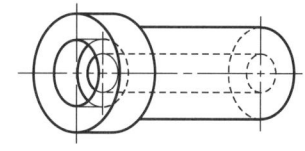

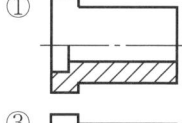 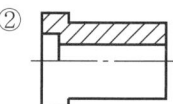

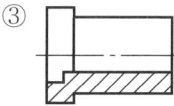 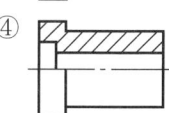

해설 반단면도로 나타내면 중심선 위에는 내부를, 아래는 외부를 나타낸다.

50 기계제도 치수기입법에서 정정치수를 의미하는 것은?

① ~~50~~ ② $\overline{50}$
③ (50) ④ ≪50≫

해설 정정치수는 정정하고자 하는 숫자의 가운데에 수평선을 그은 다음 위에다 표시한다.

정답 42.③ 43.③ 44.② 45.② 46.③ 47.③ 48.① 49.④ 50.①

51 다음 입체도의 화살표방향이 정면이고 좌우대칭일 때 우측면도로 가장 적합한 것은?

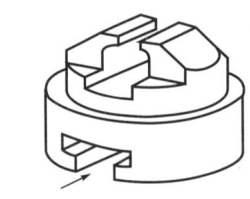

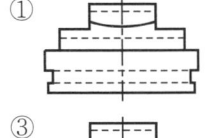
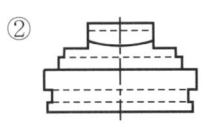
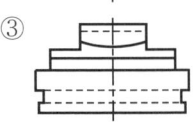
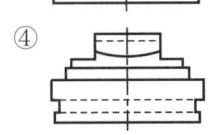

해설 우측면도와 좌측면도는 동일하며 아랫부분은 파선이 2줄, 윗부분도 파선이 2줄이나 길이차가 있다.

52 3각법으로 정투상한 다음과 같은 정면도와 평면도에 가장 적합한 우측면도는?

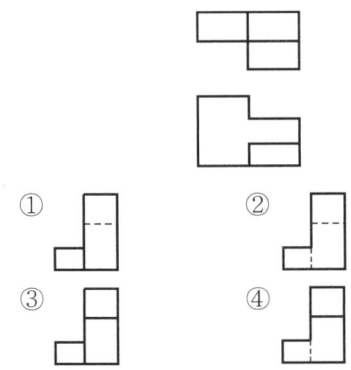

해설 측면도에서 정면도 부분만 파선이며, 평면도 부분은 파선이 없다.

53 파이프와 같이 두께가 얇은 곳의 결합에 이용되며 누수를 방지하고 기밀을 유지하는데 가장 적합한 나사는?
① 미터나사 ② 톱니나사
③ 유니파이나사 ④ 관용나사

해설 관용나사는 가는 나사로서 테이퍼가 있어 조일수록 기밀유지가 좋다.

54 물체에 외력(하중)이 가해졌을 때 단위면적당 작용하는 힘을 무엇이라 정의하는가?
① 변형률 ② 응력
③ 탄성계수 ④ 탄성에너지

해설 외력이 가해질 때 단위면적당 작용하는 힘을 응력이라 한다.

55 코일스프링의 평균지름이 20mm, 소선의 지름이 2mm라면 스프링지수는?
① 40 ② 0.1
③ 18 ④ 10

해설 $C = \dfrac{D}{d} = \dfrac{20}{2} = 10$

56 환봉에 압축하중을 가했을 때 최대 전단응력은 최대 압축응력의 몇 배인가?
① $\dfrac{1}{3}$ ② $\dfrac{1}{2}$
③ 2 ④ 3

해설 압축력을 가했을 때 전단응력은 최대 압축응력의 1/2배이다.

57 평벨트풀리에서 벨트와 직접 접촉하여 동력을 전달하는 부분은?
① 보스 ② 암
③ 림 ④ 리브

해설 직접 접촉하여 동력을 전달하는 부분을 림이라 하며 가운데가 약간 돌출되어 이탈을 방지한다.

58 축 단면계수를 Z, 최대 굽힘응력을 σ_b라 하면 축에 작용하는 굽힘모멘트 M으로 옳은 것은?
① $M = \dfrac{Z}{\sigma_b}$ ② $M = \dfrac{\sigma_b}{Z}$
③ $M = \sigma_b Z$ ④ $M = \dfrac{1}{2}\sigma_b$

해설 굽힘모멘트는 굽힘응력과 단면계수에 비례한다.

59 피치원지름 165mm, 잇수 55인 표준평기어의 모듈은?
① 2.89 ② 30
③ 3 ④ 2.54

해설 $m = \dfrac{D}{Z} = \dfrac{165}{55} = 3$

정답 51. ② 52. ④ 53. ④ 54. ② 55. ④ 56. ② 57. ③ 58. ③ 59. ③

60 두 축이 평행하지도 않고 만나지도 않으며 큰 감속을 얻고자 할 때 사용하는 기어는?

① 스퍼기어 ② 베벨기어
③ 웜기어 ④ 헬리컬기어

해설 웜과 웜기어는 속비가 커서 감속장치에 사용한다.

정답 60. ③

제18회 공유압기능사

2005.10.5. 시행

01 유압에 비해 압축공기의 장점이 아닌 것은?
① 안전성　② 압축성
③ 저장성　④ 신속성(동작속도)

[해설] 공기압은 하중에 따라 압축상태가 변화한다.

02 유압장치에서 릴리프밸브의 역할은?
① 유체에 압력을 증가시키는 압력제어밸브이다.
② 유체의 유로의 방향을 변환시키는 방향전환밸브이다.
③ 유체의 압력을 일정하게 유지시키는 압력제어밸브이다.
④ 유압장치에서 유체의 압력을 감소시키는 감압밸브이다.

[해설] 유체의 압력을 일정하게 유지시키는 역할을 한다.

03 베인펌프에서 유압을 발생시키는 주요 부분이 아닌 것은?
① 캠링　② 베인
③ 로터　④ 인어링

[해설] 인어링은 회전하는 부분의 정확한 위치를 위해 사용한다.

04 다음은 공압실린더의 응용회로이다. 푸시버튼스위치를 눌렀다 놓으면 실린더는 어떻게 작동되는가?

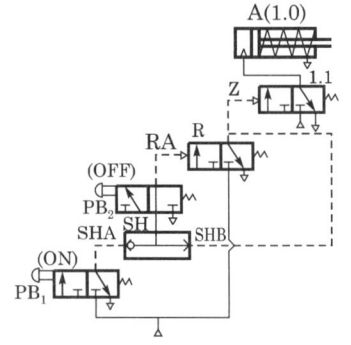

① 스위치 PB_1을 누르면 실린더가 작동되지 않는다.
② 스위치 PB_1을 누르면 실린더가 전진하고, 놓으면 후진한다.
③ 스위치 PB_1를 눌렀다 놓으면 실린더가 전진상태를 유지한다.
④ 스위치 PB_2를 눌렀다 놓으면 실린더가 전진상태를 유지한다.

[해설] 스위치 PB_2를 눌렀다 놓으면 압력이 차단되어 전진상태를 유지한다.

05 회전속도가 높고 전체 효율이 가장 좋은 펌프는 어느 것인가?
① 축방향 피스톤식　② 베인펌프식
③ 내접기어식　④ 외접기어식

[해설] 축방향 피스톤식이 회전속도가 높고 전체 효율이 가장 좋다.

06 밸브의 변환 및 피스톤의 완성력에 의해 과도적으로 상승한 압력의 최대값을 무엇이라고 하는가?
① 크래킹압력　② 서지압력
③ 리시트압력　④ 배압

[해설] 서지압력은 과도적으로 상승한 압력의 최대값이다.

07 다음 중 유압회로에서 주요 밸브가 아닌 것은?
① 압력제어밸브　② 회로제어밸브
③ 유량제어밸브　④ 방향제어밸브

[해설] 주요 밸브에는 압력·유량·방향제어밸브가 있다.

08 공압용 방향전환밸브의 구멍(port)에서 'EXH'가 나타내는 것은?
① 밸브로 진입　② 실린더로 진입
③ 대기로 방출　④ 탱크로 귀환

[해설] 'EXH'는 exhaust의 약어로서, 공압에서는 대기로 방출한다는 의미이다.

 01.② 02.③ 03.④ 04.④ 05.① 06.② 07.② 08.③

09 체적효율이 가장 좋은 펌프는?

① 기어펌프　　② 베인펌프
③ 피스톤펌프　④ 로터리펌프

해설 체적효율은 피스톤펌프가 가장 높다.

10 유압작동유의 성질 중에서 가장 중요한 것은 무엇인가?

① 점도　　② 효율
③ 온도　　④ 산화 안정성

해설 유압작동유의 성질 중 가장 중요한 것은 점도이다.

11 다음과 같이 1개의 입력포트와 1개의 출력포트를 가지고 입력포트에 입력이 되지 않은 경우에만 출력포트에 출력이 나타나는 회로는?

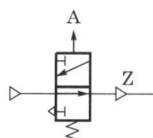

① NOR회로　　② AND회로
③ NOT회로　　④ OR회로

해설 NOT회로는 출력에 대해 반대신호가 발생한다.

12 다음 그림에 맞는 명칭은?

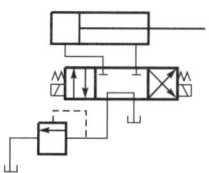

① 감속회로　　② 차동회로
③ 로킹회로　　④ 정토크구동회로

해설 로킹회로로, 전원이 차단되면 실린더 A, B포트가 차단되는 상태이다.

13 다음의 공기압회로도면기호의 명칭은?

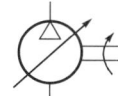

① 정용량형 공기압모터
② 정용량형 공기압축기
③ 가변용량형 공기압모터
④ 가변용량형 공기압축기

해설 공기압축기로서, 화살표가 사선으로 있는 것은 가변형을 의미한다.

14 유압장치에 사용되는 관(pipe)이음의 종류에 속하지 않는 것은?

① 나사이음(screw joint)
② 플랜지형 이음(flange joint)
③ 플레어형 이음(flare joint)
④ 개스킷이음(gasket joint)

해설 유압장치의 관이음은 나사·플랜지·플레어형 이음이 있다.

15 다음 기호 중 오리피스를 나타내는 기호는 무엇인가?

① ─── 　　② ═══
③ ─)(─ 　　④ ──✕──

해설 오리피스는 유체가 흐르는 관로 속에 설치된 조리개기구를 의미한다.

16 공압 발생장치의 구성상 필요 없는 장치는?

① 방향제어밸브　　② 에어쿨러
③ 공기압축기　　　④ 에어드라이어

해설 방향제어밸브는 액추에이터를 작동할 때 필요하다.

17 다음 그림의 기호가 나타내는 것은?

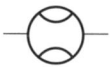

① 압력계　　② 차압계
③ 유압계　　④ 유량계

해설 유량계로, 관의 유량상태를 알 수가 있다.

정답　09. ③　10. ①　11. ③　12. ③　13. ④　14. ④　15. ③　16. ①　17. ④

18 다음의 공압회로도는 공압복동실린더의 자동복귀회로이다. 1.2스위치가 계속 작동되어 있을 경우 복동실린더의 작동상태를 올바르게 설명하고 있는 것은?

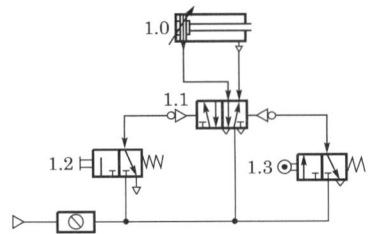

① 전진위치에 있는 1.3 공압리밋스위치가 작동되면 복동실린더는 후진하여 정지한다.
② 전진위치에 있는 1.3 공압리밋스위치가 작동되면 복동실린더는 후진한 후 동일한 작동을 반복한다.
③ 전진위치에 있는 1.3 공압리밋스위치가 작동된 후 복동실린더는 정지한다.
④ 전진위치에 있는 1.3 공압리밋스위치가 작동된 후 일정시간 경과 후 후진한다.

해설 실린더가 전진한 후 1.3 리밋스위치가 작동되면 정지한다.

19 점성이 지나치게 크면 어떤 현상이 생기는가?
① 마찰열에 의한 열이 많이 발생한다.
② 부품 사이에서 윤활작용을 못한다.
③ 부품의 마모가 빠르다.
④ 각 부품 사이에서 누설손실이 크다.

해설 점성은 오일의 끈끈한 정도를 점성으로 표시한다. 점성이 크면 마찰열이 발생한다.

20 다음은 공유압장치에 사용되는 부품의 기호이다. 해당되는 명칭은?

① 유압펌프   ② 유압모터
③ 공압펌프   ④ 공압모터

해설 유압펌프로서 압력에너지를 생성한다.

21 "액체에 전해지는 압력은 모든 방향에 동일하며 그 압력은 용기의 각 면에 직각으로 작용한다."는 것은?
① 보일의 법칙   ② 파스칼의 원리
③ 줄의 법칙   ④ 베르누이의 정리

해설 파스칼의 원리는 밀폐된 압력이 모든 방향에 동일하게 작용하며 수직으로 작용한다는 것을 의미한다.

22 유압펌프에서 축토크를 T_p[kgf·cm], 축동력을 L이라 할 경우 회전수 n[rev/s]을 구하는 식은?

① $n = 2\pi T_p$

해설 $L = 2\pi n T_p$
∴ $n = \dfrac{L}{2\pi T_p}$

23 다음에 설명되는 요소의 도면기호는 어느 것인가?

이 밸브는 공압·유압시스템에서 액추에이터의 속도를 조정하는 데 사용되며, 유량의 조정은 한쪽 흐름방향에서만 가능하고 반대방향의 흐름은 자유롭다.

① ② ③ ④

해설 제시된 설명은 체크붙이 유량제어밸브이다.

24 다음 그림의 기호가 나타내는 것은?

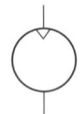

① 진공펌프   ② 유압펌프
③ 공기압펌프 ④ 공기압모터

해설 압력에너지를 이용하여 토크, 즉 기계적 에너지가 발생하는 공기압모터이다.

정답 18. ③ 19. ① 20. ① 21. ② 22. ③ 23. ④ 24. ④

25 피스톤의 직경과 로드의 직경이 같은 것으로 출력축인 로드의 강도를 필요로 하는 경우에 자주 이용되는 것은?

① 단동실린더
② 램형 실린더
③ 다이어프램실린더
④ 양 로드 복동실린더

해설 출력축인 로드의 강도를 필요로 하는 부분에 사용하는 것이 램형 실린더이다.

26 유압유의 성질이 아닌 것은?

① 비열이 클 것
② 10% 희석되어도 유압유와 적합성이 있을 것
③ 비점이 높을 것
④ 비중이 클 것

해설 유압유는 비중이 작아야 한다.

27 다음 진리표에 따른 논리신호로 맞는 것은?
(단, 입력신호 : a와 b, 출력신호 : c)

[진리표]

입력		출력
a	b	c
0	0	1
0	1	0
1	0	0
1	1	0

① OR회로
② AND회로
③ NOR회로
④ NAND회로

해설 OR회로는 입력 a, b 중 어느 하나라도 1이 되면 출력이 1이 되는 회로이다. OR회로의 부정회로를 NOR회로라 한다.

28 증압회로를 사용하는 기계는?

① 프레스와 잭
② 프레스와 터빈
③ 잭과 내연기관
④ 잭과 외연기관

해설 증압회로는 에너지를 증폭하여 사용하는 것으로 프레스와 잭을 사용한다.

29 송출압력이 200kgf/cm², 100L/min의 송출량을 갖는 레이디얼플런저펌프의 소요동력(PS)은 얼마인가? (단, 펌프효율 = 90%)

① 39.48
② 49.38
③ 59.48
④ 69.38

해설 $L = \dfrac{PQ}{60 \times 75\eta} = \dfrac{200 \times 10^4 \times 100 \times 10^{-3}}{60 \times 75 \times 0.9} = 49.38\,\text{PS}$

30 공압 소음기의 구비조건이 아닌 것은?

① 배기음과 배기저항이 클 것
② 충격이나 진동에 변형이 생기지 않을 것
③ 장기간의 사용에 배기저항변화가 작을 것
④ 밸브에 장착하기 쉬운 콤팩트한 형상일 것

해설 소음기는 배기음을 최소화해야 한다.

31 220V, 40W의 형광등 10개를 4시간 동안 사용했을 때의 소비전력량(kWh)은?

① 8.8
② 0.16
③ 1.6
④ 16

해설 전력량=40W×10개×4h=1,600Wh=1.6kWh

32 다음 그림과 같이 자석을 코일과 가까이 또는 멀리하면 검류계의 지침이 순간적으로 움직이는 것을 알 수 있다. 이와 같이 코일을 관통하는 자속을 변화시킬 때 기전력이 발생하는 현상을 무엇이라 하는가?

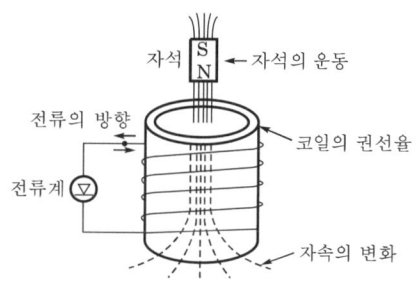

① 드리프트
② 상호유도
③ 전자유도
④ 정전유도

해설 코일에 전류를 흘려주면 자속이 발생하는데, 자속의 변화에 따라 기전력이 발생하는 현상을 전자유도현상이라 한다.

정답 25.② 26.④ 27.③ 28.① 29.② 30.① 31.③ 32.③

33 논리기호에서 입력이 있으면 출력이 없고, 입력이 없으면 출력이 있는 게이트는?

① OR ② AND
③ NOR ④ NOT

해설 입력신호와 출력신호가 서로 반대의 값이 되는 회로를 NOT 회로라 한다.

34 다음 중 단자가 3개가 아닌 것은?

① 사이리스터 ② 트라이액
③ 다이오드 ④ MOSFET

해설 다이오드는 2단자 소자이다.

35 전류가 하는 일이 아닌 것은?

① 발열작용 ② 자기작용
③ 화학작용 ④ 증폭작용

해설 전류가 하는 일은 발열작용, 화학작용, 자기작용 등이 있다.

36 다음 중 3상 유도전동기는?

① 권선형 ② 콘덴서기동형
③ 분상기동형 ④ 셰이딩코일형

해설 콘덴서기동형, 셰이딩코일형, 분상기동형은 단상 유도전동기이고, 권선형은 3상 유도전동기이다.

37 주파수 60kHz, 인덕턴스 20μH인 회로에 교류전류 $I = I_m \sin \omega t$[A]를 인가했을 때 유도리액턴스 X_L[Ω]은?

① 1.2π ② $2.4\pi \times 10^{-3}$
③ 36π ④ $1.2 \times 10^3 \pi$

해설 $X_L = \omega L = 2\pi f L$
$= 2\pi \times 60 \times 20 \times 10^{-6}$
$= 2.4\pi \times 10^{-3}$ Ω

38 다음 불대수 $Y = AC + \overline{A}C + \overline{B}C$를 간소화하면?

① C ② AB
③ AC ④ B

해설 $Y = AC + \overline{A}C + \overline{B}C$
$= C(A + \overline{A} + \overline{B})$
$= C(1 + \overline{B}) = C$

39 전류계와 전압계를 회로에 동시에 연결할 때 접속방법이 맞는 것은?

① 전류계 - 병렬, 전압계 - 직렬
② 전류계 - 병렬, 전압계 - 병렬
③ 전류계 - 직렬, 전압계 - 직렬
④ 전류계 - 직렬, 전압계 - 병렬

해설 전압계와 전류계를 동시에 연결할 때에는 전류계는 직렬로 접속하고, 전압계는 병렬로 접속한다.

40 대칭 3상 교류의 Y결선에서 선간전압 V_L과 상전압 V_p의 관계는?

① $V_L = V_p$ ② $V_L = \sqrt{2}\,V_p$
③ $V_L = 2V_p$ ④ $V_L = \sqrt{3}\,V_p$

해설 $V_L = \sqrt{3}\,V_p$

41 농형 유도전동기의 기동법으로 맞지 않는 것은?

① 2차 저항법 ② 전전압기동법
③ $Y - \Delta$기동법 ④ 기동보상기법

해설 농형 유도전동기의 기동법에는 전전압기동법, $Y-\Delta$기동법, 리액터기동법, 기동보상기법 등이 있다. 2차 저항법은 권선형 유도전동기의 기동법으로 쓰인다.

42 유접점 시퀀스제어회로의 특징으로 맞지 않는 것은?

① 수명은 반영구적이다.
② 진동·충격에 약하다.
③ 전기적 소음이 크다.
④ 주회로와 동일한 전원을 사용한다.

해설 유접점 시퀀스제어회로의 특징
㉠ 장점
 • 개폐부하의 용량이 크다.
 • 온도특성이 좋다.
 • 전기적 잡음의 영향을 적게 받는다.
 • 입·출력이 분리된다.
 • 접점수에 따라 많은 출력회로를 얻을 수 있다.
㉡ 단점
 • 소비전력이 비교적 크다.
 • 제어반의 외형과 설치면적이 크다.
 • 접점의 동작이 느리다(스위칭속도가 느리다).
 • 진동이나 충격 등에 약하다.
 • 수명이 짧다.

정답 33. ④ 34. ③ 35. ④ 36. ① 37. ② 38. ① 39. ④ 40. ④ 41. ① 42. ①

43 공기 중에서 자기장의 크기가 10A/m인 점에 8Wb의 자극을 둘 때 이 자극이 작용하는 자기력은 몇 N인가?
① 80　　② 8
③ 1.25　④ 0.8

해설 $F = mH = 10 \times 8 = 80N$

44 다음 중 직류의 대전류측정에 알맞은 것은?
① 회로시험기　② 반조검류계
③ 전자식 검류계　④ 직류변류기

해설 직류변류기는 직류의 대전류를 측정할 때 사용되는 변류기로, 직류전류가 통하는 1차 권선과 보조교류전원에 접속되는 교류 2차 권선으로 되어 있어서 교류회로의 인덕턴스가 직류에 의해 변하는 것을 이용하여 측정한다.

45 가장 최근 기기의 소형화, 고기능화, 저렴화, 고속화 및 프로그램 수정의 용이함을 실현한 시퀀스제어는?
① 릴레이시퀀스　② PLC시퀀스
③ 로직시퀀스　④ 닫힌 루프제어

해설 가장 최근 기기의 소형화, 고기능화, 저렴화, 고속화 및 프로그램 수정의 용이함을 실현한 시퀀스제어는 PLC시퀀스이다.

46 대칭형 물체의 1/4을 잘라내고 도면의 반쪽을 단면으로 나타낸 것은?
① 온(전)단면도　② 한쪽(반) 단면도
③ 부분 단면도　④ 계단 단면도

해설 물체의 1/4을 절단하는 단면법을 한쪽(반) 단면도라 한다.

47 도면에서 척도란에 NS로 표시된 것은 무엇을 뜻하는가?
① 축척
② 나사를 표시
③ 배척
④ 비례척이 아닌 것을 표시

해설 NS는 No Scale의 약어로 비례척이 아닌 것을 의미한다.

48 다음 나사기호 중 KS 관용평행나사기호는?
① PT　　② PF
③ PS　　④ SM

해설 KS 관용평행나사는 PF로 표시한다.

49 다음과 같이 입체도를 3각법으로 투상한 것으로 가장 적합한 것은?

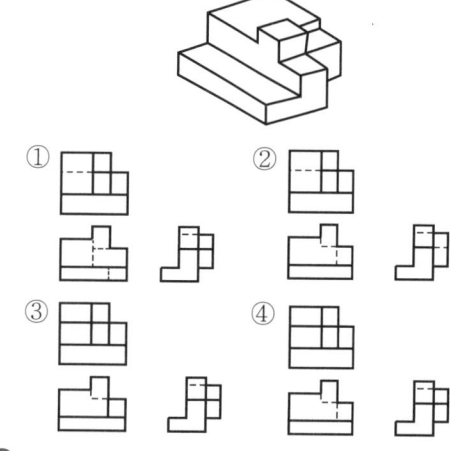

해설 입체도에서 넓은 면이 정면도이고, 위에서 본 형상은 평면도, 우측에서 본 형상은 우측면도이다.

50 다음 용접기호의 설명으로 옳은 것은?

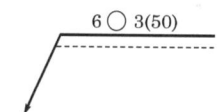

① 심용접으로 슬롯부의 폭이 6mm
② 점용접으로 용접수가 3개
③ 심용접으로 용접수가 6개
④ 점용접으로 용접길이가 50mm

해설 제시된 그림은 점용접으로 용접부의 치수가 6mm, 용접수가 3개, 용접간격이 50mm이다.

51 다음 배관도시기호에서 밸브가 닫힌 상태를 도시한 것은?

① 　②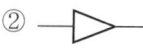
③ 　④

해설 밸브가 닫힌 상태는 흑색으로 삼각형이 마주 보게 표시한다.

정답 43.① 44.④ 45.② 46.② 47.④ 48.② 49.① 50.② 51.④

52 다음 입체도의 화살표방향이 정면일 때 좌측면도로 적합한 것은?

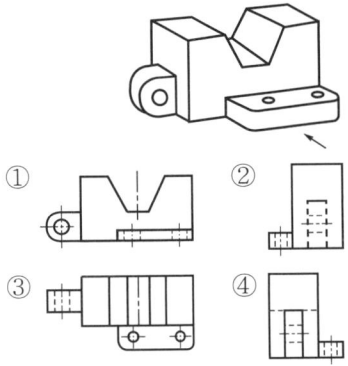

해설 좌측면도는 왼쪽에서 본 형상으로, 도출 부분이 실선으로 나타난다.

53 다음 중 전동용 기계요소가 아닌 것은?
① 벨트　　② 로프
③ 코터　　④ 링크

해설 코터는 부품을 체결하는 핀이다.

54 재료에 하중이 가해져 어느 한도 이상이 되었을 때 재료에 영구변형이 생기는 현상은?
① 탄성　　② 인성
③ 소성　　④ 연성

해설 재료가 하중이 가해져 영구변형이 발생하는 것은 소성영역에서 발생한다.

55 온도의 변화에 따라 재료 내부에 생기는 응력은?
① 경사응력　　② 크리프응력
③ 압축응력　　④ 열응력

해설 온도의 변화에 따라 재료에 발생하는 응력은 열응력이다.

56 베어링호칭번호 6203의 안지름치수(mm)는 얼마인가?
① 10　　② 12
③ 15　　④ 17

해설 베어링호칭번호 6203은 내경이 17mm를 나타내며, 6204부터는 마지막 끝자리 수에 5를 곱하면 베어링내경이 된다.

57 '$\dfrac{극한강도}{허용응력} = (\ \ )$'의 식에서 ( )에 들어갈 적합한 용어는?
① 안전율　　② 파괴강도
③ 영률　　　④ 사용강도

해설 안전율은 극한강도를 허용응력으로 나누어서 구하며 구조물 설계 시 적용해야 한다.

58 미터나사에 관한 설명으로 잘못된 것은?
① 기호는 M으로 표시한다.
② 나사산의 각도는 60°이다.
③ 호칭은 바깥지름을 인치(inch)로 표시한다.
④ 피치는 산과 산 사이를 밀리미터(mm)로 표시한다.

해설 미터나사는 바깥지름도 mm로 표시해야 한다.

59 회전운동을 직선운동으로 바꿀 때 사용되는 기어는?
① 스퍼기어　　② 랙과 피니언
③ 내접기어　　④ 헬리컬기어

해설 랙과 피니언은 회전운동을 직선운동으로 변환할 수 있다.

60 베어링에서 오일실의 용도를 바르게 설명한 것은?
① 오일 등이 새는 것을 방지하고 물 또는 먼지 등이 들어가지 않도록 하기 위함
② 축방향에 작용하는 힘을 방지하기 위함
③ 베어링이 빠져나오는 것을 방지하기 위함
④ 열의 발산을 좋게 하기 위함

해설 오일실은 오일 누수와 불순물이 혼입하지 않도록 한다.

정답　52. ④　53. ③　54. ③　55. ④　56. ④　57. ①　58. ③　59. ②　60. ①

제19회 공유압기능사

2004.10.10. 시행

01 파스칼의 원리를 이용하지 않은 것은?
① 유압펌프
② 수압기
③ 실린더형 공기압축기
④ 내부확장식 제동장치

해설 파스칼의 원리
㉠ 각 점의 압력은 모든 방향으로 그 크기가 같다.
㉡ 유체의 압력은 면에 수직으로 작용한다.
㉢ 밀폐용기 속 유체의 일부에 가해진 압력은 각 부에 똑같은 세기로 전달된다.

02 유압유가 갖추어야 할 조건 중 잘못 서술한 것은?
① 비압축성이고 활동부에서 실의 역할을 할 것
② 온도의 변화에 따라서도 용이하게 유동할 것
③ 인화점이 낮고 부식성이 없을 것
④ 물·공기·먼지 등을 빨리 분리할 것

해설 유압유는 인화점이 높고 부식성이 없어야 한다.

03 다음 도면의 기호에서 A로 이어지는 기기로 타당한 것은?

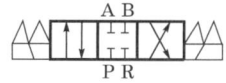

① 실린더   ② 대기
③ 펌프   ④ 탱크

해설 솔레노이드밸브 A포트는 실린더에 연결된다.

04 다음의 유량제어밸브 중에서 압력보상이 되는 것은?
① 스톱밸브   ② 니들밸브
③ 유량조정밸브   ④ 스로틀밸브

해설 유량조정밸브는 압력보상을 할 수가 있다.

05 유압유에 수분이 혼입될 때 미치는 영향이 아닌 것은?
① 작동유의 윤활성을 저하시킨다.
② 작동유의 방청성을 저하시킨다.
③ 캐비테이션이 발생한다.
④ 작동유의 압축성이 증가한다.

해설 작동유의 압축성이 감소하게 된다.

06 호스의 이음재료가 못 되는 것은?
① 강   ② 황동
③ 고무   ④ 스테인리스강

해설 고무재질은 유압의 압력이 높기 때문에 누유의 원인이 될 수가 있다.

07 다음 그림의 기호는 무엇을 나타내는 것인가?

① 유압펌프
② 유압모터
③ 압축기
④ 송풍기

해설 펌프는 화살표가 밖으로 향하고, 삼각형이 흑색이면 유압펌프를 나타낸다.

08 다음 유압기호의 명칭은 무엇인가?

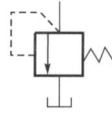

① 릴리프밸브(relief valve)
② 감압밸브(reducing valve)
③ 언로드밸브(unload valve)
④ 시퀀스밸브(sequence valve)

해설 릴리프밸브로, 설정압 이상은 탱크로 흘려보내 항상 설정압을 유지하도록 한다.

정답 01. ① 02. ③ 03. ① 04. ③ 05. ④ 06. ③ 07. ① 08. ①

09 기화기의 벤투리관에서 연료를 흡입하는 원리를 잘 설명할 수 있는 것은?
① 베르누이의 정리 ② 보일-샤를의 법칙
③ 파스칼의 원리 ④ 연속의 법칙

해설 베르누이의 정리는 압력, 속도, 위치에 따라 펌프의 수두를 계산할 때 적용한다.

10 다음 그림과 같은 실린더장치에서 A의 지름이 40mm, B의 지름이 100mm일 때 A에 16kg의 물을 올려놓는다면 B는 몇 kg의 무게를 올려놓아야 양 피스톤이 평형을 이루겠는가?

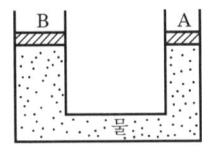

① 10 ② 40
③ 100 ④ 160

해설 파스칼의 원리에 의해서 $\frac{F_1}{A_1} = \frac{F_2}{A_2}$

$\therefore F_1 = \frac{A_1}{A_2}F_2 = \frac{\frac{3.14 \times 4^2}{4}}{\frac{3.14 \times 10^2}{4}} \times 16 = 100 \text{kg}$

11 에너지로서의 공기압을 만드는 기계는 어느 것인가?
① 공기냉각기 ② 공기압축기
③ 공기탱크 ④ 공기건조기

해설 공기압을 생성하는 기계는 공기압축기이다.

12 다음은 어떤 회로의 진리값표이다. 해당되는 것은?

입력신호		출력
A	B	C
0	0	0
0	1	0
1	0	0
1	1	1

① NOR회로 ② NOT회로
③ AND회로 ④ OR회로

해설 AND회로로 입력신호가 A, B 모두 1일 때만 출력이 발생한다.

13 압력제어밸브가 아닌 것은?
① 무부하밸브 ② 카운터밸런스밸브
③ 체크밸브 ④ 릴리프밸브

해설 체크밸브는 방향을 제어하는 밸브로 오직 한 방향으로만 흐르게 한다.

14 흡착식 공기건조기에서 사용되는 고체흡착제는?
① 암모니아 ② 실리카겔
③ 프레온가스 ④ 진한 황산

해설 고체흡착제는 실리카겔이다.

15 실린더행정 중 임의의 위치에 실린더를 고정하고자 할 때 사용하는 회로는?
① 로킹회로 ② 무부하회로
③ 동조회로 ④ 릴리프회로

해설 실린더를 임의의 위치에 고정할 때는 로킹회로를 사용한다.

16 기어펌프의 소음원인이 아닌 것은?
① 기어 정밀도 불량
② 압력의 급하강로 인한 충격
③ 밀폐현상
④ 공기흡입

해설 압력의 급하강로 인한 충격으로 소음이 발생지는 않는다.

17 입력신호 A, B에 대한 출력 C가 갖는 회로의 이름은?

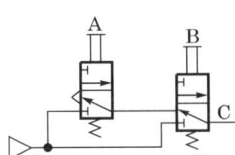

① AND회로 ② OR회로
③ NOT회로 ④ NOR회로

해설 솔레노이드 A, B 중 하나만 작동하면 C가 출력되므로 OR회로이다.

정답 09.① 10.③ 11.② 12.③ 13.③ 14.② 15.① 16.② 17.②

18 압축공기가 건조제를 통과할 때 물이나 증기가 건조제에 닿으면 화합물이 형성되어 건조제와 물의 혼합물로 용해되어 건조되는 것은?

① 흡착식 에어드라이어
② 흡수식 에어드라이어
③ 냉동식 에어드라이어
④ 혼합식 에어드라이어

해설 물이나 증기가 건조제에 닿으면 화합물이 형성되어 건조되는 것은 흡수식 에어드라이어이다.

19 공기압축기를 압축원리·구조로부터 분류할 때 터보형 압축기는?

① 피스톤식 ② 스크루식
③ 다이어프램식 ④ 원심식

해설 터보형 압축기는 원심식에 해당되며 회전수가 대단히 빠르다.

20 다음 밸브기호의 표시방법이 맞지 않는 것은?

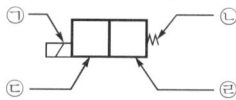

① ㉠은 솔레노이드
② ㉡은 스프링
③ ㉢은 솔레노이드를 여자시켰을 때의 상태를 나타내는 기호요소
④ ㉣은 스프링이 작동하고 있지 않은 상태를 나타내는 기호요소

해설 ㉣은 스프링이 작동할 때 유체의 방향을 표시한다.

21 공압장치인 서비스유닛의 구성품으로 맞는 것은?

① 윤활기, 필터, 감압밸브
② 윤활기, 실린더, 압축기
③ 압축기, 탱크, 필터
④ 압축기, 필터, 모터

해설 서비스유닛을 AC(air combination) unit 또는 FRL(filter regulator lubricator) unit이라 한다.

22 다음 중 유압 액추에이터가 아닌 것은?

① 펌프 ② 실린더
③ 모터 ④ 요동형 모터

해설 펌프는 압력에너지를 생성하는 장치이다.

23 다음 기호의 명칭은?

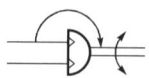

① 공기압모터
② 유압전도장치
③ 요동형 액추에이터
④ 가변형 펌프

해설 공기압을 이용한 요동형 액추에이터이다.

24 유압작동유의 점도지수에 대한 설명으로 올바른 것은?

① 점도지수가 너무 크면 유압장치의 효율을 저하시킨다.
② 점도지수가 크면 온도변화에 대한 유압작동유의 점도변화가 크다.
③ 점도지수가 작은 경우 저온에서 작동할 때 예비운전시간이 짧아진다.
④ 점도지수가 작은 경우 정상운전 시에 누유량이 감소된다.

해설 점도지수가 너무 크면 유압장치의 효율이 마찰열로 저하된다.

25 방향제어밸브를 기호로 표시할 때 필요하지 않은 것은?

① 작동방법 ② 밸브의 기능
③ 밸브의 구조 ④ 귀환방법

해설 밸브의 구조는 기호로 표시할 때 적용하지 않는다.

26 다음 방향밸브 중 3개의 작동유 접속구와 2개의 위치를 가지고 있는 밸브는 어느 것인가?

① 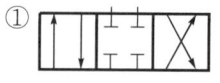 ②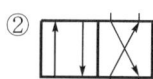
③ 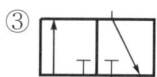 ④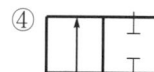

해설 3개의 작동유 접속구는 3개의 포트를, 2개의 위치는 사각형이 2개인 것을 의미하는 것으로 ③이다.

정답 18.② 19.④ 20.④ 21.① 22.① 23.③ 24.① 25.③ 26.③

27 다음 진리표에 따른 논리회로로 맞는 것은?
(단, 입력신호 : a와 b, 출력신호 : c)

[진리표]

입력		출력
a	b	c
0	0	0
0	1	1
1	0	1
1	1	1

① OR회로 ② AND회로
③ NOR회로 ④ NAND회로

해설 OR회로로 a, b 입력신호 중 하나만 신호가 ON이 되면 출력이 된다.

28 유압장치의 특징과 거리가 먼 것은?
① 소형 장치로 큰 힘을 발생한다.
② 고압 사용으로 인한 위험성이 있다.
③ 일의 방향을 쉽게 변환시키기 어렵다.
④ 무단변속이 가능하고 정확한 위치제어를 할 수 있다.

해설 밸브를 조작하여 일의 방향을 쉽게 변환할 수 있다.

29 공압장치의 공압밸브조작방식으로 사용되지 않는 것은?
① 인력조작방식 ② 래치조작방식
③ 파일럿조작방식 ④ 전기조작방식

해설 공압밸브조작은 인력조작, 파일럿조작, 전기조작에 의해서 이루어진다.

30 다음 중 기계방식의 구동이 아닌 것은?

① ㄷ ② ㅅ
③ ㄹ ④ ㄴ

해설 ③은 페달방식으로 사람의 발에 의해서 작동하므로 인력식이다.

31 극성을 가지고 있으므로 교류회로에 사용할 수 없는 콘덴서는?
① 전해콘덴서 ② 세라믹콘덴서
③ 마이카콘덴서 ④ 마일러콘덴서

해설 전해콘덴서는 (+), (−)의 극성이 표시되어 있으므로 사용 시 극성에 맞도록 접속해야 한다.

32 직류전동기의 속도제어방법이 아닌 것은?
① 계자제어법 ② 저항제어법
③ 전압제어법 ④ 주파수제어법

해설 계자제어법, 저항제어법, 전압제어법은 직류전동기의 속도제어법이고, 주파수제어법은 교류전동기의 속도제어법이다.

33 다음 제어용 기기 중 과부하 및 단락사고인 경우 자동차단되어 개폐기 역할을 겸하는 것은?
① 퓨즈 ② 릴레이
③ 리밋스위치 ④ 노퓨즈브레이커

해설 과부하 및 단락사고인 경우 자동차단되어 개폐기 역할을 겸하는 것을 노퓨즈브레이커(NFB), 배선용 차단기(MCCB)라 한다.

34 전류측정 시 안전 및 유의사항으로 거리가 먼 것은?
① 측정 전 날씨의 조건(습도)을 확인한다.
② 직류전류계를 사용할 때 전원의 극성을 틀리지 않도록 접속한다.
③ 회로연결 시 그 접속에 따른 접촉저항이 작도록 해야 한다.
④ 전류계의 내부저항이 작을수록 회로에 주는 영향이 작고, 그 측정오차도 작다.

해설 전류측정 시 측정 전 날씨조건은 관계가 적다.

35 10Ω의 저항에 5A의 전류를 3분 동안 흘렸을 때 발열량은 몇 cal인가?
① 1,080 ② 2,160
③ 5,400 ④ 10,800

해설 $H = 0.24I^2Rt = 0.24 \times 5^2 \times 10 \times 3 \times 60 = 10,800$ cal

36 사인파 교류전류에서 실효값은 최대값의 몇 배가 되는가?
① 0.27 ② 0.5
③ 0.707 ④ 1.11

해설 $I = \frac{1}{\sqrt{2}} I_m = 0.707 I_m$ [A]

정답 27.① 28.③ 29.② 30.③ 31.① 32.④ 33.④ 34.① 35.④ 36.③

37 변압기 및 전기기기의 철심으로 얇은 철판을 겹쳐서 사용하는 이유는 무엇을 줄이기 위함인가?

① 자기흡인력   ② 유도기전력
③ 맴돌이전류손 ④ 상호인덕턴스

해설 고유저항이 큰 규소강판을 사용하는 이유는 맴돌이전류와 히스테리시스손을 감소시킴으로써 철손을 작게 하기 때문이다.

38 콜라우슈브리지에 의해 측정할 수 있는 것은?

① 직류전압   ② 접지저항
③ 교류전압   ④ 절연저항

해설 접지저항측정방법에는 콜라우슈브리지법과 접지저항계가 있다.

39 저항 $R[\Omega]$과 인덕턴스 $L[H]$의 교류직렬접속 회로의 임피던스는? (단, $\omega=2\pi f$)

① $\sqrt{R^2+(\omega L)^2}\ [\Omega]$
② $\sqrt{R^2-(\omega L)^2}\ [\Omega]$
③ $\sqrt{\dfrac{R^2}{(\omega L)^2}}\ [\Omega]$
④ $\sqrt{\dfrac{(\omega L)^2}{R^2}}\ [\Omega]$

해설 $Z=R+j\omega L=\sqrt{R^2+(\omega L)^2}\ [\Omega]$

40 전동기의 전자력은 어떤 법칙으로 설명하는가?

① 플레밍의 오른손법칙
② 플레밍의 왼손법칙
③ 렌츠의 법칙
④ 비오-사바르의 법칙

해설 전동기의 전자력은 플레밍의 왼손법칙으로 설명할 수 있다.

41 동기전동기의 용도가 아닌 것은?

① 가정용 소형 선풍기
② 각종 압축기
③ 시멘트공장의 분쇄기
④ 제지공장의 쇄목기

해설 동기전동기는 각종 압축기, 시멘트공장의 분쇄기, 제지공장의 쇄목기 등에 쓰인다.

42 다음 그림과 같은 회로의 명칭은?

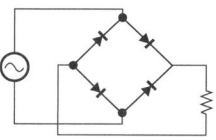

① 전파정류회로   ② 반파정류회로
③ 제어정류회로   ④ 정류기 필터회로

해설 브리지전파정류회로는 전파정류회로의 일종으로 다이오드 4개를 브리지 모양으로 접속하여 정류하는 회로로 중간 탭이 있는 트랜스를 사용하지 않아도 된다.

43 다음 그림과 같은 접점회로의 논리식과 등가인 것은?

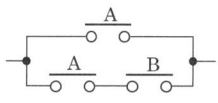

① $\overline{A}$ ② A
③ 0   ④ 1

해설 논리식=A+AB=A(1+B)=A

44 다음 그림과 같은 회로의 명칭은?

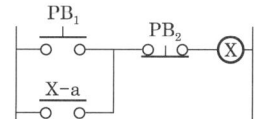

① 자기유지회로   ② 카운터회로
③ 타이머회로   ④ 플리커회로

해설 PB₁을 누르면 출력 X가 여자되어 X-a접점이 폐로되고 PB₁이 개로되어도 X-a접점이 폐로상태로 출력이 여자상태를 유지하는 자기유지회로이다.

45 일반적인 도체의 저항에 대한 설명으로 잘못된 것은?

① 단면적이 크면 저항은 작아진다.
② 길이가 길면 저항은 증가한다.
③ 온도가 증가하면 저항도 증가한다.
④ 단면적, 길이, 온도와 무관하다.

해설 도체의 전기저항 $R=\rho\dfrac{l}{S}[\Omega]$이므로 도체의 길이 l에 비례하고 단면적 S에 반비례한다. 온도가 변화하면 도체의 저항도 변화하는데, 온도가 증가할 경우 저항도 증가한다.

정답 37. ③ 38. ② 39. ① 40. ② 41. ① 42. ① 43. ② 44. ① 45. ④

46 표제란에 다음 그림과 같은 투상법기호로 표시되는 경우는 몇 각법인가?

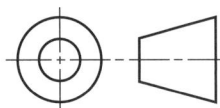

① 1각법 ② 2각법
③ 3각법 ④ 4각법

해설 3각법에 의해서 도면을 배치한다.

47 다음 입체도에서 화살표방향이 정면으로 좌우대칭일 때 평면도의 형상으로 가장 적합한 것은?

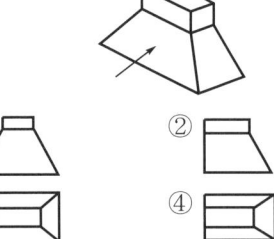

해설 평면도는 위에서 본 형상이다.

48 3각법으로 투상한 다음의 도면에 가장 적합한 입체도는?

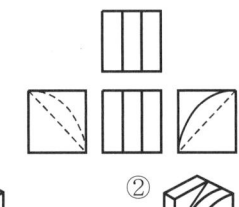

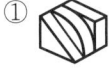 

해설 좌·우측면도를 보고 형상을 판단해야 하며 ②가 맞다.

49 다음과 같은 입체도의 화살표방향을 정면도로 선택한다면 좌측면도로 가장 적합한 것은?

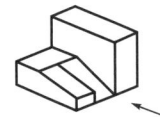

 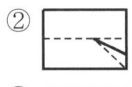

해설 좌측면도이므로 가운데가 파선으로 나타나야 한다.

50 용접부의 비파괴시험방법기호를 나타낸 것 중 틀린 것은?

① 방사선투과시험 : XT
② 초음파탐상시험 : UT
③ 자기분말탐상시험 : MT
④ 침투탐상시험 : PT

해설 방사선투과시험의 약자는 RT(radiographic testing)이다.

51 다음 중 도면에 사용되는 가는 일점쇄선의 용도가 아닌 것은?

① 중심선 ② 기준선
③ 피치선 ④ 해칭선

해설 해칭선은 가는 실선으로 표시해야 한다.

52 다음 그림은 배관의 간략도시방법으로 사용하는 밸브의 도시기호이다. 다음 중 어느 것을 표시한 것인가?

① 앵글밸브 ② 체크밸브
③ 볼밸브   ④ 글로브밸브

해설 앵글밸브를 나타낸다.

53 코일의 평균지름을 D[mm], 소선의 지름을 d[mm]라 할 때 스프링지수 C를 구하는 식으로 옳은 것은?

① $C = dD$ ② $C = \dfrac{d}{D}$
③ $C = \dfrac{2d}{D}$ ④ $C = \dfrac{D}{d}$

해설 $C = \dfrac{D}{d}$

정답 46.③ 47.③ 48.② 49.③ 50.① 51.④ 52.① 53.④

54 다음 중 방향이 변화하지 않고 일정한 방향에 반복적으로 연속하여 작용하는 하중은?

① 집중하중　② 분포하중
③ 교번하중　④ 반복하중

해설 반복하중으로 압축과 인장이 반복적으로 발생한다.

55 훅의 법칙(Hook's law)이 성립되는 범위는?

① 최대 강도점　② 탄성한도
③ 비례한도　④ 항복점

해설 훅의 법칙은 비례한도에서 성립되며, 응력은 세로탄성계수와 변형률에 비례한다.

56 마찰면을 원뿔형 또는 원판으로 하여 나사나 레버 등으로 축방향으로 밀어붙이는 형식의 브레이크는?

① 밴드브레이크　② 블록브레이크
③ 전자브레이크　④ 원판브레이크

해설 밴드·블록·원판브레이크는 지렛대의 원리를 이용하며, 전자브레이크는 전기적 에너지를 이용한다.

57 키의 길이가 50mm, 접선력은 6,000kgf, 키의 전단응력은 20kgf/mm²일 때 키의 폭(mm)은?

① 6　② 30
③ 12　④ 9

해설 $\tau = \dfrac{F}{bl}$

$\therefore b = \dfrac{F}{\tau l} = \dfrac{6,000}{20 \times 50} = 6\text{mm}$

58 다음 중 모멘트의 단위는?

① $kg \cdot m/s^2$　② $N \cdot m$
③ kW　④ $kgf \cdot m/s$

해설 모멘트는 $M = Pl$ 이므로 단위는 $N \cdot m$가 된다.

59 다음 중 가장 큰 하중이 걸리는 데 사용되는 키는?

① 새들키　② 묻힘키
③ 둥근키　④ 평키

해설 가장 큰 하중에 사용하는 것은 전단하중에 충분히 견디는 묻힘키이다.

60 핀의 용도 중 틀린 것은?

① 2개 이상의 부품을 결합하는 데 사용
② 나사 및 너트의 이완 방지
③ 분해·조립할 부품의 위치결정
④ 분해가 필요 없는 곳의 영구결합

해설 분해가 필요 없는 곳의 영구결합은 리벳이나 용접이 쓰인다.

제20회 공유압기능사

2003.10.5. 시행

01 유압동력을 직선왕복운동으로 변환하는 기구는?
① 유압모터   ② 요동모터
③ 유압실린더 ④ 유압펌프

해설 ① 유압모터 : 회전력으로 토크를 발생한다.
② 요동모터 : 정역회전으로 운동한다.
④ 유압펌프 : 압력을 생성한다.

02 입구측 압력을 그와 거의 비례한 높은 출력측 압력으로 변환하는 기기는?
① 축압기   ② 차동기
③ 여과기   ④ 증압기

해설 축압기는 압력의 안정화를 유지하고, 여과기는 불순물을 제거한다.

03 다음 도면에 나타낸 유압회로에서 실린더의 속도를 조절하는 방법으로 적당한 것은?

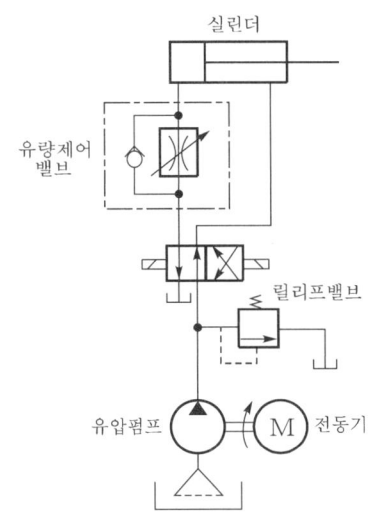

① 전동기의 회전수 조절
② 가변형 펌프의 사용
③ 유량제어밸브의 사용
④ 차동피스톤펌프의 사용

해설 유량제어밸브는 실린더에 들어오는 양을 제어하므로 속도가 제어된다.

04 다음 유압기호의 명칭 중 옳은 것은?

① 온도계   ② 압력계
③ 유량계   ④ 유압원

해설 유압원을 표시하며, 공압은 흰색으로 표시한다.

05 다음 중 공기압실린더의 구성요소가 아닌 것은?
① 피스톤(piston)
② 커버(cover)
③ 베어링(bearing)
④ 타이로드(tie rod)

해설 실린더는 직선운동을 하므로 베어링은 관계없다.

06 다음 그림은 무슨 기호인가?

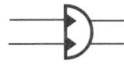

① 요동형 공기압 액추에이터
② 요동형 유압 액추에이터
③ 유압모터
④ 공기압모터

해설 요동형 유압 액추에이터를 표시하며, 공기압은 흰색 삼각형으로 표시한다.

07 공압용 솔레노이드밸브의 전환빈도로 알맞은 정도를 나타낸 것은?
① 매초 1회 이하   ② 매초 10회 정도
③ 매초 20회 정도 ④ 분당 1회 이하

해설 솔레노이드밸브의 전환빈도는 지연시간이 길어지면 코일에 손상을 주므로 매초 1회 정도가 알맞다.

정답 01.③ 02.④ 03.③ 04.④ 05.③ 06.② 07.①

08 다음 그림에 나타낸 공압기호는 무엇인가?

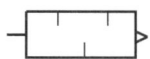

① 축압기　　　② 증압기
③ 소음기　　　④ 가열기

해설 소음기는 공기압에서 필요하며 복귀되는 공기압을 외기로 배출 시 소음을 감소하는 역할을 한다.

09 어큐뮬레이터회로의 목적에 해당되지 않는 것은?

① 저속작동회로　　　② 압력유지회로
③ 압력완충회로　　　④ 보조동력원회로

해설 어큐뮬레이터는 압력유지, 완충작용, 보조동력원으로 사용하기 위한 장치이다.

10 윤활기의 작동원리는?

① 파스칼의 원리
② 벤투리원리
③ 아르키메데스의 원리
④ 보일-샤를의 원리

해설 윤활기는 공기압에서 벤투리원리에 의해서 윤활유를 분사하는 역할을 하며 각종 액추에이터가 운동할 때 윤활작용을 한다.

11 동력전달방식 중 공압식이 전기식보다 유리한 점은?

① 동작속도　　　② 에너지 효율
③ 소음　　　　　④ 에너지 축적

해설 공압식은 에너지를 축적하는 역할을 하여 시스템의 조건을 운전자에 의해서 설정할 수 있다.

12 유압유의 점성이 지나치게 큰 경우 나타나는 현상이 아닌 것은?

① 유동의 저항이 지나치게 많아진다.
② 마찰에 의한 열이 발생한다.
③ 부품 사이의 누출손실이 커진다.
④ 마찰손실에 의한 펌프의 동력이 많이 소비된다.

해설 부품 사이에 누출손실이 커지면 점도가 낮은 상태이다.

13 입력 쪽 압력을 그에 비례한 높은 출구압력으로 변환하는 기기는?

① 사출급유기　　　② 증압기
③ 공유압변환기　　④ 소음기

해설 증압기는 공압으로 압력을 증폭하여 에너지를 발생하는 장치이다.

14 공유압변환기의 사용상 주의점이 아닌 것은?

① 액추에이터 및 배관 내의 공기를 충분히 뺀다.
② 공유압변환기는 수평방향으로 설치한다.
③ 열원의 가까이에서 사용하지 않는다.
④ 공유압변환기는 반드시 액추에이터보다 높은 위치에 설치한다.

해설 공유압변환기는 수직방향으로 설치한다.

15 다음 중 같은 크기의 실린더직경으로 보다 큰 힘을 낼 수 있는 실린더는?

① 다위치제어실린더
② 케이블실린더
③ 로드리스실린더
④ 탠덤실린더

해설 탠덤실린더는 A, B포트가 각 2개씩 존재하여 보다 큰 힘을 낼 수가 있다.

16 일반적으로 사용되는 압력계는 대부분 어떤 것을 택하는가?

① 게이지압력　　　② 절대압력
③ 평균압력　　　　④ 최고압력

해설 압력계는 지시하고 있는 눈금, 즉 게이지압력을 선택한다.

17 유압실린더의 중간 정지회로에 파일럿작동형 체크밸브를 사용하는 이유로 적당한 것은?

① 실린더 내부의 누설 방지
② 실린더 내 압력 평형의 유지
③ 밸브 내부의 누설 방지
④ 무부하상태의 유지

해설 실린더 내 압력 평형 유지를 위해 파일럿작동형 체크밸브를 사용한다.

정답 08. ③　09. ①　10. ②　11. ④　12. ③　13. ②　14. ②　15. ④　16. ①　17. ②

18 유압실린더를 사용하여 일을 할 때 실린더에 작용하는 부하의 변동은 실린더의 속도가 일정하지 않은 원인이 된다. 이와 같이 부하의 변동에도 항상 일정한 속도를 얻고자 할 때 사용하는 밸브는 다음 중 어느 것인가?
① 카운터밸런스밸브
② 브레이크밸브
③ 압력보상형 유량제어밸브
④ 유체퓨즈

해설 압력보상형 유량제어밸브는 부하의 변동 없이 일정한 속도를 유지한다.

19 다음은 어큐뮬레이터를 설치할 때 주의사항을 열거한 것이다. 틀린 것은?
① 어큐뮬레이터와 펌프 사이에는 역류 방지밸브를 설치한다.
② 어큐뮬레이터의 기름을 모두 배출시킬 수 있는 셧-오프밸브를 설치한다.
③ 펌프맥동 방지용은 펌프 토출측에 설치한다.
④ 어큐뮬레이터는 수평으로 설치한다.

해설 어큐뮬레이터는 수직으로 설치하여 안정화를 유지한다.

20 다음 공압기호의 설명으로 옳은 것은?

① 공기압펌프 일반기호
② 양방향 요동공기압모터
③ 1방향 요동정용량형 모터
④ 2방향 요동가변용량형 모터

해설 양방향 요동공기압모터로, 유압은 흑색 삼각형으로 표시한다.

21 공압모터의 특징으로 맞는 것은?
① 압축공기 이외의 가스는 사용할 수 없다.
② 속도제어와 정·역회전의 변환이 복잡하다.
③ 시동 정지가 원활하며 출력/중량의 비가 작다.
④ 공기의 압축성으로 회전속도는 부하의 영향을 받는다.

해설 공압모터는 공기의 압축성으로 회전속도는 부하의 영향을 받는다.

22 다음과 같은 방향제어밸브의 명칭은?

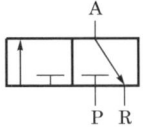

① 2포트 2위치 밸브 ② 3포트 2위치 밸브
③ 4포트 2위치 밸브 ④ 5포트 2위치 밸브

해설 A, P, R로 3포트이고 사각형이 2개가 있으므로 2위치 밸브이며 단동실린더 작동에 적용할 수 있다.

23 시스템 내의 압력이 최대 허용압력을 초과하는 것을 방지해주는 것으로 주로 안전밸브로 사용되는 것은?
① 압력스위치 ② 언로딩밸브
③ 시퀀스밸브 ④ 릴리프밸브

해설 릴리프밸브는 설정압 이상의 압력은 배출하여 항상 일정한 압력을 유지한다.

24 다음 그림의 기호가 나타내는 것은?

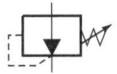

① 감압밸브(reducing valve)
② 시퀀스밸브(sequence valve)
③ 릴리프밸브(relief valve)
④ 무부하밸브(unloading valve)

해설 감압밸브로, 압력을 입력압보다 낮게 유지할 때 사용한다.

25 다음 그림의 설명으로 맞는 것은?

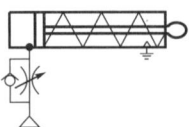

① 전진속도를 조절한다.
② 후진속도를 조절한다.
③ 급속귀환운동을 한다.
④ 전진과 후진출력을 높인다.

정답 18. ③ 19. ④ 20. ② 21. ④ 22. ② 23. ④ 24. ① 25. ①

해설 단동실린더로서 전진속도를 제어한다.

26 유압유의 주요 기능이 아닌 것은?
① 동력을 전달한다.
② 응축수를 배출한다.
③ 마찰열을 흡수한다.
④ 움직이는 기계요소를 윤활한다.

해설 응축수를 배출하는 것은 공기압에서 발생한다.

27 공압 발생장치의 구성상 필요 없는 장치는?
① 방향제어밸브 ② 에어쿨러
③ 공기압축기   ④ 에어드라이어

해설 방향제어밸브는 공기압을 이용하여 액추에이터를 제어할 때 사용한다.

28 밸브의 양쪽 입구로 고압과 저압이 각각 유입될 때 고압 쪽이 출력되고 저압 쪽이 폐쇄되는 밸브는?
① OR밸브   ② 체크밸브
③ AND밸브   ④ 급속배기밸브

해설 OR밸브이고 셔틀밸브라고 하며 저압과 고압이 유입되면 고압측이 출력된다.

29 유압모터를 선택하기 위한 고려사항이 아닌 것은?
① 체적 및 효율이 우수할 것
② 모터의 외형공간이 충분히 클 것
③ 주어진 부하에 대한 내구성이 클 것
④ 모터로 필요한 동력을 얻을 수 있을 것

해설 모터의 외형공간이 크면 기계장치가 커지므로 고려사항이 아니다.

30 다음 중 줄의 법칙을 설명한 것 중 맞는 것은? (단, H : 열량)
① $H = I^2 Rt [J]$
② $H = 0.241 Rt [cal]$
③ 1kWh=860cal
④ $1J = \dfrac{1}{9.186}$ cal

해설 줄의 법칙
도선에 전류가 흐르면 열이 발생하게 되는데, 이 열은 저항과 전류의 제곱 및 흐른 시간에 비례한다.

㉠ 열량 : $H = 0.24 I^2 Rt [cal]$
㉡ 전력량 : $W = Pt = I^2 Rt [J]$
[참고] 1J=0.24cal, 1cal=4.186J

31 다음 그림은 유압제어방식을 나타낸 것이다. 어떤 제어방식인가?

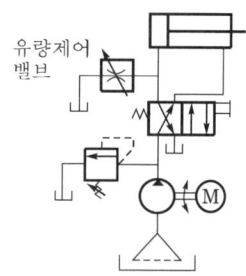

① 미터 인 회로   ② 미터 아웃 회로
③ 블리드 오프 회로 ④ 리사이클링회로

해설 블리드 오프 회로는 실린더에서 배출되는 유량의 일부를 유량제어밸브를 통하여 탱크로 귀환시키는 방법이다. 부하변동이 심한 경우에는 실린더의 속도가 불안하므로 많이 이용되지는 않는다.

32 전원이 V결선된 경우 부하에 전달되는 전력은 $\triangle$결선인 경우의 몇 %인가?
① 57.7   ② 86.6
③ 100   ④ 147

해설 $\dfrac{P_V}{P_\triangle} = \dfrac{\sqrt{3}\,VI}{3\,VI} \times 100\%$
$= \dfrac{1}{\sqrt{3}} \times 100\% = 57.7\%$

33 다음 그림과 같은 회로의 명칭은?

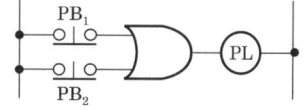

① OR회로   ② AND회로
③ NOT회로 ④ NOR회로

해설 OR회로로 PB₁, PB₂ 중 어느 하나만 ON되면 출력 PL이 점등되는 회로이다.

정답 26.② 27.① 28.① 29.② 30.① 31.③ 32.① 33.①

34 회로시험기 사용에서 저항측정 시 전환스위치를 R×100에 놓았을 때 계기의 바늘이 50Ω을 가리켰다면 측정된 저항값(Ω)은?

① 50 ② 100
③ 500 ④ 5,000

해설 $R = 50 \times 100 = 5,000\,\Omega$

35 다음의 직류전동기 중에서 무부하운전이나 벨트운전을 절대로 해서는 안 되는 전동기는?

① 타여자전동기 ② 복권전동기
③ 직권전동기 ④ 분권전동기

해설 직류전동기 중 직권전동기는 토크의 변화에 비해 출력의 변화가 적다. 따라서 무부하운전이나 벨트운전을 절대로 해서는 안 된다.

36 변압기의 온도 상승을 억제하기 위해서 갖추어야 할 변압기유의 조건으로 틀린 것은?

① 절연내력이 작을 것
② 인화점이 높을 것
③ 응고점이 낮을 것
④ 화학적으로 안정될 것

해설 변압기유의 구비조건
㉠ 절연내력이 클 것
㉡ 점도가 낮고 냉각효과가 클 것
㉢ 인화점이 높고 응고점이 낮을 것
㉣ 고온에서도 산화하지 않을 것
㉤ 절연재료와 화학작용을 일으키지 않을 것

37 다음 그림은 어떤 회로인가?

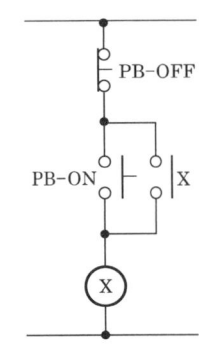

① 정지우선회로 ② 기동우선회로
③ 신호검출회로 ④ 인터록회로

해설 기동과 정지용 푸시버튼스위치 PB-ON과 PB-OFF를 동시에 누를 때 출력 X가 여자되지 않는 정지우선회로이다.

38 직류전류측정에 가장 적당한 계기는?

① 전류력계형 계기 ② 가동철편형 계기
③ 가동코일형 계기 ④ 유도형 계기

해설 가동코일형 계기는 직류 전용 계기이고, 열선형 계기는 교류 전용 계기이다.

39 자기회로의 옴의 법칙에 대한 설명 중 맞는 것은?

① 자기회로의 기자력은 자속에 반비례한다.
② 자기회로를 통하는 자속은 자기저항에 비례하고, 기자력에 반비례한다.
③ 자기회로의 기자력은 자기저항에 반비례한다.
④ 자기회로를 통하는 자속은 기자력에 비례하고, 자기저항에 반비례한다.

해설 자속(ϕ)은 기자력(F)에 비례하고, 자기저항(R_m)에 반비례한다.
$\phi = \dfrac{F}{R_m}$ [Wb]

40 변압기 및 전기기기의 철심으로 얇은 철판을 겹쳐서 사용하는 이유는?

① 가공하기 쉽기 때문이다.
② 가격이 싸기 때문이다.
③ 맴돌이전류손에 의한 줄열 때문이다.
④ 철의 비중이 크기 때문이다.

해설 고유저항이 큰 규소강판을 사용하는 이유는 맴돌이전류와 히스테리시스손을 감소시킴으로써 철손을 작게 하기 때문이다.

41 검출스위치가 아닌 것은?

① 리밋스위치 ② 광전스위치
③ 버튼스위치 ④ 근접스위치

해설 버튼스위치는 수동조작 자동복귀용 스위치이므로 검출용이 아니라 조작용 스위치이다.

42 저항만의 회로에서 전압에 대한 전류의 위상은?

① 90° 앞선다. ② 60° 뒤진다.
③ 30° 앞선다. ④ 동상이다.

해설 순수한 저항만의 회로에서는 전압과 전류가 동상이 된다.

정답 34. ④ 35. ③ 36. ① 37. ① 38. ③ 39. ④ 40. ③ 41. ③ 42. ④

43 지름 20cm, 권수 100회의 원형코일에 1A의 전류를 흘릴 때 코일 중심 자장의 세기(AT/m)는?

① 200　　② 300
③ 400　　④ 500

해설 $H = \dfrac{NI}{r} = \dfrac{100 \times 1}{20 \times 10^{-2}} = 500 \text{AT/m}$

44 반도체 PN접합이 하는 작용은?

① 정류작용　　② 증폭작용
③ 발진작용　　④ 변조작용

해설 반도체 PN접합이 하는 작용은 정류작용을, 트랜지스터를 이용하는 작용은 증폭작용을, 터널다이오드를 이용하는 작용은 발진작용을 한다.

45 다음 그림과 같은 회로에서 I_T=10A일 때 4Ω에 흐르는 전류(A)는?

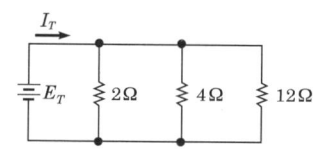

① 3　　② 4
③ 5　　④ 6

해설 $R_o = \dfrac{1}{\frac{1}{2}+\frac{1}{4}+\frac{1}{12}} = \dfrac{1}{\frac{6+3+1}{12}} = \dfrac{12}{10}$ Ω

$E_T = I_T R_o = 10 \times \dfrac{12}{10} = 12\text{V}$

∴ $I_4 = \dfrac{E_T}{R} = \dfrac{12}{4} = 3\text{A}$

46 다음 그림과 같이 입체도를 3각법으로 그린 투상도에 관한 설명으로 올바른 것은?

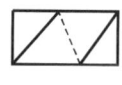
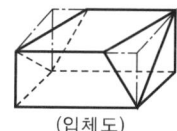

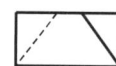

① 평면도만 틀림　　② 정면도만 틀림
③ 우측면도만 틀림　　④ 모두 올바름

해설 평면도가 틀렸으며 파선이 삭제되어야 한다.

47 평면, 측면, 정면을 하나의 투상면 위에 동시에 볼 수 있도록 같은 기울기로 그려진 도법은?

① 등각투상법　　② 국부투상법
③ 정투상법　　④ 경사투상법

해설 등각투상도는 평면, 측면, 정면을 하나의 투상면 위에 동시에 볼 수 있도록 그린 것이다.

48 기계구조물의 용접부 등에 비파괴검사시험기호에서 RT로 표시된 기호가 뜻하는 것은?

① 방사선투과시험　　② 자분탐상시험
③ 초음파탐상시험　　④ 침투탐상시험

해설 RT는 방사선투과시험으로 Radiographic Testing의 약자이다.

49 다음 중 지그재그선을 사용하는 경우는?

① 도면 내 그 부분의 단면을 90° 회전하여 나타내는 선
② 제품의 일부를 파단한 곳을 표시하는 선
③ 인접을 참고로 표시하는 선
④ 반복을 표시하는 선

해설 지그재그선은 굵은 실선으로 나타내며 부품의 일부를 파단한 곳을 표시한다.

50 다음 그림과 같은 정면도와 평면도의 우측면도로 가장 적합한 투상은?

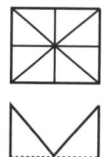

(정면도)

① 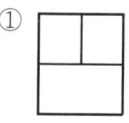　　②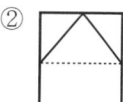
③ 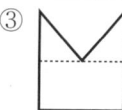　　④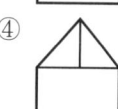

해설 가운데를 중심으로 정면도와 측면도가 골이 형성된 상태이다.

정답 43. ④　44. ①　45. ①　46. ①　47. ①　48. ①　49. ②　50. ③

51 치수기입 중 정정치수기입방법으로 가장 적합한 것은?

① 5̶0̶ ② 5̲0̲
③ (50) ④ 50̄(boxed)

해설 정정치수는 도면을 완성 후 제작상에 도면을 수정할 때 치수 가운데 선을 긋고 수정한다.

52 배관도에서 파이프 내에 흐르는 유체가 수증기일 때의 기호는?

① A ② G
③ O ④ S

해설 유체가 수증기일 때는 S(steam)로 표기한다.

53 기계 설계 시 연강재를 사용할 때 안전율을 가장 크게 선정해야 할 하중은?

① 정하중 ② 반복하중
③ 교번하중 ④ 충격하중

해설 충격하중은 예측하지 않은 상태에서 가해지는 하중이다.

54 막대의 양 끝에 나사를 깎은 머리 없는 볼트로서 볼트를 끼우기 어려운 곳에 미리 볼트를 심어놓고 너트를 조일 수 있도록 한 볼트는?

① 기초볼트 ② 스테이볼트
③ 스터드볼트 ④ 충격볼트

해설 스터드볼트는 볼트를 끼우기 어려운 위치에 체결할 때 사용한다.

55 다음 중 축을 작용하는 힘에 의해 분류했을 때 전동축에 관한 설명으로 가장 옳은 것은?

① 주로 휨하중을 받는다.
② 주로 인장과 휨하중을 받는다.
③ 주로 압축하중을 받는다.
④ 주로 휨과 비틀림하중을 받는다.

해설 전동축은 동력을 전달하므로 휨과 비틀림하중을 받는다.

56 모듈이 5이고, 잇수가 24개와 56개인 2개의 평기어가 물고 있다. 이 두 기어의 중심거리(mm)는?

① 200 ② 220
③ 250 ④ 300

해설 $C = \dfrac{m(Z_1 + Z_2)}{2} = \dfrac{5 \times (24 + 56)}{2} = 200\text{mm}$

57 나사홈의 높이가 나사산의 높이와 같게 한 원통의 지름은?

① 호칭지름 ② 수나사 바깥지름
③ 피치지름 ④ 리드

해설 피치지름은 나사홈의 높이가 나사산의 높이와 같게 한 지름이다.

58 두 축의 이음을 임의로 단속할 수 있는 축이음은?

① 클러치 ② 특수커플링
③ 플랜지커플링 ④ 플렉시블커플링

해설 클러치는 두 축의 이음을 임의로 단속할 수 있는 축이음이다.

59 빠른 반복하중을 받는 스프링의 압축·인장반복 속도가 고유진동수에 가까워지면 심한 진동을 일으키는데, 이런 공진현상을 무엇이라고 하는가?

① 피로 ② 서징
③ 응력집중 ④ 감쇠

해설 서징(surging)이란 진폭이 최대로 커지는 현상이다.

60 응력에 대한 설명 중 가장 올바른 것은?

① 단위면적에 대한 변형의 크기로 나타낸다.
② 외력에 대하여 물체 내부에서 대응하는 저항력을 말한다.
③ 전단응력은 경사응력과 같은 의미이다.
④ 물체에 하중을 작용시켰을 때 하중방향에 발생한 응력을 전단응력이라 한다.

해설 응력(stress)이란 외력에 대해 물체 내부에 대응하는 저항력이다.

정답 51.① 52.④ 53.④ 54.③ 55.④ 56.① 57.③ 58.① 59.② 60.②

제3편

CBT 대비 실전 모의고사

- 제1회 CBT 대비 실전 모의고사
- 제1회 정답 및 해설
- 제2회 CBT 대비 실전 모의고사
- 제2회 정답 및 해설
- 제3회 CBT 대비 실전 모의고사
- 제3회 정답 및 해설
- 제4회 CBT 대비 실전 모의고사
- 제4회 정답 및 해설
- 제5회 CBT 대비 실전 모의고사
- 제5회 정답 및 해설

Craftsman Hydro-Pneumatic

제1회 CBT 대비 실전 모의고사

| 정답 및 해설: p. 171 |

01 공동현상(cavitation)이 생겼을 때의 피해사항으로 옳지 않은 것은?
① 충격력이 감소된다.
② 진동이 발생된다.
③ 공동부가 생긴다.
④ 소음이 크게 생긴다.

02 작동유 속에 혼입하는 불순물을 제거하기 위하여 사용하는 부품은 어느 것인가?
① 스트레이너 ② 밸브
③ 패킹 ④ 축압기

03 다음 중 3포트 2위치 변환밸브를 나타내는 것은?

04 다음 그림은 공유압기호 중 무엇을 나타내는 것인가?

① 기름탱크 ② 공기탱크
③ 전동기 ④ 압력스위치

05 유압모터의 특징에 대한 설명으로 옳은 것은?
① 넓은 범위의 무단변속이 용이하다.
② 넓은 범위의 변속장치를 조작할 수 있다.
③ 운동량이 직선적으로 속도조절이 용이하다.
④ 운동량이 자동으로 직선조작을 할 수 있다.

06 압력제어밸브에서 급격한 압력변동에 따른 밸브 시트를 두드리는 미세한 진동이 생기는 현상은?
① 노킹 ② 채터링
③ 해머링 ④ 캐비테이션

07 다음 중 공압과 유압의 조합기기에 해당되는 것은?
① 에어서비스유닛
② 스틱 앤 슬립유닛
③ 하이드롤릭체크유닛
④ 벤투리포지션유닛

08 입구측 압력을 그와 거의 비례한 높은 출력측 압력으로 변환하는 기기는?
① 축압기 ② 차동기
③ 여과기 ④ 증압기

09 도면에 나타낸 유압회로에서 실린더의 속도를 조절하는 방법으로 적당한 것은?

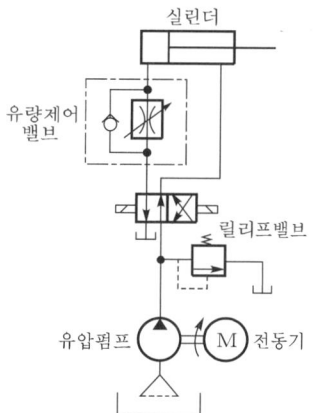

① 전동기의 회전수 조절
② 가변형 펌프의 사용
③ 유량제어밸브의 사용
④ 차동피스톤펌프의 사용

10 다음 유압기호의 명칭 중 옳은 것은?

① 온도계 ② 압력계
③ 유량계 ④ 유압원

11 다음 중 공기압실린더의 구성요소가 아닌 것은?
① 피스톤(piston) ② 커버(cover)
③ 베어링(bearing) ④ 타이로드(tie rod)

12 다음 그림은 무슨 기호인가?

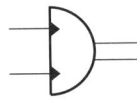

① 요동형 공기압 액추에이터
② 요동형 유압 액추에이터
③ 유압모터
④ 공기압모터

13 파스칼의 원리를 이용하지 않은 것은?
① 유압펌프
② 수압기
③ 공기압축기
④ 내부확장식 제동장치

14 유압유가 갖추어야 할 조건 중 잘못 서술한 것은?
① 비압축성이고 활동부에서 실역할을 할 것
② 온도의 변화에 따라서도 용이하게 유동할 것
③ 인화점이 낮고 부식성이 없을 것
④ 물·공기·먼지 등을 빨리 분리할 것

15 도면의 기호에서 A로 이어지는 기기로 타당한 것은?

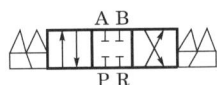

① 실린더 ② 대기
③ 펌프   ④ 탱크

16 다음의 유량제어밸브 중에서 압력보상이 되는 것은?
① 스톱밸브   ② 니들밸브
③ 유량조정밸브 ④ 스로틀밸브

17 유압유에 수분이 혼입될 때 미치는 영향이 아닌 것은?
① 작동유의 윤활성을 저하시킨다.
② 작동유의 방청성을 저하시킨다.
③ 캐비테이션이 발생한다.
④ 작동유의 압축성이 증가한다.

18 호스의 이음재료가 못 되는 것은?
① 강   ② 황동
③ 고무   ④ 스테인리스강

19 유압에 비하여 압축공기의 장점이 아닌 것은?
① 안전성   ② 압축성
③ 저장성   ④ 신속성(동작속도)

20 유압장치에서 릴리프밸브의 역할은?
① 유체에 압력을 증가시키는 압력제어밸브이다.
② 유체의 유로의 방향을 변환시키는 방향전환 밸브이다.
③ 유체의 압력을 일정하게 유지시키는 압력제어밸브이다.
④ 유압장치에서 유체의 압력을 감소시키는 감압밸브이다.

21 베인펌프에서 유압을 발생시키는 주요 부분이 아닌 것은?
① 캠링   ② 베인
③ 로터   ④ 인어링

22 회전속도가 높고 전체 효율이 가장 좋은 펌프는 어느 것인가?
① 축방향 피스톤식 ② 베인펌프식
③ 내접기어식   ④ 외접기어식

23 밸브의 변환 및 피스톤의 완성력에 의해 과도적으로 상승한 압력의 최대값을 무엇이라고 하는가?
① 크래킹압력   ② 서지압력
③ 리시트압력   ④ 배압

24 다음은 공압실린더의 응용회로이다. 푸시버튼 스위치를 눌렀다 놓으면 실린더는 어떻게 작동되는가?

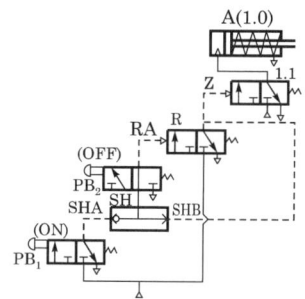

① 스위치 PB₁을 누르면 실린더가 작동되지 않는다.
② 스위치 PB₁을 누르면 실린더가 전진하고 놓으면 후진한다.
③ 스위치 PB₁를 눌렀다 놓으면 실린더가 전진 상태를 유지한다.
④ 스위치 PB₂를 눌렀다 놓으면 실린더가 전진 상태를 유지한다.

25 다음 그림은 무슨 유압·공기압도면기호인가?

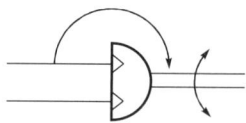

① 요동형 공기압 액추에이터
② 요동형 유압 액추에이터
③ 유압모터
④ 공기압모터

26 다음 그림에서 단면적이 5cm²인 피스톤에 20kg의 추를 올려놓을 때 유체에 발생하는 압력의 크기(kgf/cm²)는?

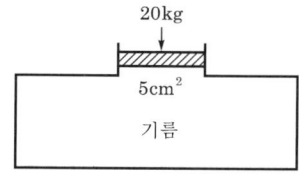

① 1　　② 4
③ 5　　④ 20

27 다음 기호의 설명으로 맞는 것은?

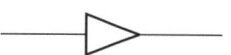

① 관로 속에 기름이 흐른다.
② 관로 속에 공기가 흐른다.
③ 관로 속에 물이 흐른다.
④ 관로 속에 윤활유가 흐른다.

28 다음 유압기호의 제어방식에 대한 설명으로 올바른 것은?

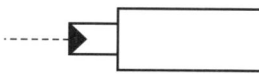

① 레버방식이다.
② 스프링제어방식이다.
③ 공기압제어방식이다.
④ 파일럿제어방식이다.

29 유관의 안지름 5cm, 유속 10cm/s로 하면 최대 유량은 약 몇 cm³/s인가?
① 196　　② 250
③ 462　　④ 785

30 입력측과 출력측의 작용면적비에 대응하는 증압비에 따라 압력을 변환하는 기기는?
① 축압기　　② 차동기
③ 여과기　　④ 증압기

31 다음 중 유도리액턴스를 나타낸 식은?
① $\dfrac{1}{\omega L}$　　② ωC
③ $2\pi f L$　　④ $\dfrac{1}{2\pi f C}$

32 직류기를 구성하는 주요 부분으로 맞지 않는 것은?
① 계자　　② 전기자
③ 정류자　　④ 필터

33 농형 유도전동기의 각 기동방식에 따른 특성상 회로구성이 가장 복잡한 기동방식은?
① 전전압기동 ② $Y-\Delta$기동법
③ 기동보상기법 ④ 리액터기동법

34 다음 중 줄의 법칙을 설명한 것 중 맞는 것은? (단, H : 열량)
① $H = I^2Rt[J]$
② $H = 0.241Rt[cal]$
③ $1kWh = 860cal$
④ $1J = \dfrac{1}{9.186}cal$

35 $R-C$ 직렬회로에서 임피던스가 10Ω, 저항이 8Ω일 때 용량리액턴스(Ω)는?
① 4 ② 5
③ 6 ④ 7

36 다음 그림과 같은 회로의 명칭은?

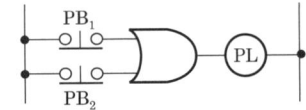

① OR회로 ② AND회로
③ NOT회로 ④ NOR회로

37 극성을 가지고 있으므로 교류회로에 사용할 수 없는 콘덴서는?
① 전해콘덴서 ② 세라믹콘덴서
③ 마이카콘덴서 ④ 마일러콘덴서

38 직류전동기의 속도제어방법이 아닌 것은?
① 계자제어법 ② 저항제어법
③ 전압제어법 ④ 주파수제어법

39 다음 제어용 기기 중 과부하 및 단락사고인 경우 자동차단되어 개폐기 역할을 겸하는 것은?
① 퓨즈 ② 릴레이
③ 리밋스위치 ④ 노퓨즈브레이커

40 220V, 40W의 형광등 10개를 4시간 동안 사용했을 때의 소비전력량(kWh)은?
① 8.8 ② 0.16
③ 1.6 ④ 16

41 다음 그림과 같이 자석을 코일과 가까이 또는 멀리하면 검류계의 지침이 순간적으로 움직이는 것을 알 수 있다. 이와 같이 코일을 관통하는 자속을 변화시킬 때 기전력이 발생하는 현상을 무엇이라 하는가?

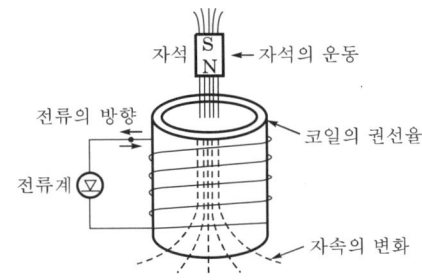

① 드리프트 ② 상호유도
③ 전자유도 ④ 정전유도

42 논리기호에서 입력이 있으면 출력이 없고, 입력이 없으면 출력이 있는 게이트는?
① OR ② AND
③ NOR ④ NOT

43 빌딩, 아파트 물탱크(수조)의 수위를 검출하여 급수펌프를 자동으로 운전하도록 하는 것은?
① 전자개폐기 ② 플로트리스계전기
③ 근접스위치 ④ 한계스위치

44 변압기를 병렬운전하기 위한 조건이 아닌 것은?
① 각 변압기의 중량이 같아야 한다.
② 각 변압기의 극성이 같아야 한다.
③ 각 변압기의 권수비가 같아야 한다.
④ 각 변압기의 백분율임피던스강하가 같아야 한다.

45 다음 그림에서 지시선이 가리키는 선의 명칭은?

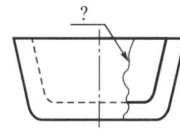

① 외형선 ② 중심선
③ 파단선 ④ 절단선

46 다음 투상도법 중 1각법과 3각법이 속하는 투상도법은?

① 정투상법 ② 등각투상법
③ 사투상법 ④ 부등각투상법

47 용접부에 다음과 같은 시험기호가 있을 때 해독으로 올바른 것은?

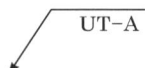

① 초음파 경사각탐상시험
② 초음파 수직탐상시험
③ 방사선투과 부분시험
④ 방사선투과 2중벽 촬영시험

48 평면, 측면, 정면을 하나의 투상면 위에 동시에 볼 수 있도록 같은 기울기로 그려진 도법은?

① 등각투상법 ② 국부투상법
③ 정투상법 ④ 경사투상법

49 기계구조물의 용접부 등에 비파괴검사시험기호에서 RT로 표시된 기호가 뜻하는 것은?

① 방사선투과시험 ② 자분탐상시험
③ 초음파탐상시험 ④ 침투탐상시험

50 다음 그림과 같이 입체도를 3각법으로 그린 투상도에 관한 설명으로 올바른 것은?

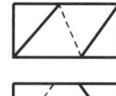 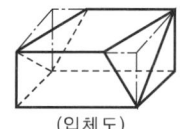
(입체도)

① 평면도만 틀림 ② 정면도만 틀림
③ 우측면도만 틀림 ④ 모두 올바름

51 표제란에 다음 그림과 같은 투상법기호로 표시되는 경우는 무슨 각법인가?

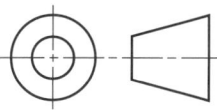

① 1각법 ② 2각법
③ 3각법 ④ 4각법

52 다음 입체도에서 화살표방향이 정면으로 좌우대칭일 때 평면도의 형상으로 가장 적합한 것은?

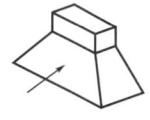

53 3각법으로 투상한 다음 도면에 가장 적합한 입체도는?

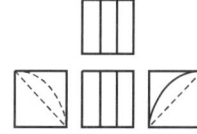

54 대칭형 물체의 1/4을 잘라내고 도면의 반쪽을 단면으로 나타낸 것은?

① 온(전)단면도 ② 한쪽(반) 단면도
③ 부분 단면도 ④ 계단 단면도

55 도면에서 척도란에 NS로 표시된 것은 무엇을 뜻하는가?

① 축척
② 나사를 표시
③ 배척
④ 비례척이 아닌 것을 표시

56 다음 나사기호 중 KS 관용평행나사기호는?
① PT ② PF
③ PS ④ SM

57 공유압배관의 간략도시방법으로 신축관이음의 도시기호는?

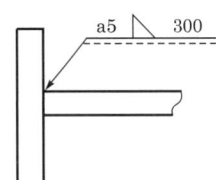

58 다음과 같은 용접도시기호의 설명으로 올바른 것은?

① 홈깊이 5mm ② 목길이 5mm
③ 목두께 5mm ④ 루트간격 5mm

59 기계제도 치수기입법에서 정정치수를 의미하는 것은?
① 5̶0̶ ② 50
③ (50) ④ ≪50≫

60 절단된 면을 다른 부분과 구분하기 위하여 가는 실선으로 규칙적으로 빗줄을 그은 선의 명칭은?
① 해칭선 ② 피치선
③ 파단선 ④ 기준선

제1회 정답 및 해설

01 정답 ①
해설 공동현상이 발생하면 충격력이 커진다.

02 정답 ①
해설 스트레이너는 유압탱크에 설치하며 불순물을 제거할 때 사용한다.

03 정답 ②
해설 ① 2포트 2위치 변환밸브
③ 4포트 2위치 변환밸브
④ 5포트 2위치 변환밸브

04 정답 ②
해설 공기탱크를 나타내며 공압에서 압력의 안정화를 위해 설치한다.

05 정답 ①
해설 유압모터는 유량제어밸브에 의해서 무단변속이 자유롭다.

06 정답 ②
해설 채터링은 압력이 스프링의 장력과 비슷한 상태에서 떨림이 발생한다.

07 정답 ③
해설 하이드롤릭체크유닛은 공압과 유압의 조합으로 되어 있다.

08 정답 ④
해설 축압기는 압력의 안정화를 유지하고, 여과기는 불순물을 제거한다.

09 정답 ③
해설 유량제어밸브는 실린더에 들어오는 양을 제어하므로 속도가 제어된다.

10 정답 ④
해설 유압원을 표시하며, 공압은 흰색으로 표시한다.

11 정답 ③
해설 실린더는 직선운동을 하므로 베어링은 관계없다.

12 정답 ②
해설 요동형 유압 액추에이터이며, 공기압은 흰색 삼각형으로 표시한다.

13 정답 ①
해설 유압펌프는 임펠러에 의해 모터에서 구동을 받아 압력을 형성한다.

14 정답 ③
해설 유압유는 인화점이 높고 부식성이 없어야 한다.

15 정답 ①
해설 A포트는 실린더에 A포트와 연결된다.

16 정답 ③
해설 유량조정밸브는 압력보상을 할 수가 있다.

17 정답 ④
해설 작동유의 압축성이 감소하게 된다.

18 정답 ③
해설 고무재질은 유압의 압력이 높기 때문에 누유의 원인이 될 수 있다.

19 정답 ②
해설 공기압은 하중에 따라 압축상태가 변화를 한다.

20 정답 ③
해설 릴리프밸브는 유체의 압력을 일정하게 유지시키는 역할을 한다.

21 정답 ④
해설 인어링은 회전하는 부분의 정확한 위치를 위해 사용한다.

22 정답 ①
해설 축방향 피스톤식이 회전속도가 높고 전체 효율이 가장 좋다.

23 정답 ②
해설 서지압력은 과도적으로 상승한 압력의 최대 값이다.

24 정답 ④
해설 스위치 PB_2를 눌렀다 놓으면 압력이 차단되어 전진상태를 유지한다.

25 정답 ①
해설 요동형 공기압 액추에이터로서 A, B 두 포트에 압력이 생성될 때 시계방향과 반시계방향으로 일정한 각도로 요동한다.

26 정답 ②
해설 $P = \dfrac{W}{A} = \dfrac{20}{5} = 4\,kgf/cm^2$

27 정답 ②
해설 공기압은 삼각형에 흰색으로 표기한다.

28 정답 ④
해설 파일럿제어방식으로, 밸브 내의 미소압력으로 스풀을 열고 닫게 한다.

29 정답 ①
해설 $Q = Av = \dfrac{3.14 \times 5^2}{4} \times 10 = 196\,cm^3/s$

30 정답 ④
해설 증압기는 부족한 출력측 압력을 증폭하여 사용하는 장치이다.

31 정답 ③
해설 ㉠ 유도리액턴스 : $X_L = 2\pi f L\,[\Omega]$
㉡ 용량리액턴스 : $X_C = \dfrac{1}{\omega C} = \dfrac{1}{2\pi f L C}\,[\Omega]$

32 정답 ④
해설 직류기는 계자(고정자), 전기자, 정류자, 공극, 브러시로 구성되어 있다.

33 정답 ③
해설 기동보상기법은 15kW 이상 고압전동기에 사용되며, 감압용 단권변압기에 의해 인가전압을 감소시켜 공급하므로 회로구성이 가장 복잡한 기동방식이다.

34 정답 ①
해설 줄의 법칙은 도선에 전류가 흐르면 열이 발생하게 되는데, 이 열은 저항과 전류의 제곱 및 흐른 시간에 비례한다.
㉠ 열량 $H = 0.24 I^2 Rt\,[cal]$
㉡ 전력량 $W = Pt = I^2 Rt\,[J]$
※ 1J=0.24cal, 1cal=4.186J

35 정답 ③
해설 $Z = \sqrt{R^2 + X_C^2}\,[\Omega]$
$10 = \sqrt{8^2 + X_C^2}$
∴ $X_C = 6\,\Omega$

36 정답 ①
해설 OR회로로 PB_1, PB_2 중 어느 하나만 ON되면 출력 PL이 점등되는 회로이다.

37 정답 ①
해설 전해콘덴서는 (+), (−)의 극성이 표시되어 있으므로 사용 시 극성에 맞도록 접속하여야 한다.

38 정답 ④
해설 계자제어법, 저항제어법, 전압제어법은 직류전동기의 제어법이고, 주파수제어법은 교류전동기의 속도제어법이다.

39 정답 ④
해설 과부하 및 단락사고인 경우 자동차단되어 개폐기 역할을 겸하는 것을 노퓨즈브레이커(NFB), 즉 배선용 차단기(MCCB)라 한다.

40 정답 ③
해설 전력량=40W×10개×4h
=1,600Wh=1.6kWh

41 정답 ③
해설 코일에 전류를 흘려주면 자속이 발생하는데, 자속의 변화에 따라 기전력이 발생하는 현상을 전자유도현상이라 한다.

42 정답 ④
해설 입력신호와 출력신호가 서로 반대의 값이 되는 회로를 NOT회로라 한다.

43 정답 ②
해설 부력의 원리를 이용하지 않고 일정한 높이까지 물이 채워지면 전기적인 원리에 의해서 급수펌프의 전원을 차단시킨다.

44 정답 ①
해설 **변압기의 병렬운전조건**
  ㉠ 1·2차의 정격전압이 같을 것
  ㉡ 1·2차의 극성이 같을 것
  ㉢ 임피던스의 전압이 같을 것
  ㉣ 각 변압기의 저항과 누설리액턴스의 비가 같을 것

45 정답 ③
해설 파단선으로, 물체의 내부를 보여줄 때 사용하며 굵은 실선이다.

46 정답 ①
해설 정투상법은 1각법과 3각법에 모두 적용된다.

47 정답 ①
해설 UT는 Ultrasonic Tangential의 약어로서 초음파 경사각탐상시험이다.

48 정답 ①
해설 등각투상도는 평면, 측면, 정면을 하나의 투상면 위에 동시에 볼 수 있다.

49 정답 ①
해설 RT는 방사선투과시험으로 Radiographic Testing의 약자이다.

50 정답 ①
해설 평면도가 틀렸으며 파선이 삭제되어야 한다.

51 정답 ③
해설 3각법에 의해서 도면을 배치한다.

52 정답 ③
해설 평면도는 위에서 본 형상이다.

53 정답 ②
해설 좌·우측면도를 보고 형상을 판단해야 하며 ②가 맞다.

54 정답 ②
해설 물체의 1/4을 절단하는 단면법을 반단면도라 한다.

55 정답 ④
해설 NS는 No Scale의 약어로 비례척이 아닌 것을 의미한다.

56 정답 ②
해설 KS 관용평행나사는 PF로 표시한다.

57 정답 ③
해설 신축관이음은 열로 인한 배관의 팽창을 보정하는 역할을 한다.

58 정답 ③
해설 필릿용접에서 목두께 5mm와 용접길이 300mm를 나타낸다.

59 정답 ①
해설 정정치수는 정정하고자 하는 숫자에 가운데 수평선을 그은 다음 위에다 표시한다.

60 정답 ①
해설 해칭선은 절단한 부분을 표시하며 가는 실선으로 나타낸다.

제2회 CBT 대비 실전 모의고사

| 정답 및 해설: p. 180 |

01 실린더의 지지형식에 따른 분류가 아닌 것은?
① 풋형　　② 앵글형
③ 플랜지형　④ 트러니언형

02 압축공기 저장탱크에 구성되는 기기가 아닌 것은?
① 압력계　　② 압력릴리프밸브
③ 차단밸브　④ 유량계

03 다음 그림은 실린더의 속도를 제어하는 회로이다. 회로의 명칭은?

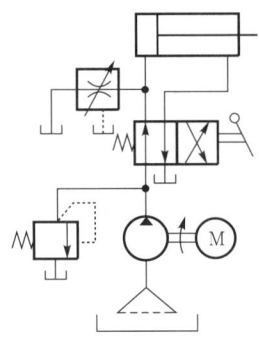

① 미터 인 회로　　② 미터 아웃 회로
③ 블리드 오프 회로　④ 블리드 온 회로

04 다음 그림은 어떤 실린더를 나타내는 기호인가?

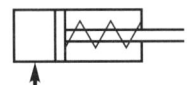

① 단동실린더
② 복동실린더
③ 쿠션장착실린더
④ 다이어프램형 실린더

05 다음 그림의 기호는 어떤 밸브를 나타내는가?

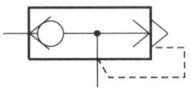

① 파일럿조작 체크밸브
② 고압 우선형 밸브
③ 저압 우선형 밸브
④ 급속배기밸브

06 공압 발생장치 중 $1\,kgf/cm^2$ 이상의 토출압력을 발생시키는 장치는?
① 송풍기　　② 팬
③ 공기압축기　④ 공압모터

07 공압용 솔레노이드밸브의 전환빈도로 알맞은 정도를 나타낸 것은?
① 매초 1회 이하　② 매초 10회 정도
③ 매초 20회 정도　④ 분당 1회 이하

08 다음 그림의 공압기호는 무엇인가?

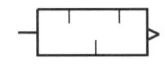

① 축압기　② 증압기
③ 소음기　④ 가열기

09 어큐뮬레이터회로의 목적에 해당되지 않는 것은?
① 저속작동회로　② 압력유지회로
③ 압력완충회로　④ 보조동력원회로

10 동력전달방식 중 공압식이 전기식보다 유리한 점은?
① 동작속도　　② 에너지 효율
③ 소음　　　　④ 에너지 축적

11 윤활기의 작동원리는?
① 파스칼의 원리
② 벤투리의 원리
③ 아르키메데스의 원리
④ 보일-샤를의 원리

12 입력 쪽 압력을 그에 비례한 높은 출구압력으로 변환하는 기기는?
① 사출급유기 ② 증압기
③ 공유압변환기 ④ 소음기

13 다음 그림의 기호는 무엇을 나타내는 것인가?

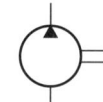

① 유압펌프 ② 유압모터
③ 압축기   ④ 송풍기

14 다음 그림에서 유압기호의 명칭은 무엇인가?

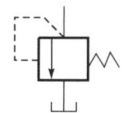

① 릴리프밸브(relief valve)
② 감압밸브(reducing valve)
③ 언로드밸브(unload valve)
④ 시퀀스밸브(sequence valve)

15 기화기의 벤투리관에서 연료를 흡입하는 원리를 잘 설명할 수 있는 것은?
① 베르누이의 정리 ② 보일-샤를의 법칙
③ 파스칼의 원리   ④ 연속의 법칙

16 에너지로서의 공기압을 만드는 기계는 어느 것인가?
① 공기냉각기 ② 공기압축기
③ 공기탱크   ④ 공기건조기

17 다음 그림과 같은 실린더장치에서 A의 지름이 40mm, B의 지름이 100mm일 때 A에 16kg의 물을 올려놓는다면 B는 몇 kg의 무게를 올려놓아야 양 피스톤이 평형을 이루겠는가?

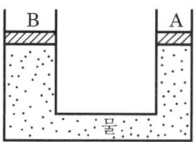

① 10   ② 40
③ 100 ④ 160

18 다음은 어떤 회로의 진리값표이다. 해당되는 것은?

입력신호		출력신호
A	B	C
0	0	0
0	1	0
1	0	0
1	1	1

① NOR회로 ② NOT회로
③ AND회로 ④ OR회로

19 다음 중 유압회로에서 주요 밸브가 아닌 것은?
① 압력제어밸브 ② 회로제어밸브
③ 유량제어밸브 ④ 방향제어밸브

20 공압용 방향전환밸브의 구멍(port)에서 'EXH'가 나타내는 것은?
① 밸브로 진입 ② 실린더로 진입
③ 대기로 방출 ④ 탱크로 귀환

21 체적효율이 가장 좋은 펌프는?
① 기어펌프   ② 베인펌프
③ 피스톤펌프 ④ 로터리펌프

22 유압펌프의 동력을 계산하는 방법으로 맞는 것은?
① 압력×수압면적 ② 압력×유량
③ 질량×가속도   ④ 힘×거리

23 다음 그림과 같이 1개의 입력포트와 1개의 출력포트를 가지고 입력포트에 입력이 되지 않은 경우에만 출력포트에 출력이 나타나는 회로는?

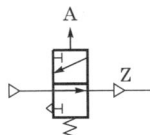

① NOR회로 ② AND회로
③ NOT회로 ④ OR회로

24 다음 그림에 알맞은 명칭은?

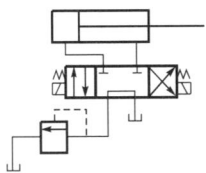

① 감속회로 ② 차동회로
③ 로킹회로 ④ 정토크구동회로

25 유압모터의 종류가 아닌 것은?
① 기어형 ② 베인형
③ 피스톤형 ④ 나사형

26 다음 중 고압작동에 적합한 특징을 갖는 모터는?
① 피스톤모터
② 기어모터
③ 압력 평형식 베인모터
④ 압력 불평형식 베인모터

27 다음 중 공기압장치의 기본시스템이 아닌 것은?
① 압축공기 발생장치
② 압축공기조정장치
③ 공압제어밸브
④ 유압펌프

28 양정은 압력을 비중량으로 나눈 값이다. 양정의 단위로 적당한 것은?
① kg ② m
③ kg/cm^2 ④ m^2/sec

29 완전한 진공을 '0'으로 표시한 압력은?
① 게이지압력 ② 최고압력
③ 평균압력 ④ 절대압력

30 유압동력을 직선왕복운동으로 변환하는 기구는?
① 유압모터 ② 요동모터
③ 유압실린더 ④ 유압펌프

31 다음 중 회로시험기를 사용할 때 극성에 주의해서 측정해야 하는 것은?
① 저항 ② 교류전압
③ 직류전압 ④ 주파수

32 SCR의 설명 중 틀린 것은?
① SCR은 교류가 출력된다.
② SCR은 한 번 통전하면 게이트에 의해서 전류를 차단할 수 없다.
③ SCR은 정류작용이 있다.
④ SCR은 교류전류의 위상제어에 많이 사용된다.

33 송전선의 전압조정 및 역률 개선용으로 사용할 수 있는 전동기는?
① 타여자전동기 ② 직류분권전동기
③ 동기전동기 ④ 유도전동기

34 회로시험기 사용에서 저항측정 시 전환스위치를 $R \times 100$에 놓았을 때 계기의 바늘이 50Ω을 가리켰다면 측정된 저항값(Ω)은?
① 50 ② 100
③ 500 ④ 5,000

35 다음의 직류전동기 중에서 무부하운전이나 벨트운전을 절대로 해서는 안 되는 전동기는?
① 타여자전동기 ② 복권전동기
③ 직권전동기 ④ 분권전동기

36 변압기의 온도 상승을 억제하기 위해서 갖추어야 할 변압기유의 조건으로 틀린 것은?
① 절연내력이 작을 것
② 인화점이 높을 것
③ 응고점이 낮을 것
④ 화학적으로 안정될 것

37 전류측정 시 안전 및 유의사항으로 거리가 먼 것은?
① 측정 전 날씨의 조건(습도)을 확인한다.
② 직류전류계를 사용할 때 전원의 극성을 틀리지 않도록 접속한다.
③ 회로연결 시 그 접속에 따른 접촉저항이 작도록 해야 한다.
④ 전류계의 내부저항이 작을수록 회로에 주는 영향이 작고 그 측정오차도 작다.

38 10Ω의 저항에 5A의 전류를 3분 동안 흘렸을 때 발열량은 몇 cal인가?
① 1,080   ② 2,160
③ 5,400   ④ 10,800

39 사인파 교류전류에서 실효값은 최대값의 몇 배가 되는가?
① 0.27   ② 0.5
③ 0.707   ④ 1.11

40 다음 중 단자가 3개가 아닌 것은?
① 사이리스터   ② 트라이액
③ 다이오드   ④ MOSFET

41 전류가 하는 일이 아닌 것은?
① 발열작용   ② 자기작용
③ 화학작용   ④ 증폭작용

42 다음 중 3상 유도전동기는?
① 권선형   ② 콘덴서기동형
③ 분상기동형   ④ 셰이딩코일형

43 10Ω과 20Ω의 저항이 직렬로 연결된 회로에 60V의 전압을 가했을 때 10Ω의 저항에 걸리는 전압(V)을 구하면 얼마인가?
① 6   ② 10
③ 20   ④ 30

44 대칭 3상 교류에서 각 상의 위상차는?
① 60°   ② 90°
③ 120°   ④ 150°

45 전원이 V결선된 경우 부하에 전달되는 전력은 Δ결선인 경우의 몇 %인가?
① 57.7   ② 86.6
③ 100   ④ 147

46 교류전압의 크기와 위상을 측정할 때 사용되는 계기는?
① 교류전압계   ② 전자전압계
③ 교류전위차계 ④ 회로시험기

47 다음과 같은 입체도의 화살표방향 투상도로 가장 적합한 것은?

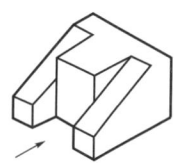

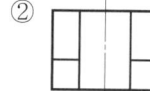

48 다음 정면도와 평면도에 가장 적합한 좌측면도는?

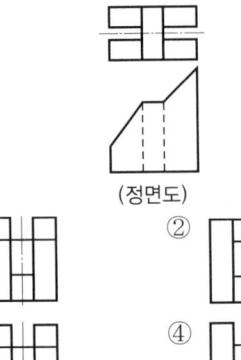

49 다음 3각법 정투상도의 3면도를 기초로 한 입체도로 가장 적합한 것은?

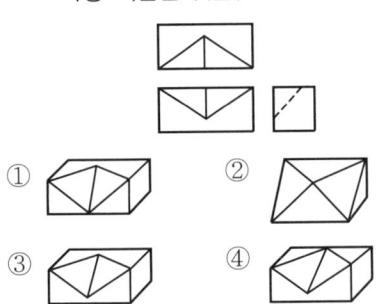

50 다음 중 지그재그선을 사용하는 경우는?
① 도면 내 그 부분의 단면을 90° 회전하여 나타내는 선
② 제품의 일부를 파단한 곳을 표시하는 선
③ 인접을 참고로 표시하는 선
④ 반복을 표시하는 선

51 다음과 같은 정면도와 평면도의 우측면도로 가장 적합한 투상도는?

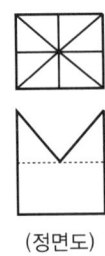

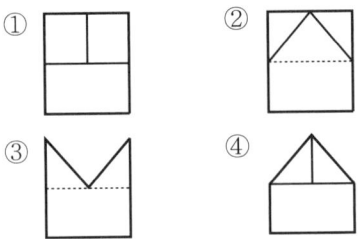

52 치수기입 중 정정치수기입방법으로 가장 적합한 것은?
① 5θ
② 50
③ (50)
④ 50

53 다음과 같은 입체도의 화살표방향을 정면도로 선택한다면 좌측면도로 가장 적합한 것은?

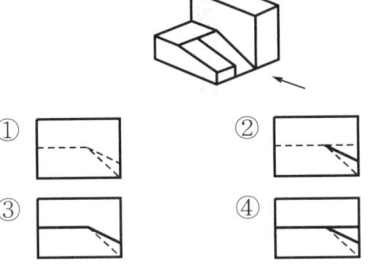

54 용접부의 비파괴시험방법기호를 나타낸 것 중 틀린 것은?
① 방사선투과시험 : XT
② 초음파탐상시험 : UT
③ 자기분말탐상시험 : MT
④ 침투탐상시험 : PT

55 다음 중 도면에 사용되는 가는 일점쇄선의 용도가 아닌 것은?
① 중심선
② 기준선
③ 피치선
④ 해칭선

56 다음과 같이 입체도를 3각법으로 투상한 것으로 가장 적합한 것은?

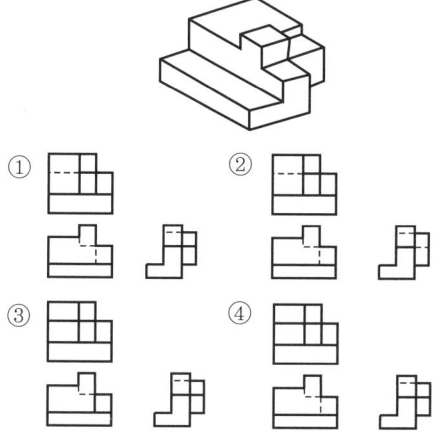

57 다음과 같은 용접기호의 설명으로 옳은 것은?

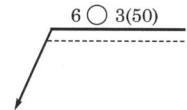

① 심용접으로 슬롯부의 폭이 6mm
② 점용접으로 용접수가 3개
③ 심용접으로 용접수가 6개
④ 점용접으로 용접길이가 50mm

58 다음과 같은 입체도의 화살표방향이 정면일 때 좌측면도로 적합한 것은?

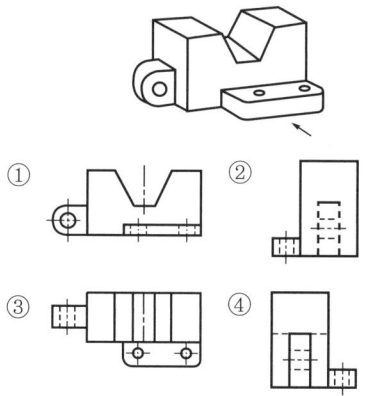

59 다음과 같은 물체의 한쪽 단면도로 가장 적합한 것은?

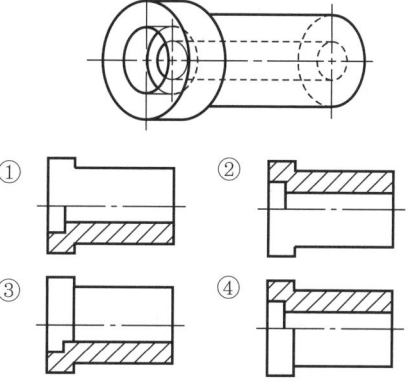

60 다음과 같은 입체도의 화살표방향이 정면이고 좌우대칭일 때 우측면도로 가장 적합한 것은?

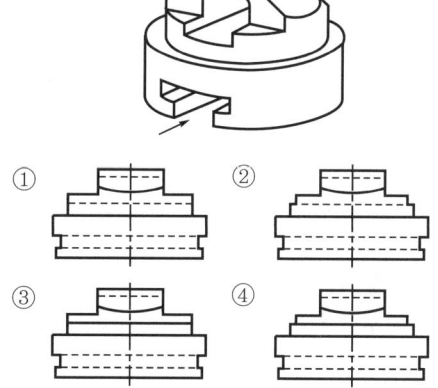

제2회 정답 및 해설

01 정답 ②
해설 풋형은 바닥면에 고정하고, 플랜지형은 전면이나 후면에 고정하며, 트러니언형은 실린더의 몸체 중간에 고정하여 몸체가 요동운동을 한다.

02 정답 ④
해설 압축공기는 무색·무취로서 유량계와는 관계없다.

03 정답 ③
해설 블리드 오프 회로는 실린더에서 배출되는 유량의 일부를 유량제어밸브를 통하여 탱크로 귀환시키는 방법이다. 이 회로의 효율은 미터 인 회로나 미터 아웃 회로보다 좋은 장점이 있으나 부하변동이 심한 경우에는 실린더의 속도가 불안하므로 많이 이용되지는 않는다.

04 정답 ①
해설 단동실린더로서 A포트에만 압력이 생성된다.

05 정답 ④
해설 급속배기밸브로서, 주로 공압에서 장비의 고장이나 트러블이 발생할 때 일시적으로 압력상태를 제거할 경우에 사용한다.

06 정답 ③
해설 공기압축기는 보통 $10\,kgf/cm^2$의 압력을 발생하며, 사용압력은 $5\sim6\,kgf/cm^2$로 사용한다.

07 정답 ①
해설 솔레노이드밸브의 전환빈도는 지연시간이 길어지면 코일에 손상을 주므로 매초 1회 정도가 알맞다.

08 정답 ③
해설 소음기는 공기압에서 필요하며, 복귀되는 공기압을 외기로 배출 시 소음을 감소하는 역할을 한다.

09 정답 ①
해설 어큐뮬레이터는 압력유지, 완충작용, 보조동력원으로 사용하기 위한 장치이다.

10 정답 ④
해설 공압식은 에너지를 축적하는 역할을 하며 시스템의 조건을 운전자에 의해서 설정할 수가 있다.

11 정답 ②
해설 윤활기는 공기압에서 벤투리의 원리에 의해서 윤활유를 분사하는 역할을 하며 각종 액추에이터가 운동할 때 윤활작용을 한다.

12 정답 ②
해설 증압기는 공압으로 압력을 증폭하여 에너지를 발생하는 장치이다.

13 정답 ①
해설 화살표가 밖으로 향하고 삼각형이 흑색이면 유압펌프를 나타낸다.

14 정답 ①
해설 릴리프밸브로, 설정압 이상은 탱크로 흘려보내 항상 설정압을 유지하도록 한다.

15 정답 ①
해설 베르누이의 정리는 압력, 속도, 위치에 따라 펌프의 수두를 계산할 때 적용한다.

16 정답 ②
해설 공기압을 생성하는 기계는 공기압축기이다.

17 정답 ③
해설 파스칼의 원리 이용
$$\frac{F_1}{A_1}=\frac{F_2}{A_2}$$
$$\therefore F_1=\frac{A_1}{A_2}F_2=\frac{\frac{3.14\times 4^2}{4}}{\frac{3.14\times 10^2}{4}}\times 16=100\,kg$$

18 정답 ③
해설 AND회로로 입력신호가 A, B 모두 1일 때만 출력이 발생한다.

19 정답 ②
해설 주요 밸브에는 압력·유량·방향제어밸브가 있다.

20 정답 ③
해설 'EXH'는 Exhaust의 약어로서, 공압에서는 대기로 방출하는 의미이다.

21 정답 ③
해설 체적효율은 피스톤펌프가 가장 높다.

22 정답 ②
해설 유압펌프의 동력은 압력×유량으로 계산할 수 있으며, $L = \dfrac{PQ}{450}[\text{PS}] = \dfrac{PQ}{612}[\text{kW}]$로 표시한다.

23 정답 ③
해설 NOT회로로 출력에 대해 반대신호가 발생한다.

24 정답 ③
해설 로킹회로로 전원이 차단되면 실린더 A, B 포트가 차단되는 상태이다.

25 정답 ④
해설 유압모터는 기어형, 베인형, 피스톤형이 있다.

26 정답 ①
해설 고압작동에는 피스톤형 모터가 사용된다.

27 정답 ④
해설 유압펌프는 유압을 생성하는 장치이다.

28 정답 ②
해설 양정을 수두(head)라고 한다.
$H = \dfrac{P}{\gamma} \left[\dfrac{\text{kg}/\text{m}^3}{\text{kg}/\text{m}^2} = \text{m} \right]$

29 정답 ④
해설 완전한 진공을 '0'으로 표시한 압력은 절대압력이다.

30 정답 ③
해설 직선왕복운동은 유압실린더이며 A, B포트에 압력이 번갈아 입력됨에 따라 왕복운동이 된다.

31 정답 ③
해설 직류전원을 측정 시 유의할 사항은 전원의 극성을 틀리지 않도록 접속하는 것이다.

32 정답 ①
해설 SCR은 단일방향 3단자 소자로, 게이트로 턴 온(turn on)하고 위상제어 및 정류작용을 하여 직류를 출력한다.

33 정답 ③
해설 동기전동기는 동기속도로 운전하는 교류전동기로, 회전속도가 전원주파수에 비례하고 슬립이 없다. 주파수가 일정하면 회전속도가 일정하므로 전압조정 및 역률 개선용으로 사용된다.

34 정답 ④
해설 $R = 50 \times 100 = 5,000\,\Omega$

35 정답 ③
해설 직류전동기 중 직권전동기는 토크의 변화에 비하여 출력의 변화가 적다. 따라서 무부하 운전이나 벨트운전을 절대로 해서는 안 된다.

36 정답 ①
해설 **절연유의 구비조건**
  ㉠ 절연내력이 클 것
  ㉡ 점도가 낮고 냉각효과가 클 것
  ㉢ 인화점이 높고 응고점이 낮을 것
  ㉣ 고온에서도 산화하지 않을 것
  ㉤ 절연재료와 화학작용을 일으키지 않을 것

37 정답 ①
해설 전류측정 시 측정 전 날씨조건은 관계가 적다.

38 정답 ④
해설
$$H = 0.24I^2Rt$$
$$= 0.24 \times 5^2 \times 10 \times 3 \times 60 = 10{,}800 \text{cal}$$

39 정답 ③
해설 $I = \dfrac{1}{\sqrt{2}} I_m = 0.707 I_m [A]$

40 정답 ③
해설 다이오드는 2단자 소자이다.

41 정답 ④
해설 전류가 하는 일은 발열작용, 화학작용, 자기작용 등이 있다.

42 정답 ①
해설 콘덴서기동형, 셰이딩코일형, 분상기동형은 단상 유도전동기이고, 권선형은 3상 유도전동기이다.

43 정답 ③
해설
$$I = \dfrac{V}{R} = \dfrac{60}{10+20} = 2\text{A}$$
$$\therefore V_{10} = IR = 2 \times 10 = 20\text{V}$$

44 정답 ③
해설 대칭 3상 교류는 크기는 같고 서로 $\dfrac{2\pi}{3}$[rad] 만큼의 위상차를 가지는 3상 교류이다.

45 정답 ①
해설
$$\dfrac{P_V}{P_\Delta} = \dfrac{\sqrt{3}\,VI}{3\,VI} \times 100\% = \dfrac{1}{\sqrt{3}} \times 100\%$$
$$= 0.577 \times 100\% = 57.7\%$$

46 정답 ③
해설 전압의 정밀측정에 사용하는 것으로 전류용과 교류용이 있는데, 후자는 교류의 실효값과 위상각을 잴 수 있다. 다시 말하면 전원의 기전력 또는 2점 간의 전위차를 측정함에 있어서 표준전지 등의 이미 알고 있는 전압과 비교하여 측정하는 것을 전위차계라고 한다.

47 정답 ②
해설 정면도로서 좌우가 2개의 사각형으로 분리되어 있다.

48 정답 ③
해설 좌측면도이므로 모두 외형선으로 표시되어야 한다.

49 정답 ③
해설 정면도와 평면도에서 모서리가 골이 형성된 상태이며 측면도에서는 보이지 않은 상태이다.

50 정답 ②
해설 지그재그선은 굵은 실선으로 나타내며 부품의 일부를 파단한 곳을 표시한다.

51 정답 ③
해설 가운데를 중심으로 정면도와 측면도가 골이 형성된 상태이다.

52 정답 ①
해설 정정치수는 도면을 완성 후 제작상에 도면을 수정할 때 치수에 가운데 선을 긋고 수정한다.

53 정답 ③
해설 좌측면도이므로 가운데가 파선으로 나타나야 한다.

54 정답 ①
해설 방사선투과시험의 약자는 RT(Radiographic Testing)이다.

55 정답 ④
해설 해칭선은 가는 실선으로 표시해야 한다.

56 정답 ①
해설 입체도에서 넓은 면이 정면도이고, 위에서 본 형상은 평면도, 우측에서 본 형상은 우측면도이다.

57 정답 ②
해설 점용접을 나타내고 용접부의 치수가 6mm, 용접수가 3개, 용접간격이 50mm이다.

58 정답 ④
해설 좌측면도는 왼쪽에서 본 형상으로 도출 부분이 실선으로 나타난다.

59 정답 ④
해설 반단면도로 나타내면 중심선 위에는 내부를, 아래는 외부를 나타낸다.

60 정답 ②
해설 우측면도와 좌측면도는 동일하며 아랫부분은 파선이 2개, 윗부분도 파선이 2개이나 길이차가 있다.

제3회 CBT 대비 실전 모의고사

정답 및 해설 : p. 190

01 봉합능력이 좋으며 마찰력이 작은 공압실린더는?
① 단동실린더(피스톤식)
② 램형 실린더
③ 다이어프램실린더(비피스톤식)
④ 복동실린더(피스톤식)

02 속도제어회로의 종류가 아닌 것은?
① 미터 인 회로
② 미터 아웃 회로
③ 블리드 오프 회로
④ 블리드 온 회로

03 구조상 마모에 대해 효율 저하가 가장 적은 펌프는 어떤 것인가?
① 회전피스톤펌프   ② 스크루펌프
③ 베인펌프   ④ 기어펌프

04 방향제어밸브에서 조작방식에 따라 분류한 것이 아닌 것은?
① 인력식   ② 전기식
③ 기계식   ④ 포트식

05 다음 중 유압구동기구의 제어밸브가 아닌 것은?
① 회로지시밸브   ② 방향제어밸브
③ 압력제어밸브   ④ 유량제어밸브

06 유압장치에서 오일실을 선택할 때 고려할 사항으로 틀린 것은?
① 압력에 대한 저항력이 클 것
② 오일에 의해 손상되지 않을 것
③ 작동열에 대한 내열성이 클 것
④ 내마멸성이 작을 것

07 압력조절밸브에 대한 설명으로 맞는 것은?
① 밸브시트에 릴리프구멍이 있는 것이 논 브리드식이다.
② 감압을 목적으로 사용한다.
③ 생산된 압력을 증압하여 공급한다.
④ 압력릴리프밸브라고도 한다.

08 공유압변환기의 사용상 주의점이 아닌 것은?
① 액추에이터 및 배관 내의 공기를 충분히 뺀다.
② 공유압변환기는 수평방향으로 설치한다.
③ 열원의 가까이에서 사용하지 않는다.
④ 공유압변환기는 반드시 액추에이터보다 높은 위치에 설치한다.

09 다음 중 같은 크기의 실린더직경으로 보다 큰 힘을 낼 수 있는 실린더는?
① 다위치제어실린더
② 케이블실린더
③ 로드리스실린더
④ 탠덤실린더

10 유압실린더를 사용하여 일을 할 때 실린더에 작용하는 부하의 변동은 실린더의 속도가 일정하지 않은 원인이 된다. 이와 같이 부하의 변동에도 항상 일정한 속도를 얻고자 할 때 사용하는 밸브는 다음 중 어느 것인가?
① 카운터밸런스밸브
② 브레이크밸브
③ 압력보상형 유량제어밸브
④ 유체퓨즈

11 압력제어밸브가 아닌 것은?
① 무부하밸브   ② 카운터밸런스밸브
③ 체크밸브   ④ 릴리프밸브

12 다음은 어큐뮬레이터를 설치할 때 주의사항을 열거한 것이다. 틀린 것은?
① 어큐뮬레이터와 펌프 사이에는 역류 방지밸브를 설치한다.
② 어큐뮬레이터의 기름을 모두 배출시킬 수 있는 셧-오프밸브를 설치한다.
③ 펌프맥동 방지용은 펌프의 토출측에 설치한다.
④ 어큐뮬레이터는 수평으로 설치한다.

13 유압실린더의 중간 정지회로에 파일럿작동형 체크밸브를 사용하는 이유로 적당한 것은?
① 실린더 내부의 누설 방지
② 실린더 내 압력 평형의 유지
③ 밸브 내부의 누설 방지
④ 무부하상태의 유지

14 흡착식 공기건조기에서 사용되는 고체흡착제는?
① 암모니아   ② 실리카겔
③ 프레온가스   ④ 진한 황산

15 실린더행정 중 임의의 위치에 실린더를 고정하고자 할 때 사용하는 회로는?
① 로킹회로   ② 무부하회로
③ 동조회로   ④ 릴리프회로

16 기어펌프의 소음원인이 아닌 것은?
① 기어정밀도 불량
② 압력의 급하강으로 인한 충격
③ 밀폐현상
④ 공기흡입

17 유압장치에 사용되는 관(pipe)이음의 종류에 속하지 않는 것은?
① 나사이음(screw joint)
② 플랜지형 이음(flange joint)
③ 플레어형 이음(flare joint)
④ 개스킷이음(gasket joint)

18 입력신호 A, B에 대한 출력 C가 갖는 회로의 이름은?

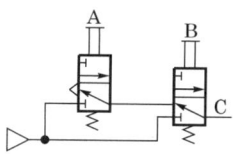

① AND회로   ② OR회로
③ NOT회로   ④ NOR회로

19 압축공기가 건조제를 통과할 때 물이나 증기가 건조제에 닿으면 화합물이 형성되어 건조제와 물의 혼합물로 용해되어 건조되는 것은?
① 흡착식 에어드라이어
② 흡수식 에어드라이어
③ 냉동식 에어드라이어
④ 혼합식 에어드라이어

20 다음의 공기압회로도면기호의 명칭은?

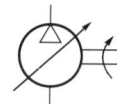

① 정용량형 공기압모터
② 정용량형 공기압축기
③ 가변용량형 공기압모터
④ 가변용량형 공기압축기

21 다음 기호 중 오리피스를 나타내는 기호는 무엇인가?

① ——   ②
③ 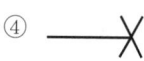   ④ ——✕——

22 다음과 같은 기호의 명칭은?

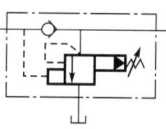

① 브레이크밸브
② 카운터밸런스밸브
③ 무부하릴리프밸브
④ 시퀀스밸브

23 다음의 공압회로도는 복동실린더의 자동복귀회로이다. 1.2스위치가 계속 작동되어 있을 경우 복동실린더의 작동상태를 올바르게 설명하고 있는 것은?

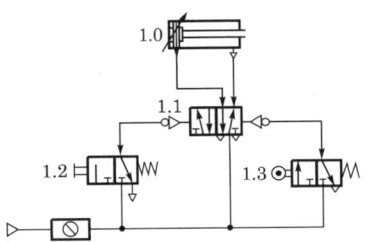

① 전진위치에 있는 1.3 공압리밋스위치가 작동되면 복동실린더는 후진하여 정지한다.
② 전진위치에 있는 1.3 공압리밋스위치가 작동되면 복동실린더는 후진한 후 동일한 작동을 반복한다.
③ 전진위치에 있는 1.3 공압리밋스위치가 작동된 후 복동실린더는 정지한다.
④ 전진위치에 있는 1.3 공압리밋스위치가 작동된 후 일정시간 경과 후 후진한다.

24 다음 그림의 기호가 나타내는 것은?

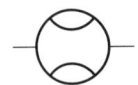

① 압력계 ② 차압계
③ 유압계 ④ 유량계

25 유압펌프 중에서 가변체적형의 제작이 용이한 펌프는?
① 내접형 기어펌프
② 외접형 기어펌프
③ 평형형 베인펌프
④ 축방향 회전피스톤펌프

26 유압유의 점성이 지나치게 큰 경우 나타나는 현상이 아닌 것은?
① 유동의 저항이 지나치게 많아진다.
② 마찰에 의한 열이 발생한다.
③ 부품 사이의 누출손실이 커진다.
④ 마찰손실에 의한 펌프의 동력이 많이 소비된다.

27 작동유의 열화를 촉진하는 원인이 될 수 없는 것은?
① 유온이 너무 높음
② 기포의 혼입
③ 플러싱 불량에 의한 열화된 기름의 잔존
④ 점도가 부적당

28 다음 그림에서 공압로직밸브와 진리값이 일치하는 로직명칭은?

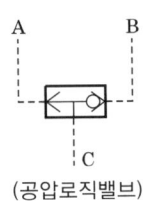

입력신호		출력신호
A	B	C
0	0	0
0	1	1
1	0	1
1	1	1

A+B=C

(공압로직밸브)

① AND ② OR
③ NOT ④ NOR

29 유압장치에서 방향제어밸브의 일종으로서, 출구가 고압측 입구에 자동적으로 접속되는 동시에 저압측 입구를 닫는 작용을 하는 밸브는?
① 셀렉터밸브 ② 셔틀밸브
③ 바이패스밸브 ④ 체크밸브

30 다음 밸브기호는 어떤 밸브의 기호인가?

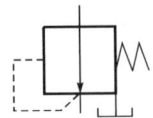

① 무부하밸브 ② 감압밸브
③ 시퀀스밸브 ④ 릴리프밸브

31 정전용량 88.4μF의 콘덴서가 연결된 교류 60Hz의 주파수에 대한 용량리액턴스(Ω)는?
① 29 ② 30
③ 31 ④ 32

32 NOT회로의 기호는?

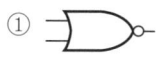
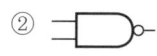
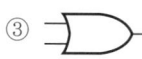
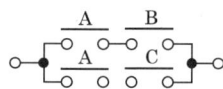

33 다음 논리시퀀스의 논리식은?

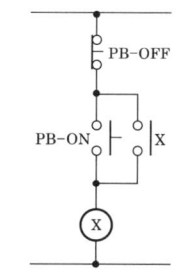

① AA+BC ② AB+BC
③ AB+AC ④ B+CA

34 다음 그림은 어떤 회로인가?

① 정지우선회로 ② 기동우선회로
③ 신호검출회로 ④ 인터록회로

35 직류전류측정에 가장 적당한 계기는?

① 전류력계형 계기 ② 가동철편형 계기
③ 가동코일형 계기 ④ 유도형 계기

36 자기회로의 옴의 법칙에 대한 설명 중 맞는 것은?

① 자기회로의 기자력은 자속에 반비례한다.
② 자기회로를 통하는 자속은 자기저항에 비례하고 기자력에 반비례한다.
③ 자기회로의 기자력은 자기저항에 반비례한다.
④ 자기회로를 통하는 자속은 기자력에 비례하고 자기저항에 반비례한다.

37 변압기 및 전기기기의 철심으로 얇은 철판을 겹쳐서 사용하는 이유는 무엇을 줄이기 위함인가?

① 자기흡인력 ② 유도기전력
③ 맴돌이전류손 ④ 상호인덕턴스

38 콜라우슈브리지에 의하여 측정할 수 있는 것은?

① 직류전압 ② 접지저항
③ 교류전압 ④ 절연저항

39 저항 $R[\Omega]$과 인덕턴스 $L[H]$의 교류직렬접속 회로의 임피던스는? (단, $\omega=2\pi f$)

① $\sqrt{R^2+(\omega L)^2}\,[\Omega]$ ② $\sqrt{R^2-(\omega L)^2}\,[\Omega]$
③ $\sqrt{\dfrac{R^2}{(\omega L)^2}}\,[\Omega]$ ④ $\sqrt{\dfrac{(\omega L)^2}{R^2}}\,[\Omega]$

40 주파수 60kHz, 인덕턴스 $20\mu H$인 회로에 교류전류 $I=I_m\sin\omega t[A]$를 인가했을 때 유도리액턴스 $X_L[\Omega]$은?

① 1.2π ② $2.4\pi\times10^{-3}$
③ 36π ④ $1.2\times10^3\pi$

41 다음 불대수 $Y=AC+\overline{A}C+\overline{B}C$를 간소화하면?

① C ② AB
③ AC ④ B

42 전류의 유무나 전류의 세기를 측정하는 데 쓰는 실험용 계기로, 보통 1mA 이하의 미소전류를 측정할 때 쓰는 계기는?

① 전위차계 ② 분류기
③ 배율기 ④ 검류계

43 다음 중 동기기의 전기자 반작용에 해당되지 않는 것은?

① 교차자화작용 ② 감자작용
③ 증자작용 ④ 회절작용

44 내연기관의 피스톤저널은 다음 중 어디에 속하는가?

① 레이디얼 엔드 저널
② 스러스트 엔드 저널
③ 레이디얼 중간 저널
④ 스러스트 중간 저널

45 다음 그림은 시퀀스제어계의 일반적인 동작과정을 나타낸 것이다. A, B, C, D에 맞는 용어를 순서대로 나열한 것은?

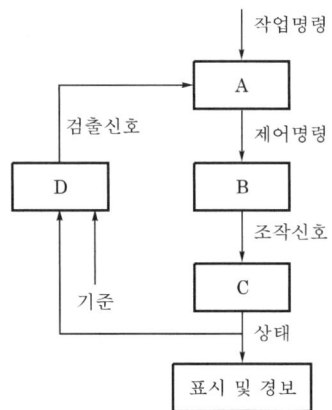

① A : 명령처리부, B : 제어대상, C : 조작부, D : 검출부
② A : 제어대상, B : 검출부, C : 명령처리부, D : 조작부
③ A : 검출부, B : 명령처리부, C : 조작부, D : 제어대상
④ A : 명령처리부, B : 조작부, C : 제어대상, D : 검출부

46 금속 및 전해질용액과 같이 전기가 잘 흐르는 물질을 무엇이라 하는가?
① 도체   ② 반도체
③ 절연체   ④ 저항

47 다음 배관도시기호에 계기 표시기호로 유량계일 때 사용하는 글자기호는?

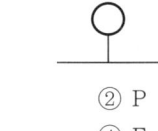

① A   ② P
③ T   ④ F

48 막대의 양 끝에 나사를 깎은 머리 없는 볼트로서, 볼트를 끼우기 어려운 곳에 미리 볼트를 심어놓고 너트를 조일 수 있도록 한 볼트는?
① 기초볼트   ② 스테이볼트
③ 스터드볼트 ④ 충격볼트

49 나사의 용도로서 운동용 나사에 속하지 않는 것은?
① 톱니나사   ② 관용나사
③ 사각나사   ④ 사다리꼴나사

50 배관도에서 파이프 내에 흐르는 유체가 수증기일 때의 기호는?
① A   ② G
③ O   ④ S

51 기계 설계 시 연강재를 사용할 때 안전율을 가장 크게 선정해야 할 하중은?
① 정하중   ② 반복하중
③ 교번하중   ④ 충격하중

52 배관의 간략도시방법으로 사용하는 밸브의 도시 기호이다. 다음 중 어느 것을 표시한 것인가?

① 앵글밸브   ② 체크밸브
③ 볼밸브   ④ 글로브밸브

53 코일의 평균지름을 D[mm], 소선의 지름을 d[mm]라 할 때 스프링지수 C를 구하는 식으로 옳은 것은?
① $C = dD$ ② $C = \dfrac{d}{D}$
③ $C = \dfrac{2d}{D}$ ④ $C = \dfrac{D}{d}$

54 다음 중 방향이 변화하지 않고 일정한 방향에 반복적으로 연속하여 작용하는 하중은?
① 집중하중   ② 분포하중
③ 교번하중   ④ 반복하중

55 다음 배관도시기호에서 밸브가 닫힌 상태를 도시한 것은?

① 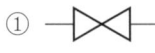   ②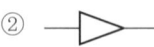
③    ④

56 다음 중 전동용 기계요소가 아닌 것은?
① 벨트 ② 로프
③ 코터 ④ 링크

57 재료에 하중이 가해져 어느 한도 이상이 되었을 때 재료에 영구변형이 생기는 현상은?
① 탄성 ② 인성
③ 소성 ④ 연성

58 3각법으로 정투상한 다음과 같은 정면도와 평면도에 가장 적합한 우측면도는?

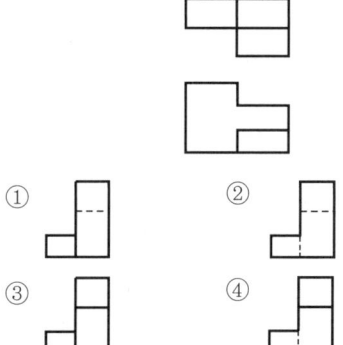

59 파이프와 같이 두께가 얇은 곳의 결합에 이용되며 누수를 방지하고 기밀을 유지하는데 가장 적합한 나사는?
① 미터나사 ② 톱니나사
③ 유니파이나사 ④ 관용나사

60 물체에 외력(하중)이 가해졌을 때 단위면적당 작용하는 힘을 무엇이라 정의하는가?
① 변형률 ② 응력
③ 탄성계수 ④ 탄성에너지

제3회 정답 및 해설

01 정답 ③
해설 다이어프램실린더는 비피스톤식으로 마찰력이 작다.

02 정답 ④
해설 블리드 온 회로는 실린더에서 배출되는 유량의 일부를 유량제어밸브를 통하여 탱크로 귀환시키지 않는 방법이다.

03 정답 ③
해설 베인펌프는 베인의 마모량을 스프링이 탄력을 주어 보정한다.

04 정답 ④
해설 포트식은 조작방식에 존재하지 않고 기계식에 존재한다.

05 정답 ①
해설 제어밸브의 종류에는 유량·압력·방향이 있다.

06 정답 ④
해설 오일실은 내마멸성이 커야 한다.

07 정답 ②
해설 압력조절밸브는 감압을 목적으로 한다.

08 정답 ②
해설 공유압변환기는 수직방향으로 설치한다.

09 정답 ④
해설 탠덤실린더는 A, B포트가 각 2개씩 존재하여 보다 큰 힘을 낼 수 있다.

10 정답 ③
해설 압력보상형 유량제어밸브는 부하의 변동 없이 일정한 속도를 유지한다.

11 정답 ③
해설 체크밸브는 방향을 제어하는 밸브로, 오직 한 방향으로만 흐르게 한다.

12 정답 ④
해설 어큐뮬레이터는 수직으로 설치하여 안전을 유지한다.

13 정답 ③
해설 밸브 내부의 누설 방지를 위해 파일럿작동형 체크밸브를 사용한다.

14 정답 ②
해설 고체흡착제는 실리카겔이다.

15 정답 ①
해설 실린더를 임의의 위치에 고정할 때는 로킹회로를 사용한다.

16 정답 ②
해설 압력의 급하강으로 인한 충격으로 소음이 발생하지는 않는다.

17 정답 ④
해설 유압장치의 관이음에는 나사·플랜지·플레어형 이음이 있다.

18 정답 ②
해설 솔레노이드 A, B 중 하나만 작동하면 C가 출력되므로 OR회로이다.

19 정답 ②
해설 물이나 증기가 건조제에 닿으면 화합물이 형성되어 건조되는 것은 흡수식 에어드라이어이다.

20 정답 ④
해설 공기압축기로서, 화살표가 사선으로 있는 것은 가변형을 의미한다.

21 정답 ③
해설 ② 초크 : 단면치수에 비하여 비교적 길이가 긴 조리개 저항
③ 오리피스 : 단면치수에 비하여 비교적 길이가 짧은 조리개 저항

22 정답 ③
해설 무부하릴리프밸브이다.

23 정답 ③
해설 실린더가 전진한 후 1.3 리밋스위치가 작동되면 정지한다.

24 정답 ④
해설 유량계를 나타내며 관의 유량상태를 알 수 있다.

25 정답 ④
해설 가변체적형 펌프는 축방향 회전피스톤펌프이다.

26 정답 ③
해설 유압유에 점성이 커지면 누출손실이 작아진다.

27 정답 ④
해설 작동유의 열화는 점도의 부적당과 관계가 없다.

28 정답 ②
해설 OR회로로 입력 A, B 중 하나만 신호가 들어오면 작동된다.

29 정답 ②
해설 셔틀밸브는 OR회로로 구현되어 고압우선회로이다.

30 정답 ④
해설 릴리프밸브로 오직 설정압으로만 유지한다.

31 정답 ②
해설 $X_L = \dfrac{1}{2\pi f C}$

$= \dfrac{1}{2 \times \pi \times 60 \times 88.4 \times 10^{-6}} = 30\,\Omega$

32 정답 ④
해설 ① NOR회로, ② NAND회로, ③ OR회로

33 정답 ③
해설 AB는 직렬, AC는 직렬로 접속되었고, 다시 2개가 병렬접속이므로 논리식은 AB+AC이다.

34 정답 ①
해설 기동과 정지용 푸시버튼스위치 PB−ON, PB−OFF를 동시에 누를 때 출력 X가 여자되지 않는 정지우선회로이다.

35 정답 ③
해설 가동코일형 계기는 직류 전용 계기이고, 열선형 계기는 교류 전용 계기이다.

36 정답 ④
해설 자속은 기자력(F)에 비례하고 자기저항(R_m)에 반비례한다.
$\phi = \dfrac{F}{R_m}\,[\text{Wb}]$

37 정답 ③
해설 고유저항이 큰 규소강판을 사용하는 이유는 맴돌이전류와 히스테리시스손을 감소시킴으로써 철손을 작게 하기 때문이다.

38 정답 ②
해설 접지저항측정방법에는 콜라우슈브리지법과 접지저항계가 있다.

39 정답 ①
해설 $Z = R + j\omega L$
∴ $Z = \sqrt{R^2 + (\omega L)^2}\,[\Omega]$

40 정답 ②
해설 $X_L = \omega L = 2\pi f L$
$= 2\pi \times 60 \times 20 \times 10^{-6}$
$= 2.4\pi \times 10^{-3}\,\Omega$

41 정답 ①
해설 $Y = AC + \overline{A}C + \overline{B}C = C(A + \overline{A} + \overline{B})$
$= C(1 + \overline{B}) = C$

42 정답 ④
해설 ㉠ 분류기 : 전류계의 측정범위를 넓히기 위한 것
㉡ 배율기 : 전압계의 측정범위를 넓히기 위한 것

43 정답 ④
해설 동기기의 전기자 반작용은 횡축 반작용(교차자화작용)과 직축 반작용(감자작용, 증자작용)으로 분류된다.

44 정답 ③
해설 내연기관의 피스톤은 축에 직각으로 하중을 받으므로 레이디얼 중간 저널이다.

45 정답 ④
해설 명령처리부는 검출부의 신호값에 따라 신호를 출력하여 조작부에 보내지고 제어대상(액추에이터)을 제어한다.

46 정답 ①
해설 도체란 전하가 이동하기 쉬운 물질, 즉 전류가 흐르기 쉬운 물질(금속, 염류, 전해질용액)이다.

47 정답 ④
해설 유량은 Flow의 약어 'F'로 표기한다.

48 정답 ③
해설 스터드볼트는 볼트를 끼우기 어려운 위치에 체결할 때 사용한다.

49 정답 ②
해설 관용나사는 배관과 같이 기밀을 유지하기 위한 반영구적 상태로 결합된다.

50 정답 ④
해설 유체가 수증기일 때는 스팀(steam)이므로 S로 표기한다.

51 정답 ④
해설 충격하중은 예측하지 않은 상태에서 가해지는 하중이다.

52 정답 ①
해설 앵글밸브는 기밀유지가 좋고 분진에 대해서 저항력이 우수하다.

53 정답 ④
해설 스프링지수 $C = \dfrac{D}{d}$

54 정답 ④
해설 반복하중으로 압축과 인장이 반복적으로 발생한다.

55 정답 ④
해설 밸브가 닫힌 상태는 흑색으로 삼각형이 마주 보게 표시한다.

56 정답 ③
해설 코터는 부품을 체결하는 핀이다.

57 정답 ③
해설 재료에 하중이 가해져 영구변형이 발생하는 것은 소성영역에서 발생한다.

58 정답 ④
해설 측면도에서 정면도 부분만 파선이며, 평면도 부분은 파선이 없다.

59 정답 ④
해설 관용나사는 가는 나사로서, 테이퍼가 있어 조일수록 기밀유지가 좋다.

60 정답 ②
해설 외력이 가해질 때 단위면적당 작용하는 힘을 응력이라 한다.

제4회 CBT 대비 실전 모의고사

| 정답 및 해설 : p. 199 |

01 다음 도면의 기호가 나타내는 것은 무엇인가?

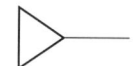

① 압력계　　② 유량계
③ 공압압력원　④ 유압압력원

02 공유압회로를 보고 알 수 없는 것은?
① 관로의 길이　　② 사용공유압기기
③ 유체흐름의 순서　④ 유체흐름의 방향

03 다음 그림과 같은 회로에서 속도제어밸브의 접속방식은?

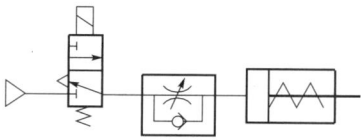

① 미터 인 방식　　② 미터 아웃 방식
③ 블리드 오프 방식　④ 파일럿 오프 방식

04 4포트 전자파일럿전환밸브의 상세기호를 간략기호로 나타낸 기호는?

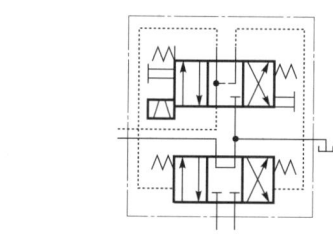

①

②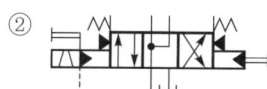

③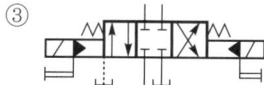

④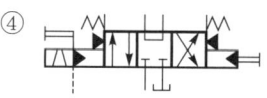

05 과도적으로 상승한 압력의 최대값을 무엇이라 하는가?
① 배압　② 서지압
③ 맥동　④ 전압

06 기체의 온도를 내리면 기체의 체적은 줄어든다. 체적이 0이 될 때 기체의 온도는 -273.15℃이다. 이 온도를 무엇이라고 하는가?
① 영하온도　② 섭씨온도
③ 상대온도　④ 절대온도

07 일반적으로 사용되는 압력계는 대부분 어떤 것을 택하는가?
① 게이지압력　② 절대압력
③ 평균압력　　④ 최고압력

08 다음 공압기호의 설명으로 옳은 것은?

① 공기압펌프 일반기호
② 양방향 요동공기압모터
③ 1방향 요동정용량형 모터
④ 2방향 요동가변용량형 모터

09 공압모터의 특징으로 맞는 것은?
① 압축공기 이외의 가스는 사용할 수 없다.
② 속도제어와 정·역회전의 변환이 복잡하다.
③ 시동 정지가 원활하며 출력/중량의 비가 작다.
④ 공기의 압축성으로 회전속도는 부하의 영향을 받는다.

10 다음과 같은 방향제어밸브의 명칭은?

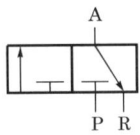

① 2포트 2위치 밸브
② 3포트 2위치 밸브
③ 4포트 2위치 밸브
④ 5포트 2위치 밸브

11 다음 중 방향제어밸브에 속하는 것은?
① 미터링밸브
② 언로딩밸브
③ 솔레노이드밸브
④ 카운터밸런스밸브

12 다음 그림의 기호가 나타내는 것은?

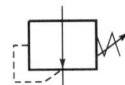

① 감압밸브(reducing valve)
② 시퀀스밸브(sequence valve)
③ 릴리프밸브(relief valve)
④ 무부하밸브(unloading valve)

13 공기압축기를 압축원리·구조로부터 분류할 때 터보형 압축기는?
① 피스톤식   ② 스크루식
③ 다이어프램식   ④ 원심식

14 다음 밸브기호의 표시방법이 맞지 않는 것은?

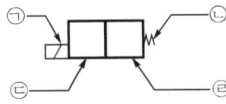

① ㉠은 솔레노이드
② ㉡은 스프링
③ ㉢은 솔레노이드를 여자시켰을 때의 상태를 나타내는 기호요소
④ ㉣은 스프링이 작동하고 있지 않은 상태를 나타내는 기호요소

15 공압장치인 서비스유닛의 구성품으로 맞는 것은?
① 윤활기, 필터, 압력조정기
② 윤활기, 실린더, 압축기
③ 압축기, 탱크, 필터
④ 압축기, 필터, 모터

16 다음 중 유압 액추에이터가 아닌 것은?
① 펌프   ② 실린더
③ 모터   ④ 요동형 모터

17 다음 기호의 명칭은?

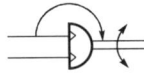

① 공기압모터   ② 유압전도장치
③ 요동형 액추에이터 ④ 가변형 펌프

18 유압작동유의 점도지수에 대한 설명으로 올바른 것은?
① 점도지수가 너무 크면 유압장치의 효율을 저하시킨다.
② 점도지수가 크면 온도변화에 대한 유압작동유의 점도변화가 크다.
③ 점도지수가 작은 경우 저온에서 작동할 때 예비운전시간이 짧아진다.
④ 점도지수가 작은 경우 정상운전 시에 누유량이 감소된다.

19 점성이 지나치게 크면 어떤 현상이 생기는가?
① 마찰열에 의한 열이 많이 발생한다.
② 부품 사이에서 윤활작용을 못한다.
③ 부품의 마모가 빠르다.
④ 각 부품 사이에서 누설손실이 크다.

20 "액체에 전해지는 압력은 모든 방향에 동일하며, 그 압력은 용기의 각 면에 직각으로 작용한다"는 것은?
① 보일의 법칙   ② 파스칼의 원리
③ 줄의 법칙   ④ 베르누이의 정리

21 다음은 공유압장치에 사용되는 부품의 기호이다. 해당되는 명칭은?

① 유압펌프　② 유압모터
③ 공압펌프　④ 공압모터

22 유압펌프에서 축토크를 $T_p[\text{kg} \cdot \text{cm}]$, 축동력을 L이라 할 경우 회전수 $n[\text{rev/sec}]$을 구하는 식은?

① $n = 2\pi T_p$　② $n = \dfrac{T_p}{2\pi L}$

③ $n = \dfrac{L}{2\pi T_p}$　④ $n = \dfrac{2\pi L}{T_p}$

23 다음에 설명되는 요소의 도면기호는 어느 것인가?

이 밸브는 공유압시스템에서 액추에이터의 속도를 조정하는 데 사용되며, 유량의 조정은 한쪽 흐름방향에서만 가능하고 반대방향의 흐름은 자유롭다.

① 　②

③ 　④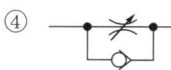

24 다음 그림의 기호가 나타내는 것은?

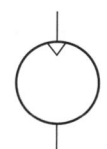

① 진공펌프　② 유압펌프
③ 공기압펌프　④ 공기압모터

25 공기탱크의 기능을 나열한 것 중 틀린 것은?
① 압축기로부터 배출된 공기압력의 맥동을 평준화한다.
② 다량의 공기가 소비되는 경우 급격한 압력강하를 방지한다.
③ 공기탱크는 저압에 사용되므로 법적규제를 받지 않는다.
④ 주위의 외기에 의해 냉각되어 응축수를 분리시킨다.

26 다음의 유압·공기압도면기호는 무엇을 나타낸 것인가?

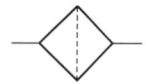

① 어큐뮬레이터　② 필터
③ 윤활기　④ 유량계

27 회로압이 설정압을 넘으면 막이 파열되어 압유를 탱크로 귀환시켜 압력 상승을 막아 기기를 보호하는 역할을 하는 것은?
① 방향제어밸브
② 유체퓨즈
③ 파일럿작동형 체크밸브
④ 감압밸브

28 다음에서 플립플롭기능을 만족하는 밸브는?

①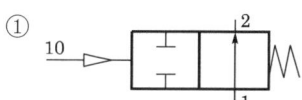

②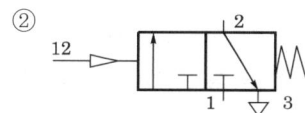

③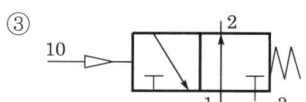

④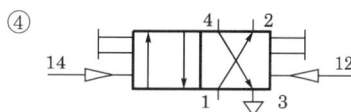

29 공압실린더의 쿠션조절의 의미는?
① 실린더의 속도를 빠르게 한다.
② 실린더의 힘을 조절한다.
③ 전체 운동속도를 조절한다.
④ 운동의 끝부분에서 완충한다.

30 다음 실린더 중 단동실린더가 될 수 없는 것은?
① 피스톤실린더
② 격판실린더
③ 램형 실린더
④ 양 로드형 실린더

31 전류계와 전압계를 회로에 동시에 연결할 때 접속방법이 맞는 것은?
① 전류계-병렬, 전압계-직렬
② 전류계-병렬, 전압계-병렬
③ 전류계-직렬, 전압계-직렬
④ 전류계-직렬, 전압계-병렬

32 다음 그림과 같은 직류브리지의 평형조건은?

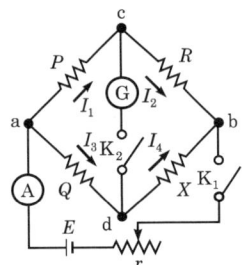

① $QX = PR$
② $PX = QR$
③ $RX = PQ$
④ $RX = 2PQ$

33 정전용량이 $1\mu F$인 콘덴서 2개를 직렬로 접속했을 때의 합성정전용량은 병렬로 접속할 때의 몇 배인가?
① $\frac{1}{4}$
② $\frac{1}{2}$
③ 2
④ 4

34 변압기 및 전기기기의 철심으로 얇은 철판을 겹쳐서 사용하는 이유는?
① 가공하기 쉽기 때문이다.
② 가격이 싸기 때문이다.
③ 맴돌이전류손에 의한 줄열 때문이다.
④ 철의 비중이 크기 때문이다.

35 검출스위치가 아닌 것은?
① 리밋스위치
② 광전스위치
③ 버튼스위치
④ 근접스위치

36 저항만의 회로에서 전압에 대한 전류의 위상은?
① 90° 앞선다.
② 60° 뒤진다.
③ 30° 앞선다.
④ 동상이다.

37 전동기의 전자력은 어떤 법칙으로 설명하는가?
① 플레밍의 오른손법칙
② 플레밍의 왼손법칙
③ 렌츠의 법칙
④ 비오-사바르의 법칙

38 동기전동기의 용도가 아닌 것은?
① 가정용 소형 선풍기
② 각종 압축기
③ 시멘트공장의 분쇄기
④ 제지공장의 쇄목기

39 다음 그림과 같은 회로의 명칭은?

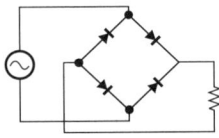

① 전파정류회로
② 반파정류회로
③ 제어정류회로
④ 정류기 필터회로

40 대칭 3상 교류의 Y결선에서 선간전압 V_L과 상전압 V_p의 관계는?
① $V_L = V_p$
② $V_L = \sqrt{2}\, V_p$
③ $V_L = 2V_p$
④ $V_L = \sqrt{3}\, V_p$

41 농형 유도전동기의 기동법으로 맞지 않는 것은?
① 2차 저항법 ② 전전압기동법
③ $Y-\Delta$기동법 ④ 기동보상기법

42 유접점 시퀀스제어회로의 특징으로 맞지 않는 것은?
① 수명은 반영구적이다.
② 진동·충격에 약하다.
③ 전기적 소음이 크다.
④ 주회로와 동일한 전원을 사용한다.

43 권수가 300회인 코일에서 2초 사이에 10Wb의 자속이 변화한다면 코일에 발생되는 유도기전력의 크기는 몇 V인가?
① 20 ② 1,500
③ 3,000 ④ 6,000

44 정격이 5A, 220V인 전기제품을 10시간 동안 사용했을 때 전력량(kWh)은?
① 1 ② 11
③ 21 ④ 31

45 100Ω의 부하가 연결된 회로에 10V의 직류전압을 가하고 전류를 측정하면 계기에 나타나는 값(A)은?
① 10 ② 1
③ 0.1 ④ 0.01

46 베어링의 설명 중 틀린 것은?
① 슬라이딩베어링은 미끄럼접촉이다.
② 레이디얼베어링은 축방향의 하중을 받는다.
③ 구름마찰이 미끄럼마찰보다 마찰계수가 적다.
④ 롤링베어링은 구름접촉이다.

47 평벨트풀리에서 벨트와 직접 접촉하여 동력을 전달하는 부분은?
① 보스 ② 암
③ 림 ④ 리브

48 두께 2mm의 황동판에 지름 10mm의 구멍을 뚫는 데 필요한 힘(N)은? (단, 전단강도=3N/mm^2)
① 158.5 ② 188.5
③ 204.5 ④ 222.5

49 다음 중 축을 작용하는 힘에 의해 분류했을 때 전동축에 관한 설명으로 가장 옳은 것은?
① 주로 휨하중을 받는다.
② 주로 인장과 휨하중을 받는다.
③ 주로 압축하중을 받는다.
④ 주로 휨과 비틀림하중을 받는다.

50 모듈이 5이고 잇수가 24개와 56개인 2개의 평기어가 물고 있다. 이 두 기어의 중심거리(mm)는?
① 200 ② 220
③ 250 ④ 300

51 나사홈의 높이가 나사산의 높이와 같게 한 원통의 지름은?
① 호칭지름 ② 수나사 바깥지름
③ 피치지름 ④ 리드

52 훅의 법칙(Hook's law)이 성립되는 범위는?
① 최대 강도점 ② 탄성한도
③ 비례한도 ④ 항복점

53 마찰면을 원뿔형 또는 원판으로 하여 나사나 레버 등으로 축방향으로 밀어붙이는 형식의 브레이크는?
① 밴드브레이크 ② 블록브레이크
③ 전자브레이크 ④ 원판브레이크

54 키의 길이가 50mm, 접선력은 6,000kgf, 키의 전단응력은 20kgf/mm^{2}일 때 키의 폭(mm)은?
① 6 ② 30
③ 12 ④ 9

55 온도의 변화에 따라 재료 내부에 생기는 응력은?
① 경사응력　② 크리프응력
③ 압축응력　④ 열응력

56 베어링호칭번호 6203의 안지름치수(mm)는 얼마인가?
① 10　② 12
③ 15　④ 17

57 $\dfrac{극한강도}{허용응력}$ 는 무엇을 나타내는가?
① 안전율　② 파괴강도
③ 영률　④ 사용강도

58 코일스프링의 평균지름이 20mm, 소선의 지름이 2mm라면 스프링지수는?
① 40　② 0.1
③ 18　④ 10

59 환봉에 압축하중을 가했을 때 최대 전단응력은 최대 압축응력의 몇 배인가?
① $\dfrac{1}{3}$　② $\dfrac{1}{2}$
③ 2　④ 3

60 다음 중 브레이크의 종류가 아닌 것은?
① 블록　② 밴드
③ 원판　④ 토션바

제4회 정답 및 해설

01 정답 ③
해설 공압압력원으로 삼각형을 흰색으로 표시한다.

02 정답 ①
해설 관로의 길이는 현장조건에 따라 다르므로 표기하지 않는다.

03 정답 ①
해설 미터 인 방식은 A포트에 들어가는 유량을 제어한다.

04 정답 ①
해설 솔레노이드에 전원이 차단되면 A, B포트가 차단되고 탱크로 유입되며 파일럿에 의해서 작동된다.

05 정답 ②
해설 ① 배압 : 흐르는 반대방향에 압력이 형성된다.
③ 맥동 : 관의 흐름이 일정하지 않은 상태를 의미한다.
④ 전압(total pressure) : 유체가 흐르는 관로에서 발생하는 모든 압력을 의미한다(압력, 속도, 위치).

06 정답 ④
해설 기체의 온도가 −273.15℃인 상태를 절대온도라 한다.

07 정답 ①
해설 압력계는 지시하고 있는 눈금, 즉 게이지압력을 선택한다.

08 정답 ②
해설 양방향 요동공기압모터로 유압은 흑색의 삼각형으로 표시한다.

09 정답 ④
해설 공압모터는 공기의 압축성으로 회전속도는 부하의 영향을 받는다.

10 정답 ②
해설 A, P, R로 3포트이고 사각형이 2개가 있으므로 2위치 밸브이며 단동실린더 작동에 적용할 수가 있다.

11 정답 ③
해설 솔레노이드밸브는 방향을 제어하는 밸브이다.

12 정답 ①
해설 감압밸브로 압력을 입력압보다 낮게 유지할 때 사용한다.

13 정답 ④
해설 터보형 압축기는 원심식에 해당되며 회전수가 대단히 빠르다.

14 정답 ④
해설 ㉣은 스프링이 작동할 때 유체의 방향을 표시한다.

15 정답 ①
해설 서비스유닛을 AC(Air Combination) unit, 또는 FRL(Filter Regulator Lubricator) unit이라 한다.

16 정답 ①
해설 펌프는 압력에너지를 생성하는 장치이다.

17 정답 ③
해설 공기압을 이용한 요동형 액추에이터이다.

18 정답 ①
해설 점도지수가 너무 크면 유압장치의 효율이 마찰열로 저하된다.

19 정답 ①
해설 점성은 오일의 끈끈한 정도를 점성으로 표시한 것으로 점성이 크면 마찰열이 발생한다.

20 정답 ②
해설 파스칼의 원리는 밀폐된 압력이 모든 방향에 동일하게 작용하며 수직으로 작용한다는 것을 의미한다.

21 정답 ①
해설 유압펌프로, 압력에너지를 생성한다.

22 정답 ③
해설 $L = 2\pi n T_p$
∴ $n = \dfrac{L}{2\pi T_p}$

23 정답 ④
해설 제시된 설명은 체크붙이 유량제어밸브이다.

24 정답 ④
해설 기호는 공기압모터로 압력에너지를 이용하여 토크, 즉 기계적 에너지가 발생한다.

25 정답 ③
해설 공기탱크는 안전상에 문제가 되면 법적규제를 받는다.

26 정답 ②
해설 필터는 공기압의 불순물을 제거하여 액추에이터를 보호한다.

27 정답 ②
해설 유체퓨즈는 압력 상승을 막아 기기를 보호한다.

28 정답 ④
해설 플립플롭기능은 일시적으로 기억하는 기능으로 유체의 흐름이 진행하는 상태이어야 한다.

29 정답 ④
해설 쿠션조절은 운동의 끝부분에서 충격을 완화하는 역할을 한다.

30 정답 ④
해설 단동실린더는 압력을 생성하는 포트가 하나만 존재한다.

31 정답 ④
해설 전압계와 전류계를 동시에 연결할 때에는 전류계는 직렬로 접속하고, 전압계는 병렬로 접속한다.

32 정답 ②
해설 $PI_1 = QI_3$, $RI_2 = XI_4$, $I_1 = I_2$이고
$I_3 = I_4$이므로 $\dfrac{P}{Q} = \dfrac{R}{X}$이다.
따라서 $PX = QR$이다.

33 정답 ④
해설 ㉠ 직렬접속 시의 합성정전용량
$C_o = \dfrac{C \times C}{C + C} = \dfrac{C}{2} = \dfrac{1}{2}\mu\text{F}$
㉡ 병렬접속 시의 합성정전용량
$C_p = C + C = 2C = 2\mu\text{F}$
∴ $\dfrac{C_p}{C_o} = \dfrac{2}{\frac{1}{2}} = 4$배

34 정답 ③
해설 고유저항이 큰 규소강판을 사용하는 이유는 맴돌이 전류와 히스테리시스손을 감소시킴으로써 철손을 작게 하기 때문이다.

35 정답 ③
해설 버튼스위치는 수동조작 자동복귀용 스위치이므로 검출용이 아니라 조작용 스위치이다.

36 정답 ④
해설 순수한 저항만의 회로에서는 전압과 전류가 동상이 된다.

37 정답 ②
해설 전동기의 전자력은 플레밍의 왼손법칙으로 설명할 수 있다.

38 정답 ①
해설 동기전동기의 용도는 각종 압축기, 시멘트공장의 분쇄기, 제지공장의 쇄목기 등이다.

39 정답 ①
해설 브리지전파정류회로는 전파정류회로의 일종으로 다이오드 4개를 브리지 모양으로 접속하여 정류하는 회로로 중간 탭이 있는 트랜스를 사용하지 않아도 된다.

40 정답 ④
해설 $V_L = \sqrt{3}\, V_p$

41 정답 ①
해설 농형 유도전동기의 기동법에는 전전압기동법, $Y-\Delta$기동법, 리액터기동법, 기동보상기법 등이 있다. 2차 저항법은 권선형 유도전동기의 기동법으로 쓰인다.

42 정답 ①
해설 유접점 시퀀스제어회로의 특징
㉠ 장점
- 개폐부하의 용량이 크다.
- 온도특성이 좋다.
- 전기적 잡음의 영향을 적게 받는다.
- 입·출력이 분리된다.
- 접점수에 따라 많은 출력회로를 얻을 수 있다.

㉡ 단점
- 소비전력이 비교적 크다.
- 제어반의 외형과 설치면적이 크다.
- 접점의 동작이 느리다(스위칭속도가 느리다).
- 진동이나 충격 등에 약하다.
- 수명이 짧다.

43 정답 ②
해설 $e = N\dfrac{\Delta\phi}{\Delta t} = 300 \times \dfrac{10}{2} = 1{,}500\,\mathrm{V}$

44 정답 ②
해설 $W = Pt = VIt = 220 \times 5 \times 10 = 11{,}000\,\mathrm{Wh} = 11\,\mathrm{kWh}$

45 정답 ③
해설 $I = \dfrac{V}{R} = \dfrac{10}{100} = 0.1\,\mathrm{A}$

46 정답 ②
해설 레이디얼베어링은 축에 직각하중을 받으며, 스러스트베어링이 축방향 하중을 받는다.

47 정답 ③
해설 벨트와 직접 접촉하는 것은 림이며, 림의 중간이 좌우 끝단보다 더 높아서 벨트의 이탈을 방지한다.

48 정답 ②
해설 $P = \pi d t \tau = 3.14 \times 10 \times 2 \times 3 = 188.5\,\mathrm{N}$

49 정답 ④
해설 전동축은 동력을 전달하므로 휨과 비틀림하중을 받는다.

50 정답 ①
해설 $C = \dfrac{m(Z_1 + Z_2)}{2} = \dfrac{5 \times (24 + 56)}{2} = 200\,\mathrm{mm}$

51 정답 ③
해설 피치지름은 나사홈의 높이가 나사산의 높이와 같게 한 지름이다.

52 정답 ③
해설 훅의 법칙은 비례한도에서 성립되며, 응력은 세로탄성계수와 변형률에 비례한다.

53 정답 ④
해설 밴드·블록·원판브레이크는 지렛대의 원리를 이용하며, 전자브레이크는 전기적 에너지를 이용한다.

54 정답 ①
해설 $\sigma = \dfrac{F}{bl}$

$\therefore\ b = \dfrac{F}{\sigma l} = \dfrac{6{,}000}{20 \times 50} = 6\,\mathrm{mm}$

55 정답 ④
해설 온도의 변화에 따라 재료에 발생하는 응력은 열응력이다.

56 정답 ④
해설 베어링호칭 6203은 내경이 17mm를 나타내며, 6204부터는 마지막 끝자리 수에 5를 곱하면 베어링내경이 된다.

57 정답 ①
해설 안전율은 극한강도를 허용응력으로 나누어서 구하며 구조물의 설계 시 적용해야 한다.

58 정답 ④
해설 $C = \dfrac{D}{d} = \dfrac{20}{2} = 10\text{mm}$

59 정답 ②
해설 압축력을 가했을 때 전단응력은 최대 압축응력의 1/2배이다.

60 정답 ④
해설 토션바는 자동차에 사용되는 스프링의 종류이다.

제5회 CBT 대비 실전 모의고사

정답 및 해설 : p. 209

01 다음 그림에서처럼 밀폐된 시스템이 평형상태를 유지할 경우 힘 F_1을 수식으로 표현하면?

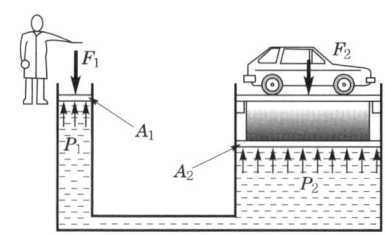

① $\dfrac{A_1 A_2}{F_2}$
② $\dfrac{A_1 F_2}{A_2}$
③ $\dfrac{F_2}{A_1 A_2}$
④ $\dfrac{A_2}{A_1 F_2}$

02 다음 그림의 실린더는 피스톤면적(A)이 8cm²이고 행정거리(S)는 10cm이다. 이 실린더가 전진행정을 1분 동안에 마치려면 필요한 공급유량(cm³/min)은 얼마인가?

① 60   ② 70
③ 80   ④ 90

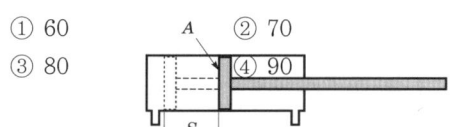

03 다음과 같은 회로를 이용하여 실린더의 전·후진운동속도를 같게 하려 한다. 점선 안에 연결되어야 할 밸브의 기호로 옳은 것은?

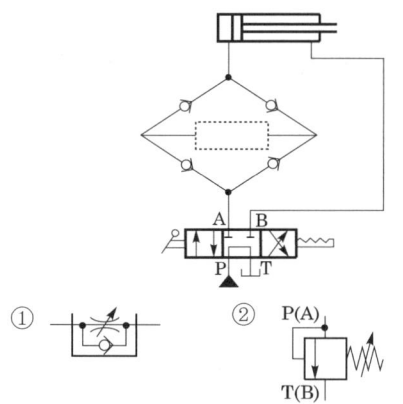

①   ②
③    ④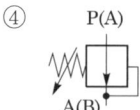

04 밀폐된 용기 내의 압력을 동일한 힘으로 동시에 전달하는 것을 증명한 법칙을 무엇이라 하는가?
① 뉴턴법칙   ② 베르누이정리
③ 파스칼의 원리   ④ 돌턴의 법칙

05 유압작동유의 성질 중에서 가장 중요한 것은 무엇인가?
① 점도   ② 효율
③ 온도   ④ 산화 안정성

06 유압실린더에 작용하는 힘을 산출할 때의 원리는?
① 보일의 법칙   ② 파스칼의 법칙
③ 가속도의 법칙   ④ 플레밍의 왼손법칙

07 다음 그림의 설명으로 맞는 것은?

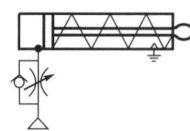

① 전진속도를 조절한다.
② 후진속도를 조절한다.
③ 급속귀환운동을 한다.
④ 전진과 후진출력을 높인다.

08 유압유의 주요 기능이 아닌 것은?
① 동력을 전달한다.
② 응축수를 배출한다.
③ 마찰열을 흡수한다.
④ 움직이는 기계요소를 윤활한다.

09 공압 발생장치의 구성상 필요 없는 장치는?
① 방향제어밸브 ② 에어쿨러
③ 공기압축기 ④ 에어드라이어

10 밸브의 양쪽 입구로 고압과 저압이 각각 유입될 때 고압 쪽이 출력되고 저압 쪽이 폐쇄되는 밸브는?
① OR밸브 ② 체크밸브
③ AND밸브 ④ 급속배기밸브

11 유압모터를 선택하기 위한 고려사항이 아닌 것은?
① 체적 및 효율이 우수할 것
② 모터의 외형공간이 충분히 클 것
③ 주어진 부하에 대한 내구성이 클 것
④ 모터로 필요한 동력을 얻을 수 있을 것

12 다음 그림은 유압제어방식을 나타낸 것이다. 어떤 제어방식인가?

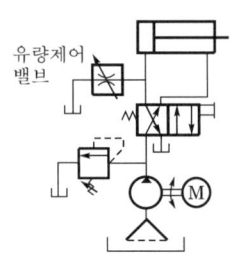

① 미터 인 회로 ② 미터 아웃 회로
③ 블리드 오프 회로 ④ 리사이클링회로

13 방향제어밸브를 기호로 표시할 때 필요하지 않은 것은?
① 작동방법 ② 밸브의 기능
③ 밸브의 구조 ④ 귀환방법

14 다음 방향밸브 중 3개의 작동유접속구와 2개의 위치를 가지고 있는 밸브는 어느 것인가?

15 다음 진리표에 따른 논리회로로 맞는 것은? (단, 입력신호 : a와 b, 출력신호 : c)

입력신호		출력신호
a	b	c
0	0	0
0	1	1
1	0	1
1	1	1

① OR회로 ② AND회로
③ NOR회로 ④ NAND회로

16 유압장치의 특징과 거리가 먼 것은?
① 소형 장치로 큰 힘을 발생한다.
② 고압 사용으로 인한 위험성이 있다.
③ 일의 방향을 쉽게 변환시키기 어렵다.
④ 무단변속이 가능하고 정확한 위치제어를 할 수 있다.

17 공압장치의 공압밸브조작방식으로 사용되지 않는 것은?
① 인력조작방식 ② 래치조작방식
③ 파일럿조작방식 ④ 전기조작방식

18 다음 중 기계방식의 구동이 아닌 것은?
① 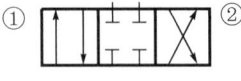 ②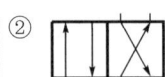
③ 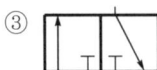 ④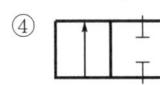

19 피스톤의 직경과 로드의 직경이 같은 것으로 출력축인 로드의 강도를 필요로 하는 경우에 자주 이용되는 것은?
① 단동실린더
② 램형 실린더
③ 다이어프램실린더
④ 양 로드 복동실린더

20 다음 중 제습기의 종류가 아닌 것은?
① 냉동식 제습기 ② 흡착식 제습기
③ 흡수식 제습기 ④ 공냉식 제습기

21 유압유의 성질이 아닌 것은?
① 비열이 클 것
② 10% 희석되어도 유압유와 적합성이 있을 것
③ 비점이 높을 것
④ 비중이 클 것

22 증압회로를 사용하는 기계는?
① 프레스와 잭   ② 프레스와 터빈
③ 잭과 내연기관 ④ 잭과 외연기관

23 송출압력이 200kgf/cm², 100L/min의 송출량을 갖는 레이디얼플런저펌프의 소요동력(PS)은 얼마인가? (단, 펌프효율=90%)
① 39.48   ② 49.38
③ 59.48   ④ 69.38

24 공압소음기의 구비조건이 아닌 것은?
① 배기음과 배기저항이 클 것
② 충격이나 진동에 변형이 생기지 않을 것
③ 장기간의 사용에 배기저항의 변화가 작을 것
④ 밸브에 장착하기 쉬운 콤팩트한 형상일 것

25 유압펌프에 관한 설명이다. 이들의 설명이 잘못된 것은?
① 나사펌프 : 운전이 동적이고 내구성이 작다.
② 치차펌프 : 구조가 간단하고 소형이다.
③ 베인펌프 : 장시간 사용하여도 성능 저하가 적다.
④ 피스톤펌프 : 고압에 적당하고 누설이 적다.

26 유압·공기압도면기호(KS B 0054)의 기호요소에서 기호로 사용되는 선의 종류 중 복선의 용도는?
① 주관로   ② 파일럿조작 관로
③ 기계적 결합   ④ 포위선

27 압력보상형 유량제어밸브에 대한 설명이다. 맞는 것은?
① 실린더 등의 운동속도와 힘을 동시에 제어할 수 있는 밸브이다.
② 밸브의 입구와 출구의 압력차이를 일정하게 유지하는 밸브이다.
③ 체크밸브와 교축밸브로 구성되어 일방향으로 유량을 제어한다.
④ 유압실린더 등의 이송속도를 부하에 관계없이 일정하게 할 수 있다.

28 주로 안전밸브로 사용되며 시스템 내의 압력이 최대 허용압력을 초과하는 것을 방지해주는 밸브로 가장 적합한 것은?
① 언로드밸브   ② 시퀀스밸브
③ 릴리프밸브   ④ 압력스위치

29 탠덤실린더를 사용하여 실린더의 램을 전진시켜 높지 않은 압력으로 강력한 압축력을 얻을 수 있는 회로는?
① 시퀀스회로   ② 무부하회로
③ 증강회로   ④ 블리드 오프 회로

30 다음에 설명되는 요소의 도면기호는 어느 것인가?

실린더의 속도를 증가시키는 목적으로 사용되는 공압요소로써 효과적으로 사용하기 위해 실린더에 직접 설치하거나 가능한 가깝게 설치한다.

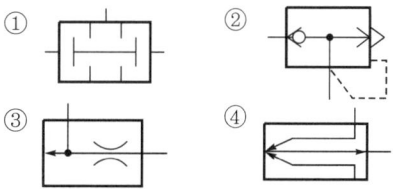

31 평등자장 내에 전류가 흐르는 직선도선을 놓을 때 전자력이 최대가 되는 도선과 자장방향의 각도는?
① 0°   ② 30°
③ 60°   ④ 90°

32 변압기의 용도가 아닌 것은?
① 교류전압의 변환   ② 교류전류의 변환
③ 주파수의 변환   ④ 임피던스의 변환

33 정현파 교류전압 $120\sqrt{2}\sin(120\pi t - 60°)$[V]를 멀티미터로 측정할 때 전압(V)은?
① $120\sqrt{2}$ ② $60\sqrt{2}$
③ 120 ④ 60

34 지름 20cm, 권수 100회의 원형코일에 1A의 전류를 흘릴 때 코일 중심 자장의 세기(AT/m)는?
① 200 ② 300
③ 400 ④ 500

35 반도체 PN접합이 하는 작용은?
① 정류작용 ② 증폭작용
③ 발진작용 ④ 변조작용

36 다음 그림과 같은 회로에서 $I_T=10$A일 때 4Ω에 흐르는 전류(A)는?

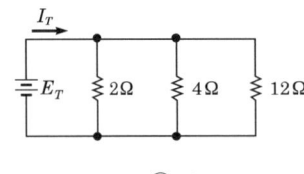

① 3 ② 4
③ 5 ④ 6

37 다음 그림과 같은 접점회로의 논리식과 등가인 것은?

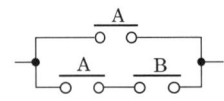

① $\overline{A}$ ② A
③ 0 ④ 1

38 다음 그림과 같은 회로의 명칭은?

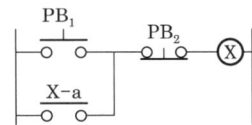

① 자기유지회로 ② 카운터회로
③ 타이머회로 ④ 플리커회로

39 일반적인 도체의 저항에 대한 설명으로 잘못된 것은?
① 단면적이 크면 저항은 작아진다.
② 길이가 길면 저항은 증가한다.
③ 온도가 증가하면 저항도 증가한다.
④ 단면적, 길이, 온도와 무관하다.

40 공기 중에서 자기장의 크기가 10A/m인 점에 8Wb의 자극을 둘 때 이 자극이 작용하는 자기력은 몇 N인가?
① 80 ② 8
③ 1.25 ④ 0.8

41 다음 중 직류의 대전류측정에 알맞은 것은?
① 회로시험기 ② 반조검류계
③ 전자식 검류계 ④ 직류변류기

42 가장 최근 기기의 소형화, 고기능화, 저렴화, 고속화 및 프로그램 수정의 용이함을 실현한 시퀀스제어는?
① 릴레이시퀀스 ② PLC시퀀스
③ 로직시퀀스 ④ 닫힌 루프제어

43 자기저항의 단위는?
① Ω ② H/m
③ AT/Wb ④ N·m

44 OR논리시퀀스제어회로의 입력스위치나 접점의 연결은?
① 직렬 ② 병렬
③ 직·병렬 ④ Y

45 1차 전압 110V와 2차 전압 220V의 변압기의 권선비는?
① 1 : 1 ② 1 : 2
③ 1 : 3 ④ 1 : 4

46 수도, 가스, 배수 등의 매설용으로 쓰이며 값이 싸고 내식성이 좋은 관은?
① 강관   ② 주철관
③ 비철관 ④ 비금속관

47 비례한도 이내에서 응력과 변형률은 어떠한 관계인가?
① 반비례   ② 비례
③ 관계없다. ④ 조건에 따라 다르다.

48 너트의 풀림 방지법이 아닌 것은?
① 로크너트에 의한 법
② 탄성와셔에 의한 법
③ 접선키에 의한 법
④ 세트스크루에 의한 법

49 두 축의 이음을 임의로 단속할 수 있는 축이음은?
① 클러치   ② 특수커플링
③ 플랜지커플링 ④ 플렉시블커플링

50 빠른 반복하중을 받는 스프링의 압축·인장반복속도가 고유진동수에 가까워지면 심한 진동을 일으키는데, 이런 공진현상을 무엇이라고 하는가?
① 피로   ② 서징
③ 응력집중 ④ 감쇠

51 응력에 대한 설명 중 가장 올바른 것은?
① 단위면적에 대한 변형의 크기로 나타낸다.
② 외력에 대하여 물체 내부에서 대응하는 저항력을 말한다.
③ 전단응력은 경사응력과 같은 의미이다.
④ 물체에 하중을 작용시켰을 때 하중방향에 발생한 응력을 전단응력이라 한다.

52 다음 중 모멘트의 단위는?
① $kg \cdot m/s^2$ ② $N \cdot m$
③ kW ④ $kgf \cdot m/s$

53 다음 중 가장 큰 하중이 걸리는 데 사용되는 키는?
① 새들키 ② 묻힘키
③ 둥근키 ④ 평키

54 핀의 용도 중 틀린 것은?
① 2개 이상의 부품을 결합하는 데 사용
② 나사 및 너트의 이완 방지
③ 분해·조립할 부품의 위치결정
④ 분해가 필요 없는 곳의 영구결합

55 미터나사에 관한 설명으로 잘못된 것은?
① 기호는 M으로 표시한다.
② 나사산의 각도는 60°이다.
③ 호칭은 바깥지름을 인치(inch)로 표시한다.
④ 피치는 산과 산 사이를 밀리미터(mm)로 표시한다.

56 회전운동을 직선운동으로 바꿀 때 사용되는 기어는?
① 스퍼기어 ② 랙과 피니언
③ 내접기어 ④ 헬리컬기어

57 베어링에서 오일실의 용도를 바르게 설명한 것은?
① 오일 등이 새는 것을 방지하고 물 또는 먼지 등이 들어가지 않도록 하기 위함
② 축방향에 작용하는 힘을 방지하기 위함
③ 베어링이 빠져나오는 것을 방지하기 위함
④ 열의 발산을 좋게 하기 위함

58 축의 단면계수를 Z, 최대 굽힘응력을 σ_b라 하면 축에 작용하는 굽힘모멘트 M으로 옳은 것은?
① $M = \dfrac{Z}{\sigma_b}$ ② $M = \dfrac{\sigma_b}{Z}$
③ $M = \sigma_b Z$ ④ $M = \dfrac{1}{2}\sigma_b$

59 피치원지름이 165mm, 잇수가 55인 표준평기어의 모듈은?
① 2.89
② 30
③ 3
④ 2.54

60 두 축이 평행하지도 않고 만나지도 않으며 큰 감속을 얻고자 할 때 사용하는 기어는?
① 스퍼기어
② 베벨기어
③ 웜기어
④ 헬리컬기어

제5회 정답 및 해설

01 정답 ②

해설 파스칼의 원리에 의해 $\dfrac{F_1}{A_1} = \dfrac{F_2}{A_2}$

$\therefore F_1 = \dfrac{A_1 F_2}{A_2}$

02 정답 ③

해설 $Q = ASv$
$= 8 \times 10 \times 1 = 80\,\text{cm}^3/\text{min}$

03 정답 ③

해설 유량제어밸브가 설치되어야 전·후진운동속도가 일정하게 된다.

04 정답 ③

해설 밀폐된 용기 내에서 압력을 동일하게 전달하는 원리는 파스칼의 원리이다.

05 정답 ①

해설 점도는 유압의 효율과 운동조건에 관계가 있다.

06 정답 ②

해설 유압실린더에 작용하는 힘은 파스칼의 원리에 의해서 적용된다.

07 정답 ①

해설 단동실린더로서 전진속도를 제어한다.

08 정답 ②

해설 응축수를 배출하는 것은 공기압에서 발생한다.

09 정답 ①

해설 방향제어밸브는 공기압을 이용하여 액추에이터를 제어할 때 사용한다.

10 정답 ①

해설 OR밸브이고 셔틀밸브라고 하며, 저압과 고압이 유입되면 고압측이 출력된다.

11 정답 ②

해설 모터의 외형공간이 크면 기계장치가 커지므로 고려사항이 아니다.

12 정답 ③

해설 블리드 오프 회로는 실린더에서 배출되는 유량의 일부를 유량제어밸브를 통하여 탱크로 귀환시키는 방법이다. 이 회로의 효율은 미터 인 회로나 미터 아웃 회로보다 좋은 장점이 있으나 부하변동이 심한 경우에는 실린더의 속도가 불안하므로 많이 이용되지는 않는다.

13 정답 ③

해설 밸브의 구조는 기호로 표시할 때 적용하지 않는다.

14 정답 ③

해설 3개의 작동유접속구는 3개의 포트를 의미하며, 2개의 위치는 사각형이 2개인 것을 의미한다.

15 정답 ①

해설 OR회로로, A, B 입력신호에서 하나만 신호가 ON이 되면 출력이 된다.

16 정답 ③

해설 일의 방향은 밸브를 조작하여 쉽게 변환할 수 있다.

17 정답 ②

해설 공압밸브조작은 인력조작, 파일럿조작, 전기조작에 의해서 이루어진다.

18 정답 ③

해설 ③은 페달방식으로 사람의 발에 의해서 작동하므로 인력식이다.

19 정답 ②

해설 출력축인 로드의 강도를 필요로 하는 부분에 사용하는 것은 램형 실린더이다.

20 정답 ④
해설 제습기는 습기를 제거하는 장치로서 공냉식은 없다.

21 정답 ④
해설 유압유는 비중이 작아야 한다.

22 정답 ①
해설 증압회로는 에너지를 증폭하여 사용하는 것으로 프레스와 잭에 사용한다.

23 정답 ②
해설 $L = \dfrac{PQ}{60 \times 75 \times \eta}$
$= \dfrac{200 \times 10^4 \times 100 \times 10^{-3}}{60 \times 75 \times 0.9} = 49.38 \text{PS}$

24 정답 ①
해설 소음기는 배기음을 최소화해야 한다.

25 정답 ①
해설 나사펌프는 운전이 동적이고 내구성이 크다.

26 정답 ③
해설 복선으로 사용하는 경우에는 기계적 결합이 있을 때 사용한다.

27 정답 ④
해설 압력보상형 유량제어밸브는 부하에 관계없이 이송속도를 일정하게 유지한다.

28 정답 ③
해설 릴리프밸브는 설정압에서만 작동하여 배관의 압력을 일정하게 유지한다.

29 정답 ③
해설 증강회로는 실린더의 램을 전진시켜 강력한 압축력을 얻을 수가 있다.

30 정답 ②
해설 셔틀밸브는 배출되는 유량이 많아 속도가 빠르다.

31 정답 ④
해설 $F = I \int B \sin\theta [\text{N}]$
따라서 도선과 자장방향의 각도 $\theta = 90°$일 때 전자력은 최대가 된다.

32 정답 ③
해설 변압기의 원리는 상호유도작용을 이용하여 1·2차의 권수비에 의해 전압을 변동시킬 수 있다.

33 정답 ③
해설 교류계기는 실효값을 지시하므로 측정전압은 120V가 된다.

34 정답 ④
해설 $H = \dfrac{NI}{r} = \dfrac{100 \times 1}{20 \times 10^{-2}} = 500 \text{AT/m}$

35 정답 ①
해설 반도체 PN접합이 하는 작용은 정류작용을, 트랜지스터를 이용하는 작용은 증폭작용을, 터널다이오드를 이용하는 작용은 발진작용을 한다.

36 정답 ①
해설 $R_o = \dfrac{1}{\dfrac{1}{2} + \dfrac{1}{4} + \dfrac{1}{12}}$
$= \dfrac{1}{\dfrac{6+3+1}{12}} = \dfrac{12}{10} = 1.2 \, \Omega$

$V_T = I_T R_o = 10 \times \dfrac{12}{10} = 12 \text{V}$

$\therefore I_4 = \dfrac{V_T}{R} = \dfrac{12}{4} = 3 \text{A}$

37 정답 ②
해설 논리식 $= A + AB = A(1+B) = A$

38 정답 ①
해설 PB_1을 누르면 출력 X가 여자되어 X−a접점이 폐로되고, PB_1이 개로되어도 X−a접점이 폐로상태로 출력이 여자상태를 유지하는 자기유지회로이다.

39 정답 ④

해설 도체의 전기저항 $R=\rho\frac{l}{S}$ [Ω]이므로 도체의 길이 l에 비례하고 단면적 S에 반비례한다. 온도가 변화하면 도체의 저항도 변화하는데, 온도가 증가할 경우 저항도 증가한다.

40 정답 ①

해설 $F=mH=10\times 8=80\text{N}$

41 정답 ④

해설 직류변류기는 직류의 대전류를 측정할 때 사용되는 변류기로, 직류전류가 통하는 1차 권선과 보조교류전원에 접속되는 교류 2차 권선으로 되어 있어서 교류회로의 인덕턴스가 직류에 의해 변하는 것을 이용하여 측정한다.

42 정답 ②

해설 가장 최근 기기의 소형화, 고기능화, 저렴화, 고속화 및 프로그램 수정의 용이함을 실현한 시퀀스제어는 PLC시퀀스이다.

43 정답 ③

해설 $R_m=\frac{F}{\phi}=\frac{NI}{\phi}$ [AT/Wb]

∴ 자기저항의 단위는 AT/Wb가 된다.

44 정답 ②

해설 AND는 접점직렬연결, OR은 접점병렬연결이다.

45 정답 ②

해설 $a=\frac{n_1}{n_2}=\frac{V_1}{V_2}=\frac{110}{220}=\frac{1}{2}$

∴ $n_1:n_2=1:2$

46 정답 ②

해설 주철관은 내식성이 좋아 수도, 가스, 배수 등의 용도로 사용한다.

47 정답 ②

해설 비례한도 내에서는 응력과 변형률은 비례하며 훅의 법칙 $\sigma=E\varepsilon$이 적용된다.

48 정답 ③

해설 접선키는 풀리와 축을 결합하여 동력을 전달할 때 사용한다.

49 정답 ①

해설 클러치는 두 축의 이음을 임의로 단속할 수 있는 축이음이다.

50 정답 ②

해설 서징(surging)이란 진폭이 최대로 커지는 현상이다.

51 정답 ②

해설 응력(stress)이란 외력에 대해 물체 내부에 대응하는 저항력이다.

52 정답 ②

해설 모멘트는 $M=Pl$이므로 단위는 N·m가 된다.

53 정답 ②

해설 가장 큰 하중에 사용하는 것은 전단하중에 충분히 견디는 묻힘키이다.

54 정답 ④

해설 분해가 필요 없는 곳의 영구결합은 리벳이나 용접이 쓰인다.

55 정답 ③

해설 미터나사는 바깥지름도 mm로 표시해야 한다.

56 정답 ②

해설 랙과 피니언은 회전운동을 직선운동으로 변환할 수 있다.

57 정답 ①

해설 오일실은 오일 누수와 불순물이 혼입하지 않도록 한다.

58 정답 ③

해설 굽힘모멘트는 굽힘응력과 단면계수에 비례한다.

59 정답 ③

해설 $m = \dfrac{D}{Z} = \dfrac{165}{55} = 3$

60 정답 ③

해설 웜과 웜기어는 속비가 커서 감속장치에 사용한다.

제6회 CBT 대비 실전 모의고사

| 정답 및 해설 : p. 219 |

01 유압에 비하여 압축공기의 장점이 아닌 것은?
① 안전성　② 압축성
③ 저장성　④ 신속성(동작속도)

02 유압장치에서 릴리프밸브의 역할은?
① 유체의 압력을 증가시키는 압력제어밸브이다.
② 유체의 유로방향을 변환시키는 방향전환밸브이다.
③ 유체의 압력을 일정하게 유지시키는 압력제어밸브이다.
④ 유압장치에서 유체의 압력을 감소시키는 감압밸브이다.

03 일반적으로 사용되는 압력계는 대부분 어떤 것을 택하는가?
① 게이지압력　② 절대압력
③ 평균압력　④ 최고압력

04 다음은 공압실린더의 응용회로이다. 푸시버튼 스위치를 눌렀다 놓으면 실린더는 어떻게 작동되는가?

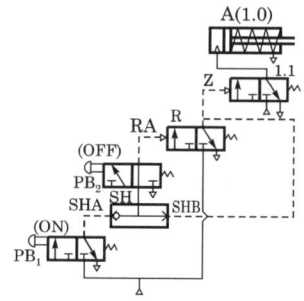

① 스위치 PB_1을 누르면 실린더가 작동되지 않는다.
② 스위치 PB_1을 누르면 실린더가 전진하고, 놓으면 후진한다.
③ 스위치 PB_2를 눌렀다 놓으면 실린더가 후진 상태를 유지한다.
④ 스위치 PB_2를 눌렀다 놓으면 실린더가 전진 상태를 유지한다.

05 회전속도가 높고 전체 효율이 가장 좋은 펌프는 어느 것인가?
① 축방향 피스톤식　② 베인펌프식
③ 내접기어식　④ 외접기어식

06 동력전달방식 중 공압식이 전기식보다 유리한 점은?
① 동작속도　② 에너지효율
③ 소음　④ 에너지축적

07 다음 중 유압회로에서 주요 밸브가 아닌 것은?
① 압력제어밸브　② 회로제어밸브
③ 유량제어밸브　④ 방향제어밸브

08 공압용 방향전환밸브의 구멍(port)에서 'EXH'가 나타내는 것은?
① 밸브로 진입　② 실린더로 진입
③ 대기로 방출　④ 탱크로 귀환

09 체적효율이 가장 좋은 펌프는?
① 기어펌프　② 베인펌프
③ 피스톤펌프　④ 로터리펌프

10 유압작동유의 성질 중에서 가장 중요한 것은 무엇인가?
① 점도　② 효율
③ 온도　④ 산화 안정성

11 완전한 진공을 '0'으로 표시한 압력은?
① 게이지압력 ② 최고압력
③ 평균압력   ④ 절대압력

12 유압동력을 직선왕복운동으로 변환하는 기구는?
① 유압모터   ② 요동모터
③ 유압실린더 ④ 유압펌프

13 유압펌프 중에서 가변체적형의 제작이 용이한 펌프는?
① 내접형 기어펌프
② 외접형 기어펌프
③ 평형형 베인펌프
④ 축방향 회전피스톤펌프

14 유압유의 점성이 지나치게 큰 경우 나타나는 현상이 아닌 것은?
① 유동의 저항이 지나치게 많아진다.
② 마찰에 의한 열이 발생한다.
③ 부품 사이의 누출손실이 커진다.
④ 마찰손실에 의한 펌프의 동력이 많이 소비된다.

15 작동유의 열화를 촉진하는 원인이 될 수 없는 것은?
① 유온이 너무 높음
② 기포의 혼입
③ 플러싱 불량에 의한 열화된 기름의 잔존
④ 점도 부적당

16 다음 그림에서 공압로직밸브와 진리값이 일치하는 로직명칭은?

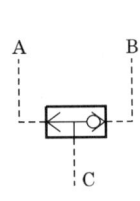

A+B=C

입력		출력
A	B	C
0	0	0
0	1	1
1	0	1
1	1	1

▲ 공압로직밸브

① AND   ② OR
③ NOT   ④ NOR

17 유압장치에서 방향제어밸브의 일종으로서 출구가 고압측 입구에 자동적으로 접속되는 동시에 저압측 입구를 닫는 작용을 하는 밸브는?
① 셀렉터밸브   ② 셔틀밸브
③ 바이패스밸브 ④ 체크밸브

18 다음 밸브기호는 어떤 밸브의 기호인가?
① 무부하밸브
② 감압밸브
③ 시퀀스밸브
④ 릴리프밸브

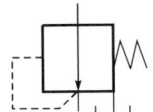

19 공기탱크의 기능을 나열한 것 중 틀린 것은?
① 압축기로부터 배출된 공기압력의 맥동을 평준화한다.
② 다량의 공기가 소비되는 경우 급격한 압력강하를 방지한다.
③ 공기탱크는 저압에 사용되므로 법적규제를 받지 않는다.
④ 주위의 외기에 의해 냉각되어 응축수를 분리시킨다.

20 다음의 유압·공기압도면기호는 무엇을 나타낸 것인가?

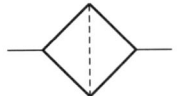

① 어큐뮬레이터 ② 필터
③ 윤활기   ④ 유량계

21 작동유탱크의 유면이 너무 낮을 경우 가장 손상을 받기 쉬운 것은?
① 유압 액추에이터 ② 유압펌프
③ 여과기   ④ 유압전동기

22 유압동기회로에서 2개의 실린더가 같은 속도로 움직일 수 있도록 위치를 제어해주는 밸브는 어떤 것인가?
① 셔틀밸브 ② 분류밸브
③ 바이패스밸브 ④ 서보밸브

23 다음의 변위단계선도에서 실린더동작순서가 옳은 것은? (단, + : 실린더의 전진, - : 실린더의 후진)

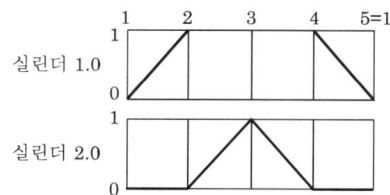

① $1.0^+2.0^+2.0^-1.0^-$ ② $1.0^-2.0^-2.0^+1.0^+$
③ $2.0^+1.0^+1.0^-2.0^-$ ④ $2.0^-1.0^-1.0^+2.0^+$

24 공압장치에 부착된 압력계의 눈금이 $5kgf/cm^2$를 지시한다. 이 압력을 무엇이라 하는가?
① 대기압력 ② 절대압력
③ 진공압력 ④ 게이지압력

25 다음과 같은 회로의 명칭은?

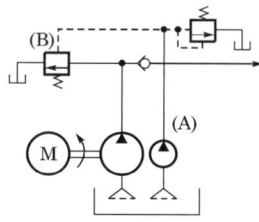

① 압력스위치에 의한 무부하회로
② 전환밸브에 의한 무부하회로
③ 축압기에 의한 무부하회로
④ Hi-Lo에 의한 무부하회로

26 공기압축기를 출력에 의해서 분류한 것 중 '중형'에 해당하는 것은?
① 0.2~14kW ② 15~74kW
③ 76~150kW ④ 150kW 이상

27 회로의 압력이 설정압을 초과하면 격막이 파열되어 회로의 최고압력을 제한하는 것은?
① 압력스위치 ② 유체스위치
③ 유체퓨즈 ④ 감압스위치

28 유압회로에서 분기회로의 압력을 주회로의 압력보다 저압으로 할 때 사용하는 밸브는?
① 카운터밸런스밸브 ② 릴리프밸브
③ 방향제어밸브 ④ 감압밸브

29 실린더의 크기를 결정하는 데 직접 관련되는 요소는?
① 사용공기압력 ② 유량
③ 행정거리 ④ 속도

30 다음의 그림과 같은 방향제어밸브의 작동방식은?

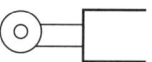

① 수동식 ② 전자식
③ 플런저식 ④ 롤러레버식

31 SCR의 설명 중 틀린 것은?
① SCR은 교류가 출력된다.
② SCR은 한번 통전하면 게이트에 의해서 전류를 차단할 수 없다.
③ SCR은 정류작용이 있다.
④ SCR은 교류전류의 위상제어에 많이 사용된다.

32 전기기계는 주어진 에너지가 모두 유효한 에너지로 변환하는 것이 아니고 그 중의 일부 에너지가 없어지는 손실이 발생된다. 축과 베어링, 브러시와 정류자 등의 마찰로 인한 손실을 무엇이라 하는가?
① 동손 ② 철손
③ 기계손 ④ 표유부하손

33 파형의 맥동성분을 제거하기 위해 다이오드정류회로의 직류 출력단에 부착하는 것은?

① 저항　　② 콘덴서
③ 사이리스터　　④ 트랜지스터

34 측정오차를 작게 하기 위한 전류계와 전압계의 내부저항에 대한 설명으로 바른 것은?

① 전류계, 전압계 모두 큰 내부저항
② 전류계, 전압계 모두 작은 내부저항
③ 전류계는 작은 내부저항, 전압계는 큰 내부저항
④ 전류계는 큰 내부저항, 전압계는 작은 내부저항

35 다음 휘트스톤브리지회로에서 X는 몇 Ω인가? (단, 전류평형이 되었을 때)

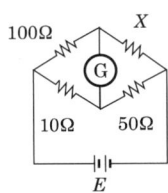

① 10　　② 50
③ 100　　④ 500

36 다음의 직류전동기 중에서 무부하운전이나 벨트 운전을 절대로 해서는 안 되는 전동기는?

① 타여자전동기　　② 복권전동기
③ 직권전동기　　④ 분권전동기

37 전동기 운전 시퀀스제어회로에서 전동기의 연속적인 운전을 위해 반드시 들어가는 제어회로는?

① 인터록　　② 지연동작
③ 자기유지　　④ 반복동작

38 △결선된 대칭 3상 교류전원의 선전류는 상류전류의 몇 배인가?

① $\frac{1}{2}$　　② 1
③ $\sqrt{2}$　　④ $\sqrt{3}$

39 다음 그림과 같은 회로의 명칭은?

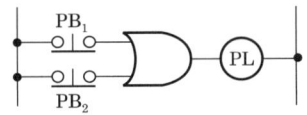

① OR회로　　② AND회로
③ NOT회로　　④ NOR회로

40 백열전구를 스위치로 점등과 소등을 하는 것을 무슨 제어라고 하는가?

① 정성적 제어　　② 되먹임제어
③ 정량적 제어　　④ 자동제어

41 $R-C$직렬회로에서 임피던스가 10Ω, 저항이 8Ω일 때 용량리액턴스(Ω)는?

① 4　　② 5
③ 6　　④ 7

42 다음 중 회로시험기를 사용할 때 극성에 주의해서 측정해야 하는 것은?

① 저항　　② 교류전압
③ 직류전압　　④ 주파수

43 전류의 유무나 전류의 세기를 측정하는 데 쓰는 실험용 계기로 보통 1mA 이하의 미소전류를 측정할 때 쓰는 계기는?

① 전위차계　　② 분류기
③ 배율기　　④ 검류계

44 다음 중 동기기의 전기자 반작용에 해당되지 않는 것은?

① 교차자화작용　　② 감자작용
③ 증자작용　　④ 회절작용

45 기기의 동작을 서로 구속하며 기기의 보호와 조작자의 안전을 목적으로 하는 회로는?

① 인터록회로　　② 자기유지회로
③ 지연복귀회로　　④ 지연동작회로

46 다음 중 시퀀스회로에서 전동기를 표시하는 것은?

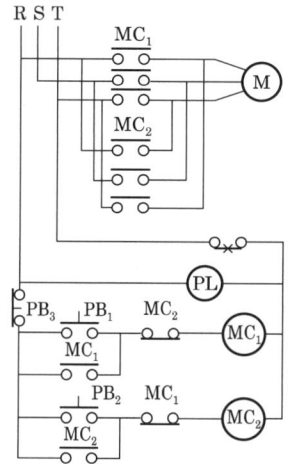

① M ② PL
③ MC₁ ④ MC₂

47 회로시험기 사용에서 저항측정 시 전환스위치를 R×100에 놓았을 때 계기의 바늘이 50Ω을 가리켰다면 측정된 저항값(Ω)은?

① 50 ② 100
③ 500 ④ 5,000

48 다음 그림에서 2Ω, 3Ω, 4Ω의 저항을 직렬로 연결하고 전압 $E_r = 9V$를 인가할 때 4Ω에 의한 전압강하(V)는?

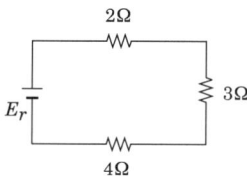

① 2 ② 3
③ 4 ④ 5

49 전원이 교류가 아닌 직류로 주어져 있을 때 어떤 직류전압을 입력으로 하여 크기가 다른 직류를 얻기 위한 회로는?

① 인버터회로 ② 초퍼회로
③ 사이리스터회로 ④ 다이오드 정류회로

50 3상 유도전동기에서 기동 시에는 Y결선으로 운전하여 기동전류를 감소시키고 전동기의 속도가 점차로 증가하여 정격속도에 이르면 △결선으로 정상운전하는 기동법은?

① 전전압기동법 ② $Y-\Delta$기동법
③ 기동보상기법 ④ $\Delta-Y$기동법

51 시퀀스제어(sequence control)의 기능에 대한 용어를 잘못 설명한 것은?

① 여자 : 릴레이전자접촉기 등의 코일에 전류가 흘러서 전자석이 되는 것
② 소자 : 릴레이전자접촉기 등의 코일에 흐르고 있는 전류를 차단하여 자력을 잃게 하는 것
③ 인칭 : 기계의 동작을 느리게 하기 위해 동작을 반복하여 행하는 것
④ 인터록 : 복수의 동작을 관여시키는 것으로 어떤 조건을 갖추기까지의 동작을 정지시키는 것

52 다음 그림과 같은 직류브리지의 평형조건은?

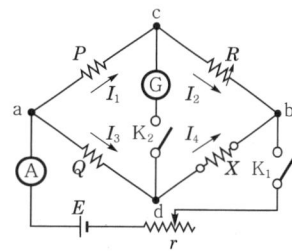

① $QX = PR$ ② $PX = QR$
③ $RX = PQ$ ④ $RX = 2PQ$

53 다음 그림과 같은 전동기 주회로에서 THR은?

① 퓨즈
② 열동계전기
③ 접점
④ 램프

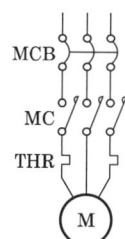

54 다음과 같은 KS용접기호의 해독으로 틀린 것은?

① 화살표 반대쪽 점용접
② 점용접부의 지름 6mm
③ 용접부의 개수(용접수) 5개
④ 점용접한 간격은 100mm

55 리벳호칭이 'KS B 1002 둥근 머리 리벳 18×40 SV330'으로 표시된 경우 숫자 '40'의 의미는?
① 리벳의 수량   ② 리벳의 구멍치수
③ 리벳의 길이   ④ 리벳의 호칭지름

56 한쪽 단면도에 대한 설명으로 옳은 것은?
① 대칭형의 물체를 중심선을 경계로 하여 외형도의 절반과 단면도의 절반을 조합하여 표시한 것이다.
② 부품도의 중앙 부위 전후를 절단하여 단면을 90° 회전시켜 표시한 것이다.
③ 도형 전체가 단면으로 표시된 것이다.
④ 물체의 필요한 부분만 단면으로 표시한 것이다.

57 대상으로 하는 부분의 단면이 한 변의 길이가 20mm인 정사각형이라고 할 때 그 면을 직접적으로 도시하지 않고 치수로 기입하여 정사각형임으로 나타내고자 할 때 사용하는 치수는?
① C20   ② t20
③ □20   ④ SR20

58 도면의 같은 장소에 선이 겹칠 때 표시되는 우선순위가 가장 먼저인 것은?
① 숨은선   ② 절단선
③ 중심선   ④ 치수보조선

59 도면에서 표제란과 부품란으로 구분할 때 부품란에 기입할 사항으로 거리가 먼 것은?
① 품명   ② 재질
③ 수량   ④ 척도

60 다음 그림과 같은 입체도를 화살표방향을 정면으로 하여 3각법으로 정투상한 도면으로 가장 적합한 것은?

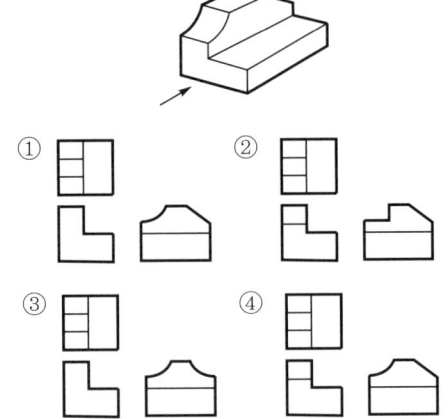

제6회 정답 및 해설

01 정답 ②
해설 공기압은 하중에 따라 압축상태가 변화한다.

02 정답 ③
해설 릴리프밸브는 유체의 압력을 일정하게 유지시키는 역할을 한다.

03 정답 ①
해설 압력계는 지시하고 있는 눈금, 즉 게이지압력을 선택한다.

04 정답 ④
해설 스위치 PB_2를 눌렀다 놓으면 압력이 차단되어 전진상태를 유지한다.

05 정답 ①
해설 축방향 피스톤식이 회전속도가 높고 전체 효율이 가장 좋다.

06 정답 ④
해설 공압식은 에너지를 축적하는 역할을 하여 시스템의 조건을 운전자에 의해서 설정할 수 있다.

07 정답 ②
해설 유압회로 주요 밸브에는 압력·유량·방향 제어밸브가 있다.

08 정답 ③
해설 'EXH'는 Exhaust의 약어로서, 공압에서는 대기로 방출하는 의미이다.

09 정답 ③
해설 체적효율은 피스톤펌프가 가장 높다.

10 정답 ①
해설 유압작동유의 성질 중 가장 중요한 것은 점도이다.

11 정답 ④
해설 완전한 진공을 '0'으로 표시한 압력은 절대압력이다.

12 정답 ③
해설 직선왕복운동은 유압실린더이며 A, B포트에 압력이 번갈아 입력됨에 따라 왕복운동이 된다.

13 정답 ④
해설 가변체적형 펌프는 축방향 회전피스톤펌프이다.

14 정답 ③
해설 유압유에 점성이 커지면 누출손실이 작아진다.

15 정답 ④
해설 작동유의 열화는 점도의 부적당과 관계가 없다.

16 정답 ②
해설 주어진 로직은 OR회로로 입력 A, B 중 어느 하나만 신호가 들어오면 작동된다.

17 정답 ②
해설 셔틀밸브는 OR로 구현되어 고압우선회로이다.

18 정답 ④
해설 릴리프밸브는 오직 설정압으로만 유지한다.

19 정답 ③
해설 공기탱크는 안전상에 문제가 되면 법적규제를 받는다.

20 정답 ②
해설 필터는 공기압의 불순물을 제거하여 액추에이터를 보호한다.

21 정답 ②
해설 유압펌프는 오일을 흡입하는 장치로서 손상을 받기 쉽다.

22 정답 ②
해설 2개의 실린더를 같은 속도로 제어하는 밸브를 분류밸브라 한다.

23 정답 ①
해설 실린더가 '1'의 위치면 '+'이고, '0'의 위치면 '−'가 된다.

24 정답 ④
해설 게이지압력은 압력계에서 읽은 압력이 된다.

25 정답 ④
해설 도시된 회로는 Hi-Lo에 의한 무부하회로이다.

26 정답 ②
해설 중형에 해당하는 출력은 15~74kW이다.

27 정답 ③
해설 유체퓨즈는 설정압이 초과하면 파열되어 장치를 보호한다.

28 정답 ④
해설 감압밸브는 주회로압력보다 낮게 하여 사용하는 밸브이다.

29 정답 ①
해설 실린더크기의 결정에 직접 관련되는 요소는 사용공기압력이다.

30 정답 ④
해설 롤러레버식은 기구장치가 롤러에 접촉하여 직선운동을 하는 데 사용한다.

31 정답 ①
해설 SCR은 단일방향 3단자 소자로 게이트로 턴온(turn on)하고 위상제어 및 정류작용을 하여 직류를 출력한다.

32 정답 ③
해설 전기기기의 무부하손은 철손과 기계손의 합을 말하며, 기계손은 바람의 저항에 의한 풍손과 베어링, 브러시의 마찰손을 말한다.

33 정답 ②
해설 콘덴서는 전하를 축적하는 기능을 가지고 있으며 콘덴서의 특성을 이용하여 직류전류를 차단하고 교류전류를 통과시키는 필터로 사용된다.

34 정답 ③
해설 전류계는 전류의 세기를 측정하는 계기로, 직렬로 회로에 접속하며 내부저항이 전압계보다 작다.

35 정답 ④
해설 브리지 평형조건 이용
$100 \times 50 = X \times 10$
$\therefore X = \dfrac{100 \times 50}{10} = 500\Omega$

36 정답 ③
해설 직류전동기 중 직권전동기는 토크의 변화에 비해 출력의 변화가 적다. 따라서 무부하운전이나 벨트운전을 절대로 해서는 안 된다.

37 정답 ③
해설 시퀀스제어회로에서 스스로 동작을 유지하는 것을 자기유지회로라고 한다.

38 정답 ④
해설 환상결선(Δ결선)에서는 선간전압은 상전압이고, 선전류는 $\sqrt{3}$ 상 전류가 된다. 따라서 $\sqrt{3}$ 배가 된다.

39 정답 ①
해설 주어진 그림은 OR회로로 PB_1, PB_2 중 어느 하나만 ON되면 출력 PL이 점등되는 회로이다.

40 정답 ①
해설 정성적 제어는 일정시간간격을 기억시켜 제어회로를 On/Off 또는 유/무상태만으로 제어하는 것을 말한다.

41 정답 ③
해설 $Z = \sqrt{R^2 + X_C^2}\,[\Omega]$
$10 = \sqrt{8^2 + X_C^2}$
$\therefore X_C = 6\Omega$

42 정답 ③
해설 직류전원측정 시 유의할 사항은 전원의 극성을 틀리지 않도록 접속하는 것이다.

43 정답 ④
해설 ㉠ 분류기 : 전류계의 측정범위를 넓히기 위한 것
㉡ 배율기 : 전압계의 측정범위를 넓히기 위한 것

44 정답 ④
해설 동기기의 전기자 반작용은 횡축 반작용(교차자화작용)과 직축 반작용(감자작용, 증자작용)으로 분류된다.

45 정답 ①
해설 ② 자기유지회로 : 시퀀스제어에서 시동단추를 누른 후 차단을 해도 전류가 공급되는 조건을 유지하는 회로
③ 지연복귀회로 : 타이머에 의해 일정시간이 지난 후 복귀하는 회로
④ 지연동작회로 : 타이머에 전류가 인가한 후 일정시간이 지나면 동작하는 회로

46 정답 ①
해설 ㉠ PL : 파일럿램프
㉡ MC : 전자접촉기
㉢ PB : 푸시버튼스위치

47 정답 ④
해설 측정값이 50Ω이고 배율이 100배이므로
$R = 50 \times 100 = 5,000\Omega$

48 정답 ③
해설 $I = \dfrac{9}{2+3+4} = 1\text{A}$
∴ 4Ω에 의한 전압강하 $V = 4 \times 1 = 4\text{V}$

49 정답 ②
해설 ㉠ 초퍼제어 : 전류의 On-Off를 반복하는 직류 또는 교류의 전원으로 전압이나 전류를 생성하는 전원회로의 제어방식이다. 주로 전동차용 주전동기의 제어나 직류 안정화전원(AC어댑터) 등에 이용한다.
㉡ 인버터 : 입력신호와 출력신호의 극성을 반전시키는 증폭기의 일종이다.
㉢ 사이리스터 : On상태에서 Off상태로, Off상태에서 On상태로의 전환이 가능하며 3개 이상의 PN접합을 갖는 쌍안정반도체소자이다. PNPN접합의 4층 구조 반도체소자의 총칭이다.
㉣ 다이오드(diode) : 게르마늄이나 규소로 만들며 발광·정류(교류를 직류로 변환) 특성 등을 지니는 반도체이다.

50 정답 ②
해설 $Y-\Delta$기동법은 기동 시 기동전류를 $\dfrac{1}{3}$로 감소시키기 위해 Y결선으로 기동하고, Δ결선으로 운전하게 한다.

51 정답 ③
해설 인칭은 촌동이라고도 하며 전기적 조작에 의해 회전기의 회전부를 미소한 각도로 회전시키는 것이다.

52 정답 ②
해설 직류브리지의 평형조건은 서로 마주 보는 값을 고려하면 된다. 즉 $PX = QR$이다.

53 정답 ②
해설 주어진 그림에서 THR은 Thermal Relay의 약어로서 열동계전기를 의미한다.

54 정답 ①
해설 용접기호에서 화살표는 용접의 위치를 나타낸다.

55 정답 ③
해설 ㉠ 18 : 리벳의 직경
㉡ 40 : 리벳의 길이
㉢ SV330 : 재질

56 정답 ①
해설 한쪽 단면도는 반단면도라고도 하고 중심선을 기준으로 서로 대칭일 때 적용하며, 한쪽(절단 부분)은 내부 단면을 나타내고, 절단하지 않은 부분은 외부 형상을 나타낸다.

57 정답 ③
해설
① C : 모따기
② t : 두께
④ SR : 구의 반지름

58 정답 ①
해설 숨은선은 보이지 않는 물체의 형상을 나타내는 선이다.

59 정답 ④
해설 척도는 표제란에 기입하며 실척, 배척, 축척이 있다.

60 정답 ④
해설 3각법은 물체를 본 상태를 본 방향에 표기한다. 보통 정면도를 기본으로 위에는 평면도, 좌우측에는 측면도를 표기한다.

제7회 CBT 대비 실전 모의고사

| 정답 및 해설 : p. 229 |

01 다음 그림은 무슨 유압·공기압도면기호인가?

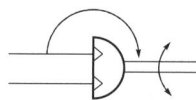

① 요동형 공기압 액추에이터
② 요동형 유압 액추에이터
③ 유압모터
④ 공기압모터

02 다음 그림에서 단면적이 $5cm^2$인 피스톤에 20kg의 추를 올려놓을 때 유체에 발생하는 압력의 크기(kgf/cm^2)는?

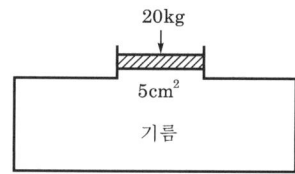

① 1 ② 4
③ 5 ④ 20

03 다음 기호의 설명으로 맞는 것은?

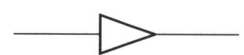

① 관로 속에 기름이 흐른다.
② 관로 속에 공기가 흐른다.
③ 관로 속에 물이 흐른다.
④ 관로 속에 윤활유가 흐른다.

04 다음 유압기호의 제어방식에 대한 설명으로 올바른 것은?

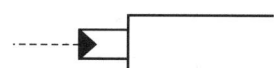

① 레버방식 ② 스프링제어방식
③ 공기압제어방식 ④ 파일럿제어방식

05 유관의 안지름은 5cm, 유속을 10cm/s로 하면 최대 유량은 약 몇 cm^3/s인가?

① 196 ② 250
③ 462 ④ 785

06 입력측과 출력측의 작용면적비에 대응하는 중압비에 따라 압력을 변환하는 기기는?

① 축압기 ② 차동기
③ 여과기 ④ 증압기

07 유압모터의 종류가 아닌 것은?

① 기어형 ② 베인형
③ 피스톤형 ④ 나사형

08 다음 중 고압작동에 적합한 특징을 갖는 모터는?

① 피스톤모터
② 기어모터
③ 압력 평형식 베인모터
④ 압력 불평형식 베인모터

09 다음 중 공기압장치의 기본시스템이 아닌 것은?

① 압축공기발생장치 ② 압축공기조정장치
③ 공압제어밸브 ④ 유압펌프

10 양정은 압력을 비중량으로 나눈 값이다. 양정의 단위로 적당한 것은?

① kg ② m
③ kg/cm^2 ④ m^2/s

11 베인펌프에서 유압을 발생시키는 주요 부분이 아닌 것은?

① 캠링 ② 베인
③ 로터 ④ 인어링

12 공압용 솔레노이드형태의 전환밸브에서 밸브의 구체적인 전환방식은?

① 레버조작 ② 롤러조작
③ 전기조작 ④ 디텐트조작

13 공압장치에 사용되는 압축공기필터의 여과방법으로 틀린 것은?

① 원심력을 이용하여 분리하는 방법
② 충돌판에 닿게 하여 분리하는 방법
③ 가열하여 분리하는 방법
④ 흡습제를 사용해서 분리하는 방법

14 회로설계를 하고자 할 때 부가조건의 설명이 잘못된 것은 무엇인가?

① 리셋(reset) : 리셋신호가 입력되면 모든 작동상태는 초기위치가 된다.
② 비상정지(emergency stop) : 비상정지신호가 입력되면 대부분의 경우 전기제어시스템에서는 전원이 차단되나, 공압시스템에서는 모든 작업요소가 원위치된다.
③ 단속사이클(single cycle) : 각 제어요소들을 임의의 순서대로 작동시킬 수 있다.
④ 정지(stop) : 연속사이클에서 정지신호가 입력되면 마지막 단계까지는 작업을 수행하고 새로운 작업을 시작하지 못한다.

15 다음과 같은 공압장치의 명칭은?

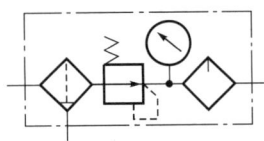

① NOT밸브 ② 유량조절밸브
③ 공기건조기 ④ 공기압조정유닛

16 다음 중 제습기의 종류가 아닌 것은?

① 냉동식 제습기 ② 흡착식 제습기
③ 흡수식 제습기 ④ 공랭식 제습기

17 다음 진리값과 일치하는 로직회로의 명칭은?

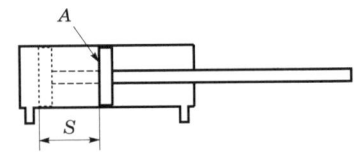

① AND회로 ② OR회로
③ NOT회로 ④ NAND회로

18 감압밸브에서 1차측의 공기압력이 변동했을 때 2차측의 압력이 어느 정도 변화하는가를 나타내는 특성은?

① 크래킹특성 ② 입력특성
③ 감도특성 ④ 히스테리시스특성

19 다음 그림의 실린더는 피스톤 면적(A)이 $8cm^2$이고 행정거리(S)는 10cm이다. 이 실린더가 전진행정을 1분 동안에 마치려면 필요한 공급유량(cm^3/min)은?

① 60 ② 70
③ 80 ④ 90

20 유압유에 수분이 혼입될 때 미치는 영향이 아닌 것은?

① 작동유의 윤활성을 저하시킨다.
② 작동유의 방청성을 저하시킨다.
③ 캐비테이션이 발생한다.
④ 작동유의 압축성이 증가한다.

21 공유압변환기의 종류가 아닌 것은?

① 비가동형 ② 블래더형
③ 플로트형 ④ 피스톤형

22 축압기의 사용용도에 해당하지 않은 것은?
① 압력 보상
② 충격 완충작용
③ 유압에너지의 축적
④ 유압펌프의 맥동 발생 촉진

23 펌프가 포함된 유압유닛에 펌프 출구의 압력이 상승하지 않는다면 그 원인으로 적당하지 않은 것은?
① 외부 누설 증가
② 릴리프밸브의 고장
③ 밸브 실(Seal)의 파손
④ 속도제어밸브의 조정 불량

24 공압시스템 설계 시 사이징설계를 위한 조건으로 틀린 것은?
① 부하의 종류
② 실린더의 행정거리
③ 실린더의 동작방향
④ 압축기의 용량

25 공압실린더, 제어밸브 등의 작동을 원활하게 하기 위하여 윤활유를 분무 급유하는 기기의 명칭은?
① 드레인
② 에어필터
③ 레귤레이터
④ 루브리케이터

26 밸브의 변환 및 외부충격에 의해 과도적으로 상승한 압력의 최대값을 무엇이라고 하는가?
① 배압
② 서지압력
③ 크래킹압력
④ 리시트압력

27 관로의 면적을 줄인 길이가 단면치수에 비하여 비교적 긴 경우의 교축을 무엇이라 하는가?
① 서지
② 초크
③ 공동
④ 오리피스

28 분사노즐과 수신노즐이 같이 있으며 배압의 원리에 의하여 작동되는 공압기기는?
① 압력증폭기
② 공압제어블록
③ 반향감지기
④ 가변진동발생기

29 2개의 복동실린더가 1개의 실린더형태로 조립되어 출력이 거의 2배의 힘을 낼 수 있는 실린더는?
① 탠덤실린더
② 케이블실린더
③ 로드리스실린더
④ 다위치제어실린더

30 공기조정유닛의 압력조절밸브에 관한 설명으로 옳은 것은?
① 감압을 목적으로 사용한다.
② 압력유량제어밸브라고도 한다.
③ 생산된 압력을 증압하여 공급한다.
④ 밸브시트에 릴리프구멍이 있는 것이 논 브리드식이다.

31 다음 그림에서 X로 표시되는 기기는 무엇을 측정하는 것인가?

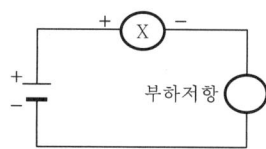

① 교류전압
② 교류전류
③ 직류전압
④ 직류전류

32 빌딩, 아파트 물탱크(수조)의 수위를 검출하는 스위치는?
① 포토스위치
② 한계스위치
③ 근접스위치
④ 플로트계전기

33 전력을 바르게 표현한 것은?
① 전압×저항
② 저항/전류
③ 전압×전류
④ 전압/저항

34 구동회로에 가해지는 펄스수에 비례한 회전각도만큼 회전시키는 특수전동기는?

① 분권전동기 ② 직권전동기
③ 타여자전동기 ④ 직류스테핑전동기

35 자석 부근에 못을 놓으면 못도 자석이 되어 자성을 가지게 되는데, 이러한 현상을 무엇이라고 하는가?

① 절연 ② 자화
③ 자극 ④ 전자력

36 $R-L$ 병렬회로에 $100∠0°$ V의 전압이 가해질 경우에 흐르는 전체 전류(I)는 몇 A인가? (단, $R=100Ω$, $wL=100Ω$)

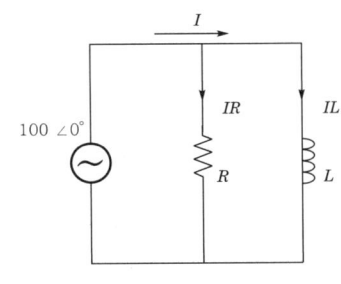

① 1 ② 2
③ $\sqrt{2}$ ④ 100

37 금속 및 전해질용액과 같이 전기가 잘 흐르는 물질을 무엇이라 하는가?

① 도체 ② 저항
③ 절연체 ④ 반도체

38 시퀀스제어계의 구성요소에서 검출부, 명령처리부, 조작부, 표시경보부를 총칭하여 무엇이라 하는가?

① 제어부 ② 제어대상
③ 조절기 ④ 제어명령

39 사인파 교류파형에서 주기 $T[s]$, 주파수 $f[Hz]$와 각속도 $\omega[rad/s]$ 사이의 관계식을 바르게 표기한 것은?

① $\omega = 2\pi f$ ② $\omega = 2\pi T$
③ $\omega = \dfrac{1}{2\pi f}$ ④ $\omega = \dfrac{1}{2\pi T}$

40 발전기의 배전반에 달려 있는 계전기 중 대전류가 흐를 경우 회로의 기기를 보호하기 위한 장치는 무엇인가?

① 과전압계전기 ② 과전력계전기
③ 과속도계전기 ④ 과전류계전기

41 다음 그림에서 I_1의 값은 얼마인가?

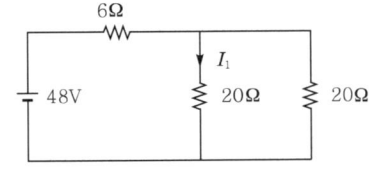

① 1.5A ② 2.4A
③ 3A ④ 8A

42 직류전동기 중에서 무부하운전이나 벨트운전을 절대 해서는 안 되는 전동기는?

① 타여자전동기 ② 복권전동기
③ 직권전동기 ④ 분권전동기

43 교류에서 전압과 전류의 벡터그림이 다음과 같다면 어떤 소자로 구성된 회로인가?

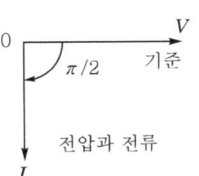

① 저항 ② 코일
③ 콘덴서 ④ 다이오드

44 $100Ω$의 크기를 가진 저항에 직류전압 100V를 가할 때, 이 저항에 소비되는 전력은 얼마인가?

① 100W ② 150W
③ 200W ④ 250W

45 전력(electric power)을 맞게 설명한 것은?
① 도선에 흐르는 전류의 양을 말한다.
② 전원의 전기적인 압력을 말한다.
③ 단위시간 동안에 전하가 하는 일을 말한다.
④ 전기가 할 수 있는 힘을 말한다.

46 다음 그림과 같은 도면에서 대각선으로 표시한 가는 실선이 나타내는 뜻은?

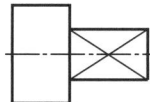

① 평면
② 열처리할 면
③ 가공 제외면
④ 끼워맞춤하는 부분

47 다음 그림과 같은 용접보조기호를 가장 올바르게 설명한 것은?

① 현장점용접
② 전둘레 필릿용접
③ 전둘레 현장용접
④ 전둘레용접

48 다음 그림과 같은 입체도의 화살표방향을 정면으로 한 3각 정투상도로 가장 적합한 것은?

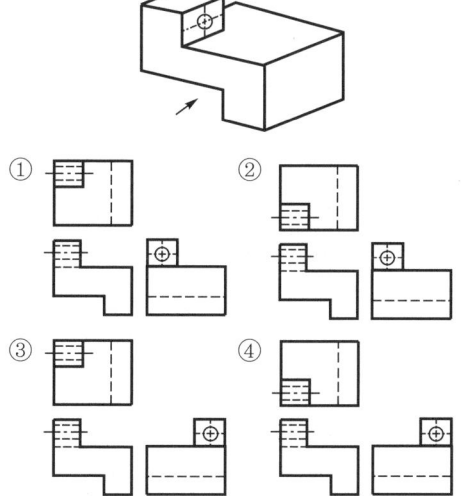

49 다음 그림과 같은 3각법에 의한 투상도면의 입체도로 적합한 것은?

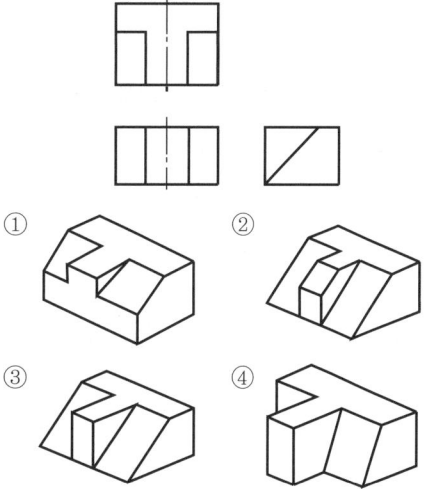

50 기계제도에서 3각법에 대한 설명으로 틀린 것은?
① 눈→투상면→물체의 순으로 나타낸다.
② 평면도는 정면도의 위에 그린다.
③ 배면도는 정면도의 아래에 그린다.
④ 좌측면도는 정면도의 좌측에 그린다.

51 도면에서 특정 치수가 비례척도가 아닌 경우를 바르게 표기한 것은?
① (24)
② 24
③ 24
④ 24

52 기계제도에서 물체의 투상에 관한 설명 중 잘못된 것은?
① 주투상도는 대상물의 모양 및 기능을 가장 명확하게 표시하는 면을 그린다.
② 보다 명확한 설명을 위해 주투상도를 보충하는 다른 투상도는 되도록 많이 그린다.
③ 특별한 이유가 없는 경우 대상물을 가로길이로 놓은 상태로 그린다.
④ 서로 관련되는 그림의 배치는 되도록 숨은선을 쓰지 않도록 한다.

53 스프링의 용도에 가장 적합하지 않은 것은?
① 충격 완화용 ② 무게측정용
③ 동력전달용 ④ 에너지 축적용

54 재료의 전단탄성계수를 바르게 나타낸 것은?
① 굽힘응력/전단변형률
② 전단응력/수직변형률
③ 전단응력/전단변형률
④ 수직응력/전단변형률

55 직접 전동기계요소인 홈마찰차에서 홈의 각도 (α)는?
① $2\alpha = 10 \sim 20°$ ② $2\alpha = 20 \sim 30°$
③ $2\alpha = 30 \sim 40°$ ④ $2\alpha = 40 \sim 50°$

56 하중 20kN을 지지하는 훅의 볼트에서 나사부의 바깥지름은 약 몇 mm인가? (단, $\sigma_a = 50\text{N/mm}^2$)
① 29 ② 57
③ 10 ④ 20

57 평기어에서 잇수가 40개, 모듈이 2.5인 기어의 피치원지름은 몇 mm인가?
① 100 ② 125
③ 150 ④ 250

58 축계 기계요소에서 레이디얼하중과 스러스트하중을 동시에 견딜 수 있는 베어링은?
① 니들베어링 ② 원추롤러베어링
③ 원통롤러베어링 ④ 레이디얼볼베어링

59 체결하려는 부분이 두꺼워서 관통구멍을 뚫을 수 없을 때 사용되는 볼트는?
① 탭볼트 ② T홈볼트
③ 아이볼트 ④ 스테이볼트

60 워드러프키라고도 하며 일반적으로 60mm 이하의 작은 축에 사용되고, 특히 테이퍼축에 편리한 키는?
① 평키 ② 반달키
③ 성크키 ④ 원뿔키

제7회 정답 및 해설

01 정답 ①
해설 주어진 그림은 요동형 공기압 액추에이터로서 A, B포트에 압력이 생성될 때 시계방향과 반시계방향으로 일정한 각도로 요동한다.

02 정답 ②
해설 $P = \dfrac{W}{A} = \dfrac{20}{5} = 4\,\mathrm{kgf/cm^2}$

03 정답 ②
해설 에너지원을 공기압은 백색 삼각형으로, 유압은 흑색 삼각형으로 표기한다.

04 정답 ④
해설 주어진 그림은 파일럿제어방식으로 밸브 내의 미소압력으로 스풀을 열고 닫게 한다.

05 정답 ①
해설 $Q = Av = \dfrac{3.14 \times 5^2}{4} \times 10 = 196\,\mathrm{cm^3/s}$

06 정답 ④
해설 증압기 : 부족한 출력측 압력을 증폭하여 사용하는 장치

07 정답 ④
해설 유압모터는 기어형, 베인형, 피스톤형이 있다.

08 정답 ①
해설 고압작동에는 피스톤형 모터가 사용된다.

09 정답 ④
해설 유압펌프는 유압을 생성하는 장치이다.

10 정답 ②
해설 양정을 수두(head)라고 하며
$H = \dfrac{p}{\gamma} = \dfrac{[\mathrm{kg/m^3}]}{[\mathrm{kg/m^2}]} = [\mathrm{m}]$가 된다.

11 정답 ④
해설 인어링은 회전하는 부위에 일정한 위치를 유지하기 위해 필요하다.

12 정답 ③
해설 솔레노이드는 코일에 전기를 인가하면 전자석이 되어 제어한다.

13 정답 ③
해설 가열하여 분리하면 유체의 온도가 상승하여 수증기가 발생하므로 여과와 관계없다.

14 정답 ③
해설 단속사이클은 임의로 하나의 유닛만 작동시킨다.

15 정답 ④
해설 주어진 그림은 공기압조정유닛으로 필터, 압력조정밸브, 압력계, 윤활기로 구성되어 있다.

16 정답 ④
해설 제습기는 습기를 제거하는 장치로서 공랭식은 없다.

17 정답 ③
해설 주어진 회로는 NOT회로로 입력신호에 반대로 출력신호를 발생한다.

18 정답 ②
해설 입력에 대한 결과를 확인하는 것으로 입력특성이라 한다.

19 정답 ③
해설 $Q = Av = 8 \times 10 = 80\,\mathrm{cm^3/min}$

20 정답 ④
해설 유압유에 수분이 혼입되면 작동유의 압축성이 감소하게 된다.

21 정답 ③
해설 공유압변환기는 공압에서 더 큰 힘이 필요할 때 사용하며 비가동형, 블래더형, 피스톤형이 있다.

22 정답 ④
해설 축압기는 유압펌프에서 생성된 압력의 안정화를 유지하여 맥동 발생을 완화시킨다.

23 정답 ④
해설 속도제어밸브는 압력이 형성된 상태에서 실린더의 속도가 빠르고 느림을 조절하여 준다.

24 정답 ④
해설 공압시스템의 사이징설계는 액추에이터의 효율성을 위한 설계로서, 압축기는 공압을 형성시키는 에너지원이다.

25 정답 ④
해설 ① 드레인 : 공압이 형성된 배관에 물을 외부로 배출시킨다.
② 에어필터 : 공기압축기에서 압축된 공기압에 포함된 이물질을 제거하여 밸브-액추에이터로 보낸다.
③ 레귤레이터 : 공기압축기에서 형성된 압력을 사용압력으로 조정하여 액추에이터로 보낸다.

26 정답 ②
해설 ㉠ 크래킹압력(cracking pressure) : 릴리프밸브에서 탱크 내의 압력이 서서히 증가해 갈 때 최초로 스풀이 열리는 시점의 압력
㉡ 리시트압력(reseat pressure) : 체크밸브 또는 릴리프밸브 등에서 밸브의 흡입측 압력이 저하되어 밸브가 닫히기 시작할 때 오일의 누출량이 어느 규정된 양까지 감소되었을 때의 압력

27 정답 ②
해설 오리피스는 관로의 면적을 줄인 통로의 길이가 단면치수에 비하여 짧은 경우이다.

28 정답 ③
해설 반향감지기(Reflex sensor)는 배압의 원리를 이용하며 분사노즐과 수신노즐이 일체형으로, 감지거리는 1~6mm 정도로 모든 산업설비에 이용된다.

29 정답 ①
해설 ㉠ 케이블실린더 : 피스톤로드 대신에 와이어를 사용한다.
㉡ 로드리스실린더 : 로드가 없기 때문에 실린더의 크기범위에서 스트로크를 적용할 수 있다.

30 정답 ①
해설 공기조정유닛의 압력조절밸브는 공기압축에서 형성된 압력을 액추에이터에서 사용하는 사용압력으로 감압하는 역할을 한다.

31 정답 ④
해설 제시된 표시는 직류전류로 직렬상태에서 흐름을 표시한다.

32 정답 ④
해설 포토스위치는 광전스위치로 투수광기가 있으며, 한계스위치는 기계적 장치에 의해, 근접스위치는 자력선을 이용하여 검출한다.

33 정답 ③
해설 전력$(P) = IV = $ 전류 × 전압

34 정답 ④
해설 스테핑모터(Stepping motor)는 펄스수에 따라 회전한다. 예를 들어 3.6°/pulse로 모터에 표기가 되었다면 1회전하는데 100펄스를 발생하며 자동화장치에 많이 사용한다.

35 정답 ②
해설 전자력은 밸브와 같이 코일이 감겨진 상태에서 전류를 인가하면 자석이 되는 것을 의미한다.

36 정답 ③
해설 $I = \sqrt{I_R^2 + I_L^2} = \sqrt{\left(\dfrac{V}{R}\right)^2 + \left(\dfrac{V}{\omega L}\right)^2}$
$= \sqrt{\left(\dfrac{1}{100}\right)^2 + \left(\dfrac{1}{100}\right)^2} \times 100 = \sqrt{2}\,\text{A}$

37 정답 ①
해설 ㉠ 절연체 : 전기의 흐름을 차단하는 물질
㉡ 반도체 : 전기가 흐르지 않은 물질

38 정답 ①
해설 시퀀스제어의 구성요소
㉠ 제어명령 : 외부로부터 주어지는 기동 및 정지 등의 명령신호
㉡ 입출력변환기 : 제어회로와 조작기기에 신호를 주는 각각의 변환기
㉢ 제어회로 : 판단 및 연산기능을 가진 인간의 두뇌에 해당하는 역할 담당
㉣ 조작기기 : 실제적으로 조작을 행하는 인간의 손발에 해당하는 역할 담당
㉤ 제어대상 : 제어하고자 하는 각종 장치 및 기계
㉥ 검출기 : 인간의 시각, 촉각 및 청각 등의 5감에 해당하는 역할 담당
㉦ 제어량 : 제어대상으로부터 발생되는 제어목적의 상태량

39 정답 ①
해설 $\omega = \dfrac{\theta}{t} = \dfrac{2\pi}{T} = 2\pi f [\text{rad/s}]$

40 정답 ④
해설 과전압계전기는 정상적인 전압보다 높을 때 전압을 차단하여 기기를 보호한다.

41 정답 ①
해설 $R' = R_{20} \parallel R_{20} = \dfrac{20 \times 20}{20 + 20} = 10\Omega$
$R_T = 6 + 10 = 16\Omega$
$I = \dfrac{V}{R_T} = \dfrac{48}{16} = 3\text{A}$
$I_{20} = \left(\dfrac{R_{20}}{R_{20} + R_{20}}\right) \times 3$
$= \left(\dfrac{20}{20 + 20}\right) \times 3 = 1.5\text{A}$

42 정답 ③
해설 직권전동기는 무부하운전이나 벨트운전을 절대 해서는 안 된다.

43 정답 ②
해설 교류전압 $(v) = \sqrt{2}\,V\sin\omega t[\text{V}]$의 기전력을 가하면 전류 $(i) = \sqrt{2}\,I\sin\left(\omega t - \dfrac{\pi}{2}\right)[\text{A}]$이다.
인덕턴스만의 회로에서 전류가 전압보다 $\dfrac{\pi}{2}$[rad]만큼 뒤진다.

44 정답 ①
해설 $P = IV = \dfrac{V^2}{R} = \dfrac{100^2}{100} = 100\text{W}$

45 정답 ③
해설 전력은 단위시간당 전류가 할 수 있는 일의 양으로 크게 역률로 구분하거나 전압과 전류가 가지는 상에 의해 구분할 수 있으며, 역률에 의한 구분은 유효전력과 무효전력으로 나눈다.

46 정답 ①
해설 주어진 그림에서 대각선으로 표시한 가는 실선은 축에서 평면을 나타낸다.

47 정답 ③
해설 주어진 그림은 현장에서 용접 시 전둘레 현장용접을 나타낸다.

48 정답 ②
해설 화살표방향이 정면도, 상단에는 평면도, 왼쪽에 좌측면도가 위치한다.

49 정답 ③
해설 좌측면도의 형상을 보고 입체도의 윤곽을 확인할 수 있다.

50 정답 ③
해설 배면도는 정면도의 뒤에서 본 형상이다.

51 정답 ④
해설 ① 참고치수
② 수정치수
③ 이론적으로 정확한 치수

52 정답 ②
해설 주투상도는 물체를 가장 명확하게 확인하는 방향을 선정하며, 보충하는 투상도는 따로 그린다.

53 정답 ③
해설 동력전달에는 벨트나 체인, 기어가 사용된다.

54 정답 ③
해설 $\tau = G\gamma$
$\therefore G = \dfrac{\tau}{\gamma}$
여기서, G : 가로탄성계수 혹은 전단탄성계수
τ : 전단응력
γ : 전단변형률

55 정답 ③
해설 홈마찰차의 홈의 각도는 보통 $2\alpha = 30 \sim 40°$ 정도로 한다.

56 정답 ①
해설 축방향에만 정하중을 받는 경우이므로
$d = \sqrt{\dfrac{2W}{\sigma_a}} = \sqrt{\dfrac{2 \times 2,000}{50}} ≒ 28.3\text{mm}$

57 정답 ①
해설 피치원지름은 구동기어와 종동기어가 접촉하는 가상의 지름이다.
$D_p = zm = 40 \times 2.5 = 100\text{mm}$

58 정답 ②
해설 레이디얼하중은 축에 직각방향으로 작용하는 하중이고, 스러스트하중은 축방향으로 작용하는 하중이다. 이 두 하중을 동시에 견딜 수 있는 베어링은 원추롤러베어링 혹은 테이퍼롤러베어링으로 자동차의 차축에 사용한다.

59 정답 ①
해설 ② T홈볼트 : T형홈을 파서 부품을 고정시킬 때 사용
③ 아이볼트 : 공작기계와 같이 무거운 것을 옮길 때 사용
④ 스테이볼트 : 나사부와 너트가 분리되어 있는 상태를 서로 고정시킬 때 사용

60 정답 ②
해설 ㉠ 평키 : 납작키로서 키의 폭만큼 축을 가공하여 때려 박으며 새들키보다는 큰 힘을 전달한다.
㉡ 반달키 : 반달형으로 되어 있어 힘의 방향에 따라 움직여 안정된 상태를 유지한다.
㉢ 성크키 : 묻힘키라고 하며 축과 보스에 홈을 파고 가장 많이 사용하고 평행키와 경사키가 있다.
㉣ 원뿔키 : 축에 키홈을 파기 어려울 때 사용하며 축의 임의의 위치에 보스를 고정시킨다.

[저자 약력]

김순채
- 2002년 공학박사
- 47회, 48회 기술사 합격
- 현) 엔지니어데이터넷(www.engineerdata.net) 대표
  엔지니어데이터넷기술사연구소 교수
  한국공학교육인증원 4년제 대학 평가위원
  한국생산성본부(KPC) 전문위원(대기업 강의)
- 전) 명지전문대학 기계공학과 및 교양과 겸임교수
  서울과학기술대학교 기계시스템디자인공학과
  겸임교수

〈저서〉
- 산업기계설비기술사
- 기계안전기술사
- 건설기계기술사
- 기계제작기술사
- 용접기술사
- 화공안전기술사
- 공유압기능사 [필기]
- 공조냉동기계기능사 [필기]
- 공조냉동기계기능사 기출문제집
- 현장 실무자를 위한 공조냉동공학 기초
- 현장 실무자를 위한 유공압공학 기초
- KS 규격에 따른 기계제도 및 설계

〈동영상 강의〉
건설기계기술사, 산업기계설비기술사, 기계안전기술사, 용접기술사, 기계설계산업기사, 공조냉동기계기사, 공조냉동기계산업기사, 공조냉동기계기능사, 공조냉동기계기능사 기출문제집, 공유압기능사, 공유압기능사 기출문제집, 알기 쉽게 풀이한 도면 그리는 법·보는 법, 유공압공학 기초, 공조냉동공학 기초, KS 규격에 따른 기계제도 및 설계

공유압기능사 기출문제집

2020. 2. 21. 초 판 1쇄 발행
2022. 3. 25. 개정증보 1판 1쇄 발행

지은이	김순채
펴낸이	이종춘
펴낸곳	BM (주)도서출판 성안당
주소	04032 서울시 마포구 양화로 127 첨단빌딩 3층(출판기획 R&D 센터) 10881 경기도 파주시 문발로 112 파주 출판 문화도시(제작 및 물류)
전화	02) 3142-0036 031) 950-6300
팩스	031) 955-0510
등록	1973. 2. 1. 제406-2005-000046호
출판사 홈페이지	www.cyber.co.kr
ISBN	978-89-315-3399-6 (13550)
정가	19,000원

이 책을 만든 사람들
기획 | 최옥현
진행 | 이희영
교정·교열 | 문 황
전산편집 | 민혜조
표지 디자인 | 박원석
홍보 | 김계향, 이보람, 유미나, 서세원
국제부 | 이선민, 조혜란, 권수경
마케팅 | 구본철, 차정욱, 나진호, 이동후, 강호묵
마케팅 지원 | 장상범, 박지연
제작 | 김유석

이 책의 어느 부분도 저작권자나 BM (주)도서출판 성안당 발행인의 승인 문서 없이 일부 또는 전부를 사진 복사나 디스크 복사 및 기타 정보 재생 시스템을 비롯하여 현재 알려지거나 향후 발명될 어떤 전기적, 기계적 또는 다른 수단을 통해 복사하거나 재생하거나 이용할 수 없음.

※ 잘못된 책은 바꾸어 드립니다.